谨以此书献给中国海洋大学

百年华诞

(1924–2024)

图书在版编目(CIP)数据

海洋-大气相互作用研究进展 / 刘秦玉主编. —青岛:中国海洋大学出版社,2022.7

ISBN 978-7-5670-3212-5

Ⅰ.①海… Ⅱ.①刘… Ⅲ.①海气相互作用—研究 Ⅳ.①P732.6

中国版本图书馆 CIP 数据核字(2022)第 130266 号

出版发行 中国海洋大学出版社

社　　址 青岛市香港东路 23 号　　**邮政编码** 266071

出 版 人 杨立敏

网　　址 http://pub.ouc.edu.cn

电子信箱 369839221@qq.com

订购电话 0532—82032573(传真)

责任编辑 韩玉堂　　**电　　话** 0532—85902349

印　　制 青岛海蓝印刷有限责任公司

版　　次 2022 年 9 月第 1 版

印　　次 2022 年 9 月第 1 次印刷

成品尺寸 185 mm×260 mm

印　　张 22.5

字　　数 520 千

印　　数 1～3000

定　　价 168.00 元

序

PREFACE

1982 年 10 月，在美国东岸小镇普林斯顿召开了有关厄尔尼诺的研讨会，与会专家就厄尔尼诺动力学各抒己见。受当时气候监测的限制，多数与会专家并未意识到一个超强厄尔尼诺事件正在热带太平洋迅速发展，并随后对全球气候产生了重大影响。这个教训让人们意识到海洋-大气相互作用研究的重要性，并催生出“热带海洋-全球大气”大型国际研究计划，美国、日本开始在热带太平洋布放了浮标观测阵列，1986 年首次成功地预测了厄尔尼诺事件。这些突破性成果，标志着海洋-大气相互作用研究进入了黄金发展期。

与此同时，在太平洋彼岸，改革开放给中国带来了科学的春天，迎来了科学研究迅猛发展的黄金时期。40 年前的 1982 年，山东海洋学院(今中国海洋大学)海洋气象学秦曾灏教授、物理海洋学冯士筰教授及孙文心教授等，以风暴潮研究的杰出成就获得国家自然科学三等奖，开启了海洋-大气相互作用研究的新时期。当时在中国海洋大学本科学习的我也在景振华教授的前沿讲座中第一次听到厄尔尼诺，为后来选择研究海气耦合动力学埋下了种子。20 世纪 90 年代初，我国科学家积极参加了在热带西太平洋的 TOGA COARE 大型国际观测计划。刘秦玉教授是中国海洋大学在这 40 年发展中的亲历者和见证者，通过她的科研和教学，践行了“改革开放”的理念，在海洋-大气相互作用领域取得了杰出的学术成就。

学术研究上，刘老师革新求变，较早瞄准大尺度海洋-大气相互作用，从零开始取得了一系列国内外瞩目的学术成果，为国家培养了一批优秀人才，为中国海洋大学培育了优秀的学术梯队。在国际交流上，她以开放的胸怀和远见积极邀请 Toshio Yamagata、Stuart Godfrey、Jay McCreary、黄瑞新、王斌、刘征宇教授等一流学者来海大访问讲学并开展学术合作，为提升海大品牌的国际影响力做出了极为关键的贡献。

经过 20 多年的耕耘，刘老师及其团队在印度洋-西太平洋的区域海洋动力和海洋-大气相互作用研究方面取得了一系列令人瞩目的研究成果。

(1)在南海，刘老师团队揭示了季风通过 Sverdrup 平衡关系对海洋环流的准定常调控作用，成功解释了南海上层海洋西边界流的季节变化特征；发现冬季西边界流造成的南海冷舌现象，解释了南海对 ENSO 响应的双峰结构特征的物理机制；基于卫星观测资料发现南海、台湾以东、黑潮延伸体、副热带逆流区海洋涡旋尺度的海洋-大气相互作用过程。

(2)在北太平洋副热带环流圈动力学方面，刘老师团队确认了海洋模态水在副热带逆流形成中的重要作用，阐明了海洋中尺度涡旋影响模态水潜沉的物理过程。2014年，在实施国家重大科学研究计划项目中开展了太平洋模态水观测试验，国际首次成功投放了能够"分辨"涡旋的Argo浮标阵列，使用第一手观测资料揭示了涡旋对模态水潜沉和耗散的重大作用。

(3)热带印度洋的"电容器效应"是中国海洋大学国际合作的一个标志性成果。刘老师的学生杨建玲为第一作者发表的论文，发现热带印度洋海盆增暖模态是西北太平洋大气异常反气旋的重要激发机理。在此基础上，后来的研究进一步发现了热带印度洋与异常反气旋间的耦合作用及其对梅雨年际变化的影响。这是暖池区海洋-大气相互作用和东亚季风动力学研究的重大突破，对1998年和2020年发生的长江汛期洪涝灾害的预报预警有重要的理论指导意义。目前，印度洋海温已经成为中国国家气候中心、日本气象厅等东亚地区气候季节预报的重要因子。

刘老师培养的学生毕业后也在海洋-大气相互作用领域取得了斐然的学术成绩。例如，杨海军教授提出了海洋能量输送与气候平衡方面较完整的理论体系；张苏平教授在黄海海雾和海洋大气边界层的观测研究方面也有一系列重要发现；郑小童教授在气候模态对全球变暖响应、许丽晓副教授在西北太平洋模态水动力过程方面的研究工作，也已经在国际上取得了一定的影响力，部分成果已收入政府间气候变化委员会第5次及第6次报告中。刘老师的专著《热带海洋-大气相互作用》也被全国高校广泛采用，在大江南北孕育着新一代科学家。

《海洋-大气相互作用研究进展》是在刘老师的召集下，由曾经在中国海洋大学学习的青年学者撰写完成。其内容回顾并梳理了近年来国内外海洋-大气相互作用领域的主要进展，并对重要前沿科学问题进行展望。这些内容既涵盖了刘老师在学术生涯中的主要成果，又包括他们最新的研究进展，是中国海洋大学在海洋-大气相互作用领域多年深耕的成果的集中展示，也是刘老师团队为母校100年华诞送上的一份厚礼。该书是我国海洋-大气相互作用领域的一次重要总结，我相信会引导并激励广大学生和年轻学者在该领域取得更大的成功。

美国加州大学圣地亚哥分校Scripps海洋研究所罗杰·雷维尔讲席教授

谢尚平

2022年1月15日于美国圣地亚哥

前　言

FORWARD

海洋和大气都是相对旋转地球坐标系运动的不同性质流体，两者之间的相互作用是地球系统各圈层之间最重要的相互作用之一。太阳辐射是地球气候系统能量的最主要来源。太阳辐射进入大气层，只有大约 1/5 的能量被大气直接吸收，除了通过大气自身的反射和地面反射回到太空外，大约有一半的太阳辐射被地球表面吸收。而地球表面约有 71%的面积被海水所覆盖，海洋又是流动且有较大的热容量，因此，被地表吸收的太阳短波辐射绝大部分都进入了海洋，通过海洋内部的一系列过程将太阳的能量通过海气界面再分配到大气，引起天气和气候变化。

海洋有较大的热容量，其调整过程相对缓慢，因此具有较长期的“记忆”功能。通过海洋与大气之间的相互作用和海洋动力、热力的调整，海洋不仅对局地大气提供水汽并与大气进行热交换，同时也抑制并削弱大气系统中的高频变率信号，突显了大气中缓慢变率的信号，从而决定了气候系统的年际、年代和多年代际振荡，调节了人类活动导致的全球气候变化。因此，海洋-大气相互作用研究越来越受到重视。

1979 年第一次世界气候大会制定了著名的世界气候研究计划（WCRP），海洋在气候变率和气候变化中的重要性越来越被人们认识。此后推出一系列的国际合作研究计划：1985 年开始实施的国际合作研究“热带海洋与全球大气计划”；1991—1992 年在热带西太平洋开展加密观测试验，以及在整个热带太平洋布设浮标阵列；等等。这些计划开展了对厄尔尼诺-南方涛动（El Niño-Southern Oscillation，ENSO）的重点研究。1993 年初，WCRP 又推出了“气候变率和可预报性”研究计划，该计划将气候变率作为重点研究内容，并提出要关注温室气体及气溶胶等人类活动产物对气候变率的影响。

目前，地球正经历着一次以人类活动引起全球变暖为主要特征的显著变化。20 世纪以来“联合国国际间应对气候变化委员会”（IPCC）发布了六次报告，对全球平均温度的变化及其对人类社会的危害进行了大量的预估研究。由于海水密度约为对流层大气密度的千倍，海水的热容量远大于大气，海洋在全球气候变暖过程中充当了一个巨大的热量存储器。海洋对热量的存储会通过哪些海洋动力过程重新分配，再通过哪些海洋-大气相互作用过程调制大气的运动和全球气候变化，这是目前全球变化研究中尚未解决的重要科学难题，也是海洋-大气相互作用领域面临的新挑战。

20 世纪 80 年代，我国科学家关注 TOGA 计划，并积极参与了国际合作的"热带西太平洋海气耦合响应试验"(COARE)；中国海洋大学也参加了 TOGA-COARE 的现场观测研究，并开设了"热带大气动力学"的课程。1992 年，我有幸在国家留学基金的资助下被公派到法国学术访问半年，在巴黎六大"海洋动力学与气候实验室"接触到美国科学院院士 Samuel George Philander 教授于 1990 年出版的《厄尔尼诺/拉尼娜与南方涛动》(*El Niño*, *La Nina and the Southern Oscillation*)，并深深地被该书的内容所吸引。自 1992 年下半年回国后，我就在中国海洋大学物理海洋实验室办起了学习这本专著的"讨论班"，着手建立海洋-大气相互作用研究队伍。1994 年，在教育部王宽诚基金(召开国际会议的专项经费)资助下，召开了我校第一次以"海洋环流与海洋-大气相互作用"为主题的国际学术研讨会。此后我逐步确立了以海洋动力学为切入点，研究"海洋动力过程如何通过海洋-大气的相互作用影响天气和气候变化"的学术思路，力争在海洋-大气相互作用研究领域做出海大的特色。

岁月如梭，转眼我在中国海洋大学工作了整 40 年。这 40 年也是我国改革开放和社会主义现代化建设的新时期。国家提出科学技术是第一生产力，实施科教兴国、可持续发展和人才强国战略，国民经济得以快速发展，教育和科研领域的经费越来越多。我和我的团队受到国家发展的极大鼓舞，也得到持续的经费支持，海洋的观测资料越来越丰富，数值模式的发展突飞猛进。我们克服了种种困难，开展了多种形式的国际交流与合作，在国际一流刊物上发表自己的学术观点并得到国际同行的好评。我们自己创建的"海洋-大气相互作用"课程不仅是最受欢迎的课程之一，也在全国高校得到了普及和推广；我们的科研成果已经被气候预测部门运用到业务预报之中；我们培养的青年科学家已经成为活跃在国际海洋-大气相互作用研究领域中的生力军和领军人物。

不忘初心，牢记使命。为了从整个海洋-大气相互作用研究发展的历史进程中重新审视我们取得的科研成果、提出未来需解决的科学问题，总结经验、发现不足，为了将这些以英文发表的成果用中文的形式介绍给国内的同行和广大科技工作者，以便更广泛、更及时地将这些成果应用到我国的气候变化与预测、海洋开发利用、海洋权益保护等领域中，由我提议，召集 19 位曾在中国海洋大学学习过的年轻科学工作者合作完成了本书的撰写。

本书的特色是：通过一系列科研综述文章，对全球海洋-大气之间的能量交换、太平洋多尺度海洋-大气相互作用、热带印度洋-南海-太平洋跨海盆海洋-大气相互作用及其气候效应和不同人为辐射强迫作用下的海洋-大气相互作用这四个领域的研究情况进行了回顾，重点介绍了作者在解决各自关注的科学问题中所做的贡献，并针对目前研究现状提出了新的科学问题或猜想。我相信本书中的每一篇文章不仅能将作者在科研中的发现和思想传达给读者，而且能让读者充分地掌握作者研究问题的来龙去脉，避免做重复研究，为读者扩大知识面打开一个窗口、成为进一步开展研究的垫脚石。

在编写本书的过程中，我时常被各位青年作者敏锐的思维、独特的视角和克服困难的毅力所打动，为他们能迅速地成长感到欣慰，也为我国海洋、大气科学研究队伍中有这样一批年轻有为的科学工作者感到自豪。正是有他们的帮助，我才能在古稀之年完成本书的编写。还要感谢中国海洋大学宣传部刘邦华老师为本书的封面设计提供了精美的图片。

我和本书的主要作者都曾在中国海洋大学学习过，为了感谢母校的培养和教育，我们将这本专著作为礼物——谨贺母校百年华诞！

刘秦玉

2021 年 12 月 20 日

目　录

CONTENTS

第一章
海洋与大气之间的能量交换

海洋与大气之间的能量交换是海洋-大气相互作用研究的重要基础，但因其交换过程既直接涉及“湍流”，又存在全球的动态平衡，对其观测和定量刻画都十分困难。近30年来，随着现场观测、卫星观测和数值模拟技术的迅猛发展，为研究海洋与大气之间热通量及其对天气和气候的影响提供了可能性。本章回顾了全球海气界面热量交换的组成及全球分布的基本特征，介绍了近几年依据观测资料发现的中小尺度海气热交换过程，提出了海洋对大气潜热能输送可以作为“海洋-大气耦合热量输送”的新观点和海洋-大气经向热量输送之间的新的补偿理论，为进一步地研究海气界面的动量、物质输运奠定基础。此外，本章还系统地介绍了海表温度通过感热和潜热等物理过程影响海雾和低云等天气现象；并推荐了一种估算大气对不同海域海表温度变化响应的动力统计方法。从中小尺度的具体物理过程和大尺度的统计关系两方面诠释了海洋-大气能量交换及其相互影响，为研究海气热交换对天气、气候的影响提供了新思路。

全球海气界面热通量的分布特征及变化机制

宋翔洲* 谢雪晗 魏文韬 徐常三
(河海大学自然资源部海洋预报技术重点实验室/海洋学院,江苏南京,210098)
(*通讯作者:xzsong@hhu.edu.cn)

摘要 海洋与大气界面之间的热通量(以下简称海气热通量)是物理海洋学研究的难点和热点之一,是海洋-大气相互作用、气候系统动力学和全球变化等研究的重要基础。结合我们的研究特色,本文将从海气热通量的组成及全球分布的基本特征、海气热通量估算、多尺度海气热通量变化机制和海洋中尺度涡引起海气热通量变化机理等方面简述该领域的研究基础和前沿,以期抛砖引玉,以管中窥豹的讲述方式与读者产生共鸣交流,共同推进该领域研究的深度和广度,为认识海洋和全球变化提供更多视角。

关键词 热通量;大气涛动;海洋动力过程;热带气旋;冷空气爆发

1 海气界面热通量的组成及全球基本特征与平衡

地球系统内的能量交换尤其是热交换对全球气候研究有重要意义。海洋具有巨大的比热容和体积,在全球能量平衡中扮演着热量库的角色。海洋可以吸纳并存储地球内部其他系统过多的热量,并通过海面热交换影响大气,从而起到调节气候变化的作用[1]。观测显示,在最近几十年全球气候明显变暖的过程中,伴随着海气界面热通量的增加[2],整个海洋的热含量也是增加的[3-8]。因此,对海气界面热通量的研究有利于对全球气候变化的理解,从而提升对全球能量平衡的认识。

净的海气热通量的变化会影响到海洋自身热含量的变化(图 1)。海洋吸收的热通量通过局地的热对流和耗散过程将热量进行再分配。海气热通量对海洋上层热结构的直接作用表现在对混合层深度及层内平均温度、海表面温度变化的影响。海气热通量对上层热结构的改变也会影响垂向密度的改变,从而可以影响全球热盐环流的变化[9,10]。在海洋和大气不同尺度运动的背景下，海气热通量是如何变化的，这种变化如何影响气候变化等科学问题是研究气候变化基础的、不可或缺的前沿科学问题。

全球的海气净热通量（Q_{NET}）包括海洋表面吸收的净短波辐射（Q_{SW}），海气界面释放出的长波辐射（Q_{LW}），与蒸发过程关联的海气潜热（Q_{LHF}）和感热（Q_{SHF}）通量。其中，潜热和感热通量之和称为海气湍流热通量。数学上表示为

$$Q_{NET}=Q_{SW}+Q_{LW}+Q_{LHF}+Q_{SHF} \tag{1}$$

净热通量的全球年平均分布如图1所示。其空间分布具备三个关键特征：一是受辐射通量影响，海洋在热带地区得到热量，而通过西边界流将热量向中高纬度海域输送，在高纬度冷空气的作用下，海洋失去热量，从而完成全球海表面的能量平衡，起到了调整海洋气候变化的重要作用；二是海盆东部和赤道附近，尤其是热带东部海盆受上升流所导致的低温影响，潜热释放得到抑制，使得净热通量增加；三是全球热量循环与全球水循环联系紧密，副热带海区（西边界流区除外）的蒸发较强，导致潜热增加，起到平衡短波辐射的作用，使副热带海盆处于弱失热状态。

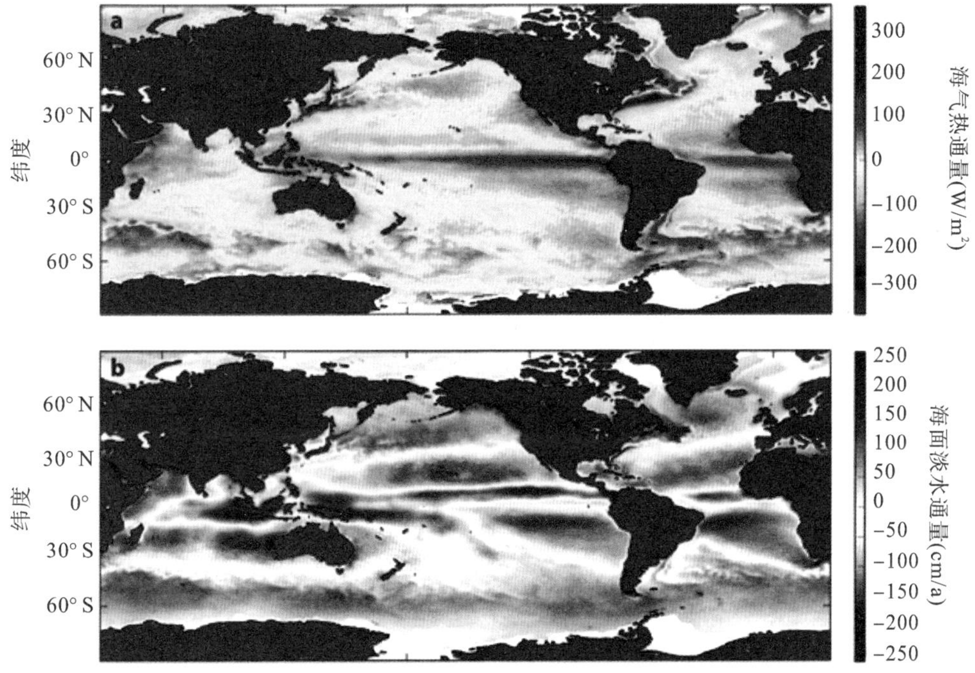

图1 基于OAFlux资料[11]的全球年平均（以2016年为例）高精度海气净热通量（单位：W/m^2）和淡水通量（单位：cm/a）分布示意图（引自参考文献[12]）

Kiehl 和 Trenberth[13]总结了全球气候系统中热量的交换量级大小（图2），指出过去对全球海气界面净热通量及各个分量的估计有巨大的差异。基于多种观测和模式输出

结果，他们客观估计了一种新的收支平衡①。随着全球卫星观测的增加和高精度海洋与大气模式的发展，Trenberth 等[14]综合分析了各种资料，更新了对于先前估计的全球海洋表面热通量趋于零平衡的量级，取而代之的是，全球海洋表面的热通量大约为 1.3 W/m^2。通过计算全球海洋热含量发现，海面剩余的 1 W/m^2 左右的热量与全球过去几十年热含量的增加趋势（～0.6～0.9 W/m^2）是基本对应的[8]，而且这种趋势有可能还会继续。然而，全球海气界面净热通量及各个分量依旧存在着巨大的误差及不确定性②[12,15]。因此，精确地估计和量化海气热通量是目前进行海洋-大气相互作用和气候变化研究的一个重要任务。

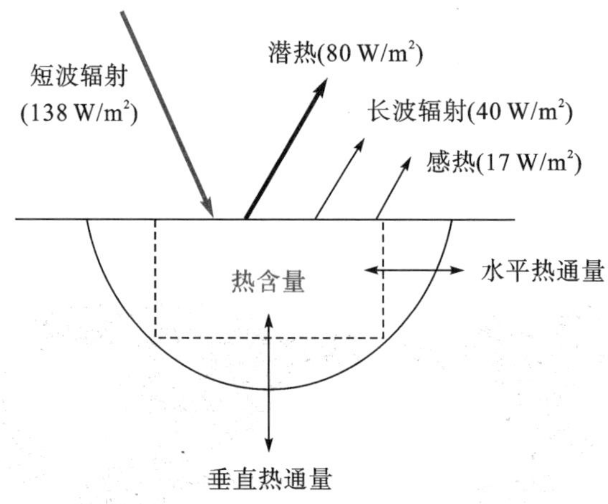

图 2　全球气候态平均海气热通量各个分量的量值[14]及海气热通量与海洋上层热收支关系示意图

2　构建估算海气热通量的物理模型

热通量的精准估算和全球平衡对于认识上层海洋动力过程和海洋气候变化信号有极其重要的科学价值。研究发现，海洋气候模式模拟的海表面温度偏差呈现“北冷南暖”“东暖西冷”的基本趋势、且偏差量级最大接近 3℃[16]。这种趋势和全球热通量的正负分布类似，即海洋整体得热区域模拟偏暖，而失热区域模拟偏冷。热通量作为海温的首要驱动力，直接决定海温模拟和预报的精度，因此，以物理过程和机制为基础的参数化完善过程对提升模拟能力和上层海洋动力研究至关重要。然而，目前科学界对全球热通量的认识仍有 10～20 W/m^{2}的剩余[12,15]，难以实现全球海气热通量的交换平衡。如图 3 所

① 本文中所指平衡，严格意义上是一种准平衡，即气候态海洋和大气热量交换趋近零平衡。

② 不确定性，是一个统计学的概念，指的是相对真值的可信度。本文中用来泛指热通量的估算误差。

示,虽然我们可以刻画净热通量的全球基本分布,由于各热通量要素的不确定性很大,造成各模式和数据产品之间具有较大的不确定性,尤其是以热带和高纬度地区最为突出。

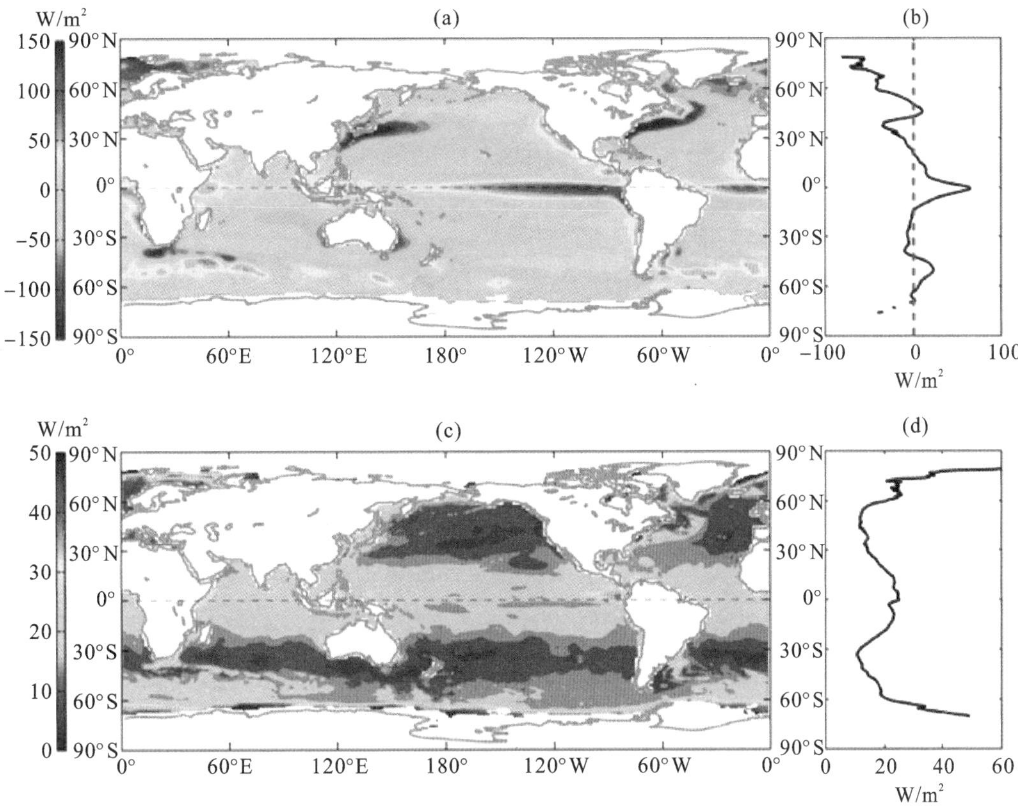

图 3 全球气候态海气净热通量的集合平均形态(a)和各数据集之间的标准差(b)以及它们的纬向平均分布(c)和(d)(引自参考文献[17])

我们从海洋能量守恒角度出发,构建了热通量与海洋内部动力过程引起的热输送之间平衡的物理模型,回答了大气与海洋之间热量交换的量级性问题,为认识全球热通量平衡和评估数值模式提供了物理基础。从海洋内部能量守恒角度出发,构建海洋内部热量与海气热通量的收支平衡关系,分别测算了海洋湍流热耗散[18]、海洋热输送[19]和海洋翻转环流所携带的热量及其输送[17]等,逆求得符合热量守恒约束的海气热通量,既为认识全球海气能量平衡提供了基本参考,又为技术上评估数值模式提供了物理基础。该系列工作中,我们首先从全球热通量的汇聚区,即西太平洋暖池,开展工作;进一步以一个特殊的半封闭海盆(地中海)为对象展开研究;最后拓展到大尺度的全球海洋经向翻转环流(南极绕极流区),以物理过程所需的热量平衡为基础(图 4),估算了典型海域的热通量量级。

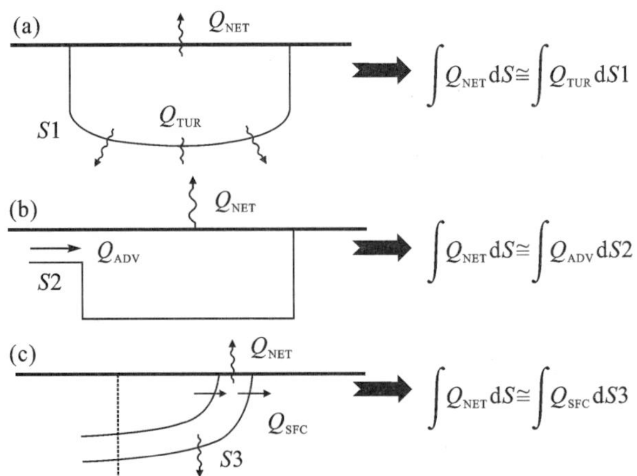

图 4　海气热通量(Q_{NET})与沿等温线湍流热耗散(Q_{TUR})、断面热传输(Q_{ADV})和翻转环流热量输运(Q_{SFC})平衡的概念示意图(引自参考文献[17-19])

在暖池区域,海洋表面汇聚热量,沿等温线梯度方向的湍热耗散将热量传输出控制体。我们估算了理查德森关系和垂向混合率,构建了海洋内部热耗散和热通量的热量平衡关系,为认识暖池区域至全球无冰海洋热通量的基本量级提供了物理基础,为科学家评估现有海气耦合模式提供了实验床。以半封闭海盆(地中海)为研究对象,测算了通过半封闭海盆控制断面热输送和内部热含量的季节变化,逆解得符合海洋内部热平衡的热通量结果。研究显示:北大西洋和地中海受多尺度海洋动力过程影响,存在斜压传输过程,大西洋输送至地中海的热量,通过海气热通量的释放以完成能量循环过程,实现了地中海热量收支平衡。

全球子午向翻转环流所伴随的热通量循环对认识全球海洋气候变化有重要意义。美国麻省理工学院和英国牛津大学团队虽从解析解层面给出了热量循环的解释[20],但并未给出热通量量级。我们以南极绕极流(ACC)为研究对象,构建了南大洋子午翻转环流分支的海气热通量平衡模型,揭示了沿 ACC 流轴的海气热通量水平不对称机理:ACC 在与地形相互作用过程中,遵循行星尺度位涡守恒原理而影响 ACC 的南北向弯曲,从而影响热通量水平不对称结构,造成 ACC 的太平洋扇区整体失热比较强,进而影响亚极地模态水的生成、发展和消亡。有利于大家对南大洋通量和气候变化的进一步认识。上述工作从多空间尺度角度,构建了海气热通量与海洋内部动力过程引起的热输送之间气候态平衡的物理约束模型,揭示了在不同控制体积分下不同海区的热通量量级,为认识全球海气能量平衡提供了基本参考,并且为技术上评估现有主流模式提供了物理基础。

3　多时间尺度海气热通量变化

热通量的不确定性是物理海洋学和海洋-大气相互作用发展的重要障碍之一,其重要原因是热通量变化机理的认识不完善。为克服这一发展瓶颈，科学家们利用多源高精度海气界面观测和再分析资料，关注多时间尺度的热通量变化机制。从多时间尺度角度，揭示了年代际变化、季节内、天气过程及日变化背景下，多尺度海洋和大气环流过程影响热通量变化的主要机制。

年代际尺度下，全球潜热和感热的变化趋势不同。全球潜热变化应基本符合克劳修斯—克拉伯龙方程的预测和约束[21-23]，而全球感热的年代际变化则取决于南北半球高纬度大气涛动贡献（图 5），关键决定因素为大气环流异常及海洋 Ekman 输运等过程主导的海气温差变化[24]。其中，Ekman 输运在动力上被中尺度涡的贡献抵消。研究发现，在高纬度区域，感热与潜热通量对于净热通量的贡献相当，鲍文比（感热通量与潜热通量之比）为 1。

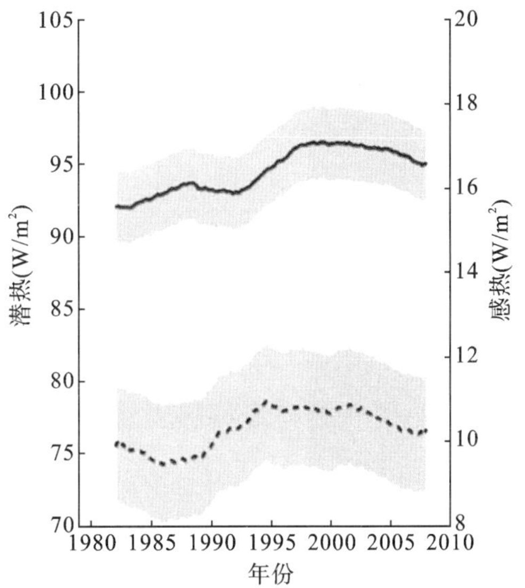

图 5　全球月平均潜热（黑色实线，参考左侧坐标轴）和感热（黑色虚线，参考右侧坐标轴）年代际变化（5 年滑动平均）示意图。阴影部分表示 95% 置信区间的标准差（引自参考文献[24]）

季节内振荡（Madden-Julian Oscillation，MJO[25-29]）会通过边界层过程诱发热带气旋过程，衔接了季节内和天气尺度过程热通量变化之间的关系。基于我国热带海气综合白龙浮标近一年观测（115.2°E，16.9°S[30]）发现，热带气旋过境时，在近中性边界条件下，风速增加使海气湍流热通量急剧增加，云层变厚使海洋短波辐射得到极大抑制，净热通量在热带气旋过程中相对正常天气状态，平均降低约 400 W/m²[31]，直接决定了天气尺度下，特别是热带气旋过程中，热通量对上层热结构的决定性作用，为认识热带气旋过程的海洋-大气相互作用过程提供了有力证据。

我们利用自然资源部（原国家海洋局）近海观测浮标发现[17]，我国边缘海区域，湍流热通量在夏季和冬季均存在显著日变化过程，振幅分别为 20 W/m² 和 60 W/m²，同时发现海气湍流热通量的不同日变化机理由莫宁—奥布霍夫相似理论和尺度相关的边界层稳定度（ξ）决定。当海气边界层稳定性时，风速的变化会克服层化过程做功，主导湍流通量日变化；相反，当边界层不稳定时，海气热力差会主导湍流通量日变化，为认知热通量高频变化提供了物理机制支撑，并指出识别日变化对精准认知上层海洋过程的意义。在西边界流区域，如湾流[32]和黑潮延伸体，热通量日变化振幅依旧显著[33]，且受到背景天气过程的影响。

需要指出的是，认识海洋系统能量平衡和热通量在不同时间尺度下不同边界层条件下的变化机制，两个问题之间互为依托，不可分割：精准测算为机理研究提供基本参考，清晰机理认知又为准确估算热通量提供物理基础。

4 极端天气过程海气热通量变化机制

如何提升海气热通量的估算精度是科学家们面临的一个重要难题。我们认为，有两个方面可以考虑：一是如何根据现有高精度高质量观测，重新评估并提升热通量参数化方案，重新审视现有不同版本块体计算湍流通量和辐射通量方法的相关物理缺陷并修正之；二是如何利用高分辨率观测和模拟，关注天气过程，如热带气旋、冷空气爆发、海洋中尺度涡等天气尺度过程的热通量精细结构及其对气候尺度热量平衡的影响。这里，我们重点阐述热带气旋和冷空气爆发过程对海气热通量异常的影响。

4.1 热带气旋与海气热通量异常

热带气旋是发生在热带海洋上的气旋式涡旋，是典型的极端天气过程。在太平洋上达到一定强度的热带气旋被称为台风，是人类社会中灾难性的天气过程。在气旋过境期间，太阳辐射减少和湍流热通量增强的综合效应使上层海洋冷却，导致海表出现冷尾流[34-37]。冷尾流起到了负反馈的作用，亦可调节气旋的强度。在 Lin 等[38]的研究中，24 小时之内热带气旋 Nargis(2008)在孟加拉湾从较弱的 1 级风暴迅速增强为强烈的 4 级风暴(图 6)，造成超过 13 万人死亡等巨大的生命和财产损失[39]。支持该快速增强的发展机制是孟加拉湾的海洋次表层预先存在的一个暖异常，湍流热通量增加了近 300%。在没有暖异常的情况下，热通量明显较低，难以支持观测到的热带气旋快速增强。因此，研究气旋通过期间的极端通量对路径和强度预报也具有重大意义[38,40]。

目前，热带气旋强度预报仍然是海洋科学领域发展的重点和难点，因为其强度变化不仅与复杂的大气涡动力学和热力学有关，还与海洋-大气相互作用密切相关[36,38,41-44]。然而，由于长期缺乏极端天气条件下的现场观测记录，对热带气旋期间海气净热通量(Q_{NET})变化和热通量分量贡献的理解仍然较少[15,36]。Song 等[31]研究了数据稀少的印度洋东南部经过白龙浮标(115.2°E，16.9°S)与季节内振荡相关的三个热带气旋过程(图 7)。气旋过境期间，最典型特征是 Q_{NET} 的昼夜循环受到广泛抑制，白天(夜间)平均减少 470(131)W/m^2，中午最大减少量约为 695 W/m^2，在气旋 Riley 期间急剧下降了 800 W/m^2。在气旋过境期间，海表冷却(Q_{NET} 大范围下降)的主要原因是云量增加导致的太阳辐射的减少(白天平均减少量为 370 W/m^2)。其次，在近中性的边界层条件下，由于风速增加(白天/夜间增加量为 8/10 m/s)，湍流热通量显著增加了约 151 W/m^2；日平均降雨造成的热损失为 8 W/m^2，最大值为气旋 Riley 过境期间的 90 W/m^2。

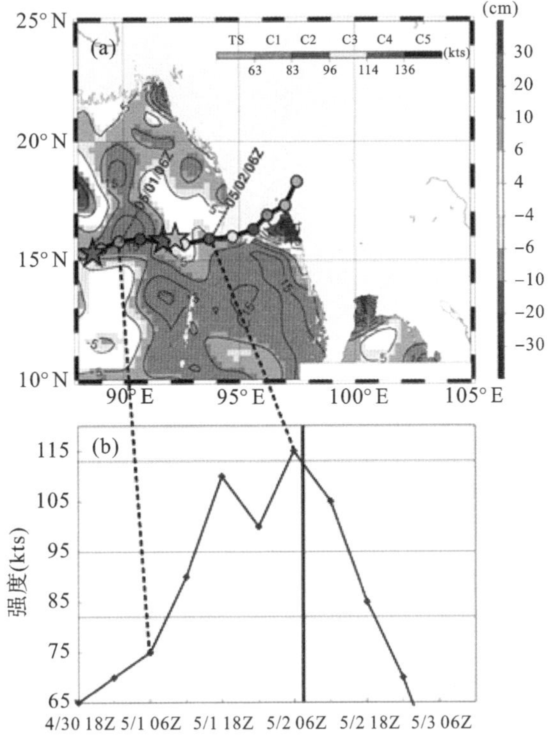

图 6　(a)2008 年 4 月 29 日，卫星观测的孟加拉湾海面高度异常。带有彩色圆环的黑线为热带气旋 Nargis 的轨迹和强度(Saffir-Simpson 标度)。现场 Argo/GTSPP 剖面的位置分别用紫色/绿色星星表示。(b)热带气旋 Nargis 强度的时间序列，强度单位为 kts(1 分钟最大持续风)(引自参考文献[38])

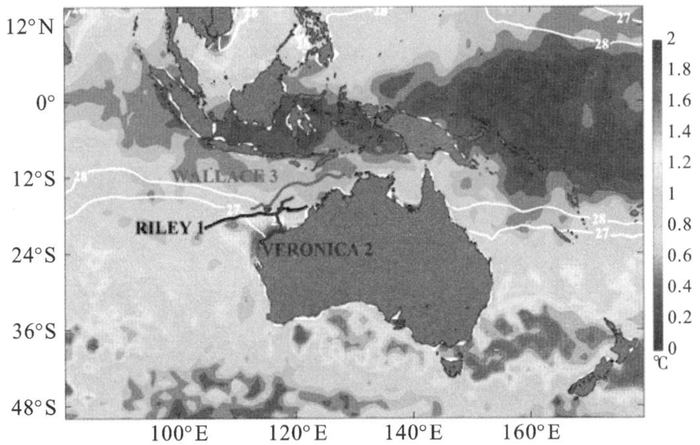

图 7　浮标(褐色点)位于印度洋东南部(澳大利亚西北海岸外)。彩色背景是 2018 年 11 月至 2019 年 5 月基于 OAFlux(OISST)的每日海表面温度标准差。白色等值线是平均海表面温度。基于 IBTrACS 的气旋 Riley(TC1)、Veronica(TC2)和 Wallace(TC3)的轨迹也通过不同颜色的粗曲线显示(引自参考文献[31])

浮标观测是获取近实时海气物理参数和估算气旋过境期间通量变化的主要手段。由于热带气旋事件较为稀少，并且通常需要投入大量的浮标资源，这对浮标的耐用性和成本提出了较高的要求。Xie 等[45]（已投稿至 *Fundamental Research*）运用一种新型漂流式海气界面浮标（Drifting air-sea Interface Buoy，DrIB）的现场观测数据，研究了南海北部热带气旋 Barijat 期间的极端湍流热通量变化（图 8）。相比于传统的海气浮标（如白龙浮标），DrIBs 的主要优点是成本低、部署和维护简单（图 9）。其中，潜热和感热的最大增加值分别为 258.8 W/m² 和 68.1 W/m²，而最大值分别为 329.9 W/m² 和 70.9 W/m²。在近中性边界层条件下，影响小时级潜热异常的主要机制是风的影响；而影响小时级感热异常除了风速异常，海气温差异常也扮演着主要作用。该研究指出需要更丰富的海气基本变量观测来完善再分析通量产品，尤其要重视温度项和相对湿度项的改善，以推进热通量估算全球平衡问题的解决。

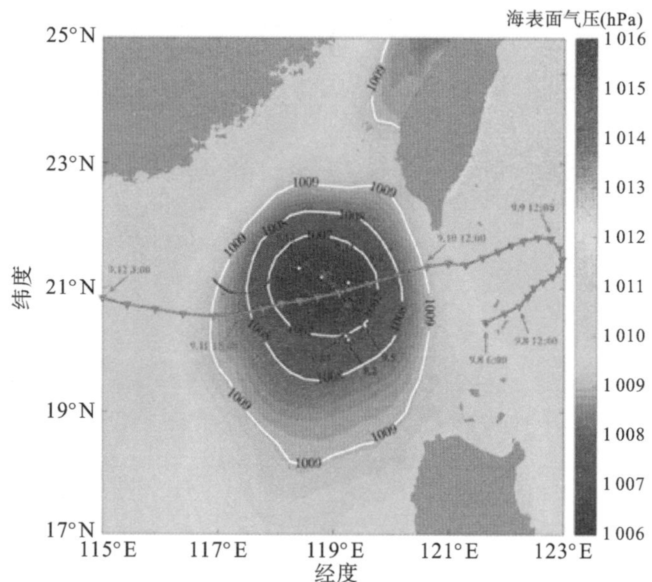

图 8　热带气旋 Barijat（带三角形的橙色曲线）和 DrIB（红点）的观测轨迹。轨迹上为时刻（月、日、小时）。彩色背景表示 2018 年 9 月 11 日 0:00 来自 ERA5 的海表面气压（单位：hPa），等高线间隔为 1 hPa。粗白色实线代表了热带气旋 Barijat 的中心（引自参考文献[45]）

图 9　DrIB(a)和白龙浮标(b)现场工作示意图

4.2 冷空气爆发与海气热通量异常

冷空气爆发(Cold-Air Outbreak)事件是由来自极地的冷性气团向赤道方向快速移动形成的。冷空气爆发对海洋的一个重要的影响是通过海气湍流热通量这个热力学过程来实现的,因此,研究冷空气爆发期间海气湍流热通量与海洋上混合层的变化、对认识中高纬度海洋和大气的热量传递及气候系统平衡具有重要的意义。

冷空气爆发期间,由于海气温差变大,导致下垫面海洋的大量热损失[46-48]。研究指出,冷空气爆发是中纬度和极地地区之间经向热交换的重要组成部分[49]。根据飞机测量[50]和模式研究发现[48],在北冰洋的北欧海域,冷空气爆发期间的海气感热通量和潜热通量可超过 500 W/m^2,占冬季海洋热损失的 60%～80%[51](图 10)。而在南半球,Papritz 等[52]发现,南大洋海气湍流热通量(潜热通量和感热通量)的季节性和强度受到冷空气爆发的强烈控制,在南大洋冬季,冷空气爆发是海冰边缘净湍流热通量的主要贡献者,南大洋的冷空气爆发占了向上感热通量和潜热通量的近 2/3。

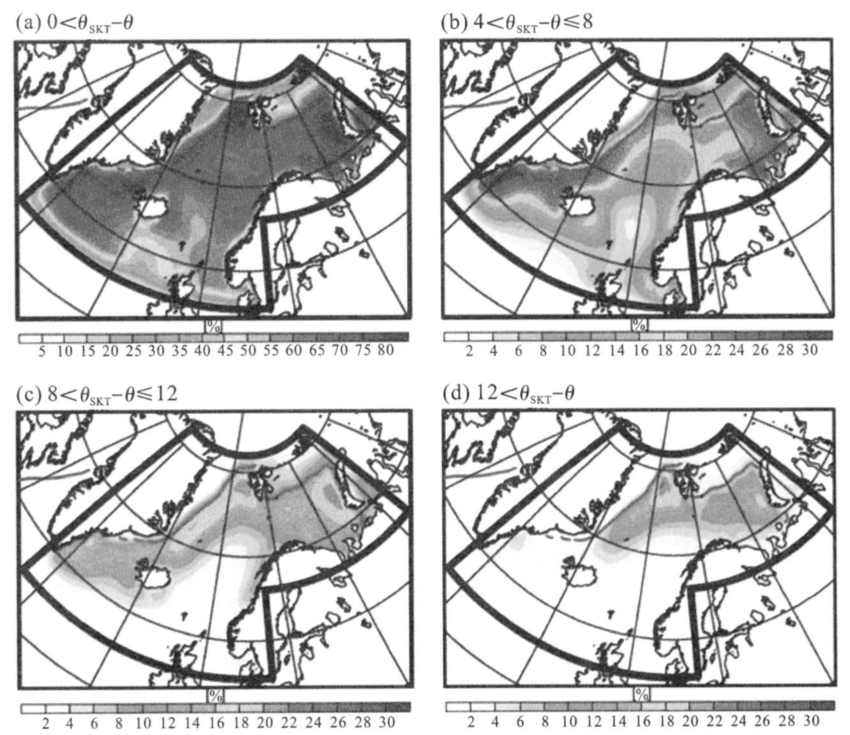

图 10 冷空气爆发期间海气湍流热通量(感热和潜热)百分比:(a)所有冷空气爆发;(b)～(d)为中等至非常强冷空气爆发。灰色等值线显示了平均海冰边界(50%海冰浓度)(引自参考文献[51])

研究指出，冷空气爆发是导致西边界流海域强烈海洋-大气相互作用的一个重要因素[53]。从气候学角度看，在冬季，从海洋到大气的最大感热和潜热转移发生在美国东海岸，沿着墨西哥湾流海面温度锋分布[54,55]。这些转移的很大一部分发生在冷空气爆发阶段。随着寒冷、干燥的北极空气从大陆流出，并流过温暖的墨西哥湾流，瞬时传输速率可能会超过气候数值几倍[56]。Dee 等[57]通过分析欧洲中期天气预报中心数据(ECMWF)，研究了中高纬度南太平洋的年际季节平均湍流热通量及其年际变化，在靠近海冰边缘的两个区域(罗斯海与阿蒙森海)，冬季从海洋进入大气的湍流热通量特别大，指出冷空气爆发对冬季平均通量的空间分布至关重要，与 Kolstad[58]研究的冷空气爆发特征大致相同。

通过美国东海岸墨西哥湾流上空的测量结果显示，冷空气爆发期间产生的巨大的感热通量和潜热通量这两者的贡献几乎相等[59]。但是，有研究发现，在拉布拉多海海冰边缘附近的冷空气爆发期间感热通量约为潜热通量的 5 倍[47]，同时有学者[60]在南极罗斯海西部的冰间湖上发现了强度相似、感热通量与潜热通量比率可比的通量。另外，Papritz 和 Pfahl[61]研究显示，在没有潜热通量的情况下，感热通量对冷空气团侵蚀的影响很小，感热通量对动力活跃区冷空气团侵蚀的强化是一种协同效应，需要潜热通量的增湿，海洋表面潜热通量对冷空气团的增湿以及随后潜热的释放是冷空气团快速被侵蚀的先决条件。

5 海洋中尺度涡与海气热通量变化

海洋中尺度涡在全球热量、盐度和动量平衡中扮演着关键角色，影响海洋动力过程和热通量[62-66]。图 11 显示全球海气湍流热通量变化最显著的区域并非平均值最大区域，而是海洋中尺度涡活动最强的西边界流及延伸体和南极绕极流区域。海洋中尺度涡过程影响海气热通量在局部海区，如南大西洋[67]和南中国海等[68]已有部分研究，但海洋中尺度涡如何影响海气热通量变化并贡献于全球热通量平衡尚不十分清晰。同时，热带气旋和冷空气爆发都会引起海洋释放的热通量显著增加，并冷却上层海洋，但上述大气过程如何与海洋中尺度过程相互作用从而影响全球热通量平衡依旧悬而未决，因此，厘清海洋中尺度过程如何影响海气热通量变化，对理解全球海气热通量 10～20 W/m^2 的不平衡具有潜在的科学价值。

基于每日卫星高度计数据，Villas Bôas 等[67]估计了与中尺度过程相关的潜热和感热变化，研究了中尺度海洋涡旋对南大西洋中潜热和感热的影响。从图 12 中可看出，在 30°S 以南，特别是巴西-马尔维纳斯汇流区(BMC，框 1)和厄加勒斯流反射区(AGR，框

2)区域附近，气旋和反气旋频率为 50%～70%。在该区域内中尺度引起的湍流热通量的变化统计如表 1 和图 13 所示。平均而言，与中尺度相关的海气湍流热通量的量级小于 10 W/m²。然而，这里面仍有许多悬而未决的问题。例如，一方面，西边界流延伸体区域和南极绕极流等中尺度涡活动较强区域的热通量变化量级和机理仍需系统研究；另一方面，虽然极端天气过程如热带气旋和冷空气爆发可引起海表冷却已经在科学上初步证实和量化，但如何与中尺度涡相互作用，从而影响全球海气热通量平衡仍需开展研究。与此同时，次中尺度过程中如何体现海气湍流通量的变化过程与反馈依旧需要借助更精细的观测来刻画。

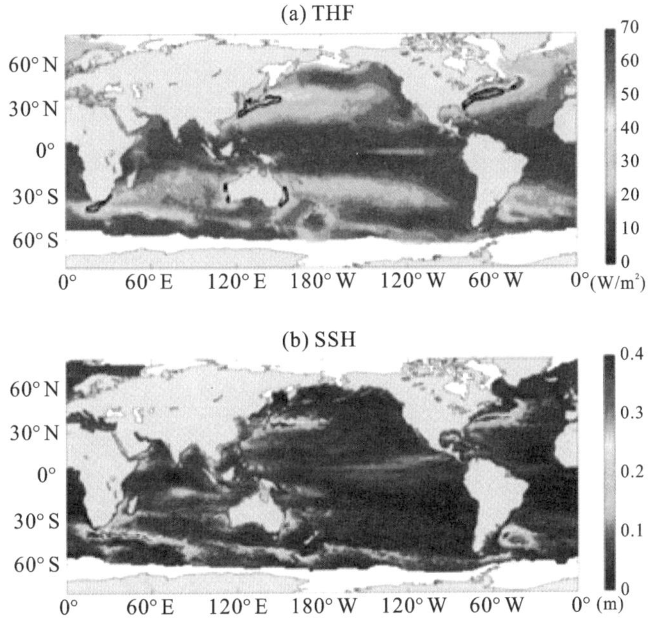

图 11　(a)基于 OAFlux 的全球海气湍流热通量异常(单位：W/m²)；(b)基于 AVISO 的海表面高度异常(单位：m)标准差全球分布。图(a)中黑色实线为热通量 20 年气候态年平均 220 W/m² 等值线，正值表示海洋失热

表 1　在 BMC 和 AGR 区域观察到的反气旋(气旋)涡旋引起潜热和感热异常的最大(最小)值及标准差(年范围指的是原始热通量数据的月平均值的最小值和最大值)

	潜热		感热	
	BMC	AGR	BMC	AGR
反气旋(W/m²)	19.2±5	20.8±8	11.6±6	11.5±5
气旋(W/m²)	−14.2±6	−19.4±7	−8.9±2.5	−10.5±3.4
年范围(W/m²)	55～93	112～138	7～37	30～50

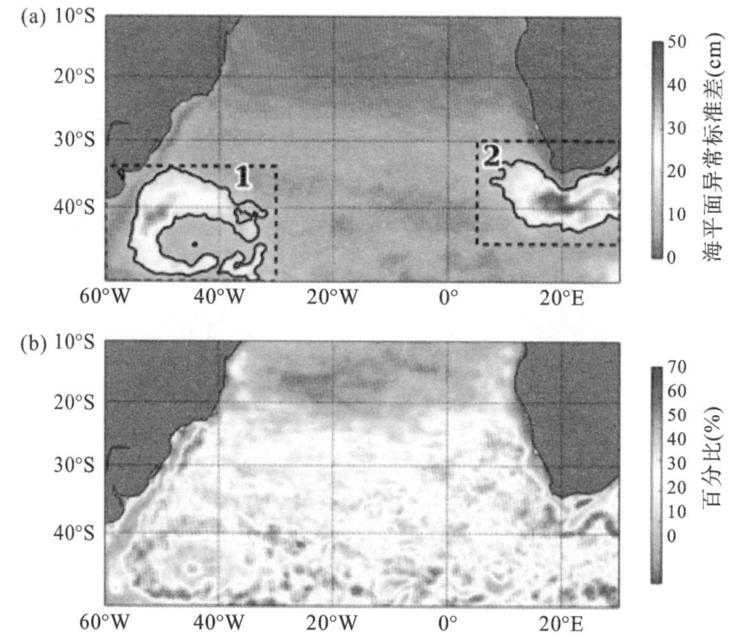

图 12 (a)海平面异常(SLA)的标准差。黑色实线表示 15 cm 海表面高度异常等值线。虚线框界定了巴西-马尔维纳斯汇流区(BMC,框 1)和厄加勒斯流反射区(AGR,框 2)。(b)中尺度涡频率,表示整个时间序列中每个网格点位于涡内的时间百分比(引自参考文献[67])

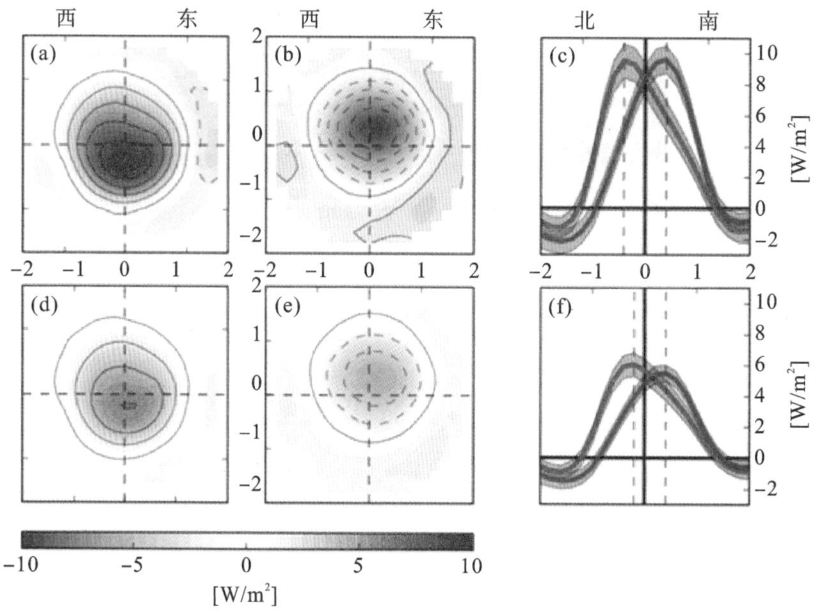

图 13 反气旋涡((a),(d))和气旋涡((b),(e))分别对应的潜热((a),(b))和感热((d),(e))异常合成图(等值线间隔为 2 W/m²)。图(c)和(f)为潜热和感热异常绝对值的经向截面,其中,置信区间为阴影中平均值的一个标准差(引自参考文献[67])

6 展望

目前海气热通量研究现状的主要特点是：研究方法和观测技术相对成熟，而研究瓶颈和突破难度相对较大，故热通量领域的认知提升亟待在研究创新性上有所建树。我们建议在未来工作中，应围绕“全球海气热通量依旧不平衡到底是参数化问题还是物理问题”的关键科学问题，在算法提升和机理认知两个方面开展研究工作：一是从湍流通量封闭方程分析解的物理缺陷入手，针对全球热通量仍不平衡这一关键科学问题，重新审视并评估20世纪70年代末至今的参数化体系，利用最新分钟级至小时级海气界面物理量观测，开展参数化方案提升工作；二是从海洋（次）中尺度涡过程引起海气热通量的变化机理入手，关注海洋中尺度过程本身以及与极端天气过程（热带气旋＋冷空气）的相互作用和反馈机理对全球海气热通量平衡的贡献和影响。

在参数化提升方面，应利用新观测，开展新比对并完善新方案。开展多源高精度海气热通量观测，包括但不限于直接湍流脉动观测，浮标、波浪滑翔器和漂流式海气浮标观测等，开展观测质量控制工作，为海气热通量参数化评估和发展新方案打好基础。同时，基于多源观测数据积累，重新审视包括Louis79湍流通量方案[69]、块体公式（如COARE 3.0）等，诊断不同方案在全球能量不平衡中的贡献。重审Webb修正和降水冷却等由于边界层物理过程而引起的量级虽小，但从全球能量平衡角度无法忽略的热通量过程，为认知能量平衡提供参考依据。未来工作中，应该基于海气边界层新观测，构建不同边界层条件下海气热通量算法的评估体系，提出一种可用于海气耦合模式发展得更符合海气边界层物理特征的可行性方案。

在中小尺度海气热通量变化方面，关注中尺度海气热量交换与全球海气热量平衡，主要包括海洋中小尺度过程引起海面温度结构变化导致湍流热通量的变化过程，构建海洋中小尺度过程中海气热通量主要分量变化及相关物理量的统计特征，刻画中尺度涡引起各分量的物理特征和变化机理。从全球角度量化两种极端天气过程的“冷却累计效应”在全球能量不平衡中（10～20 W/m^2）的调制作用，以及在以上两个过程基础之上，从海气反馈机理层面入手[70]，开展中小尺度和极端天气过程相互作用对热通量的影响机理研究及对全球能量平衡的影响，从热通量变化机制层面，为全球海气热量不平衡这一难题寻找合理的物理解释。

致谢

本文图2有幸得到美国伍兹霍尔海洋研究所黄瑞新教授帮助；相关研究工作得到国家自然科学基金的支持（项目号：42122040，42076016）。一并致谢。谨以此文庆贺母校中国海洋大学百年华诞。

参考文献

[1] Rossby C. The Atmosphere and Sea in Motion[M]. New York: Oxford University Press, 1959.

[2] Hansen J, Nazarenko L, Ruedyand R, et al. Earth's energy imbalance: Confirmation and implications[J]. Science, 2005, 308(5727): 1431-1425.

[3] Levitus S, Antonov J I, Boyer T P, et al. Warming of the world ocean[J]. Science, 2000, 287(5461): 2225-2229.

[4] Levitus S, Antonov J I, Wang J, et al. Anthropogenic warming of Earth's climate system[J]. Science, 2001, 292(5515): 267-270.

[5] Levitus S, Antonov J I, Boyer T P. Warming of the world ocean, 1955—2003[J]. Geophys Res Lett, 2005, 32(2): L02604.

[6] Gille S T. Warming of the Southern Ocean since the 1950s[J]. Science, 2002, 295(5558): 1275-1277.

[7] Willis J K, Roemmich D, Cornuelle B. Interannual variability in upper ocean heat content, temperature and thermosteric expansion on global scales[J]. J Geophys Res, 2004, 109(C12): C12036.

[8] Cheng L, Abraham J, Hausfather Z, et al. How fast are the oceans warming? [J]. Science, 2019, 363(6423): 128-129.

[9] Huang R. Real freshwater flux as a natural boundary condition for the salinity balance and the thermohaline circulation forced by evaporation and precipitation[J]. J Phys Oceanogr, 1993, 23(11): 2428-2446.

[10] Pierce D W, Barnett T P, Mikolajewicz U. The competing roles of heat and freshwater flux in forcing thermohaline oscillations[J]. J Phys Oceanogr, 1995, 25(9): 2046-2064.

[11] Yu L, Weller R A. Objectively Analyzed air-sea heat Fluxes for the global ice-free oceans (1981—2005)[J]. Bull Ameri Meteor Soc, 2007, 88(4): 527-539.

[12] Yu L. Global air-sea fluxes of heat, fresh water, and momentum: energy budget closure and unanswered questions[J]. Annu Rev Mar Sci, 2019, 11: 227-248.

[13] Kiehl J T, Trenberth K E. Earth's annual global mean energy budget[J]. Bull Amer Meteor Soc, 1997, 78(2): 197-208.

[14] Trenberth K E, Fasullo J T, Kiehl J. Earth's global energy budget[J]. Bull Amer Meteor Soc, 2009, 90(3): 311-323.

[15] Cronin M F, Gentemann C L, Edson J, et al. Air-sea fluxes with a focus on heat and momentum[J]. Front Mar Sci, 2019, 6: 430.

[16] Wang C, Zhang L, Lee S, et al. A global perspective on CMIP5 climate model biases[J]. Nat Climate Change, 2014, 4: 201-205.

[17] Song X. Explaining the zonal asymmetry in the air-sea net heat flux climatology over the

Antarctic Circumpolar Current[J]. J Geophys Res Oceans，2020，125(6)：e2020JC016215.

[18] Song X，Yu L. How much net surface heat flux should go into the Western Pacific Warm Pool? [J]. J Geophys Res Oceans，2013，118(7)：3569-3585.

[19] Song X，Yu L. Air-Sea heat flux climatologies in the Mediterranean Sea：Surface energy balance and its consistency with ocean heat storage[J]. J Geophys Res Oceans，2017，122(5)：4068-4087.

[20] Czaja A，Marshall J. Why is there net surface heating over the Antarctic Circumpolar Current? [J]. Ocean Dyn，2015，65：751-760.

[21] Boer G J. Climate change and the regulation of the surface moisture and energy budgets[J]. Climate Dyn，1993，8：225-239.

[22] Allen M R，Ingram W J. Constraints on future changes in climate and the hydrologic cycle[J]. Nature，2002，419：224-232.

[23] Held I M，Soden B J. Robust responses of the hydrological cycle to global warming[J]. J Climate，2006，19(21)：5686-5699.

[24] Song X，Yu L. High-latitude contributions to global air-sea sensible heat flux[J]. J Climate，2012，25(10)：3515-3531.

[25] Madden R A，Julian P R. Detection of a 40-50 day oscillation in the zonal wind in the tropical Pacific[J]. J Atmos Sci，1971，28(5)：702-708.

[26] Madden R A，Julian P R. Description of global-scale circulation cells in the tropics with a 40-50 day period[J]. J Atmos Sci，1972，29(6)：1109-1123.

[27] Hendon H H，Salby M. The life cycle of the Madden-Julian oscillation[J]. J Atmos Sci，1994，51(15)：2225-2237.

[28] Zhang C. Madden-Julian oscillation[J]. Rev Geophys，2005，43(2)：RG2003.

[29] DeMott C A，Klingaman N P，Woolnough S J. Atmosphere-ocean coupled processes in the Madden-Julian Oscillation[J]. Rev Geophys，2015，53(4)：1099-1154.

[30] Freitag H P，Ning C，Berk P，et al. ATLAS，T-Flux，Bailong Meteorological sensor comparison test report[R]. NOAA Tech Memo OAR PMEL-148，2016.

[31] Song X，Ning C，Duan Y，et al. Observed extreme air-sea heat flux variations during three tropical cyclones in the tropical southeastern Indian Ocean[J]. J Climate，2021，34(9)：3683-3705.

[32] Song X. The importance of including sea surface current when estimating air-sea turbulent heat fluxes and wind stress in the Gulf Stream region[J]. J Atmos Oceanic Technol，2021，38(1)：119-138.

[33] Clayson C A，Edson J B. Diurnal surface flux variability over western boundary currents[J]. Geophys Res Lett，2019，46(15)：9174-9182.

[34] Fisher E L. Hurricanes and the sea-surface temperature field[J]. J Meteor，1958，15(3)：328-333.

[35] Price J F. Upper ocean response to a hurricane[J]. J Phys Oceanogr，1981，11(2)：153-175.

[36] Emanuel K. Contribution of tropical cyclones to meridional heat transport by the oceans[J]. J Geophys Res, 2001, 106(D14): 14771-14781.

[37] D'Asaro E A, Sanford T B, Niiler P P, et al. Cold wake of Hurricane Frances[J]. Geophys Res Lett, 2007, 34: L15609.

[38] Lin I, Chen C, Pun I, et al. Warm ocean anomaly, air sea fluxes, and the rapid intensification of tropical cyclone Nargis (2008)[J]. Geophys Res Lett, 2009, 36(15): L03817.

[39] Webster P J. Myanmar's deadly daffodil[J]. Nat Geosci, 2008, 1: 488-490.

[40] Emanuel K. Sensitivity of tropical cyclones to surface exchange coefficients and a revised steady-state model incorporating eye dynamics[J]. J Atmos Sci, 1995, 52(22): 3969-3976.

[41] Emanuel K. An air-sea interaction theory for tropical cyclones. Part I: Steady-state maintenance [J]. J Atmos Sci, 1986, 43(6): 585-605.

[42] Emanuel K. Thermodynamic control of hurricane intensity[J]. Nature, 1999, 401: 665-669.

[43] Demaria M, Mainelli M, Shay L K, et al. Further improvements to the Statistical Hurricane Intensity Prediction Scheme (SHIPS)[J]. Weather Forecast, 2005, 20(4): 531-543.

[44] D'Asaro E A, Black P, Centurioni L, et al. Typhoon-ocean interaction in the western North Pacific: Part 1[J]. Oceanography, 2011, 24(4): 24-31.

[45] Xie X, Wei Z, Wang B, et al. Observed extreme air-sea turbulent fluxes during tropical cyclone Barijat using a newly designed drifting buoy (DrIB). Manuscript submitted to Fundamental Research, 2021.

[46] Brümmer B. Boundary layer mass, water, and heat budgets in wintertime cold-air outbreaks from the Arctic sea ice[J]. Mon Wea Rev, 1997, 125(8): 1824-1837.

[47] Renfrew I A, Moore G W K. An extreme cold-air outbreak over the Labrador Sea: Roll vortices and air-sea interaction[J]. Mon Wea Rev, 1999, 127(10): 2379-2394.

[48] Wacker U, Jayaraman Potty K V, Lüpkes C, et al. A case study on a polar cold air outbreak over Fram Strait using a mesoscale weather prediction model[J]. Bound-Layer Meteor, 2005, 117: 301-336.

[49] Pithan F, Svensson G, Caballero R, et al. Role of air-mass transformations in exchange between the Arctic and mid-latitudes[J]. Nature Geosci, 2018, 11: 805-812.

[50] Shapiro M A, Fedor L S, Hampel T. Research aircraft measurements of a polar low over the Norwegian Sea[J]. Tellus, 1987, 39(4): 272-306.

[51] Papritz L, Spengler T. A Lagrangian climatology of wintertime cold air outbreaks in the Irminger and Nordic Seas and their role in shaping air-sea heat fluxes[J]. J Climate, 2017, 30(8): 2717-2737.

[52] Papritz L, Pfahl S, Sodemann H, et al. A climatology of cold air outbreaks and their impact on air-sea heat fluxes in the high-latitude South Pacific[J]. J Climate, 2015, 28(1): 342-364.

[53] Iwasaki T, Shoji T, Kanno Y, et al. Isentropic analysis of polar cold airmass streams in the

Northern Hemispheric winter[J]. J Atmos Sci, 2014, 71(6): 2230-2243.

[54] Budyko M I. Climate and Life[M]. New York: Academic Press, 1974.

[55] Schmitt R W, Bogden P S, Dorman C E. Evaporation minus precipitation and density fluxes for the North Atlantic[J]. J Phys Oceanogr, 1989, 19(9): 1208-1221.

[56] Xue H, Bane J M, Goodman L M. Modification of the Gulf Stream through strong air-sea interactions in winter: Observations and numerical simulations[J]. J Phys Oceanogr, 1995, 25(4): 533-557.

[57] Dee D P, Uppala S M, Simmons A J, et al. The ERA-Interim reanalysis: Configuration and performance of the data assimilation system[J]. Quart J Roy Meteor Soc, 2011, 137(656): 553-597.

[58] Kolstad E W. A global climatology of favourable conditions for polar lows[J]. Quart J Roy Meteor Soc, 2011, 137(660): 1749-1761.

[59] Grossman R L, Betts A K. Air-sea interaction during an extreme cold air outbreak from the eastern coast of United States[J]. Mon Wea Rev, 1990, 118(2): 324-342.

[60] Knuth S L, Cassano J J. Estimating sensible and latent heat fluxes using the integral method from in situ aircraft measurements[J]. J Atmos Oceanic Technol, 2014, 31(9): 1964-1981.

[61] Papritz L, Pfahl S. Importance of latent heating in mesocyclones for the decay of cold air outbreaks: A numerical process study from the Pacific Sector of the Southern Ocean[J]. Mon Wea Rev, 2016, 144(1): 315-336.

[62] Olson D B. Rings in the ocean[J]. Annu Rev Earth Planet Sci, 1991, 19: 283-311.

[63] Wunsch C. Where do ocean eddy heat fluxes matter? [J]. J Geophys Res, 1999, 104(C6): 13, 235-13,249.

[64] Chelton D B, Xie S. Coupled ocean-atmosphere interaction at oceanic mesoscales [J]. Oceanography, 2010, 23(4): 52-69.

[65] Chelton D B, Schlax M G, Samelson R M. Global observations of nonlinear mesoscale eddies [J]. Prog Oceanogr, 2011, 91(2): 167-216.

[66] Zhang Z, Wang W, Qiu B. Oceanic mass transport by mesoscale eddies[J]. Science, 2014, 345 (6194): 322-324.

[67] Villas Bôas A B, Sato O T, Chaigneau A, et al. The signature of mesoscale eddies on the air-sea turbulent heat fluxes in the South Atlantic Ocean[J]. Geophys Res Lett, 2015, 42(6): 1856-1862.

[68] Liu Y, Yu L, Chen G. Characterization of sea surface temperature and air-sea heat flux anomalies associated with mesoscale eddies in the South China Sea[J]. J Geophys Res, 2020, 125(4): e2019JC015470.

[69] Louis J F. A parametric model of vertical eddy fluxes in the atmosphere[J]. Bound-Layer Meteor, 1979, 17: 187-202.

[70] Frankignoul C, Kestenare E. The surface heat flux feedback. Part I: Estimates from observations in the Atlantic and the North Pacific[J]. Climate Dyn, 2002, 19: 633-647.

海洋在全球热量经向输送和调整中的作用

杨海军[1*]　赵莹莹[2]　李　庆[3]

(1. 复旦大学大气与海洋科学系、大气科学研究院，上海市海洋-大气相互作用前沿科学研究基地，上海，200438)

(2. 青岛海洋科学与技术试点国家实验室，山东青岛，266237)

(3. 香港科技大学(广州)地球与海洋大气科学学院，广东广州，511458)

(*通讯作者：yanghj@fudan.edu.cn)

摘要　热带海洋是全球大气-海洋经向能量输送的主要能源供给中心。大气-海洋经向热量输送将低纬度海气系统的热量盈余带到中高纬度，从而维持了地球气候系统的热量平衡及其准平衡态。海洋与大气之间的能量交换决定了不同时空尺度的海洋-大气相互作用现象，海洋与大气的经向热量输送及其变化决定了不同纬度带之间、不同海盆之间、甚至南北半球之间的天气气候相互作用。本文详细回顾了我们在近十年来有关海洋经向热量输送研究领域的成果。在定量经向热量输送各个分量的贡献的基础上，重点介绍了我们提出的海洋对大气潜热能输送可以作为“海洋-大气耦合热量输送”的新观点；揭示了近赤道海域是潜热源头的物理本质；详细介绍了海洋-大气经向热量输送之间的补偿关系及其根本机制。海洋-大气经向热量输送之间的补偿理论是对气候动力学基础理论的突破，将过去相对独立的两个研究领域——物理海洋学与大气物理学有机地联系起来。本文还提出了一些尚未解决的有意义的科学问题。

关键词　海洋-大气经向热量输送；海洋-大气相互作用；地球气候系统；热量平衡

1　引言

热带海洋吸收了大量的太阳辐射，是全球大气-海洋经向能量输送的主要能源供给中心。热带海洋通过释放热量加热大气，促进了热带大气向两极的热量输送。大气运动又驱动上层海水运动，促进了热带海洋向两极的平流热量输送。大气-海洋经向热量输送将低纬度海气系统的热量盈余带到高纬度地区，弥补了中高纬度海气系统的热量亏损，从而维持了地球气候系统的热量平衡及其准平衡态。在这个过程当中，海洋与大气之间的能量交换与不同时空尺度的海洋-大气相互作用现象密切关联，海洋与大气的经向热量输送及其变化又决定了不同纬度带之间、不同海盆之间、甚至南北半球之间的天气与气候相互作用。一方面海洋的稳定性对全球能量平衡的稳定性做出了根本性的贡献，另一方面海洋的变化又会导致全球能量调整，从而造成长期气候变化。

海洋-大气总经向热量输送的一个最显著特征就是向两极的输送量是关于赤道非对称分布(图 1)。海气系统总经向热量输送可以通过积分大气层顶净辐射通量得到。大气层顶净辐射通量定义为向下的太阳短波辐射与向上的长波辐射之差。经向热量输送的准确估计直接依赖于对大气层顶进出辐射通量的精确观测，目前最可靠的观测给出的海气系统总经向热量输送大体关于赤道非对称，最大向极输送约发生在南北纬 35°，大小约为±5.5 PW(1 PW＝10^{15} W)(图 1)[1,2]。大气经向热量输送也可以根据辐射观测资料直接计算出来，海洋经向热量输送即为总热量输送与大气输送之差。也可以根据海面净热量通量计算海洋经向热量输送，大气热量输送为总热量输送减去海洋热量输送。大多数研究都用这种间接方法估计海洋-大气热量输送。这个方法假设大气层顶和地面的热量通量观测是准确的。总热量输送在大气和海洋中分配的大致图像是：南、北纬 30°向极，大气经向输送远大于海洋输送；在热带区域，越靠近赤道，海洋输送越占主导(图 1)。大气经向热量输送在 43°N 和 40°S 附近达到极大值，为 5.0±0.14 PW。在总经向热量输送最大值的南北纬 35°处，大气输送约占北(南)半球总输送的 78%(92%)。越往低纬度，海洋输送分量所占比例越大，在赤道附近超过了大气输送分量，其极值位于赤道以北 10°N，约为 2 PW。南半球的海洋向极输送要比北半球弱很多，主要因为南大西洋向赤道的热量输送减弱了海洋总的向南热量输送[2]。这种热量输送在大气和海洋中的分配特征也

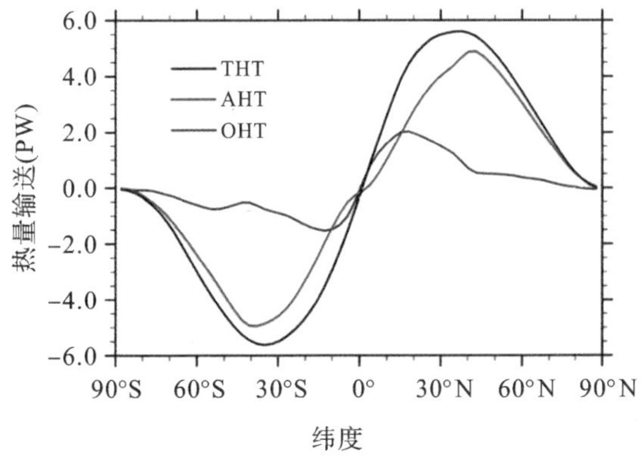

图 1　气候系统中经向热量输送的分布。黑色、红色、蓝色线分别代表总的、大气的、海洋的经向热量输送(引自参考文献[1])

是地球气候的一个强健特征。研究表明，即使在地质时间尺度上，即使海陆板块构造显著改变，甚或在一个陆地完全被水覆盖的星球上，这样的热量分配特征也不会有太大改变[3,4]。

海洋占据了地球表面积的71%且具有巨大的热容量，为什么在中高纬度海洋经向热量输送还远小于大气经向热量输送呢？从这个角度来说海洋似乎对全球能量平衡没有决定性贡献。因此，我们有必要弄清海洋的“真实”贡献。早期认为它占北半球总输送量的50%左右[5]，后来又认为它只占10%[1]。然而，因为大气热量输送的相当大部分是以潜热能输送的形式完成的，大气中水汽主要来源于海洋，所以归于大气的潜热能输送其实应该是海洋大气共同完成的。对大气质量输送的详细诊断表明，如果忽略水汽的贡献，中纬度大气热量输送将减少80%[3]。换而言之，如果没有海洋的水汽供应，中纬度干空气的热量输送将远远低于目前的数值。海洋实际上在目前观测到的中高纬度大气热量输送中扮演至关重要角色。

要深刻认识海洋在全球能量调整中的作用，就必须知道海洋通过什么过程完成热量输送以及海洋对大气输送的定量贡献。根据海洋运动的不同尺度，我们可以猜测海洋热量输送通过大尺度欧拉平均流、中尺度-天气尺度涡旋、混合层里的次中尺度涡旋以及更小尺度的耗散过程完成。那么，在全球各个不同大洋、不同海盆中，究竟欧拉平均流对应的热量输送占绝对主导，还是主要决定于涡旋活动及耗散过程？大气经向能量输送由干空气热量输送和潜热能输送两部分组成。由于潜热需要的水汽几乎完全由海洋来提供，因此大气经向潜热能输送是否可以认为是一个“海洋-大气”耦合模态？如果能的话，究竟该热量输送的分布特征与机制是什么？另外，通过海洋-大气之间相互作用，在大气和海洋经向热输送之间是否存在某种联系？本文将回顾围绕这三个气候动力学重要科学问题目前已经取得的研究成果，并指出研究中揭示的新成果和提出的新问题。

2　海洋经向热量输送各个分量的定量估计

对海洋-大气各个分量贡献的定量估计可以通过时空高分辨率的海气耦合模式来实现。首先我们可以得到各个海盆的经圈翻转流(图2)。太平洋-印度洋海盆展现出关于赤道对称的主要由风驱动的副热带经圈环流(图2(a))，其对称性主要由南北半球副热带基本对称的风场决定，即热带东风带配合副热带西风带。副热带海洋经圈环流最大值约为30 Sv，深度在500 m以浅，南北范围为35°S～35°N。这表明其对应的经向热量主要是由上层海水水平运动完成的，而且不会对中高纬度的海气系统有直接影响。大西洋海盆经圈环流即我们常说的AMOC，明显与太平洋不同，它由风导致的上层副热带经圈环流和跨越南北半球的热盐环流两部分组成(图 2(b))。AMOC 的最大值约为 20 Sv,位于 40°N 的海洋中层深度(1 000～2 000 m),主要因为北大西洋高纬度强对流形成的深水运动。这种环流结构表明大西洋经向热量输送主要由 4 000 m 以浅的海水完成,能够将热量从南半球一致向北输送到北半球中高纬度,影响极地纬度的海洋-大气相互作用。因此,AMOC 在南北半球气候相互作用中扮演了一个至关重要的角色。

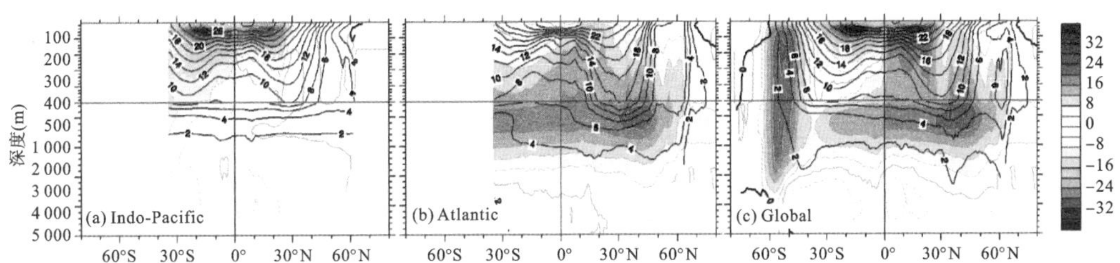

图 2　气候态海洋经圈环流(填色,单位:Sv)和位温(黑色等值线,单位:℃)。(a)太平洋-印度洋海盆,(b)大西洋海盆,(c)全球海洋(引自参考文献[6])

从全球海洋经圈环流上我们还可以看见南大洋海域深厚的 Deacon 环流(40°S～60°S)(图 2(c))。Deacon 环流强度最大值可以超过 30 Sv,并且可以从海面一直向下延伸到 4 000 m 的深度。Deacon 环流基本被限制在南极绕极流区域,其对净海水经向质量输送和热量输送的贡献很小[7]。图 2 中的温度场也清晰显现了热带上层海洋强温跃层、副热带潜沉区以及中高纬度北大西洋的深水形成区。

事实上,我们能够"看见"的海洋经圈翻转流是大尺度欧拉平均环流、从天气尺度到小尺度海洋涡旋活动引起的海水质量输送等联合作用的"剩余"(residual)环流(图 3)。这些分量涉及的具体物理过程前人已有详细研究[8,9]。我们看见平均经圈环流中的 Deacon 环流(图 3(b))可以在相当大程度上被中尺度涡旋运动(图 3(c))所抵消,后者主要是由于强的经向密度梯度引起的[10],主要在南极绕极流区域最强,北半球副热带潜沉区(40°N)也略有所现(图 3(c))。次中尺度涡旋活动主要发生在混合层,其引起的海水质量输送有对混合层"再层化"的作用[9],但是其强度只有平均欧拉环流的 10%左右,因此,在很多情况下可以很安全地忽略其对经向热量输送的贡献。

海洋总经向热量输送可以分解为平均环流、中尺度涡旋、次中尺度涡旋和耗散热量输送(图 4)。具体的分解方法和计算公式可以参考文献[6]。很显然,平均环流热量输送占据绝对主导地位,中尺度涡旋热量输送和耗散引起的热量输送在南大洋 30°S～60°S 纬带非常显著,事实上这两个过程决定了南半球中高纬度的热量输送方向。目前还没有观测资料来正确表述混合层次中尺度涡旋热量输送,在此暂忽略不计。由于南大洋中纬度强劲的西风驱动了强的向北的 Ekman 输送,导致 40°S～50°S 之间的欧拉平均环流将热量向赤道方向输送,其输送量达到0.3PW左右(图4(a))。多亏了中尺度涡旋和小尺度

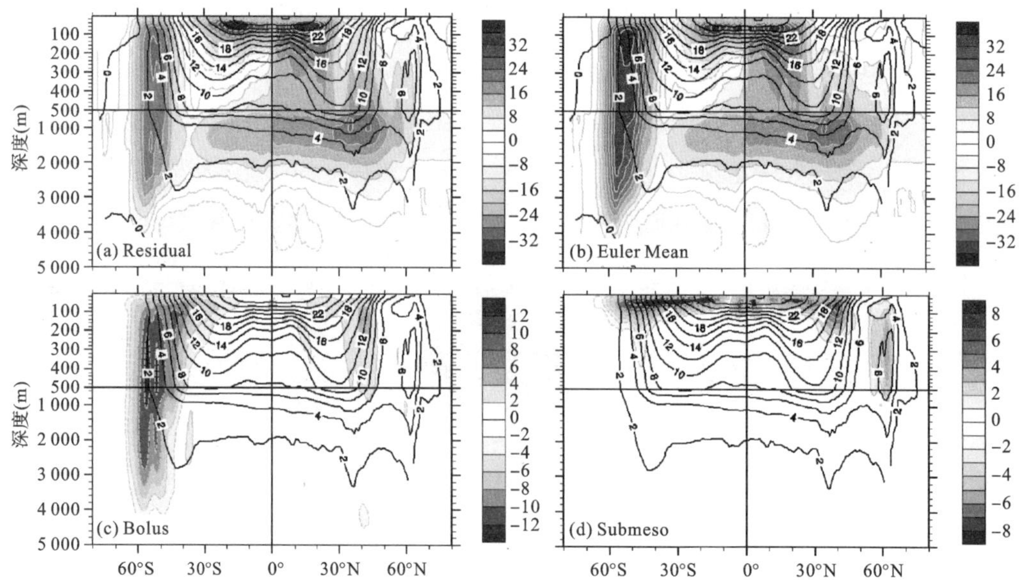

图 3 全球海洋气候平均经圈环流(填色,单位:Sv)和位温(黑色等值线,单位:℃)。(a)剩余环流;(b)欧拉平均环流;(c)中尺度涡旋引起的经圈质量流函数;(d)混合层中次中尺度混合过程引起的经圈质量流函数(引自参考文献[6])

湍流耗散的作用(二者的贡献分别为−0.3 PW和−0.4 PW),才避免了热量逆温度梯度方向的输送。在太平洋-印度洋的热带-副热带海盆(图4(b)),中尺度涡旋和耗散能量输送也都可以达到0.1 PW的量级。在大西洋海盆(图4(c)),这二者的贡献仅在北大西洋中纬度比较明显(0.1 PW),在其他海域可以忽略。总而言之,北半球向极热量输送几乎完全靠欧拉平均环流完成,而南半球的向极热量输送依靠平均环流、中尺度涡旋、耗散过程三者接力完成。

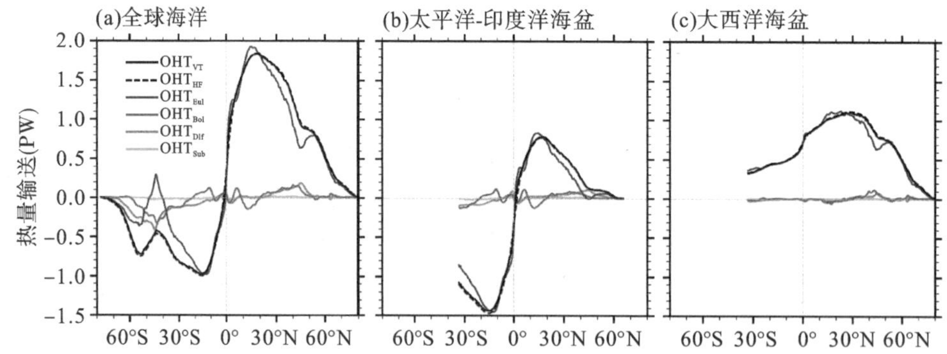

图 4 海洋经向热量输送及其各个分量(单位:PW)。(a)全球海洋;(b)太平洋-印度洋海盆;(c)大西洋海盆。黑色实线和虚线分别代表利用VT直接计算和利用海面净热量通量计算的海盆总经向热量输送,蓝线代表欧拉平均热量输送,红线表示中尺度涡旋热量输送,橙线表示混合层次中尺度涡旋热量输送,绿线代表经向热量耗散(引自参考文献[6])

全球海洋经向热量输送显现出明显的南北半球不对称的结构(图 4(a)),北半球向北热量输送的极值约为 1.8 PW,明显大于南半球向极热量输送极值 1.0 PW。这种结构归因于印度洋海盆和大西洋海盆的热量输送不对称。印度洋向南的热量输送极值约为 0.5 PW(图 4(b)),导致印度洋-太平洋海盆向南的热量输送大于向北的热量输送。大西洋海盆热量输送一致向北(图 4(c)),其在南半球约为 0.4 PW,大体可以抵消印度洋的向南输送,其在北半球向北的热量输送最大值超过了 1.0 PW,是太平洋向北热量输送的 2 倍左右,这也最终导致了全球海洋向北的热量输送远超向南的热量输送,呈现出明显的南北不对称。这里甚至可以说,从能量输送的角度上来看,南北半球海洋之间的相互作用主要通过 AMOC,而赤道-副热带海盆之间的相互作用主要通过太平洋-印度洋的浅层副热带经圈翻转流。因此,从经向热量输送结构上可以看出,不同海盆在不同时间尺度全球能量变化中扮演的角色,风生环流对应的是年际-年代际时间尺度,而热盐环流对应了年代际以上的时间尺度。

图 5 定量总结了风生环流和热盐环流对全球海洋热量输送的贡献。风生环流主要涉及海洋上层 500 m 深度,所以可称为上层暖环流;热盐环流涉及 3 000～4 000 m 深的深水,可称为深层冷环流,在温度坐标系下冷暖环流可以明显分离,不能完全分离的部分称为混合环流[6]。北半球太平洋风生环流承担了 30%～40%的经向热量输送(0～30°N)。北半球大西洋承担了热带地区 20%和中高纬度地区 70%～80%的经向热量输送。南半球太平洋-印度洋风生环流承担了 120%的向南经向热量输送,其中 20%被南半球大西洋热盐环流向北热量输送抵消。还有 30%的向北热量输送是由大西洋风生环流完成的。总而言之,热带地区的经向热量输送决定于风生环流,由 500 m 以浅的海水完成;中-高纬度热量输送由风生环流和热盐环流共同完成,决定于 3℃～10℃、500～2 500 m 的海水!

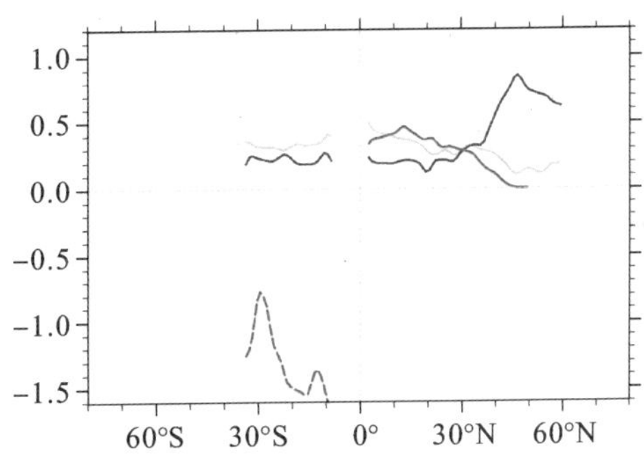

图 5 海洋冷暖环流在总经向热量输送中的贡献比例(单位:100%)。红色实线表示北太平洋风生环流的贡献,红色虚线表示南太平洋-印度洋风生环流的贡献,蓝色实线代表大西洋热盐环流的贡献,灰色实线代表冷-暖混合环流的贡献(引自参考文献[6])

3 海洋对大气经向热量输送的贡献

海洋对大气热量输送的贡献是本节要阐述的第二个重要问题。这里还是要先讨论大气热量输送的组成。大气经向能量输送又称为湿静力能(Moist Static Energy,MSE)输送,后者由干空气静力能(Dry Static Energy,DSE)和潜热能(Latent Energy,LE)组成。热带地区(30°S~30°N)200 hPa 以下,由于大量的水汽潜热释放,大气 MSE 几乎是均匀的(图 6(a))。DSE 与 MSE 的差别体现了水汽对热带加热的贡献,800 hPa 以下加热的贡献超过了 30 K,750 hPa 以上的贡献也超过 10 K。热带水汽几乎完全是由热带海洋提供的,对低层大气来说海洋的贡献大概是 10 g/kg。水汽对大气位温的影响随着高度和纬度增加逐渐减弱。

在对流层低层,水汽向赤道辐合,从而导致强烈的深对流及大量潜热释放。这里我们特别要指出,尽管水汽输送质量只有大气总质量的 1%,但是包含水汽的湿大气在热量输送方面比干空气高效 100 倍以上。1 kg 水汽相变可以释放 2.5×10^6 J 的能量,而 1 kg 干空气在降温 10℃的情况下只能释放 10^4 J 的能量。这就是为什么大气潜热能输送在气候系统中非常重要的原因。在热带地区,水汽输送主要由平均环流——Hadley 环流来完成,而在热带外地区(25°S~25°N),它主要由大气涡旋活动来完成。热带地区的平均水汽输送与热带外的涡旋水汽输送方向相反,并且前者远小于后者(图 6(b))。

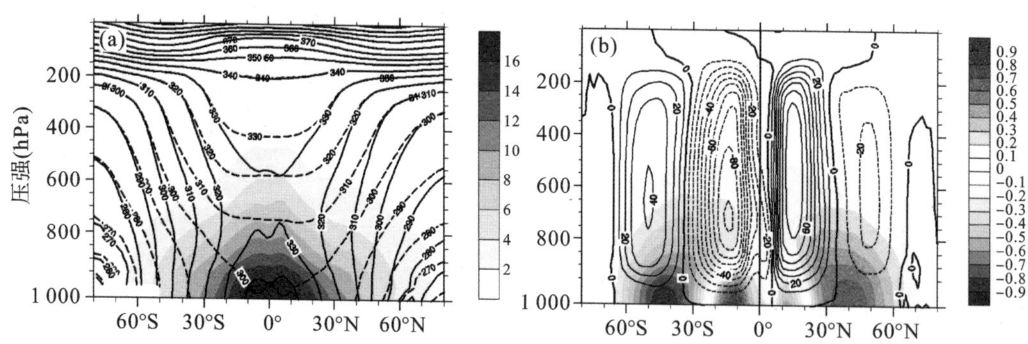

图 6 (a)气候态大气湿静力能(黑色虚线,单位:K)、干空气位能(黑色实线)和比湿(填色,单位:g/kg)的纬度-高度分布。(b)气候态大气经圈质量输送(等值线,单位:Sv,1 Sv=10^9 kg/s)和水汽输送(填色,单位:10^9 kg/s)(引自参考文献[6])

中纬度的大气潜热能输送极值约位于 40°N/45°S,大小约为 2 PW,占大气总经向能量输送的 40%~50%(图 7(a)),这清晰表明了水汽在地球热量平衡中的关键角色。中纬度潜热能输送主要是由大气平均环流与瞬变涡旋共同完成的(图 7(b))。涡旋潜热能输送总是指向极地,其在热带区域较小,且与平均环流潜热能输送方向相反;越往高纬度,涡旋潜热能输送逐渐增加，在 40°N/45°S 达到极值，占大气总热量输送的 20%～30%。当然，干空气涡旋位能经向输送在中高纬度占主导，为总量的 50%～80%(图 7(b))，而干空气平均环流热量输送越往高纬度越小，特别是在北半球，这主要是因为中高纬度平均风场虽然很强，但主要是纬向平直运动，经向能量输送只能靠强的跨纬度带涡旋活动来完成。

大气潜热能输送应该看作是海洋-大气耦合能量输送，或简称“联合模”，而不应该完全归功于大气。大气提供动力机制，海洋提供水汽。没有海洋给大气提供水汽，这个潜热能输送就无从谈起。事实上，大气中水汽的辐合辐散几乎完全等于海面净蒸发量(蒸发减去降水)，陆地表面的淡水通量可以忽略不计[6]。我们根据海面净蒸发量计算出来的经向潜热能输送，与直接根据大气水汽比湿输送计算出来的潜热能输送完美一致(图 7(a))，这不仅明确了海洋的重大贡献，而且可以计算任意区域海盆对大气潜热能的单独贡献。因为海面净淡水通量总量不受侧边界的影响，而在利用比湿计算大气潜热能则必须要在质量守恒的前提下进行。

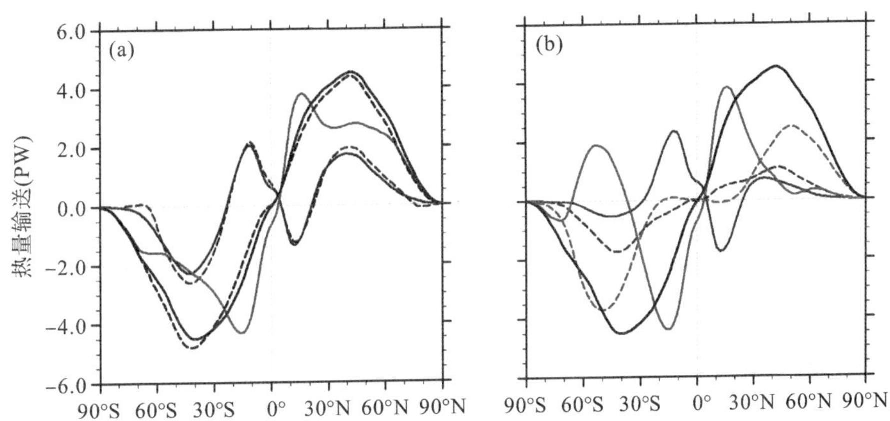

图 7　气候态大气热量输送及其分量(单位:PW)。(a)黑色实线和虚线都是总大气热量输送，红色实线是干空气热量输送，蓝色实线和虚线均是潜热能热量输送。潜热能输送还可以根据海面净蒸发量来计算(蓝色虚线)，基本上与根据大气水汽输送计算出来的数值一样(蓝色实线)。(b)大气热量输送可以进一步分解为平均干空气热量输送(红色实线)、涡旋干空气热量输送(红色虚线)、平均潜热能输送(蓝色实线)和涡旋潜热能输送(蓝色虚线)(引自参考文献[6])

各个大洋对大气潜热能的贡献如图 8 所示。由于海面净蒸发量是决定潜热能输送的关键因素之一(另一个因素是大气经向运动速度)，我们可以猜测太平洋-印度洋因其海盆面积最大，对大气潜热能输送的贡献也应该最大。图 8 确实显示南半球热带太平洋-印度洋有非常强的向赤道潜热能输送，极值约为 2.5 PW，位于 15°S。北半球热带地区的向赤道潜热能输送主要发生于大西洋海盆，极值约为 0.8 PW，位于 10°N。在北半球中高纬度海盆(30°N～70°N)，尽管太平洋海域面积远大于大西洋海域面积，但是，大西洋对中高纬度的潜热能输送超过了太平洋的贡献，在副极地海域(60°N 以北)，几乎完全是大西洋海盆的贡献。这与副热带大西洋海面更高盐度、更多净蒸发量是一致的,也暗示了北大西洋海盆在全球水文循环中的重要贡献。图 8 简洁清楚地告诉我们不同大洋对全球大气能量输送的贡献,以及不同区域不同大洋的相对贡献。这对我们从根本上理解海洋在地球气候系统中的作用具有重要意义。

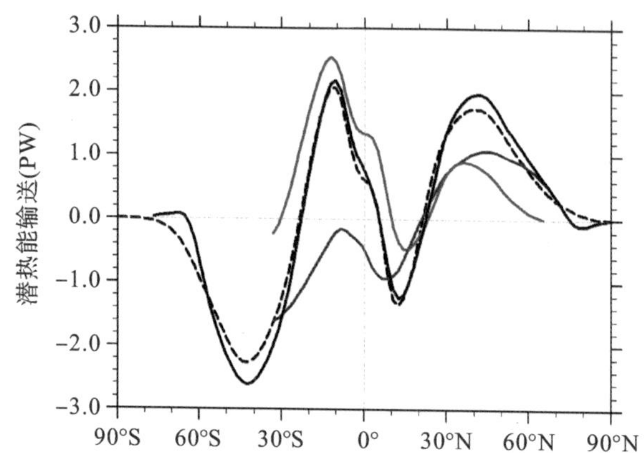

图 8 大气潜热能输送及各个海盆的贡献(单位:PW)。黑色实线和虚线都是全球总大气潜热能输送,红色实线是太平洋-印度洋潜热能输送,蓝色实线是大西洋潜热能输送(引自参考文献[6])

现在我们可以回答海洋对大气热量输送的定量贡献。如果将大气潜热能输送完全归功于海洋,则中高纬度(30°N 以北,30°S 以南)海洋对全球能量输送的贡献将超过大气的贡献,占比约 60%。无论如何,气候系统经向热量输送严格地说应该由三个分量组成:大气干空气热量输送,海洋热量输送和"联合模"(潜热能输送)(图 9(a))。大气干空气热量输送仍然是最大的分量,但是比另外两个分量也大不了多少。潜热能输送与海洋热量输送相当,其向极输送极值都约为 2PW。但是读者请一定记住,真正影响局地气候的不是热量输送本身,而是热量输送散度。为了进一步理解这三个分量在局地气候中的相对重要性,我们检查了它们的经向散度(图 9(b))(具体计算方法请参考文献[6])。散度为负(正)表示局地气候系统得到(失去)能量。

在近赤道的热带区域(20°S~20°N),潜热能输送的辐合是耦合海气系统唯一的能量来源(图 9(b)红线),海洋热量输送与干空气热量输送都是导致热能的辐散,是抑制热带耦合系统发展的稳定性因素。潜热能与干空气位能输送散度在 10°N 和 10°S 均有一个峰值,对应于热带辐合带的位置。这些能量的辐合主要发生在太平洋-印度洋热带海域。在南北半球的热带外区域(20°N~40°N,20°S~40°S),潜热能辐散是局地气候唯一的稳定性因素,干空气静力能辐合是系统的能量来源。高纬度地区,南北半球的情况略有不同:北半球高纬度地区,三个分量都为耦合系统提供能量,三者的贡献是差不多的;而在南半球高纬度地区,明显潜热能辐合是耦合系统的最重要的能量来源。图 9(b)还告诉我们，尽管人们常说热带海洋是地球海气耦合系统的能源中心，然而，真正推动耦合系统运转的是潜热能的辐合辐散，它几乎在所有纬度带都超过了海洋本身热量输送散度对耦合系统的影响。因此，我们有理由认为，海洋能量输送的变化以及其驱动的潜热能的变化，在长期气候变化中占据支配地位。

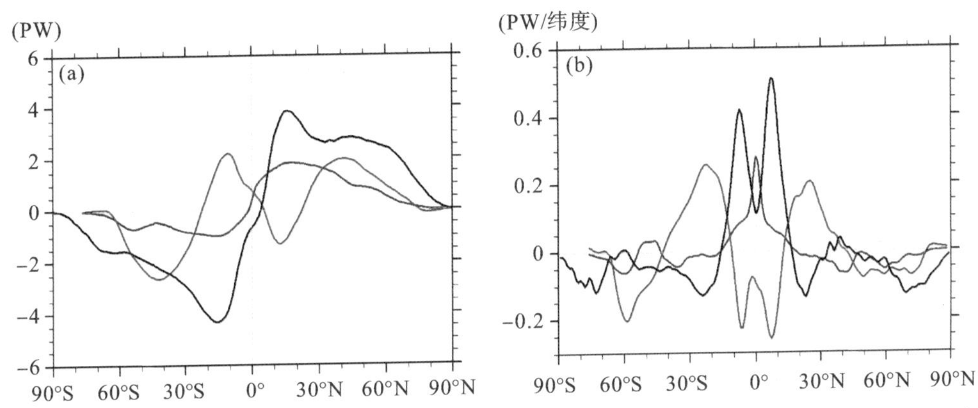

图 9　(a)大气干空气能量输送(黑色实线)、总海洋经向能量输送(蓝色实线)和大气潜热能输送(红色实线)(单位:PW);(b)热量输送散度(单位:PW/纬度)(引自参考文献[6])

4　海洋在全球能量输送变化中的决定性作用

大量的耦合模式试验结果表明，全球总的经向热量输送关于赤道不对称的特征倾向于保持稳定(图 10 灰色阴影区)，只要地球轨道参数以及整体行星反照率保持不变。这种特征不受海陆地形分布变化的影响，也与大气-海洋内部动力学无关。但是热量输送的两个分量-大气经向热量输送与海洋经向热量输送可以变化很大，这表明二者的变化在相当大程度上可以抵消(图 10 红色和蓝色阴影区)。我们把这种现象称为 Bjerknes 补偿，Jacob Bjerknes 最早认识到这种现象[11]。这是一个行星尺度的负反馈过程，对地球气候系统稳定性的维持至关重要，同时也暗示了地球气候系统具有相当强的自我恢复能力。深刻认识大气-海洋经向能量输送变化之间的补偿机制，对我们科学预测未来气候变化极具参考价值。

海洋在全球能量输送变化中起着决定性作用。在年代际时间尺度以上，AMOC 的变化决定了海洋能量输送的变化，大气经向热量输送的变化是对海洋变化的响应，这是 Bjerknes 补偿的核心内容。我们发现，即使在非常极端的情况下(如海洋热盐环流或风生环流中断，极地冰雪完全融化，或者完全的水球世界)[4]，在地球气候态发生漂移的过程中，大气-海洋热量输送变化也近乎完美的实时互为补偿。这些结论来自对多个耦合模式模拟结果的分析，其中包括一个长达 2.2 万年从末次最大冰期(LGM)到现代气候的瞬变模拟[12]以及几个高分辨率耦合模式的数千年的积分。Bjerknes 补偿现象暗示了气候系统具有极强的自我恢复能力。地球气候本身有一个内在机制使得其在遭遇外强迫的情况下，极力保持系统的稳定性，从而尽量减弱整体气候的漂移。

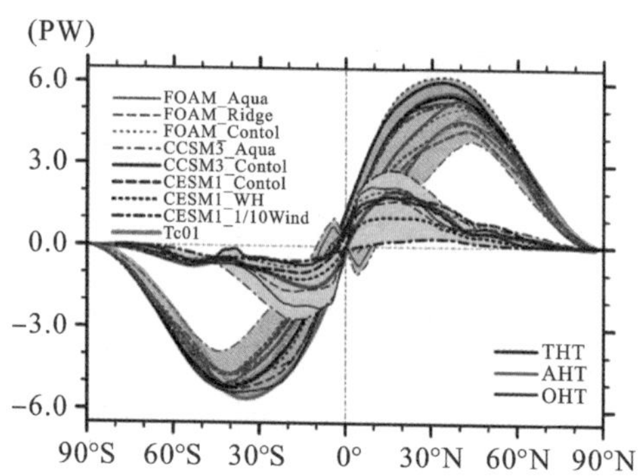

图 10　全球总经向热量输送(黑线)，大气经向热量输送(红线)及海洋经向热量输送(蓝线)。不同的线条类型表示不同的试验。图中的粗实线表示观测结果(引自参考文献[1])

从海洋环流和大气环流的变化方面，我们可以定性理解 Bjerknes 补偿的机制。例如，当往北大西洋注入淡水时，大西洋的 AMOC 将减弱，这会减少大西洋向北的经向热量输送，从而造成北半球降温，南半球升温，即北冷南暖的偶极子海温异常，加大北半球向极的温度梯度。大气的响应是 Hadley 环流加强，导致大气向北热量输送增强，从而补偿大西洋向北的热量输送减弱(图 11(b))。这种情况下，太平洋风生环流对应的向极热量输送也会增加，也可以在一定程度上补偿大西洋向北的热量输送。如果我们扰动大气的风场，其后果也是大气-海洋环流的反向变化，当大气整体风场减弱后(图 11(a))，全球海洋风生环流和热盐环流都会减弱，从而导致从热带向两极的热量输送减弱，这将增大赤道-极地温差，增强大气 Hadley 环流以及对应的大气向极热量输送，补偿海洋向极热量输送的减少。这个过程在太平洋看得尤其清楚(图 11(c))，太平洋是风生环流为主，如果热带地区东风减弱，就会导致太平洋副热带环流向两极的热量输送减弱，这样也会增强热带 Hadley 环流，同时增加向两极的大气热量输送，从而实现近乎完美的补偿(图 11(c))。

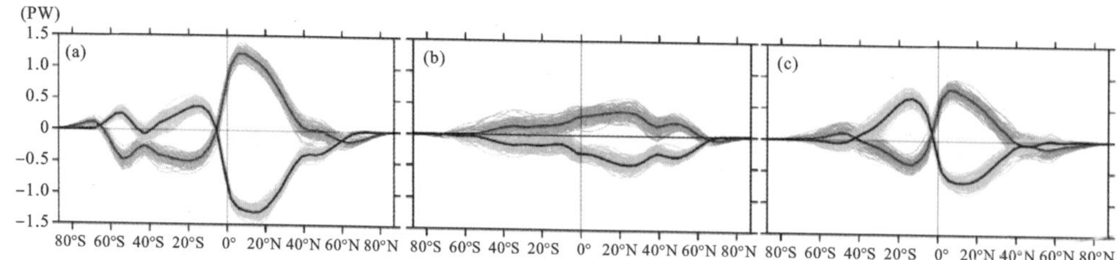

图 11　不同试验中所展示的海洋-大气经向热量输送变化情况，蓝线表示海洋热量输送的变化，红线表示大气热量输送的变化。(a)全球风扰动试验；(b)大西洋淡水扰动试验；(c)太平洋风场扰动试验(引自参考文献[13,14])

行星尺度的海洋-大气经圈环流的反相变化是 Bjerknes 补偿发生的关键过程。这里我们强调，Bjerknes 补偿针对的是年代际时间尺度以上的海洋-大气环流的调整。对高频气候变率没有这种补偿情况发生，时间尺度决定了海洋是否来得及调整。因为大气能很快响应海洋的变化，所以，海洋变化在前，大气变化在后，是大气去补偿海洋热量输送的变化，而不是相反。大气的补偿更容易发生。而海洋对大气响应的时间尺度很长，因此，当大气经向热量输送改变后，海洋在短期内的响应非常微弱，也就谈不上对大气的能量补偿。

图 11 所示的补偿情况从数学上来说就是两条曲线负相关，补偿程度就是它们的振幅之比。因此，我们把 Bjerknes 补偿率定义为大气经向热量输送标准差与海洋经向热量输送标准差之比再乘以二者的相关系数[15]。这个定义特别适合研究热量输送的自然变率。我们研究了一个 2 500 年的耦合模式结果中的自然变率(图 12(a))，可以看出，AMOC 与经向热量输送的相关系数超过了 0.8，大气热量输送与海洋热量输送及 AMOC 有很好的负相关(超过－0.7)，而且时间尺度越长，相关性越好(即负相关系数越大)，补偿率越高(图 12(b))。对多年代际—百年际时间尺度的变率，补偿率可以超过 100%，即大气热量输送的变化会超过海洋热量输送的变化，从而出现补偿过度的现象。当补偿率等于 100%时，即是大气-海洋热量输送完美补偿。

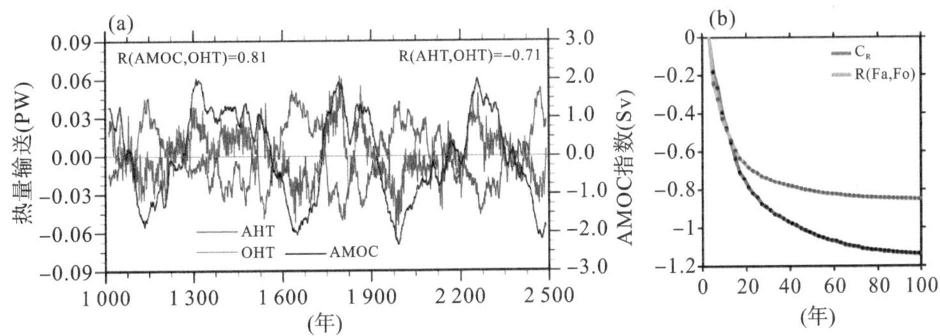

图 12　(a)大气经向热量输送、海洋经向热量输送和 AMOC 指数的时间变化。资料来源于 CESM1.0 模式的 2 500 年控制试验。气候态值已经减掉并且经过了 21 年滑动平均。大气海洋热量输送是 30°S～70°N 的平均值，二者相关系数为－0.71。AMOC 与海洋热量输送的相关系数为 0.81。相关性都超过了 99%的信度。(b)大气-海洋经向热量输送相关系数(红线)及补偿率(黑线)随时间的变化(引自参考文献[15])

这里我们再一次强调海洋变化对全球能量变化的决定性作用。自然气候变率情形下的 AMOC、海洋热量输送、大气热量输送之间的超前/滞后相关关系清楚地表明了这一点。AMOC 强度变化最长超前于海洋热量输送变化约 10 年(图 13(a))，而海洋热量输送变化也最长超前于大气热量输送变化大约 10 年(图 13(b))。这一方面说明了海洋环流，特别是热盐环流在全球能量平衡及变动中的支配地位，另一方面说明只有在年代际时间尺度以上，大气-海洋之间的能量变化才能够出现补偿效应。这也暗示着当地球能量失去平衡时，至少需要20年，海洋-大气的调整才能够让地球能量重新获得平衡。

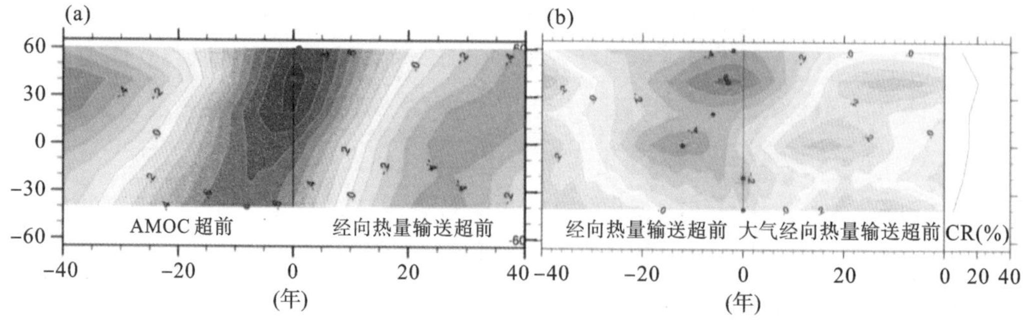

图13 (a)AMOC 指数与大西洋经向热量输送的超前/滞后相关；(b)大西洋经向热量输送与大气经向热量输送的超前/滞后相关(引自参考文献[15])

5 海洋-大气经向热量输送变化的补偿机理

我们的研究进一步指出行星尺度的海洋-大气经圈环流的反相变化只是 Bjerknes 补偿发生的表面原因。隐藏在环流变化下面的更本质的原因是能量守恒的约束以及局地气候反馈过程。虽然大量的耦合模式试验结果都能够清楚地展现 Bjerknes 补偿发生的过程，但无法揭示 Bjerknes 补偿的深刻本质。我们通过两个理论模型：一个一维线性连续的能量平衡方程和一个海洋-大气耦合箱形模型，首次给出了海洋-大气热量输送变化相互补偿，即 Bjerknes 补偿的理论公式[16,17]。尽管这两个理论模型从数学方程上来说非常不同，理论公式的推导过程也完全独立，最终却得出了物理意义完全一致的 Bjerknes 补偿理论公式：

$$C_R=\frac{\Delta F_a}{\Delta F_o}=-\frac{1}{1+B_1B_2/[(B_1+B_2)\chi]}\xrightarrow{ifB_1=B_2=B(y)}=-\frac{1}{1+B/2\chi}<0. \qquad (1)$$

式中，C_R 表示 Bjerknes 补偿率。根据我们的定义，它决定于大气经向热量输送的变化与海洋热量输送的变化之比，分别用 ΔF_a 和 ΔF_o 表示。让我们惊讶的是，最终的补偿率 C_R 事实上决定于局地气候反馈参数 $B(y)$(纬度的函数)和大气热量输送效率 χ，而与热量输送变化本身无关。局地气候反馈是 Bjerknes 补偿的决定性因素(这里 $B>0$ 表示负反馈，$B<0$ 表示正反馈)。对一个整体稳定的气候态而言，即总体气候反馈应该是负反馈 $B\geqslant0$，海洋-大气热量输送的变化必须相互补偿($C_R<0$)。在全球气候反馈均为负时($B_i>0$)，会出现补偿不足($|C_R|<1$)；如果某地出现正反馈($B_i<0$)，就会出现过度补偿($|C_R|>1$)；若某地气候反馈为零($B_i=0$)，则一定会出现完美补偿($|C_R|=1$)。

如何从物理上深刻理解年代际时间尺度以上的海洋-大气能量变化必然补偿这个现象呢？图 14 给出了简洁的示意图。注意我们是在地球整体能量守恒的前提下讨论这个问题，即全球积分的大气层顶的净辐散通量等于零，但是，这并不妨碍局地大气层顶具有净的辐散能量收支。假设有一个扰动，使得海洋向北热量输送增加，那么就会造成高纬度海洋升温、低纬度海洋降温（图 14(a)）。由于负反馈的作用（$-B_2<0$），热带降温会减少大气层顶向外的长波辐射，导致向下的净能量通量增加（$\Delta H_{02}=-B_2\Delta T_2>0$）。因此，热带由于海洋热量输送的改变所损失的能量有一部分可以由垂直方向上大气层顶获得的能量来补偿，不足的部分才由水平方向上大气向南热量输送来补偿。也就是说，热带由于海洋热量输送的改变所损失的能量不需要全部通过大气热量输送来补偿（$|\Delta F_a|=|\Delta F_o-B_1\Delta T_1|<\Delta F_o$），因此 $|C_R|<1$，即补偿不足。与此同时，由于负反馈的作用（$-B_1<0$），热带外的增温增加了大气层顶向外的长波辐射（$\Delta H_{01}=-B_1\Delta T_1<0$）。因此，热带外的大气不必将所有额外的能量输出到热带地区。热带和热带外大气层顶热通量的变化是大小相等、方向相反的，这一点保证了全球整体能量守恒，也保证了相同大气热量输送的变化可以同时满足热带和热带外地区的大气热量平衡。定量上来讲，随着负反馈的增强，能量平衡更倾向于在局地垂直方向上通过改变大气层顶的热通量实现，而不是水平方向上的热量再分配，因此补偿率也会减小。这里清楚地显示出，能量守恒要求大气-海洋热量输送的相互补偿，而气候反馈决定了补偿的程度。

如果在某个纬度带正反馈和负反馈过程恰好抵消，导致局地气候总反馈等于 0，则海洋-大气热量输送将会完美补偿。从公式(1)可以清楚看出，当 $B_1B_2=0$ 时，$C_R=-1$，$\Delta F_a=-\Delta F_o$，地球整体能量守恒（$\Delta F_t=0$）。类似于图 14(a)的情况，当热带外地区温度升高（$\Delta T_1>0$）时，假设热带外地区局地反馈为 0（$B_1=0$），热带外耦合系统得到的热量无法通过大气层顶向外散发（$\Delta H_{01}=-B_1\Delta T_1=0$），必须全部由大气输送到热带，才能保证热带外地区达到平衡态。对热带海气耦合系统来说，由海洋向高纬度失去的热量完全被由大气向南输送的热量所平衡，平衡态热带温度将不必要改变（$\Delta T_2=0$），因此也就不需要大气层顶的热量补充（$\Delta H_{02}=-B_2\Delta T_2=0$）。不论热带地区的局地反馈 B_2 如何，所有区域的大气层顶热通量均为 0，海洋-大气热量输送完美补偿（图 14(b)）。

如果热带外增温的同时遇到了局地正反馈作用（如冰雪反照率正反馈），热带外还会从大气层顶得到净辐射能量（$\Delta H_{01}=-B_1\Delta T_1>0$）。这个时候热带外耦合系统为了最终能够达到平衡态，就必须拼命加大大气向热带的热量输送，其输送量等于海洋得热与大气层顶得热之和（$|\Delta F_a|=|\Delta F_o-B_1\Delta T_1|>\Delta F_o$），这就导致了过度补偿（图 14(c)）。由于大气向热带输送了额外的热量，热带温度升高（$\Delta T_2\sim-B_1\Delta F_o>0$）。热带升温增加了热带大气层顶向外的能量损失（$\Delta H_{02}=-B_2\Delta T_2<0$），也因此可以抵消掉

在热带外大气层顶得到的额外的能量。在这种情况下,增加的向极热量输送导致了全球变暖(图 14(c))。

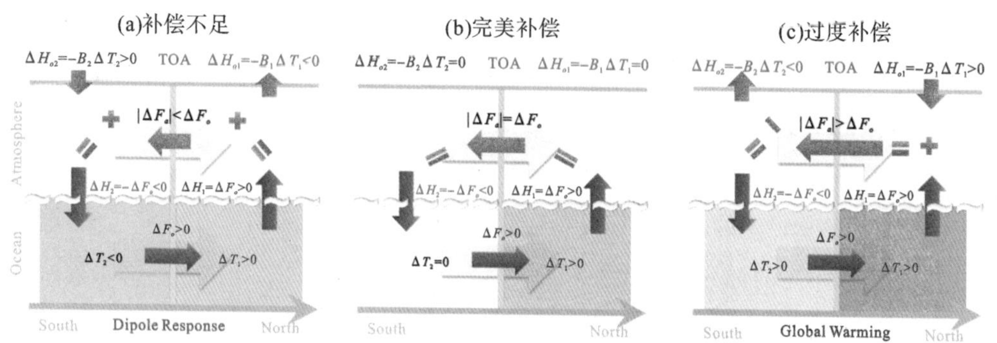

图 14 海洋-大气经向热量输送 Bjerknes 补偿机制示意图。(a)补偿不足,热带和热带外区域均为负反馈($-B_1<0$,$-B_2<0$);(b)完美补偿($-B_1=0$,$-B_2<0$);(c)过度补偿($-B_1>0$,$-B_2<0$)。图中大的灰色箭头表示平均热量输送的方向(引自参考文献[17])

这里我们对 Bjerknes 补偿机制有了深刻的认识。这个机制一方面突出了海洋对全球热量平衡的支配地位,另一方面也暗示了地球能量守恒这个强约束条件支配了大气环流应该如何响应海洋变化。我们还要指出的是,图 14 中讨论的三种情况对应的气候态的平衡响应时间以及全球平均温度的变化是不同的。在负反馈的情况下,系统能够很快达到平衡,全球平均温度基本不变。在出现局地零反馈和正反馈的情况下,地球气候系统达到平衡态的时间尺度将会非常漫长,全球平均温度将会发生显著的变化,会出现明显的全球变暖(或变冷)。我们可以设想一下,如果某个纬度带的生态环境遭遇极大破坏,导致这个地方出现非常强的正反馈,将有可能导致极端的全球变暖或全球变冷,地球的平均气候态会发生显著漂移(从图 14(a)~图 14(c)),而这完全是在全球总能量守恒的约束下发生的,可能根本就与大气 CO_2 浓度的改变无关!

海洋-大气能量输送的变化倾向于反位相这个特征,或简单地说,Bjerknes 补偿可以看作耦合气候系统的一个本征模,因为它只决定于气候系统内部参数。这是我们在气候动力学基础理论方面的一个突破。首先,它明确了决定海洋-大气能量输送相对变化的最本质原因,能够很好解释过去众多关于热量输送补偿问题存在的争议;其次,它指明了一个行星尺度海气耦合系统中的一个负反馈过程,并且能够相对简洁定量这种负反馈;第三,气候反馈参数 B 通常是利用大气层顶的辐射平衡与地面温度诊断出来的,这个理论将大洋深水环流的变化与大气层顶的辐射平衡、地球系统的能量平衡有机地联系起来,将过去相对独立的两个研究领域——物理海洋学与大气物理学有机地联系起来。

我们的研究进一步认为,Bjerknes 补偿机制扮演了一只"看不见的手",维系了过去 22 000年以来地球气候的总体稳定性[12]。过去 22 000 年以来(即 LGM 之后)地球气候经历了显著的改变[18,19]，然而，令人惊讶的是，无论 AMOC 的"开"和"关"状态如何，海洋热量输送都与现在的观测值非常一致，全球总经向热量输送与长期均值几乎没有偏离（图 15）。大气-海洋热量输送的结构以及二者的相对大小等特征自 LGM 以来也几乎没有发生变化，总经向热量输送最大的偏离约为 0.4 PW，在长期平均值的 7%以内。LGM 时期的平均热量输送位于其范围的上限（图 15 中的实线），偏差在目前观测值的 10%以内。我们知道在仙女木时期（Older Dryas，OD，19.0～14.5 ka），北半球表面气候显著变冷，特别是大西洋热带海表温度显著降低，AMOC 减弱了接近 70%[18]。

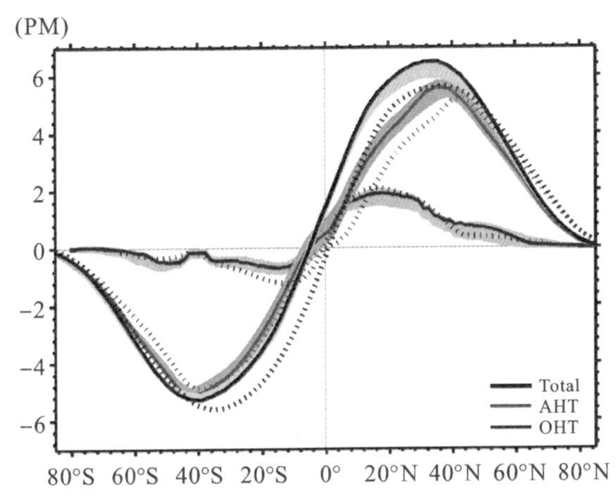

图 15　大气-海洋经向热量输送。黑线表示总经向热量输送，红线和蓝线分别代表大气、海洋经向热量输送（单位：PW）。实线表示 LGM 期间（22～20 ka）的平均热量输送；阴影表示 LGM 以后热量输送的范围；点线表示根据现代观测资料得到的经向热量输送（引自参考文献[1]）

总经向热量输送的相对稳定来源于大气-海洋热量输送变化的强互补性，这在 OD 期间表现得尤为明显（图 16 左）[18]。Bjerknes 补偿在大部分纬度带以及从 LGM 到 OD 时期都非常清楚，特别是在中、低纬度区域。在北半球高纬度地区，从新仙女木事件（Younger Dryas，YD，～12.8 ka）到全新世的这个阶段大气-海洋热量输送同向变化，没有出现相互补偿的现象（图 16 左（b））。在大多数区域大多数气候阶段：从 LGM 到 OD，从 OD 到暖期（Bolling-Allerod，BA，～14.5 ka），从 BA 到 YD，甚至在气候变化较为温和的全新世时期，Bjerknes 补偿都是成立的。Bjerknes 补偿并不能阻止局地气候的巨大变化，但是，它在维持全球气候总体稳定中发挥了作用，这也表明我们复杂的气候系统可能有一种潜在的自我修复机制。

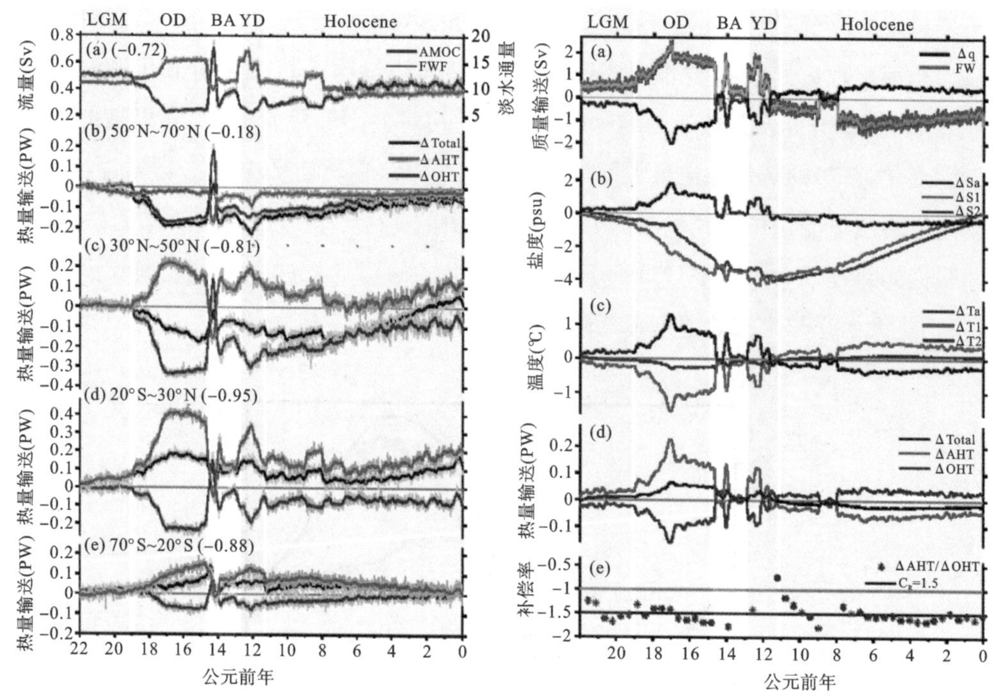

图 16 【左】NCAR-CCSM3.0 模拟的过去 22 000 年以来的大西洋经向翻转流、淡水通量和热量输送的变化。(a)蓝色曲线是 AMOC 指数,定义为在大西洋 20°N～70°N 之间,300～2 000 m 深度之间流函数的最大值(单位:Sv)。红色曲线是淡水通量,通过积分得到北大西洋 35°N～70°N 之间的淡水通量。括号中的数字表示 AMOC 和淡水通量的相关系数。(b)～(e)不同纬度带上的经向热量输送异常(PW)。黑线是总经向热量输送,红线表示大气经向热量输送,蓝线表示海洋经向热量输送。括号中的数字表示 AHT 变化和 OHT 变化的相关系数。图(a)～(e)中粗实线表示各个变量 150 年滑动平均的值。【右】理想模型在淡水强迫驱动下对过去 22 000 年气候变化的模拟。(a)黑色曲线是质量输送的变化(Sv);红线和灰线是淡水强迫(0.1 Sv),与图左(a)中相似,但是振幅偏小。(b)表层热带外(红线)和热带(蓝线)的盐度变化;黑线是经向盐度梯度的变化。(c)表层热带外(红线)和热带(蓝线)的温度变化;黑线是经向温度梯度的变化。(d)总经向热量输送(黑线),大气热量输送(红色)和海洋热量输送(蓝色)的变化(PW)。(e)补偿率。黑线是理论值(−1.5);蓝色星号是理想模型的瞬态补偿率(引自参考文献[12])

图 16 左也显示了 Bjerknes 补偿的不同情形,是过度补偿还是补偿不足,随纬度和周期的变化而变化。各个时期的平均补偿率在−1.5 附近,表明地球某个纬度带存在明显的正反馈。最佳补偿发生在 BA 和 YD 期间,过度补偿(补偿不足)的程度在 20%以内。总的来说,在热带区域(20°S～20°N)大气热量输送的变化过度补偿了海洋热量输送的变化,而在热带以外地区则是补偿不足。一个基础的问题是,为什么 Bjerknes 补偿在过去

22 000 年间是有效的？

在过去的 22 000 年间，热带外和热带的平均气候反馈系数分别为 0.4 W/(m^2 · K)和－1.7 W/(m^2 · K)，表明高纬度是弱的正反馈而低纬度是强的负反馈。根据理论公式(1)可以得到 C_R＝－1.5，表明大气热量输送过度补偿海洋热量输送，这与图 16 左所示的补偿率一致。图 16 右是由理想模型再现出来的过去 22 000 年间的气候演变。通过在高纬度加入淡水强迫，理想模型中质量输送的变化与耦合模式中 AMOC 的变化很接近。随着淡水强迫在 19～15 ka 期间逐渐增强，14.5 ka 时突然减弱以及 12.8 ka 的增强(图 16 右(a))，模型很好地模拟出了 OD、BA 和 YD 期间的气候变化。在 12 ka 之前，由于淡水通量的持续输入，海洋盐度持续减小。自 12 ka 以后，淡水通量减小至 0 乃至负数，海洋盐度持续升高(图 16 右(b))。盐度梯度的变化和淡水通量的变化也密切相关，在 22～19 ka 时增强，12 ka 后逐渐减弱。从 22 ka 直到 12 ka，海洋部分变冷，12 ka 后逐渐升温到现在的温度(图 16 右(c))。但是温度的变化主要发生在高纬度，低纬度的温度变化不大。温度梯度的变化跟随高纬度温度的变化而变化(图 16 右(c)中黑线)，并且都与质量输送的变化(图 16 右(a)黑线)反相。可见，盐度变化主导了质量输运变化，进而改变了海洋温度。

理想模型清晰地表现出了 Bjerknes 补偿(图 16 右(d))。以 OD 期间的气候变化为例，淡水通量输入使高纬度地区的表层海洋变淡，盐度梯度增加，导致质量输运减弱，降低了向极海洋热量输送，从而降低了高纬度温度，增加了温度梯度，增强了大气斜压性，导致大气热量输送增加，补偿了海洋热量输送的减少。瞬态 Bjerknes 补偿率如图 16 右(e)所示，在理论值(－1.5)附近振荡。海洋动力学在这一过程中起着至关重要的作用[17]，盐度的变化控制了热盐环流的变化，从而控制了整个地球热量输送的调整。虽然理想模型非常简单，但是它捕捉到了气候系统的一些基本特征。

尽管严格来说自 LGM 以来地球气候并没有维持很好的总体能量守恒——CO_2 浓度一直在缓慢增加，地球整体在逐渐变暖，然而，直到工业革命之前，这种增加和变暖的速率非常小。自 LGM 到工业革命之前，CO_2 变化积累的大气层顶净辐射通量的异常大约为 3.3 W/m^2[21]，这相当于每年大约 1.5×10^{-4} W/m^2 的热扰动。在如此长的一段时间内，与淡水效应相比，热扰动对经向热量输送的影响可以忽略不计，Bjerknes 补偿仍然在过去 22 000 年间对约束地球整体气候的剧烈变化起了重要作用，它像一只看不见的手，无论如何，总在试图维持地球气候的能量平衡。然而，从工业革命到现在，由于 CO_2 变化而积累的热强迫约为 1.66 ± 0.17 W/m^2，或是每年 1×10^{-2} W/m^2 左右[22]，Bjerknes 补偿在这段时间内是否有效还需要进一步研究。在目前的全球平均气温上升和海冰融化过程中，Bjerknes 机制是否在当前的气候变化中起作用，以及未来的气候变化中在 CO_2 快速增加的情况下是否起作用，都是我们非常关心的问题。我们需要在复杂的地球系统模型中设计不同的试验来研究 CO_2 强迫下全球能量变化的机制，以便能够科学预测未来气候变化的大方向。

5 讨论与展望

我们的早期工作解决了在一个耦合地球气候系统模式里精确计算全球海洋-大气经向热量输送的问题。发展了一种新算法，在保证模式海洋-大气的质量与能量守恒的前提下，实现了精确且直接计算由平均环流、中尺度涡旋、次网格过程完成的热量输送，定量了这些过程对海洋热量输送的贡献，定量了海洋在大气热量输送中的贡献。在太平洋-印度洋洋盆，经向热量输送主要由海盆尺度的风生环流来完成。在热带低纬度带，太平洋-印度洋风生环流向极热量输送占据主导地位。在大西洋海盆，经向热量输送由风生环流和热盐环流共同完成。大西洋的热盐环流对跨越南北半球、从南大洋直到北大西洋高纬度的热量输送做出了巨大贡献，特别是在北大西洋中高纬度，热盐环流热量输送主导了这个纬度带整个海洋的向北热量输送。大气经向能量输送由干空气热量输送和潜热能输送两部分组成。由于潜热需要的水汽几乎完全由海洋来提供，因此，大气经向潜热能输送可以认为是一个“海洋-大气”耦合模态。

气候系统准平衡态的维持决定于大气-海洋的经向热量输送。由于全球海陆分布在南北半球严重不对称，海洋向极热量输送关于赤道也是非对称的。然而，全球热量输送的一个最显著特征就是大气-海洋总经向热量输送关于赤道反对称。大气经向热量输送会弥补海洋热量输送的非对称性。在全球总能量守恒的情况下，大气-海洋热量输送变化之间存在着强约束关系，即 Bjerknes 补偿。这个约束关系减少了复杂气候系统的自由度，使得我们能以更简洁的方式理解气候系统及其变化。Bjerknes 补偿也可以看作地气系统维持热量稳定性的一个机制，它能帮助我们认识地球气候的变动阈值，从而能够在宏观层面把握未来气候变化的方向。

Bjerknes 补偿也可以看作是耦合气候系统的一个本征模。它明确了决定海洋-大气能量输送相对变化的最本质原因是气候反馈参数，而与热量输送变化本身无关。由于气候反馈参数通常是利用大气层顶的辐射平衡与地面温度诊断出来的，因此，我们的 Bjerknes 补偿理论将大洋深水环流的变化与大气层顶的辐射平衡、地球系统的能量平衡有机地联系起来，将过去相对独立的两个研究领域：物理海洋学与大气物理学有机地联系起来。

我们非常关心全球变暖背景下的地球能量平衡问题。温室效应相当于给地球增加了额外能源。在能量不守恒情况下，Bjerknes 补偿是否依然在某种程度上成立是我们极其关注的重大问题。我们认为，Bjerknes 补偿是耦合气候系统的一个重要的负反馈，缺少这个负反馈的一个潜在严重后果就是气候系统可能会出现显著漂移。这是目前我们最不愿看见的后果之一。在全球变暖情形下，地球表面温度升高、大气中水汽含量增加、两极的冰雪面积减少，均将极大改变自然的气候反馈过程。我们特别关注这些气候反馈是否有足够能力维持地球气候的总体稳定性。利用耦合模式系统研究全球变暖背景下、自然变率与强迫变率叠加的情形下，热量输送与气候反馈之间的内在联系以及二者暗示的地球气候系统自我恢复能力，将对我们科学预测未来气候变化具有重要参考价值。

致谢

本文得到国家自然科学基金支持(基金号:40976007;41376007)。部分内容来自李庆博士的硕士学位论文(2013)[23]和赵莹莹博士的博士学位论文(2018)[20]。

参考文献

[1] Trenberth K E, Caron J M. Estimates of meridional atmosphere and ocean heat transports[J] J. Climate, 2001, 14: 3433-3443.

[2] Wunsch C. The total meridional heat flux and its oceanic and atmospheric partition[J] J. Climate, 2005, 18: 4374-4380.

[3] Czaja A, Marshall J. The partitioning of poleward heat transport between the atmosphere and ocean.[J]J. Atmos. Sci., 2006, 63: 1498-1511.

[4] 李庆, 杨海军. 水球世界气候态与经向热量输送的数值模拟试验[J]. 北京大学学报(自然科学版), 2014, 50(2): 251-262, doi:10.13209/j.0479-8023.2014.032.

[5] Trenberth K E, Solomon A. The global heat balance: Heat transports in the atmosphere and ocean[J] Climate Dyn., 1994, 10: 107-134.

[6] Yang H, Li Q, Wang K, Sun Y, Sun D. Decomposing the meridional heat transport in the climate system[J] Climate Dynamics, 2015, 44: 2751-2768, doi: 10.1007/s00382-014-2380-5, 44: 2751-2768.

[7] Doos K, Webb D. The Deacon cell and the other meridional cells of the southern ocean[J] J Phys Oceanogr., 1994, 24: 429-442.

[8] Marshall J, Radko T. Residual-Mean Solutions for the Antarctic Circumpolar Current and Its Associated Overturning Circulation.[J]J. Phys. Oceanogr., 2003, 33: 2341-2354.

[9] Fox-Kemper B, Ferrari R, Hallberg R W. Parameterization of mixed layer eddies. Part I: Theory and diagnosis[J] J. Phys. Oceanogr., 2008, 38: 1145-1165.

[10] Gent P, Mcwilliams J. Isopycnal mixing in ocean circulation models.[J] J. Phys. Oceanogr.,

1990，20：150-155.

[11] Bjerknes J. Atlantic air-sea interaction. Advances in Geophysics，Vol. 10，[M] Academic Press，1964：1-82.

[12] Yang H，Zhao Y，Li Q，Liu Z. Heat transport in atmosphere and ocean over the past 22,000 years[J]Nature Scientific Reports，2015，5：16661. doi：10.1038/srep16661.

[13] Dai H，Yang H，Yin J. Roles of energy conservation and regional climate feedback in Bjerknes compensation：a coupled modeling study[J] Climate Dynamics，2017，49：1513-1529，doi：10.1007/s00382-016-3386-y.

[14] Yang H，Wen Q，Yao J，Wang Y. Bjerknes compensation in meridional heat transport under freshwater forcing and the role of climate feedback[J] J. Climate，2017，30：5167-5185，doi：10.1175/JCLI-D-16-0824.1.

[15] Zhao Y，Yang H，Liu Z. Assessing Bjerknes compensation for climate variability and its timescale dependence[J] J. Climate，2016，29：5501-5512.

[16] Liu Z，Yang H，He C，Zhao Y. A theory for Bjerknes compensation：the role of climate feedback.[J] J. Climate，2016，29：191-208. doi：10.1175/JCLI-D-15-0227.1.

[17] Yang H，Zhao Y，Liu Z. Understanding Bjerknes compensation in atmosphere and ocean heat transports using a coupled box model[J] J. Climate，2016，29：2145-2160，doi：10.1175/JCLI-D-15-0281.1.

[18] Liu Z，et al. Transient simulation of last deglaciation with a new mechanism for Bølling-Allerød warming[J] Science，2009，325：310-314.

[19] He F. Simulating Transient Climate Evolution of the Last Deglaciation with CCSM3[D]，1-177 (Univ. Wisconsin-Madison，2011).

[20] 赵莹莹. 大气-海洋经向热量输送补偿的物理机制研究[D]. 北京大学博士学位论文，2018.

[21] Shakun J D，Clark P U，He F，Marcott S A，Mix A C，Liu Z，Otto-Bliesner B，Schmittner A，Bard E. Global warming preceded by increasing CO_2 during the last deglaciation[J] Nature，2012，484：49-54.

[22] IPCC. Climate Change 2007：The Physical Science Basis Summary for Policymakers. Contribution of Working Group I to the Fourth Assessment Report of the Intergovernmental Panel on Climate Change[M]. Cambridge：Cambridge University Press，2007.

[23] 李庆. 水球世界气候态与经向热量输送的耦合模式研究[D]. 北京大学硕士学位论文，2013.

海雾与海洋性低云

张苏平*　李昕蓓
（中国海洋大学海洋与大气学院，山东青岛，266100）
（*通讯作者：zsping@ouc.edu.cn）

摘要　海雾和海洋性低云严重妨碍海上活动的安全，并影响地球辐射平衡。本文重点回顾近年来利用多种观测资料，对中国近海、西北太平洋、东海黑潮区海雾和低云的研究进展。可以看出，随着观测资料的增多，新的事实及随之而来的问题不断被揭示和探索，给出了中国近海不同海域、不同季节海雾发生频率及其相应的海温阈值；分析了海雾和低云形成发展过程中大气和海洋的相对贡献；揭示了黄海上空海雾季节变化特征的形成机理和海雾形成过程中不同的物理过程；揭示了海洋的感热和潜热作用对于福建沿海不同类型雾的不同影响；介绍了海陆热力差异引起的次级环流和海陆过渡区大气边界层高度的变化对成雾的影响。这些研究成果为提高海雾预报准确率提供了科学支撑。本文也依据预报需求提出了新的科学问题。

关键词　海雾；海洋性低云；海表面水温；观测；物理过程

1　前言

海雾指在海洋影响下出现在海上（包括岸滨和岛屿）的雾[1]，海洋性低云（主要是层云、层积云，以下简称低云）主要是指在海洋影响下出现的低云。低云与海雾都是发生在大气边界层内的天气现象，两者的微物理特征相似，因此，也可以将海雾定义为贴近海面的低云。海雾与低云形成的物理过程不同，成云的空气饱和过程，主要是降低气压的绝热冷却过程；而海雾一般出现在几米、几十米至上百米的低空，气压变化不是主要的，而是以空气温度和水汽压的改变为主。但两者都受海洋下垫面的影响，在一定条件下，海雾可以抬升为低云，低云也可下降接触到海面从而形成海雾。

中国近海、西北太平洋等海域都是海雾多发区[1]。夏季黄海上空海雾发生频率①最高达 20%(图 1),西北太平洋最高达 58%[2]。低云发生频率大于海雾的发生频率,全球大部分低云出现于海洋上空[3]。海雾造成的低大气能见度(大雾发生时的大气能见度≤1 000米)对于海上活动是一种危险性天气,低云严重妨碍海上飞机起降[4]。另外,两者的微物理特征和辐射特征类似,均对地球辐射平衡有重要影响。因此,无论是从应用角度还是科学角度,海雾和低云是值得关注的重要海洋天气现象。

我国最早开始对海雾进行系统研究的是王彬华先生②。他的专著《海雾》于 1983 年出版,英文版 *SeaFog* 于 1985 年问世。该书阐述了当时国内外海雾研究的重要理论和进展,为后人研究海雾奠定了坚实基础。继王彬华之后,科学家们在海雾形成机理、海雾微雾理特征、海雾天气气候学、海雾数值模拟与预报、海雾卫星遥感等方面不断探索,取得诸多研究成果[4-7]。

过去很长的历史时期内,海雾观测多根据陆地气象台站的资料,对海上的真实情况知之甚少,这就限制了人们的认知水平,海雾预报迄今为止仍是海洋气象预报的难点。近几十年来,随着科技进步,科考船、浮标站、岸基自动站以及配备的各种探测仪器设备能够提供越来越多的观测资料,为我们更加深入、全面地认识海雾和低云打开了一个新窗口。

海洋主要通过释放感热和潜热影响大气。另外,海陆之间热力差异也会导致局地环流,海表面温度锋(海洋锋)等也能对局地大气产生影响。本文重点回顾前人利用观测资料对海雾与低云开展研究,为读者展示依据观测资料带来的新认识。

本文将分五个部分对前人研究工作进行回顾。第一部分:海表面温度与中国近海海雾发生频率。前人归纳出中国近海海表面水温(SST)大于 25℃很难出现海雾。随着观测的增多,不同海区、不同季节 SST 阈值是否一样?该部分内容回答了这一问题,为海雾预报提供了更细化的 SST 特征值。第二部分:西北太平洋和东海黑潮区的海雾和低云。这一部分利用多个航次的船载观测资料等,回答了以下科学问题:在海雾和低云形成发展过程中,大气和海洋的相对贡献分别是什么。第三部分:黄海海雾。揭示了黄海上空海雾季节变化特征的形成机理;发现了同为平流冷却雾,春季雾和夏季雾其物理过程有明显差异,阐明了造成差异的原因,为海雾预报提供新的思路。第四部分:福建沿海的雾。过去对南方海雾的研究较少,诸如海雾类型是否与黄海海雾类似等基本问题尚无答案。这部分内容介绍了福建沿海海雾的类型,揭示了海洋的感热和潜热作用对于不同类

---

① 海雾发生频率=观测到有雾的次数/总观测次数×100%。

② 王彬华(1914—2011),我国海洋气象学家、气象教育家,中国海洋大学海洋气象学系创建者,中国气象学会气象终身成就奖获得者。

型雾的不同影响。第五部分:海陆热力差异对岸滨雾的影响。岸滨雾局地性强,对人类活动影响大,但相关研究少。这部分内容着重介绍了海陆热力差异引起的次级环流和海陆过渡区大气边界层高度的变化对成雾的影响。最后是结束语和展望。

2　海表面温度与中国近海海雾发生频率

过去很长的历史时期内,人们一般使用陆地气象台站的观测研究海雾时空分布特征,并给出中国近海海温高于成雾阈值 25℃条件下海雾很少出现这一结论[1]。随着海上船舶观测资料的增加,国际综合海洋大气数据集(ICOADS)不断充实,用海上观测资料对海雾发生频率进行统计成为可能。利用 ICOADS 数据和高分辨率 SST 资料,对中国近海海雾发生频率与 SST 的关系进行了更为具体详细的分析,提出了可能成雾的 SST 阈值(图 1)。

春季(3—5 月)黄海整个海盆都多雾,海雾发生频率一般为 10%～14%,中西部有两个多雾区(海雾发生频率为 16%～20%)与海面冷水舌对应,冷水舌两侧的暖水上空则为海雾发生频率相对较低区。2%～4%的海雾发生低频率区从杭州湾向南延伸至北部湾,与沿岸冷流相匹配。在 SST 高于 24℃的水面上海雾很少。

夏季(6—8 月)黄海全海盆仍然多雾,海雾发生频率一般为 8%～12%,中西部的多雾中心与 SST 冷中心位置相配合,此处叶绿素浓度较高,表明了上升流的影响[8]。山东半岛东端的成山头外海和朝鲜半岛西岸的江华湾,由于强烈的潮汐混合作用,近岸有冷水上涌,成为夏季海雾最多地区(海雾发生频率为 16%～20%)。SST 大于 26℃的水面海雾很少。由于沿岸冷流消失,杭州湾以南至北部湾基本没有雾。

秋季(9—11 月)是中国近海海雾最少的季节,主要集中在渤海、黄海部分水域和长江口外海,海雾发生频率一般为 1%～3%。

冬季(12 月至次年 2 月)沿中国海岸线有狭长的雾区与冷的沿岸流相匹配,海雾发生频率为 2%～5%。渤海-北黄海、黄海西部、长江口外海、琼州海峡等有 5%的相对高的海雾发生频率中心。黄、东海成雾的 SST 阈值在 20℃左右,而台湾海峡到北部湾成雾 SST 阈值在 22℃。

图 1 更加详细、客观、全面地展示了中国近海海雾发生频率的季节分布特征,弥补了仅仅用陆地观测资料的不足。可以看出,不同海区、不同季节成雾的最高 SST 阈值不尽相同,这与水汽的供应量有密切关系。在水汽供应充分的情况下,如夏季风影响下,成雾的 SST 阈值比较高。但是无论何种情况下,在 SST＞26℃的条件下海雾发生频率已经很低了。这是因为 SST＞26℃时,海表空气的温度一般还要高于水温,中国近海实际大气

中的水汽压很难达到在如此高的气温下的饱和水汽压。这些 SST 阈值较前人的结果(25℃)[1]更加具体,为海雾预报提供了更符合局地实际情况的特征值。

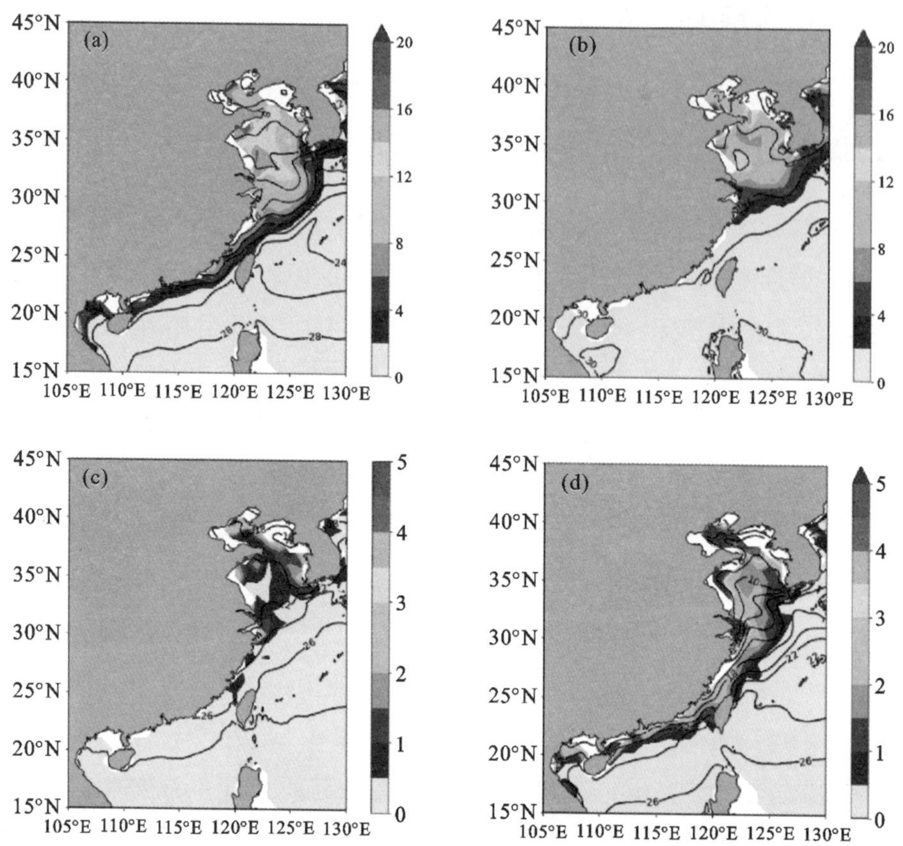

图 1 中国近海 1960 年 1 月至 2019 年 12 月海雾发生频率(观测到有雾的次数/总观测次数,单位%)和 SST(等值线,间隔 2℃)分布。(a)3—5 月;(b)6—8 月;(c)9—11 月;(d)12 月至次年 2 月

3 西北太平洋和东海黑潮区的海雾和低云

3.1 西北太平洋局地海洋锋对海雾和低云的影响

开阔洋面上冷暖水团的过渡区 SST 梯度大,易形成海表面温度锋(海洋锋)。海洋锋可以在海洋大气边界层中强迫出次级环流,冷水侧为下沉支而暖水侧为上升支,进而云底高度在海洋锋两侧有明显不同[9]。

西北太平洋是全球海雾最多、雾区最广的水域。但是,在大洋上对海雾、低云和海洋大气边界层的科学观测极少。2019 年 9 月 12—14 日,中国北极科考船“向阳红 01 号”在亲潮延伸体水域捕捉到一次海雾事件(图 2(a)～(b))。利用船载观测数据等资料分析发现,这是一次温带气旋的暖锋和亲潮延伸体区局地海洋锋共同影响下的海上锋面雾过程[10]。

伴随暖锋的偏南气流自暖洋面向北输送暖湿空气。在亲潮延伸体区,空气增湿增温。随着温度和比湿的增加,饱和水汽压从 8.879 hPa 上升至 10.061 hPa,增长 1.182 hPa。而水汽压从 8.719 hPa 上升至 9.961 hPa,增长 1.242 hPa,水汽压的增长幅度大于饱和水汽压,说明增湿效应大于增温效应,导致相对湿度不断增加接近饱和。北上暖空气遇到冷水域上的冷空气团,向上爬升形成大范围锋面逆温。局地海洋锋强迫出大气边界层内的次级环流,其下沉支导致的下沉逆温与锋面逆温叠加,使逆温层底的高度进一步降低,形成向下悬垂结构(图 2(b)),有利于雾滴聚集在近海面,最终形成一定厚度的雾层。

图 2(b)表明,大气逆温层下垂结构与海雾在时空上配合一致,而在没有下沉逆温,只有锋面逆温的区域为低云。该研究阐明了大洋上空锋面雾形成过程中作为背景环流的大气暖锋与作为局地强迫项的海洋锋的贡献,为开阔大洋上海雾预报提供新的重要理论支撑。

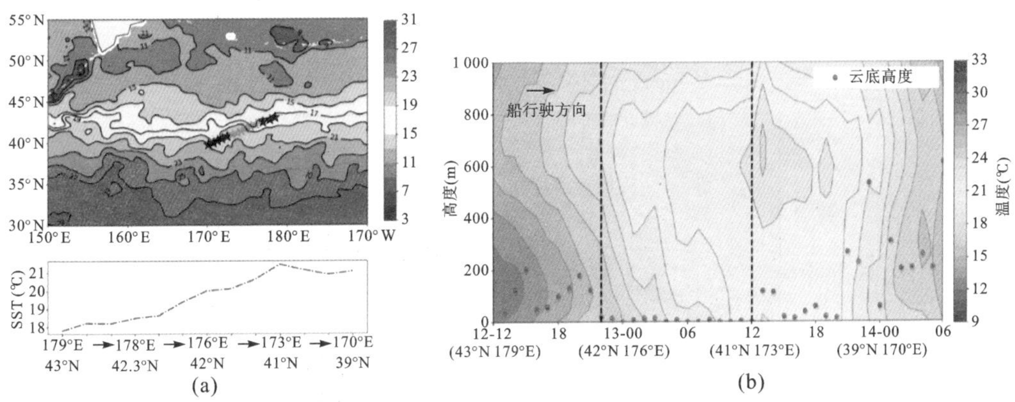

图 2　(a)2019 年 9 月 13 日 SST(实线和色阶),A－B 线(蓝/黄色五角星)代表 12 日 12 时到 14 日 06 时的向阳红 01 号科考船航线,其中,黄色五角星代表船载大气能见度低于 1 千米的区域,下图为沿 A－B 段航线 SST 的变化。(b)A－B 段航线上云高仪探测的云底高度(绿色圆点)和微波辐射计探测的温度垂直廓线随时间的变化(填色)(引自参考文献[10])

2014 年 4 月 12 日,"东方红 2"科考船在黑潮延伸体海区,自南向北穿过一个局地海洋锋时,观测到一次层积云在海洋锋上空迅速发展的过程。观测分析和数值试验表明,在海上低压后部西北风控制下,在海洋锋的暖水侧(下风方)形成热通量大值中心和低压槽,促使高空西风动量下传,进而又导致海气界面热通量增加,形成正反馈效应。白天来自日本本州岛陆地的低空暖平流与该热通量中心叠加,促使大气边界层中静力不稳定层加深和低压槽加深，层积云迅速发展。该研究有助于理解来自陆地的大气扰动与海洋锋共同影响下，在海洋锋暖水侧层积云迅速发展的机理[11,12]。

海洋涡旋与其周边水域之间也往往存在海洋锋。2016 年 4 月 13 日“东方红 2”科考船在黑潮延伸体区域观测到一个暖涡上空层积云的发展。该暖涡位于大尺度的太平洋高压控制下，观测期间海面高压系统稳定少动，平流作用弱。大气边界层对暖涡的响应以气压调整为主，海平面气压持续下降。偏南风将水汽向暖涡输送，越过海洋锋区进入暖涡水域，海气界面热通量明显增加，暖水面大气边界层底的高度由 1 000 m 迅速抬升到 1 500 m，有利于水汽上升冷却凝结，云量增加。暖涡在大气边界层内形成的低压辐合上升运动被大气高压脊系统压制，水汽在大气边界层底下方凝结，形成层积云[13]。

3.2 西北太平洋上海雾发生频率分布与 SST 的关系

利用 ICOADS 资料的统计分析表明，西北太平洋年平均海雾发生频率最大值中心(23%)在千岛群岛岛链的偏东侧，海雾发生频率向东逐渐下降，到 175°E 附近海雾发生频率下降至 15%(图 3)。这个东-西带状多雾区主要位于黑潮延伸体 SST 梯度大值区的冷水侧，在 40°N～50°N 范围内。强 SST 梯度构成海表面温度锋(SSTF)，海雾易出现于 SSTF 的冷水侧。冷洋流在东太平洋逐渐向北偏，SST 梯度向东减弱，海雾发生频率也随之减少[14,15]。

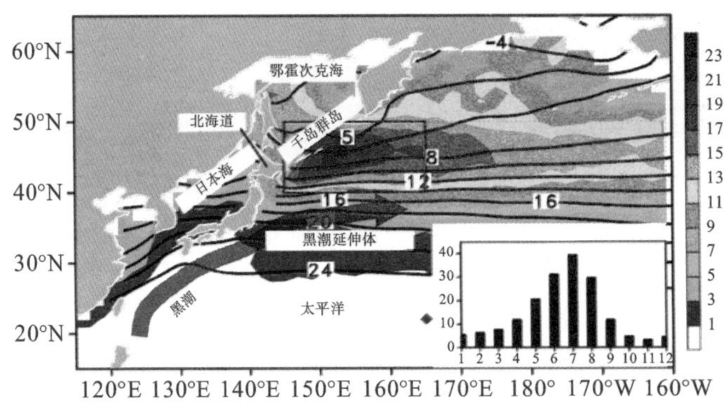

图 3　西北太平洋气候态年平均海雾发生频率(填色，单位：%)，气候态 SST(等值线，单位：℃)和海雾气候多发区(图中蓝色矩形框)海雾发生频率的逐月变化(右下角)。黑潮和黑潮延伸体用红色带箭头曲线示意(引自参考文献[15])

由年平均 SST 等值线分布可以看出，千岛群岛恰好位于海表面温度的冷舌区。在 6—8 月围绕千岛群岛，出现冷中心。夏季冷海面上低空大气边界层的稳定性增强，常常形成大气逆温层，太平洋高压西侧的偏南气流将水汽向北输送，在冷海面冷凝，这些都有利于海雾的形成和维持。

在年际变化上，7 月西北太平洋上海雾发生频率多的年份太平洋副热带高压的位置偏东，而 P-J 遥相关型(Pacific-Japan teleconnection pattern)对副热带高压有明显影响。海雾发生频率指数与 P-J 波列指数的相关系数为 0.62，超过 99%的置信水平。在 P-J 高指数年，菲律宾东部大气对流增强，触发大气 Rossby 波，在中纬度地区有反气旋异常，副热带高压向东北移动。反气旋异常有利于大气层结的稳定，加强从热带-副热带海洋到西北太平洋海雾多发区的南风水汽输送。

另一方面，反气旋风应力异常影响下，海水下沉运动(downwelling)增强，黑潮延伸体区冷水侧经向海温梯度增加，这两个方面都有利于暖湿空气的冷却凝结，当气团穿过海洋锋时形成雾滴。相反的情况发生在低 P-J 指数年，不利于形成海雾。在全球气候变暖的条件下，根据太平洋副热带高压和 P-J 指数的变化预估，西北太平洋海雾有减少的趋势[14,15]。

3.3　东海黑潮锋对海雾和低云的影响

冬春季东海黑潮锋强度最强，强 SST 梯度和海气界面热量交换使大气边界层内斜压性增强导致恰在海洋锋上的低空出现北-东北大风速中心，风速随高度向上逐渐减弱。海面风速向海洋锋的暖水侧减弱，在暖水面风场出现气旋性切变和辐合，最大云量与最大降水区基本与风场辐合区位置一致[16]。

海洋锋强迫的次级环流，影响大气边界层稳定度和云底高度。冬季跨海洋锋从冷水侧到暖水侧云顶高度上升，由于背景大气环流的下沉运动，云顶一般限制在 4 000 m 以下。春季跨海洋锋，暖水侧云顶高度上升，云顶平滑度下降，云状从层状云逐渐转为对流云，出现大气边界层退耦。层积云云顶高度的突变与 SST 迅速上升和气温下降导致的海-气温差增大、大气层结不稳定性增强和低空风辐合有关[17,18]。

利用区域气候模式(IPRC-Regional atmospheric model)的研究表明，冬季东海黑潮区从海洋锋暖水侧继续向南，低云发生演变，主要分为以下两个阶段。第一阶段在海洋锋暖水侧，大气边界层气压调整机制和天气尺度扰动作用导致的暖舌上空的海表面风辐合有利于云层和云层之下的耦合，云层中凝结潜热加热和海面风辐合形成正反馈过程，云层发展，并抑制大气边界层退耦[19](decoupling)。第二阶段从暖舌区继续向南，海表面温度缓慢升高，海气界面湍流混合减弱；因云层下方雨滴蒸发，近海面湿度增大抑制海面蒸发，云层内和云底以下混合的差异增大促使大气边界层的退耦加强，阻碍水汽垂直输送，使云顶以上的干暖空气更容易夹卷进入云层加速云滴的蒸发。综合上述两方面过程使暖舌以南低云向积状云演变，云量迅速减少[20]。

“东方红 2”科考船于 2015 年 4 月 2—3 日穿过东海黑潮锋，利用海上观测资料和大涡模拟发现:在海洋锋的暖水侧,海洋蒸发加强,大气边界层稳定度减弱,导致湍流混合加强,海面上的水汽向上输送,在大气边界层低层形成湿层,大气层结由条件不稳定转为绝对不稳定,是层积云发展的主要原因。湍流速度在云区和近表面层有极大值,在云底有极小值。云顶长波辐射通过影响垂直速度和湍流动能会影响云的发展[21,22]。

东海北部也存在局地海洋锋。在一定的背景大气环流下(如东海低压与黄海高压之间的东南风),天气系统的高压下沉与海洋锋冷水侧次级环流的下沉支叠加,导致东海上空低云区在海洋锋冷水侧迅速下降,云滴(雨滴)在低空蒸发,与海面水汽平流共同为黄海上空海雾提供水汽,形成"南云北雾"的天气现象;在下沉特别明显的区域,可产生晴空区[23,24]。

以上研究表明了大气和海洋对海雾、低云和大气边界层的影响,大气提供的是大范围背景环流(如水汽平流输送、温度平流、锋面逆温)和气压场条件(如高压下沉),而海洋锋起的作用是局地性的、触发性的。两个不同尺度、不同性质的系统相互影响、相互作用,产生海上千变万化的天气现象。虽然前人已经提出气压调整、垂直混合机制和次级环流理论,但对实际天气过程来讲,都有不同特点和不同物理过程,不是用某个机制就能简单解释的。当然,广袤海洋作为下垫面,通过湍流热量交换对其上大范围大气的热力学特性产生影响。随着时间的推移,海洋上观测资料逐渐丰富,期待有更多的天气个例分析,使我们的认识更加全面、更加深入。西北太平洋作为海雾发生频率最高的开阔洋面,研究这里海雾、低云形成机理,可为未来其他海域的相关研究提供重要参考。

4 黄海海雾

黄海是中国近海海雾最多、雾区范围最大的海域。相对于中国其他近海,对黄海上空海雾的研究最多。但是总有新的问题不断被发现,从而认识不断深入。

4.1 黄海上空海雾季节变化特征的成因

4—7 月是黄海的雾季[1]。观测表明,黄海西部 4 月平均雾日数较 3 月明显增多,而同期黄海东部雾日数增加缓慢;8 月海盆尺度上平均雾日数迅速减少,雾季结束(有上升流的局部冷水区除外)。显然,这两个特征是太阳辐射的逐渐变化无法简单解释的。

4.1.1 黄海东、西部雾日数变化差异的原因

4 月,黄海相对陆地为冷源,由陆地入海的高压系统在冷海面维持少动,逐渐变性为浅薄的冷高压(图 4(a))。在反气旋环流控制下,黄海西部为偏南-东南风,将来自黄海南部-东海北部的水汽向山东半岛南部海面输送。而黄海东部为偏西气流,水汽输送为负值[25]。

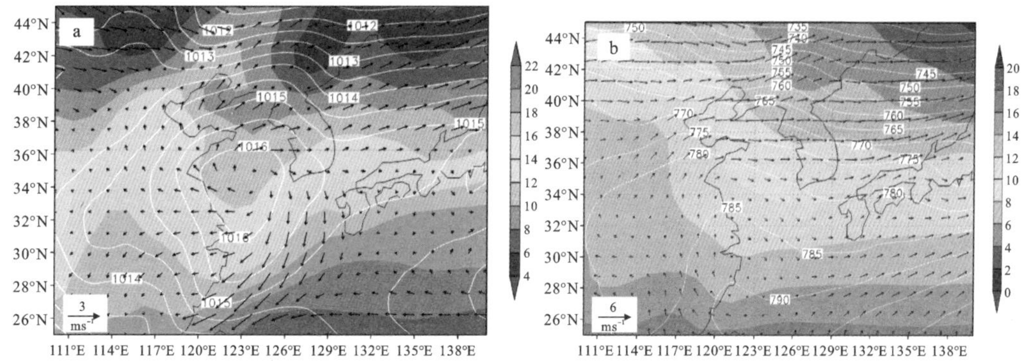

图 4 (a)气候态表面风场(m/s),2 m 高度气温(℃)和海平面气压(hPa),(b)925 hPa 风场(m/s),气温(℃)和位势高度场(m)(引自参考文献[25])

925 hPa 高度上,该反气旋环流已经基本消失,取而代之的是离岸偏西气流(图 4(b))。该离岸气流将陆地的暖空气带到海洋上空,形成暖平流。黄海西部大气逆温层指数($I=T_{300m}-T_{2m}$)与 925 hPa 的暖平流时滞相关表明,最大相关出现在暖平流超前 1 天,相关系数为 0.73,达到 95%的信度,足见离岸暖平流对黄海西部大气逆温层的贡献。由于冷海面上空气团逐渐变性,暖平流向东减弱,大气逆温层强度黄海西部的青岛明显强于黄海东部的济州岛和白翎岛,大气逆温层底部的高度西部低于东部。在水汽供应不是很充分的条件下,大气逆温层底抬升,不利于水汽或者雾滴在低空聚集形成海雾。

所以,黄海 4 月雾季开始主要指黄海西部,是局地性的。海陆热力差异的影响和黄海反气旋环流是黄海西部 4 月海雾发生频率增加较快的主要原因[25]。

4.1.2 海雾季节迅速结束的原因

在海盆尺度上,黄海上空海雾在 6—7 月最盛,8 月份迅速结束。但 7 月和 8 月在海-气温差、人体感觉等方面似乎没有明显不同。Zhang 等[25]的研究表明,雾季突然结束的主要原因有以下几方面。

(1)陆地(济南)气温最高值出现在 7 月,而 SST 在 8 月最高。这种海、陆气温的不同步变化,导致黄海上空 8 月与 7 月温度差在垂直方向呈现偶极变化,即 8 月低空气温有正增量,离海面越近增量越大;而 950 hPa 以上气温为负增量(图 5(a))。这种偶极结构导致大气稳定度下降,湍流混合层厚度加深。

(2)海面平均风由 7 月的南-东南风转为 8 月的偏东风,山东半岛-朝鲜半岛之间海域甚至出现东北风(图 5(b))。偏东风大大减弱了水汽供应,而 SST 和海面气温(SAT)的升高,要求饱和水汽压增加。减湿与增温均不利于海雾形成。偏东风的出现往往与来自高纬度的冷空气活动有关,具有天气尺度上的突然性,比如,8 月一次冷空气影响过后雾季就基本结束。

(3)黄海 SST 最高值出现在 8 月,甚至超过 25℃,海面气温还要更高些。在如此高的温度下,实际大气中的水汽含量很难达到饱和要求的数值。

综上所述,虽然 8 月仍有 SST－SAT<0,但前面 3 个基本条件已经极大地限制了海雾的形成。

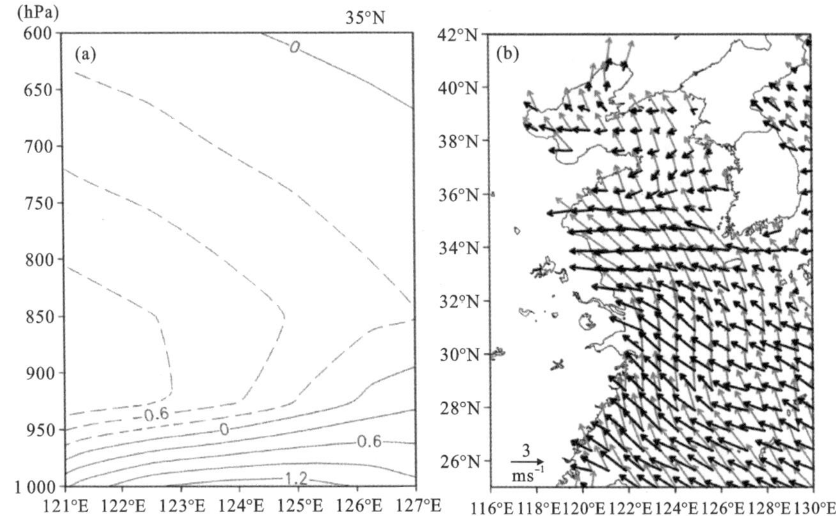

图 5　(a)沿 35°N 的 8 月与 7 月的温差(℃),来自 JRA-25 气候资料。(b)风矢量(m/s)7 月浅色,8 月深色。资料来自 QuikSCAT 2000—2007 年平均值(引自参考文献[25])

8 月黄海海面平均风向转为偏东风与 P-J 波列有关。从 7 月到 8 月,副热带西北太平洋海温升高,大气对流加强,激发向北传播的正压波列(P-J 波列)[26,27]。8 月与 7 月的位势高度差和降水量差表明,低压异常在副热带,而高压异常在中纬度。黄海位于上述低压和高压之间,因此,7 月到 8 月季节进程中,风向转为东风。这个东风就是雾季结束的信号,是从东亚到西北太平洋的大尺度大气季节变化的一部分[25]。

所以,黄海 8 月雾季的结束不是局地的,而是与大尺度海-气系统的季节变化相联系。

4.2　黄海春季与夏季海雾的对比

虽然都是平流冷却雾,但观测发现,黄海春季海雾形成物理过程和表现出的特征与夏季海雾有明显不同[5,28]。

4.2.1　春季黄海海雾

2008 年 5 月 1—3 日出现一次海雾过程。海面为由陆地东移入海的变性冷高压控制(图 6(a)),黄海西部海面出现比较稳定的东南风,将来自黄海南部-东海北部的暖湿空气向北输送。925 hPa 为离岸的暖平流(图 6(b)),有利于黄海西部形成大气逆温层。海盆尺度上黄海 SST 较低,有冷水舌向南伸至东海北部,气-海温差在 2℃左右(图 6(c))。这些特征与 4 月气候平均态基本一致,表明该过程有代表性。5 月 2 日 0510 UTC 海雾覆盖了黄海西部-中部海面(图 6(d))。

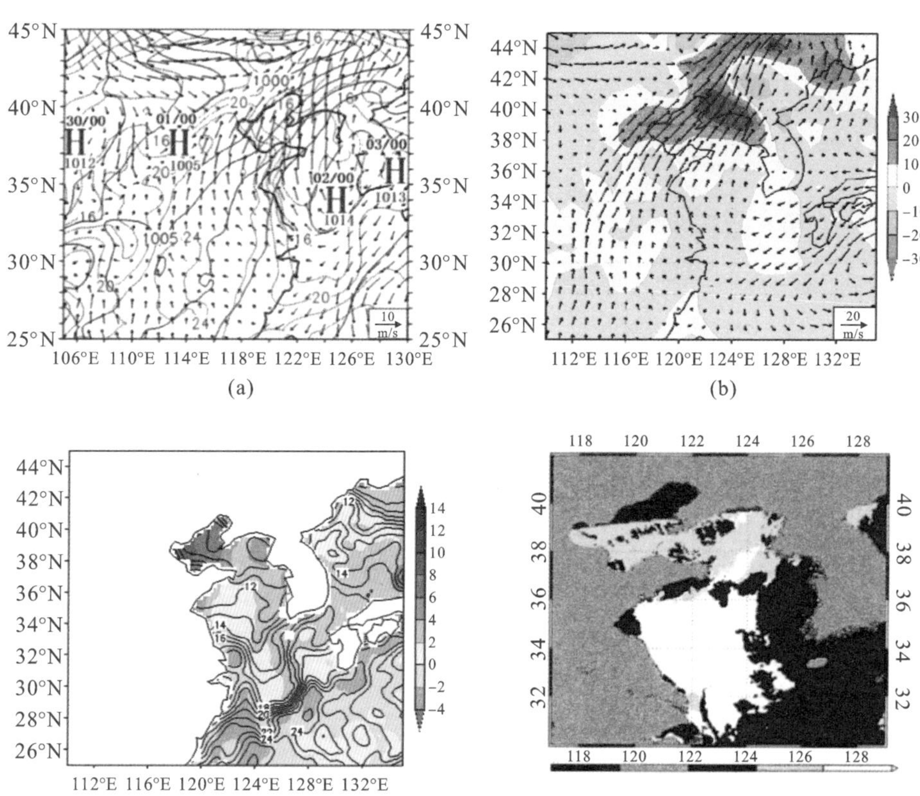

图 6　(a)2008 年 5 月 2 日 0000 UTC 海平面气压(黑色等值线,单位 hPa)、温度(红色等值线,单位℃)和水平风矢量(m/s)以及 4 月 30 日 0000 UTC 至 5 月 3 日 0000 UTC 高压中心位置和强度(日/时);(b)2008 年 5 月 2 日 0000 UTC 925 hPa 温度平流(阴影部分,单位 10^{-5} K/s)和水平风矢量(m/s);(c)2008 年 5 月 2 日 0000 UTC SST 和 SAT-SST;(d)2008 年 5 月 2 日 0510 UTC MODIS 多通道数据反演的雾区(白色代表雾区,黄色代表云区,红点表示浮标站位置)(引自参考文献[5])

浮标站和岸基站观测表明,海雾出现前有 SST<SAT(SAT:海表面气温),海洋对大气是冷却作用。海雾开始阶段,气温和露点温度同时下降,但前者下降的速度明显快于后者,导致温度露点差不断减小,最终成雾(图 7(a)～(b))。可见此次海雾形成的特点是降温降湿,主导因素是降温。

春季海雾水汽主要来自黄海局地,水汽供应量较少(远小于来自副热带洋面的水汽输送量),有凝结发生后,往往会导致水汽含量下降。而降温明显的原因是由于雾层上方为来自陆地的干空气(干层),导致雾顶长波辐射冷却加强,通过湍流混合,使近海面(地面)气温迅速下降(模式结果证实了这一点)[5,28]。在海雾盛期甚至出现 SST>SAT 的现象(图 7(a)),与英国北海的哈雾(haar)类似[29]。

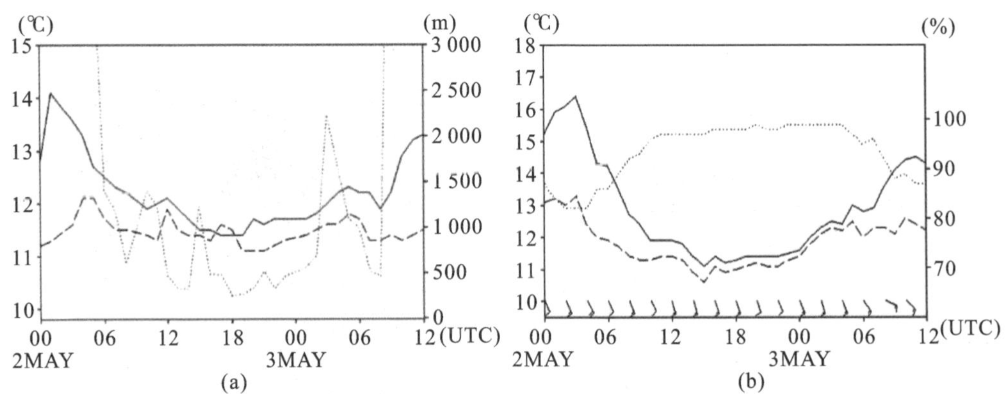

图 7　2008 年 5 月 2—3 日青岛气象台浮标站和岸基站观测结果。(a)浮标站气温(实线,单位℃)、SST(虚线,单位℃)和大气水平能见度(点线,单位 m)随时间的变化。(b)岸基站的气温(实线,单位℃)、露点温度(虚线,单位℃)、相对湿度(点线,%)和风矢量(单位 m/s)随时间的变化(引自参考文献[5])

一般而言,海雾消散的主要原因是风向转向和风速过大。此次海雾消散过程中,海面一致维持稳定东南风,风速少变(图 7(b))。海雾消散的直接原因是气温上升,导致相对湿度减小;但根本原因是由于低压扰动导致大气边界层中稳定度减弱,大气逆温层底部抬升,混合层加深。在这种情况下,水汽向上输送,海雾雾性变淡,入射至地面的太阳辐射增加,气温上升,最终导致海雾消散,黄海上空出现低云。

4.2.2　夏季黄海上空海雾

6—7 月黄海海表面冷却作用依然存在,有利于平流冷却雾的形成[28]。西太平洋副热带高压尺度大而深厚,其西侧的偏南风将大量水汽从热带、副热带洋面输送到黄海。更多的水汽供应和较弱的稳定度,使夏季的雾较春季更加深厚(图 8)。

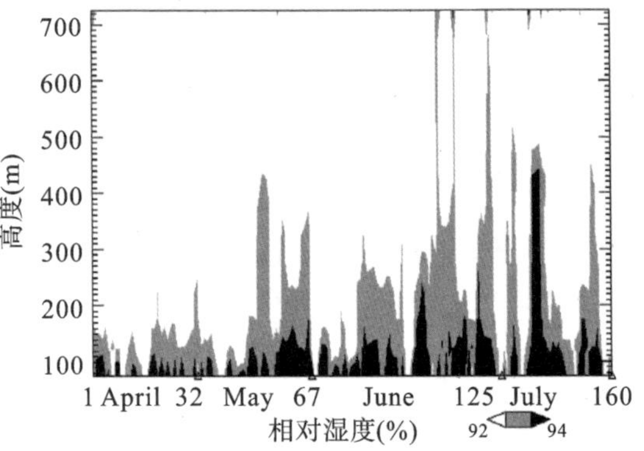

图 8　4—7 月有雾时青岛气象台探空仪探测的相对湿度垂直变化。共取 2006—2012 年的 160 个有雾样本(探空气球施放过程中,地面观测有雾即为一个样本)。纵坐标为海拔高度(m),起始高度为 80 米(探空站高度 75 米,雷达天线高度 5 米);横坐标上数字代表样本序号(第 1～32 个样本为 4 月,第 33～67 个样本为 5 月,第 68～125 个样本为 6 月,第 126～160 个样本为 7 月)(引自参考文献[5])

2008 年 7 月 7—11 日,在副热带高压控制下,海雾持续了 5 天(大气能见度有短时好转)。7 日,黄、东海海面为一致的南-东南风(图 9(a)),将热带-副热带洋面的水汽向北输运,为黄海上空海雾生成和维持提供了充沛水汽;高压控制下的下沉运动，提供了大范围稳定层结。925 hPa 等压面上的偏南风带来暖平流(图 9(b))，形成大气逆温层。海盆尺度上黄海 SST 为 22℃～24℃，黄海与东海过渡区 SST 梯度较大，气-海温差为 1℃～3℃(图 9(c))，7 月 7 日 0500 UTC 海雾覆盖了大部分黄海海面(图 9(d))。

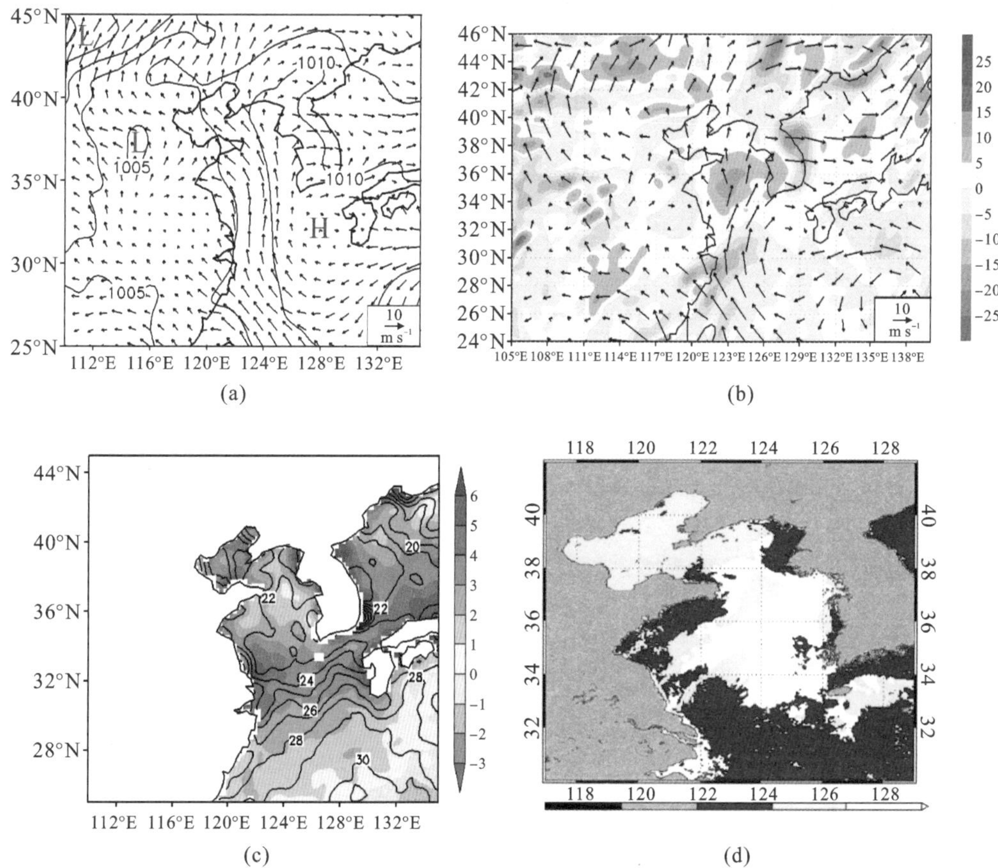

图 9 2008 年 7 月 7 日 0600 UTC 环流形势。(a)海平面气压(等值线，hPa)和水平风(m/s)；(b)925 hPa 温度平流(填色，10^{-5} K/s)和水平风矢(m/s)；(c)2008 年 7 月 7 日 0600 UTC 的 SST 和 SAT-SST；(d)2008 年 7 月 7 日 0500 UTC 的 MODIS 多通道数据反演的雾区(白色代表雾区，黄色代表云区，红点表示浮标站位置)(引自参考文献[5])

浮标站和岸基站的观测表明，7 月 7 日海雾发展阶段，气温下降而露点温度上升，增湿和降温共同作用导致了雾的形成(图 10(a)～(b))。这与春季海雾形成期间降温减湿不同。这种增湿过程说明水汽供应十分充沛，即使有凝结发生，大气中水汽含量仍然增加。

在 5 天多的时间内，曾有弱槽影响出现降水，大气能见度大幅度波动。但扰动过后，大的环流形势没有发生根本性改变，浓雾仍然维持(图 10(a)～(b))。直至 12 日，主槽影响下,相对湿度下降,大气能见度上升,黄海为云覆盖。根据 Zhou 和 Ferrier[30] 提出的平衡理论,夏季雾更抗扰动的原因是其雾层比春季雾更深厚。

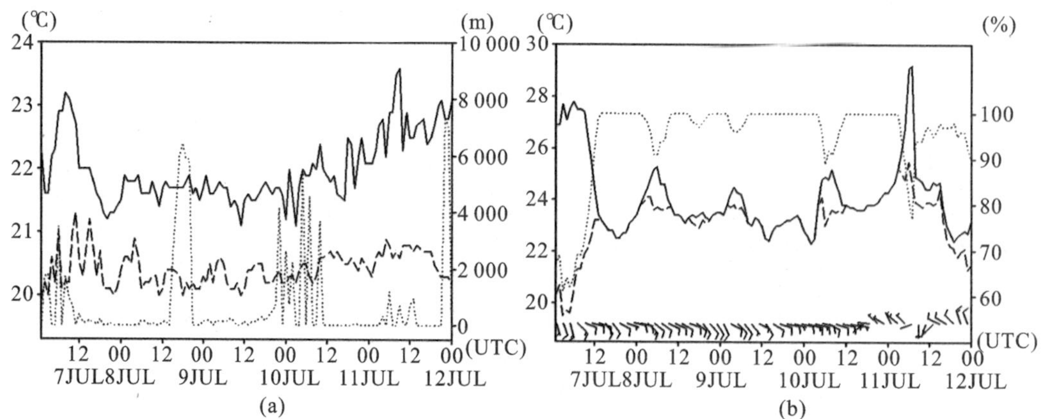

图 10　2008 年 7 月 7—12 日青岛气象台浮标站和岸基站观测结果。(a)浮标站气温(实线,单位℃)、SST(虚线,单位℃)和大气水平能见度(点线,单位 m)随时间的变化。(b)岸基站的气温(实线,单位℃)、露点温度(虚线,单位℃)、相对湿度(点线,%)和风矢量(单位 m/s)随时间的变化(引自参考文献[5])

由于副热带高压是深厚系统,夏季低空气流来自同样性质的海洋性气团,海雾的大气边界层热力学垂直结构特征是较厚的湿层和其上方较弱的大气逆温层,雾层的厚度基本维持在 200～300 m。雾层上方相对湿度仍然比较大,没有明显的干层,雾顶长波辐射冷却效应减弱,雾层降温相对较少,海雾过程中海表面气温一直高于 SST(图 10(a))。12 日 0000 UTC 的青岛探空展示出 900 m 深的层积云大气边界层和 3 000 m 以下一致的西北风,表明黄海西部转为高空槽后部影响,黄海上空逐渐被云覆盖,海雾消散。

4.2.3　春季和夏季海雾对比

黄海春季和夏季海雾都是平流冷却雾,但两者生成、维持、消散的天气条件和物理过程不同。表 1 是一个简要的总结,虽然是个例,但都分别反映了春季和夏季大气环流和海洋表面热力状况的主要特征,因而具有代表性。

利用 8 年浮标站等观测资料的分析,证明了春季雾顶长波辐射强,雾层中出现 SST＞SAT 的现象多于夏季[31]。这些研究进一步区分了平流冷却雾中不同的物理过程,为黄海上空海雾预报提供了更多需要考虑的问题。当然,除了高压影响外,海雾还受其他气压系统的影响,如均压场和弱低压等。

表 1　春季和夏季黄海平流冷却雾对比

Table 1　Comparison between fog in spring and summer in the Yellow Sea

	春季	夏季
天气系统	移动性海上高压	西北太平洋副热带高压
天气尺度	局地,浅薄系统	大尺度,深厚系统
925 hPa 气流	来自陆地的暖干平流	来自南方海洋的暖湿平流
海面气流	南-东南风	南-东南风
雾层之上	干层	云/湿层
雾顶辐射冷却效应	强	弱
层结稳定性	强	弱
成雾物理过程	降温主导	增湿和降温主导
雾层垂直厚度	薄	深
持续时间	受到扰动后即消散	受到扰动后可持续一段时间
海气界面	雾发生前 SAT-SST>0	雾发生前 SAT-SST>0
	雾盛期 SAT<SST	雾盛期 SAT-SST>0

4.3　冬季黄海的平流冷却雾

气候平均状态下,冬季黄海的 SAT 低于 SST,海洋对大气是加热作用。然而受天气尺度系统的影响,冬季海上仍然会出现大范围持续数天的偏南-东南暖湿气流,导致平流冷却雾出现,但其发生的概率远远小于春、夏季。冬季平流冷却雾可持续 2～3 天甚至更长时间,由于地面冷却效应影响,夜间容易入侵陆地,对社会经济活动带来严重影响。

黄海中部的无雾区基本与东海黑潮向黄海北伸的暖舌相匹配,雾区在中国和朝鲜半岛沿海冷水上空发展,表明 SST 对冬季雾区范围的影响明显。而且雾层上方几乎没有云层覆盖,这与前面讨论过的春季海雾类似。研究还发现,黄海冬季 SST 比常年偏低,有利于海雾形成[32]。

4.4　黄海上空海雾年际变化与海温的关系

通过对比夏季多雾年和少雾年水汽通量的区域分布发现,在年际变化中,山东半岛南部海域海雾的水汽来源异常区主要出现在长江口以东的东海。在多雾年,东海海温偏高,南风偏强,海面蒸发大,低层大气增温增湿。而黄海海温偏低,低层大气湿度较低。正是由东海向黄海的低空暖湿平流输送为海雾的形成提供了物质基础[33]。黄、东海海温的高低会对黄海雾季开始的早晚造成重要影响。黄、东海海温正距平时,有利于水汽蒸发，雾季开始较早[34]。

综上所述，虽然对黄海上空海雾的研究比较多，但新的问题不断出现。4 月黄海上空海雾季节开始是局地性的，与海陆热力差异和黄海反气旋有关；8 月雾季结束是与大尺度海-气系统的季节变化相联系。虽然都是以平流冷却雾为主，但春季和夏季的雾物理过程有明显不同。冬季在气候态上海洋对大气是加热作用，但在天气尺度上也会出现大范围的平流冷却雾。这些研究为黄海上空海雾预报提供了重要参考。

5 福建沿海的雾

我国南方海域，其空气属性、海洋水文条件、环流形势等与北方海域不同，其海雾类型和形成机理是否也有不同？台湾海峡西部-东海的雾主要出现于 2—6 月，而这一期间正是该海区的多雨季节，冷暖空气交汇频繁，雾常与低云和弱降水（阵雨、毛毛雨）等相伴（交替）出现，往往难以把握，成为预报难点。利用近几年自动气象站、浮标站逐小时资料，参照王彬华（1983）提出的分类原则，对福建沿海海雾进行分类，结果如图 11 所示。其中，第一象限 △Ta>0，△Td>0，增温增湿，表现为平流蒸发雾/冷季混合雾（S1 类）；第二象限△Ta<0，△Td>0，降温增湿，表现为暖季混合雾（S2 类）；第三象限△Ta<0，△Td<0，降温减湿，表现为平流冷却雾（S3 类）；第四象限△Ta>0，△Td<0，增温减湿，该条件下很难出现雾[35]。

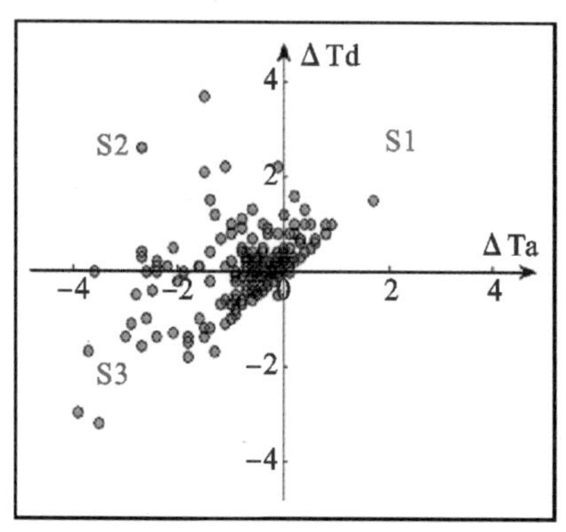

图 11　福建沿海海雾分类结果，△Ta 和△Td 分别为 3 小时气温和 3 小时露点温度改变量（℃）（引自参考文献[35]）

S1、S2 和 S3 类基本各占总样本的 1/3，可见南方沿海的海雾类型并非以平流冷却雾为主。将这三类海雾按照发生时间进行统计，发现 S1 类海雾主要发生在 1—3 月，S2 类海雾主要发生在 4—6 月，S3 类海雾主要发生在 3—5 月，这种结果也印证了平流蒸发雾/冷季混合雾、暖季混合雾、平流冷却雾分类方法的合理性。

5.1 平流蒸发雾/冷季混合雾

S1 类海雾为暖海面上的雾，冷空气平流到暖海面上，既受其下水面的感热增温，又因水面蒸发加强而增加水汽含量，当水汽量的增加超过其因增温而提高的饱和水汽压增值时，即增湿效应大于增温效应时，便可能发生凝结而成雾。形成混合雾的水汽与冷季海面低压区降水雨滴蒸发有关。

利用有海雾时的 ERA-INTERM① 再分析数据，对 S1 类海雾的水文气象条件进行合成分析。福建近海 SST 数值为 14℃～16℃(图 12(a))，SST 等值线基本与海岸线走向平行，且越远离海岸海温越高，海雾发生频率自西向东下降(图 1)，反映了大陆沿岸冷流的影响。台湾海峡位于大陆高压前部，受东北气流影响，风速为 2～5 m/s，气-海温差(2 m 气温减海表面水温)为－1.0℃～－0.5℃(图 12(b))。潜热通量为 30～60 W/m^2，感热通量为 3～8 W/m^2，表明在此类海雾发生时，局地海面蒸发对大气有明显的增湿作用。

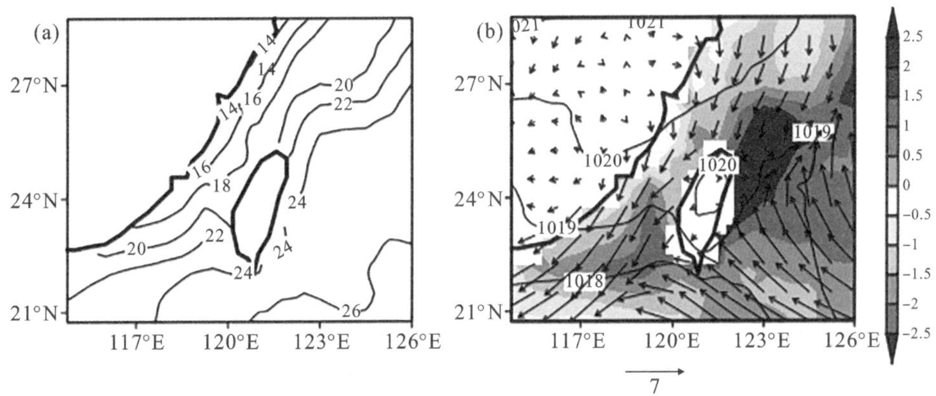

图 12　平流蒸发雾/冷季混合雾水文气象条件合成分析。(a)海温(等值线，单位：℃)；(b)气-海温差(填色，单位：℃)；海平面气压(黑色等值线，单位：hPa)，风场(矢量箭头，单位：m/s)，(资料来自 ERA-INTERM)(引自参考文献[35])

利用福州和厦门气象台探空资料，对 S1 类海雾发生时的大气边界层垂直结构进行分析。归一化探空合成曲线表明，此类海雾雾顶为 600 m 左右。由于海洋相对较暖，低空层结趋于不稳定，湍流混合强，形成深厚雾层，反映出水汽十分充沛。在 600 米以下，风向随高度逆转，证明有冷平流存在，符合平流蒸发雾特征。雾层中温度垂直递减率为～0.17℃/100 m，为湿绝热湍流混合层(图 13(a))。

暖海面低空气层稳定性弱，海面水汽向上输运，也可能形成低云。而天气尺度的下沉运动可导致低云云底下降贴近海面形成海雾，这也是暖海面上成雾的一种物理过程[36]。雾层上方 2 000 米左右，相对湿度增加至 85%左右，说明可能存在低云(图 13(a))。

① 欧洲中期天气预报中心 ECMWF(The European Centre for Medium-Range Weather Forecasts)提供的 ERA-Interim 再分析资料，包括地面资料及 1 000 hPa 至 925 hPa(每 25 hPa 一层，共 4 层)垂直层资料。水平格点为 0.25°×0.25°，时间间隔为 6 h。

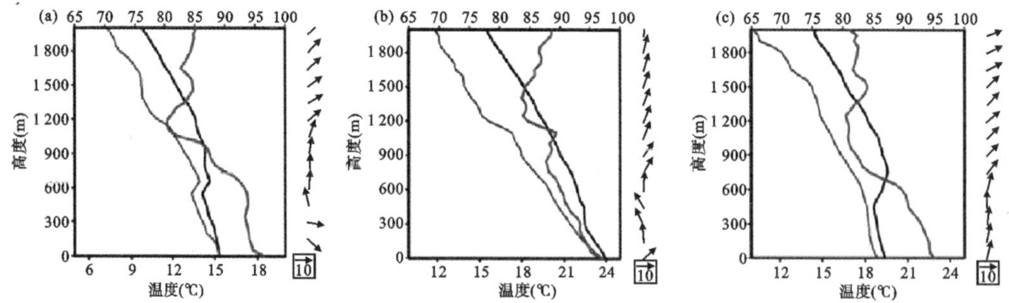

图 13　归一化探空曲线合成图。温度(黑色实线),露点温度(蓝色实线),相对湿度(红色实线,%),水平风(箭头)。(a)平流蒸发雾/冷季混合雾;(b)暖季混合雾;(c)平流冷却雾(引自参考文献[35])

5.2　暖季混合雾

暖季台湾海峡西岸 SST 较东岸低,气-海温差为 0.5℃～1.0℃(图 14(a)～(b)),海洋对大气是冷却作用。台湾海峡位于大陆低压前部,海面以西南风为主,风速为 4～6 m/s。潜热通量为 10～20 W/m^2,远小于 S1 类海雾。同时 S2 类海雾发生前多有弱降水,低空有暖平流存在,降水遇到了暖空气会因为温度升高而蒸发,雨滴蒸发增湿是暖季混合雾的特征。感热通量为－10～－2 W/m^2,暖气团因向海洋输送热量而降温,降温和增湿都有利于产生雾。

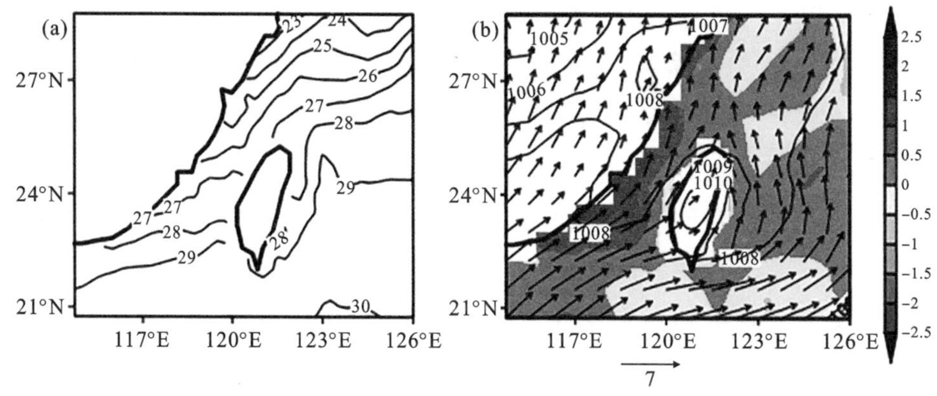

图 14　暖季混合雾水文气象条件合成(引自参考文献[35])

归一化探空曲线的合成结果表明(图 13(b)),对于 S2 类海雾,大气逆温层的底为 300 m 左右。200 m 以下理查森数均是小于零的状态,说明大气具有静力不稳定性。由于低压前部西南暖湿气流的影响,很可能出现低云和降水,相对湿度在 1 000 m 和 2 000 m 高度都接近 90%,明显大于 S1 类海雾上方的湿度。此类雾中超过 55%的样本没有明显的大气逆温层,云和雾有时可连为一体。若云底离开地面一定高度则为云,云底贴近地面则为雾。这些特征与低压影响，存在低云或者弱降水，且伴随着一定的上升运动是相容的。黄海夏季海雾中有 1/3 是受低压影响，常表现出雾层与云层连为一体[37]。

5.3　平流冷却雾

该类海雾发生的 SST 的数值与空间分布特征与 S1 类海雾相似，近海的海温为 14℃～16℃（图 15(a)）。气-海温差与 S2 类相似，福建近海 SAT-SST 大于 2℃以上，比 S2 类海雾的气-海温差更大（图 15(b)）。S3 类海雾发生时，潜热通量为 10 W/m² 左右，感热通量为－10～－2 W/m²，与 S2 类海雾相当。S3 类海雾与 S2 类海雾虽然都是在西南风影响下，但前者受海上高压的影响，在海洋的冷却作用下，产生平流冷却雾；而后者的西南风是受陆地低压前部的影响，因而往往与降水和低云相伴，产生暖季混合雾。

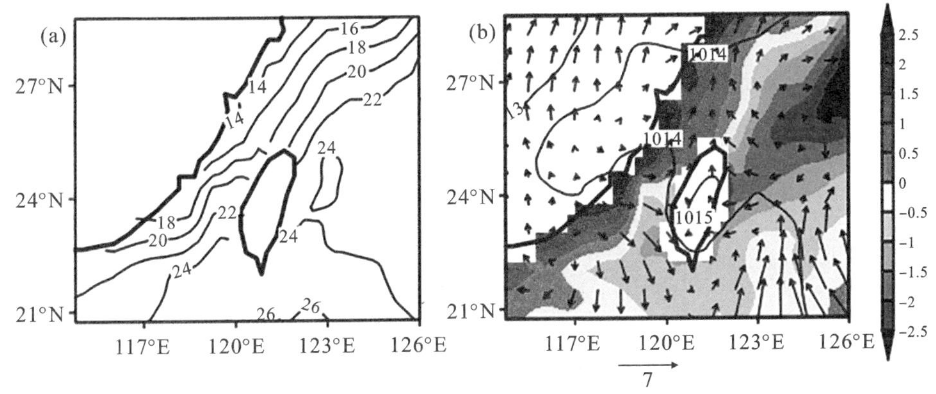

图 15　平流冷却雾水文气象条件合成（引自参考文献[35]）

归一化探空曲线合成分析表明（图 13(c)），平流冷却雾与其他两种类型的海雾相比，大气逆温层强度（大气逆温层顶与大气逆温层底温度之差）最强，大气逆温层底高度为 450 m 左右。450 m 以下温度垂直递减率为～0.2/100 m。大气逆温层底以下，相对湿度为 90％以上；大气逆温层顶之上相对湿度不足 85％，为三类海雾中最干的。此类海雾的厚度为 450 m 左右，厚于黄海的平流冷却雾（图 8）。大气逆温层所在位置风向随高度呈顺时针旋转，证明有暖平流存在。暖平流和高压控制下的下沉运动对大气逆温层均有贡献。

综上所述，福建沿海的海雾特征与黄海有明显不同，后者以平流冷却雾为主，而前者平流蒸发雾/冷季混合雾、暖季混合雾和平流冷却雾各占 1/3，暖季混合雾往往与弱降水、低云相关联。同为平流冷却雾，福建沿海的雾层厚度较黄海的更厚，雾层上方湿度更大。这些不同特征无疑与我国南方和北方的不同气候条件相对应。以上统计结果的前提是有海雾发生，由图 11 可以看出，无论是变温还是变湿，大部分在 2 之内，这个指标可以为海雾短临预报提供重要参考。值得一提的是，由于雾层上方湿度大，甚至有云层，为海雾的卫星遥感监测带来很大困难和不确定性。

6 海陆热力差异对岸滨雾的影响

局地海陆热力差异导致的雾，一般限于海岸附近，对人类活动影响很大。在我国东南沿海，特别是雨季，由于水汽充足，岸滨常常会出现雾、低云和弱降水相互掺杂现象，导致大气能见度大振幅变化且局地性强，但背景环流形势没有明显区别，一直是海洋气象预报服务的难点。

2013 年 6 月 24—25 日，“东方红 2”海洋综合调查船在杭州湾口外停泊期间，观测到连续 4 个小时的大雾后转毛毛雨，同期杭州气象站观测有轻雾、低云和阵性降水等，反映了典型的梅雨天气。研究发现，海陆热力差异在杭州湾口附近强迫出次级垂直环流（图 16(a)），次级环流的下沉支在较冷的海面上，上升支在较暖的陆地上。下沉气流使大气逆温层高度降低，与云高仪测量的云底高度下降相匹配（图 16(b)）。云滴/雨滴在下降过程中蒸发，增加低空水汽，海面出现向岸气流使水汽向岸滨汇聚，在冷海面上凝结成雾[38]。

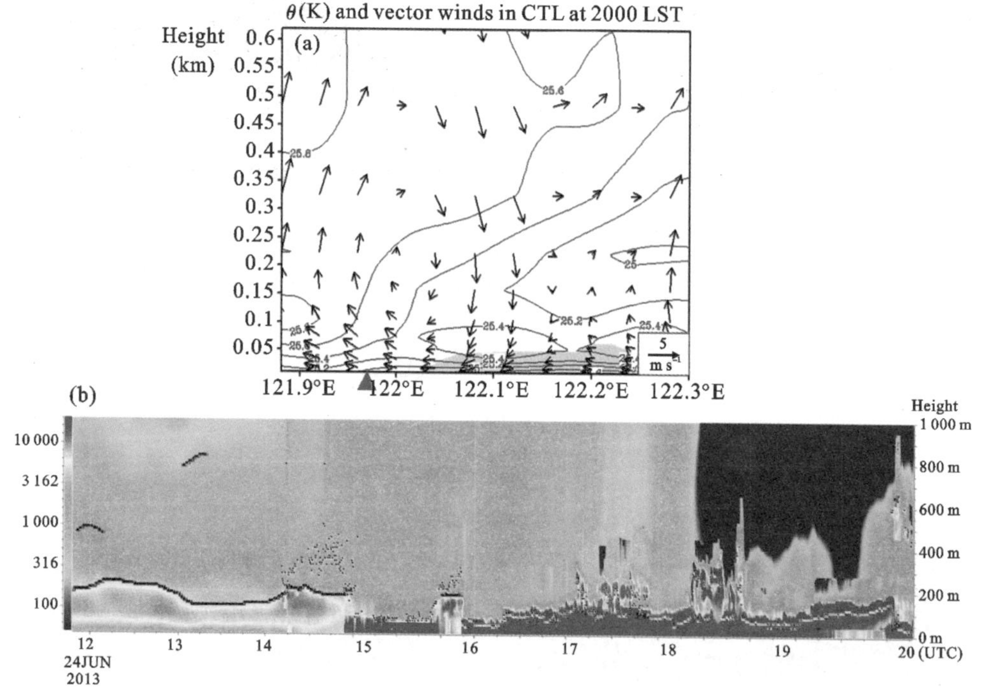

图 16 (a)2013 年 6 月 24 日，梅雨锋影响下杭州湾口外一次岸滨雾过程中的大气边界层次级环流（Weather Research Forecasting model，WRF 模式，数值模拟结果）。黑色箭头为垂直剖面上的风矢量（水平风/(m · s)和垂直风/10^{-2}(m · s)），黄色为海上雾区，红色实线为等位温线（等值线间隔 0.2℃），红色三角形代表海陆分界的位置。(b)“东方红 2”海洋综合调查船载云高仪后向散射系数（填色）、大气边界层高度（单位 m，黑色实线）和云底高度（单位 m，蓝色方框）（引自参考文献[38]）

海陆热力差异会导致大气边界层底高度由陆地向海面迅速下降，是岸滨雾发生的一个重要条件。黄山等[39]分析了离岸风影响下青岛近岸雾发生的过程。发现海雾生成前，偏南暖湿气流和降水天气，使离岸气流具有暖湿性质（山东半岛内陆温度比青岛近海高3℃、比湿高 1.5 g/kg）。在地面转为离岸风后，顺风方向混合层厚度（或者大气逆温层底的高度）自陆地向海面明显降低，混合层内部气流离岸下沉至冷海面大气边界层内，水汽在海面聚集冷凝成雾。

岸滨雾往往是局地性的，对下垫面热力动力条件的变化高度敏感。为了进一步提升对其形成机理的认识和预报服务水平，利用雷达、微波辐射计、云高仪等先进设备，加强对尺度小、变化快的海-陆过渡区大气边界层探测十分必要。

7　结束语

近几十年来，在海雾和海洋性低云研究方面涌现出不少成果，成为海洋-大气相互作用研究领域中的一个有特色的部分。我们对海雾和海洋性低云的若干新认识，在很大程度上得益于观测技术的进步、观测能力的增强。

在中国近海，对海雾研究最多的是黄海上空海雾。从王彬华先生开始至今，一代代人传承发展，但是仍然有我们没有发现的事实、没有探究明白的问题，海雾预报水平与社会需求还有很大差距。比如，即使是研究最多的平流冷却雾，新的观测发现了不同季节成雾的物理过程有明显不同，这无疑对预报有重要参考价值。最近几年南方海雾观测研究明显增多，但对海雾、低云和弱降水之间的掺杂出现、相互转化的物理过程仍然不清楚，制约了预报水平的提高。

我国有绵长的海岸线，南北跨度大，局地性强的海雾和低云（弱降水），对环境气象水文条件高度敏感。在不同区域、不同季节，海雾和低云形成的物理过程有何不同？两者相互转化的海-陆过渡区大气边界层的物理过程是什么？海洋和大气分别起了什么作用？诸多问题还需要气象海洋科技工作者共同努力来回答，从而逐步厘清预报着眼点。相对于陆地，海上的观测仍然十分匮乏。加强对大气边界层探测，开展岸基站和浮标站观测和对比，组织有针对性的、区域性的海上科学观测试验，进行更多个例分析是十分必要的。

广袤大洋上云雾的观测更少，对其时空变化特征和变化机理，相对于近海，了解更少。比如，千岛群岛、鄂霍茨克海附近海雾发生频率有明显的季节变化，夏季海雾发生频率最高可达 60%，冬季不足 5%；有些海区海雾发生频率的季节变化并不明显，造成这些差异的原因是什么？有些海区海雾和低云发生频率很高，两者有何关系？近海海雾形成机理和相关阈值在广袤大洋上是否仍然适用？诸多问题还有待解答。

正是海洋-大气-陆地的共同影响，不同尺度海洋、大气系统的相互配合和相互作用，导致了千变万化的海雾和海洋性低云形成和演变过程。观测不断展现新事实，令人着迷，更让人思考。探索未知具有极大吸引力和挑战性，需要全社会共同努力，提高探索和认知能力，为海上人类活动安全提供更好的保障，为推动海洋气象学的发展做出新贡献。

致谢

感谢衣立副教授、刘敬武副教授和所有参加海上、岛屿野外观测的学生对海雾观测付出的不懈努力。感谢刘秦玉教授、傅刚教授、高山红教授以及其他同事长期以来给予海雾研究的帮助和指导。感谢“东方红 2”海洋综合调查船和“向阳红 1 号”科考船全体成员对海上海雾观测给予的宝贵支持和帮助。本文得到国家重点研发计划项目（2019YFC1510102）、国家自然科学基金项目（41876130、41975024）的资助。

参考文献

[1] 王彬华. 海雾[M]. 北京：海洋出版社，1983.

[2] Dorman C E, Mejia J, Koraein D, et al. Worldwide Marine Fog Occurrence and Climatology// Marine Fog: Challenges and Advancements in Observation, Modeling, and Forecasting (eds. Darko Koraein and Clive E. Dorman). Switzerland: Springer Press, 2017: 291-344.

[3] 刘奇，傅云飞，冯沙. 基于 ISCCP 观测的云量全球分布及其在 NCEP 再分析场中的指示[J]. 气象学报，2010，5：689-704.

[4] 张苏平，鲍献文. 近十年中国海雾研究进展[J]. 中国海洋大学学报(自然科学版)，2008，38(3)：359-366.

[5] Zhang S P, Lewis J M. Synoptic processes//Marine Fog: Challenges and Advancements in Observation, Modeling, and Forecasting (eds. Darko Koraein and Clive E. Dorman). Switzerland: Springer Press, 2017: 291-344.

[6] Fu G, Zhang S P, Gao S H, et al. Marine fog: Understanding gf Sea Fog Over the China Sea [M]. China Meterological Press, 2012.

[7] Zhang S. Recent observations and modeling study about sea fog over the Yellow Sea and East China Sea[J]. Journal of Ocean University of China, 2012, 11(4): 465-472.

[8] 孟宪贵，张苏平. 夏季黄海表面冷水对大气边界层及海雾的影响[J]. 中国海洋大学学报(自然科学版)，2012，42(6)：16-23.

[9] Liu J W, Xie S P, Norris J R, et al. Low-level cloud response to the Gulf Stream front in winter using CALIPSO[J]. Journal of climate, 2014, 27(12): 4421-4432.

[10] 张苏平，张欣，时晓曚. 亲潮延伸体区一次海雾过程的观测研究.海洋气象学报(待刊)[J]. 2022，42(1)：1-11.

[11] 张苏平，王媛，衣立，等. 一次层积云发展过程对黑潮延伸体海洋锋强迫的响应研究——观测与机制分析[J]. 大气科学，2017，41(2)：227-235.

[12] 王媛，张苏平，衣立，等. 一次层积云发展过程对黑潮延伸体海洋锋强迫的响应研究——数值模拟和试验[J]. 中国海洋大学学报(自然科学版)，2017，7：10-20.

[13] Wang Q，Zhang S P，Xie S P，et al. Observed variations of the atmospheric boundary layer and stratocumulus over a warm eddy in the Kuroshio Extension[J]. Monthly Weather Review，2019，147(5)：1581-1591.

[14] Zhang S，Chen Y，Long J，et al. Interannual variability of sea fog frequency in the Northwestern Pacific in July[J]. Atmospheric Research，2015，151：189-199.

[15] Long J，Zhang S，Chen Y，et al. Impact of the Pacific-Japan teleconnection pattern on July sea fog over the northwestern Pacific：Interannual variations and global warming effect[J]. Advances in Atmospheric Sciences，2016，33(4)：511-521.

[16] Zhang S，Liu J，Meng X. The effect of the East China Sea Kuroshio Front on the marine atmospheric boundary layer[J]. Journal of Ocean University of China，2010，9(3)：210-218.

[17] Liu J W，Xie S P，Yang S，et al. Low-cloud transitions across the Kuroshio Front in the East China Sea[J]. Journal of Climate，2016，29(12)：4429-4443.

[18] 杨爽，刘敬武，张苏平. 低云在不同季节对东海黑潮海洋锋响应的个例研究[J]. 中国海洋大学学报(自然科学版)，2015，10：7-17.

[19] Wyant M C，Bretherton C S，Rand H A，et al. Numerical simulations and a conceptual model of the stratocumulus to trade cumulus transition[J]. Journal of Atmospheric Sciences，1997，54(1)：168-192.

[20] 龙景超. 冬季东海黑超区低云时空演变的数值模拟研究[D]. 中国海洋大学硕士学位论文，2018.

[21] 霍志丽，张苏平，郭九华. 2015 年 4 月一次穿过东海黑潮锋大气边界层高度变化的观测分析[J]. 中国海洋大学学报 (自然科学版)，2019，49(11)：12-20.

[22] 郭九华，张苏平，衣立，等. 东海黑潮暖水区一次夜间云覆盖边界层发展过程的大涡模拟——辐射强迫研究[J]. 中国海洋大学学报 (自然科学版)，2018，48(7)：1-9.

[23] 张苏平，刘飞，孔扬. 一次春季黄海海雾和东海层云关系的研究[J]. 海洋与湖沼，2014，45(2)：341-352.

[24] Li M，Zhang S. Impact of sea surface temperature front on stratus-sea fog over the Yellow and East China Seas—A case study with implications for climatology[J]. Journal of Ocean University of China，2013，12(2)：301-311.

[25] Zhang S P，Xie S P，Liu Q Y，et al. Seasonal variations of Yellow Sea fog：Observations and mechanisms[J]. Journal of Climate，2009，22(24)：6758-6772.

[26] Nitta T. Convective activities in the tropical western Pacific and their impact on the Northern

Hemisphere summer circulation[J]. Journal of the Meteorological Society of Japan Ser II, 1987, 65(3): 373-390.

[27] Ueda H, Yasunri T, Kawamura R. Abrupt seasonal change of large-scale convective activity over the western Pacific in the northern summer[J]. Journal of the Meteorological Society of Japan Ser II, 1995, 73(4): 795-809.

[28] 任兆鹏，张苏平. 黄海夏季海雾的边界层结构特征及其与春季海雾的对比[J]. 中国海洋大学学报(自然科学版)，2011，41(5)：23-30.

[29] Lewis J M, Koraein D, Redmond K T. Sea fog research in the United Kingdom and United States: A historical essay including outlook [J]. Bulletin of the American Meteorological Society, 2004, 85: 395-408.

[30] Zhou B, Ferrier B S. Asymptotic analysis of equilibrium in radiation fog[J]. Journal of Applied Meteorology and Climatology, 2008, 47(6): 1704-1722.

[31] Yang L, Liu J W, Ren Z P, et al. Atmospheric conditions for advection-radiation fog over the Western Yellow Sea[J]. Journal of Geophysical Research: Atmospheres, 2018, 123(10): 5455-5468.

[32] 杨伟波，张苏平，薛德强. 2010 年 2 月一次冬季黄海海雾的成因分析[J]. 中国海洋大学学报(自然科学版)，2012，S1：24-33.

[33] 白慧，张苏平，丁做尉. 青岛近海夏季海雾年际变化的低空气象水文条件分析——关于水汽来源的讨论[J]. 中国海洋大学学报(自然科学版)，2010，12：17-26.

[34] 丁做尉，张苏平，白慧，等. 黄海雾季开始日期的确定及其年际变化[J]. 中国海洋大学学报(自然科学版)，2011，41(4)：11-18.

[35] 霍志丽. 福建沿海不同类型海雾的统计特征与机理分析[D]. 中国海洋大学博士学位论文，2019.

[36] Koracin D, Lewis J, Thompson W T, et al. Transition of stratus into fog along the California coast: Observations and modeling[J]. Journal of Atmospheric Sciences, 2001, 58(13): 1714-1731.

[37] 王凯悦，张苏平，薛允传，等. 夏季低压控制下黄海西北部海域海雾发生气象条件合成分析[J]. 海洋气象学报，2018，48(3)：47-56.

[38] Wang Q, Zhang S P, Wang Q, et al. A fog event off the coast of the Hangzhou Bay during Meiyu period in June 2013[J]. Aerosol and Air Quality Research, 2018, 18(1): 91-102.

[39] 黄山，张苏平，衣立. 一次春季黄海西部离岸气流背景下形成岸滨雾的过程分析[J]. 中国海洋大学学报（自然科学版)，2019，49(6)：20-29.

广义平衡反馈分析方法及其应用

刘秦玉[1]　温　娜[2]　范　磊[1*]　俞　妍[3]　王富瑶[4]

(1. 中国海洋大学物理海洋教育部重点实验室，山东青岛，266100)

(2. 南京信息工程大学大气科学学院，江苏南京，210044)

(3. 北京大学物理学院大气与海洋科学系，北京，100084)

(4. 美国 Wisconsin-Madison 大学气候研究中心，USA WI，53704)

(* 通讯作者：fanlei@ouc.edu.cn)

摘要　海盆尺度的海洋-大气相互作用是地球科学系统中最重要的层圈相互作用之一，海洋与大气彼此相互影响，并且某区域大气异常通常是同时受到多个海区综合影响的结果。因此，如何从相互作用的海洋与大气信号中分离出海洋对大气的影响，并且区分不同海区独立的影响信号，是海洋-大气相互作用研究中的技术瓶颈。广义平衡反馈分析方法的提出为克服上述瓶颈提供了途径。本文介绍了广义平衡反馈分析方法提出的背景和理论依据，系统梳理了应用该方法已经发表的主要论文；通过对已经发表论文成果的比对，成功地估算了大气环流对多个海域海表温度异常的响应系数，也提出了一系列需要进一步研究的科学推测，为短期气候预测提供了新思路。通过回顾该方法应用于海气和陆气相互作用研究中所取得的成果，为广义平衡反馈分析方法应用于其他层圈的相互作用研究打下良好基础。

关键词　平衡反馈；拓展；海表温度；大气环流；响应系数

1　序言

相对大气来说，海洋有较大的热容量和较慢的运动速度，其调整过程相对缓慢，因此具有较长期的“记忆”功能。通过海洋与大气之间的相互作用，海洋抑制并削弱气候系统中的高频率变异信号，“增强”气候系统中缓慢变异的信号，从而决定了气候系统变化的某些时间尺度、加强了气候系统的可预测性。在气候系统中海洋的作用主要通过与大气之间的相互作用来实现，认识和理解海洋-大气相互作用的规律，是掌握天气与气候系统变化规律的前提和基础。

不同海域存在不同的海气耦合的模态，例如，众所周知的热带太平洋 El Nino—Southern Oscillation(ENSO)海气耦合模态。大气的异常不仅受局地海表温度(SST)异常的影响，还会受到其他海域 SST 异常的影响。全球海洋 SST 异常空间分布的差异，导致大气对海洋 SST 异常强迫的响应调整时间不同。但是，相对于海洋的演变过程，大气对海温异常强迫的响应时间要快得多。是否可以利用大气与海洋运动尺度上的这种“差异”使用统计学方法将某一海域的 SST 异常对大气的影响估计出来，这是短期气候预测中最关心的科学问题之一。

为了解决上述问题，前人采用了最大协方差分析(maximum covariance analysis, MCA)方法通过对大气变量场与前期 SST 场做奇异值分解来获取海洋影响大气的信息。该方法的主导思想是寻求与前期指定海域海表温度异常(SSTA)关系最密切的后期大气环流异常信号。2002 年，Czaja 和 Frankignoul[1]用 MCA 方法对北大西洋 500 hPa 位势高度场与 SST 场进行分析，发现晚夏北大西洋马蹄形的 SST 异常可持续影响第二年早冬的北大西洋涛动(NAO)。他们首次从观测上找到了中纬度海洋反作用于大气的证据。Wen 等[2]依据观测进一步论证，北大西洋晚夏 SST 异常对冬季大气的影响是通过底边界层被加热，并向大气异常释放热通量来实现的。在北太平洋，Liu 等[3]采用同样的方法探测到北太平洋晚冬马蹄型 SST 异常能持续影响次年夏季纬向波列型大气环流异常。Gan 和 Wu[4,5]采用 MCA 的方法分别得到了北太平洋和北大西洋冬季中纬度 SST 异常对天气尺度风暴轴的影响。在以上研究中，为了消除热带太平洋 SST 异常对大气的影响，在做 MCA 分析之前，先用线性回归的方法扣除 ENSO 对大气的影响。

1998 年 Frankignoul 基于随机气候理论(Frankignoul and Hasselmann, 1977)在研究中纬度 SST 对大气热通量的反馈系数时提出了一个准平衡的海气耦合模型：由于大气是快变过程，海洋是慢变过程，于是在某一时间尺度上(例如月尺度)，可认为大气对海洋的响应基本达到平衡状态，而大气内变化可看作白噪声。于是，大气方程中大气的随时间变化项为 0，大气变量可以直接表示为两部分的线性叠加：一部分是大气对海洋的响应；另一部分是大气的内变化。即

$$x(t)=ay(t)+n(t) \tag{1}$$

式中，x 表示 t 时刻的大气变量，n 代表大气自身内变化(随机变量)，y 代表海洋变量 SST，a 是大气对海洋的响应系数。在这个月平均时间尺度上，大气内变化可以看作白噪音；而海洋的变化相对大气较慢，持续时间大概 2～3 个月。从动力统计的观点来看，后期大气随机变化的信号与前期海温异常无关；前期海温异常对后期大气的影响是通过大

气对同期海温的响应(公式(1)右边第一项)来实现的。即

$$\langle n(t), y(t-\tau)\rangle = 0 \tag{2}$$

式中,符号<>表示求协方差,τ 代表海洋超前大气的时间(大于大气自身的内部变化的持续时间,也可以理解为大气变化的调整会在小于该时间内结束并达到平衡状态)。基于动力学模型(1),用超前 τ 时刻的海洋 $y(t-\tau)$ 与方程(1)等号两侧的变量作协方差,并应用方程(2)可得到大气对海洋的响应系数:

$$a = \frac{\langle x(t), y(t-\tau)\rangle}{\langle y(t), y(t-\tau)\rangle} = \frac{C_{xy}(\tau)}{C_{yy}(\tau)} \tag{3}$$

这种基于简单动力模型的统计方法可称为平衡反馈分析方法(Equilibrium Feedback Analysis,简称 EFA)。1998 年,Frankignoul 等[7]用该方法估算了大气的海表热通量对北大西洋 SST 异常的反馈系数。该方法命名中用到的"反馈(Feedback)"一词,是在"热通量先影响 SST 而后 SST 反过来影响热通量"的语境下提出的,因此,这里的"反馈"也可理解为大气对海温异常的响应。但是从更广义的角度来说,前期的 SST 异常不一定总是由大气异常形成的,故本文中将(1)式右边第一项中的 a 称作"响应系数",而不称为"反馈系数"。

总之,EFA 是建立在一个理想化的大气动力学方程的基础上的统计方法。该方法的关键在于从相互影响的大气与海洋信号中把大气内部变化与海温强迫导致的变化线性地分离。利用该方法可以确定全球大气对某个海域 SST 异常的响应系数,帮助我们进一步探索该海域海表温度与大气是否存在某种物理过程,因而受到大家的青睐。然而,在应用过程中人们又逐渐发现:对于某些问题,直接用该方法来探讨大气对海洋强迫的响应特征,所得结果可能会偏离真实情况。这是因为,在研究大气与某个海域 SST 异常之间的关系时,很难排除其他海域 SST 异常对大气的影响。例如,在研究大气对热带太平洋以外海域的响应时,是否扣除 ENSO 成为影响 EFA 估算结果的一个重要因素。于是在使用 EFA 来研究某海区的响应特征时,必须事先扣除已知的 ENSO 影响,但是否还存在来自其他海区的影响?以此类推,目前在使用其他统计学方法研究某个大洋 SST 影响全球大气环流时也会遇到同样的困惑:得到的结果会不会包含其他大洋 SST 的影响?如何同时得到大气对各个不同海域 SST 异常的响应系数是一个富有挑战性的科学问题。21 世纪初,我们在使用动力统计方法研究海洋对大气影响的过程中一直被该问题所困扰。是否可以在 EFA 的基础上拓展该方法,同时得到大气对多个海域 SST 异常响应的估计?2008 年刘征宇教授提出了可以基本解决上述问题的一种方法,我们有幸参与了该方法的研发。为了回顾使用该方法所取得的一系列研究成果,在更大的范围内推广应用该方法,克服目前研究中遇到的一些瓶颈问题,现将该方法简介如下。

2 广义平衡反馈分析方法简介

基于 EFA 成功估算大气对单一(局地)海域 SST 异常响应系数的原理,2008 年 Liu 等[8]提出,将对一个变量(某一个海域的 SST 异常)的协方差拓展到对多个变量(多个海域 SST 异常)的协方差阵,同时获得大气分别对各个海域 SST 异常的响应系数,并称该方法为广义平衡反馈分析方法(Generalized Equilibrium Feedback Analysis,简称为 GEFA)。GEFA 能够克服 EFA 方法的不足,把不同海区 SST 异常对大气异常的各自贡献给分离出来。

GEFA 的数学表达如下[8]。

定义变量:

$$\begin{aligned} Y_t &= [y(l), \cdots, y(t), \cdots, y(T)] \\ X_t &= [x(l), \cdots, x(t), \cdots, x(T)] \\ N_t &= [n(l), \cdots, n(t), \cdots, n(T)] \end{aligned} \tag{4}$$

式中,Y_t,X_t,N_t 分别代表 SST 异常,大气环流异常和由于大气内部自身变化导致的大气环流异常。大气演变方程可以写成

$$X_t = BY_t + N_t \tag{5}$$

用 SST 的转置矩阵 $Y_{t-\tau}^T$ 与方程(5)的两边求协方差,可得

$$C_{XY}(\tau) = BC_{YY}(\tau) + C_{NY}(\tau) \tag{6}$$

式中,τ 代表前期 SST 异常出现的时间,该时间大于大气自身内部变化调整的时间。协方差矩阵表示为

$$C_{YY}(\tau) = \langle y(t), y(t-\tau) \rangle \equiv \frac{1}{T} Y_t Y_{t-\tau}^T$$

$$C_{XY}(\tau) = \langle x(t), y(t-\tau) \rangle \equiv \frac{1}{T} X_t Y_{t-\tau}^T$$

$$C_{NY}(\tau) = \langle n(t), y(t-\tau) \rangle \equiv \frac{1}{T} N_t Y_{t-\tau}^T$$

式中,上标 T 代表矩阵转置。既然后期大气内部变化与前期的海温异常不可能有任何关系,因此,当样本无限长时,就有

$$C_{NY}(\tau) = 0, \text{ for } \tau > \tau_n \tag{7}$$

式中,τ_n 代表大气自身的持续时间。于是,得到了大气对不同海域的 SST 异常的响应系数矩阵 B,即

$$B(\tau)=C_{XY}(\tau)C_{YY}^{-1}(\tau), for\ \tau>\tau_n \tag{8}$$

如果数据资料本身是月平均或大于大气自身调整时间的数据，可以取 τ_n 为零[8]。

GEFA 可以自动分离不同海区各自对大气的影响。然而，在给定样本情况下，GEFA 的结果会产生样本误差。特别是随着强迫场空间分辨率的提高，海洋强迫因子间的相关性增大，$C_{yy}(\tau)$阵接近奇异导致样本误差迅速增大[9]。因此，在有限的样本长度下，如何选取最佳海洋强迫因子成为关键问题。原则上，各强迫因子间相关性越小越好。一种较为简便的方法是用 SST 异常场的 EOF 主要模态作为对大气的外强迫因子，这可以有效减少 SST 异常场的高频变化信号，减少各个强迫因子(不同海域 SST 异常的 EOF 主模态)之间的相关性，因而提高 GEFA 估算的准确度[9]。除此之外，Wang[10] 和 Yu[11] 借鉴逐步回归的算法，研发了从大批备选因子中筛选最优因子组合的 GEFA，可以剔除低影响的因子，与常规 GEFA 相比，大大减少样本误差，因而缩短了得到准确结果所需要的时间序列长度。

3　大气环流对全球各大洋 SST 异常变化主模态响应特征的估计

前人的一些观测和模式结果表明，除了热带太平洋 SST 异常能影响其他海域外，热带印度洋、热带大西洋和北大西洋也能对非局地海区产生显著影响。

3.1　大气环流对不同大洋 SST 异常变化的响应

为了寻求大气环流对这些不同海区 SST 异常的不同响应，温娜[12]把全球主要的大洋：热带太平洋、印度洋、大西洋和北太平洋、北大西洋海域 SST 异常变化的 EOF 主模态作为强迫场，使用 GEFA 估算了高空(250 hPa)位势高度场异常对上述海洋 SST 异常变化主模态的响应系数。为了比较不同因子组合对 GEFA 结果的影响，采用以下两种因子组合：①只考虑太平洋海温，包括热带太平洋和北太平洋 SST 异常 EOF 的前 3 个模态总共 6 个强迫因子，其中对第一模态的响应结果如图 1 所示；②把强迫因子拓展为 5 个海域(热带太平洋、热带印度洋、热带大西洋、北太平洋和北大西洋)海温的 EOF 前 3 个模态(共计 15 个因子，其中对第一模态的响应结果如图 2 所示)。通过图 1 与图 2 的对比分析可得到以下结果。

(1)大气对热带太平洋 SST 主模态的高空响应主要表现为局地东太平洋跨赤道两侧的 Rossby 波对，以及北半球大气遥相关(Pacific North America)响应和南半球大气遥相关(Pacific South America)响应，该响应特征在拓展强迫场前、后两种 GEFA 估算结果中都很明显，可用热带大气动力学理论来解释上述的空间分布特征[12]。大气对热带太平洋SST主模态的这种响应的空间分布在各个季节都类似，但在北半球冬季El Nino(La Nina)达到峰值时最明显[13]。

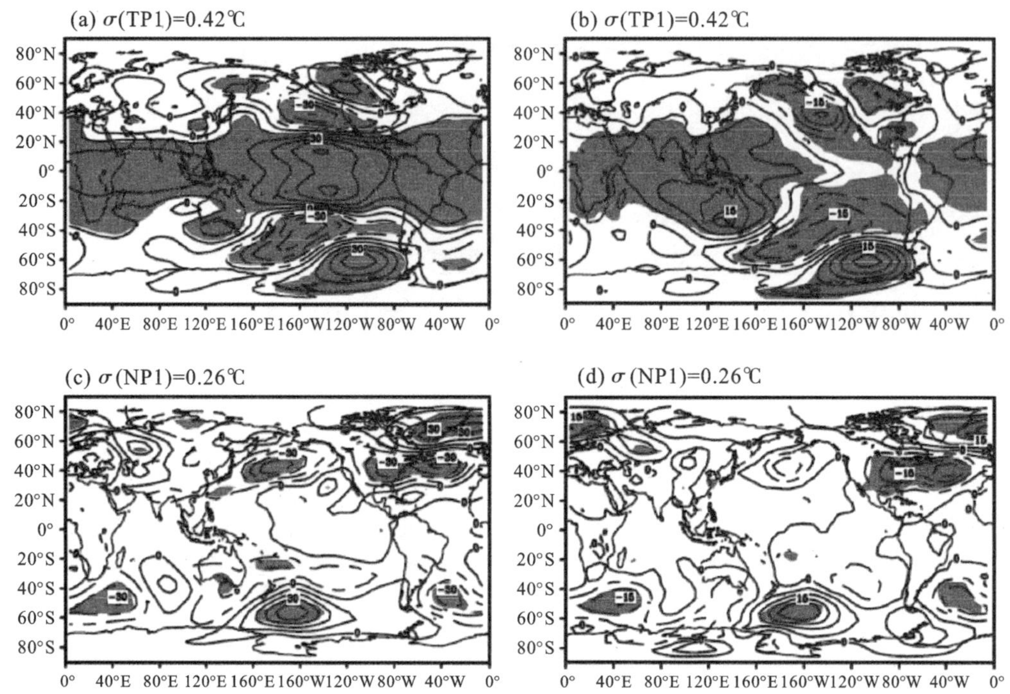

图1　高空(250 hPa)大气((a),(c))和低空(850 hPa)大气((b),(d))的位势高度(gpm)对热带太平洋((a),(b))及北太平洋((c),(d))SST异常EOF第一模态((a),(b))的响应系数。实线(虚线)表示正值(负值)，阴影表示过0.1的显著性检验(引自参考文献[12])

(2)值得我们关注的是在拓展前后，大气对热带太平洋SST年际变化EOF第一模态(ENSO)的响应系数有以下不同：在拓展前(图1(a))全球热带(20°S～20°N)整体出现位势高度的一致性抬升，而拓展后(图2(a))却没有该信号；该信号却出现在对热带印度洋海盆模态(TI1)的响应中(图2(b))。当考虑季节变化时，200 hPa高度场对暖的TI1模态响应系数也呈现出环绕整个热带一致升高的现象。该现象在北半球春季热带印度洋海盆一致模态达到峰值时最明显[14]。这提出了一个问题：前人研究中得到的与热带太平洋ENSO正(负)位相有关的整个热带位势高度的抬升(降低)是否可能不是大气对热带太平洋ENSO模态的响应，而是对热带印度洋海盆一致模态正(负)异常的响应，该问题值得进一步深入研究。

(3)高空大气对热带印度洋海盆一致模态(TI1)的响应系数除了表现为整个热带环球带状的位势高度一致同号异常外，拓展后的结果也再一次证明了热带印度洋海盆模态会导致高空大气在南亚有一个明显的异常中心，并有显著的北、南半球中纬度纬向遥相关波列信号，该波列关于赤道呈对称分布(图 2(b))。这一响应特征不仅被有关热带印度洋海盆模态“电容器”效应的观测和模式研究结果所证实，也被有关热带印度洋增暖的数值试验和统计分析所证实[15]。比较图 1(a)和图 2(a)，大气的 PNA 波列在北美高空响应系数的显著性不同，结合热带印度洋 TI1 模态对北美大气的影响(图 2(b))，可以推测，该显著性差异的原因是，当只考虑太平洋海温异常作为强迫时，北美大气的响应系数中包含了热带印度洋对北美的影响，提高了北美大气对 ENSO 响应的显著性。也就是说，如果只有 El Nino (La Nina)现象，PNA 波列导致的北美大气异常要比 El Nino (La Nina)与热带印度洋共同作用时要弱。暖的热带印度洋异常可能会影响北大西洋正位相的 NAO 异常(图 2(b))，但是该推测还需要进一步证实。上述响应特征再一次证实热带印度洋在气候年际变化中的重要性。

(4)大气对北太平洋 SST 异常 EOF 第一模态(NP1)的响应系数分布的主要特征在拓展前(图 1(c))和拓展后(图 2(d))基本未变，其响应系数的最大值出现北(南)纬 40°以北(南)的高纬度极地海域，并呈现为绕极的三波结构。北太平洋 SST 异常可以影响阿留申低压及绕北极的大气环流，这一结果已经被前人统计和数值试验结果所证实。但是，为什么南大洋高纬度大气环流也会有较明显的响应？该结果是真实物理过程的反应，还是由于 GEFA 方法出现的虚假信号？如果是前者，是否通过跨赤道的大气 Rossby 驻波波列[16]，将大气对北太平洋 SST 异常的响应信号传到南大洋高纬度？这些问题都值得深入研究。

(5)大西洋 SST 主模态(TA1 和 NA1)对大气的影响程度(图 2(c)，(e))比 TP1 和 TI1 的(图 2(a)，(b))要弱得多。大气对 TA1 的响应系数超过信度检验的地区主要局限在热带大西洋及南美洲 20°S 附近(图 2(c))。这种响应较弱且主要集中在 SST 异常附近局部区域的特征与前人认为 TA1 模态可以影响热带太平洋的 Walker 环流的观点并不一致。这是否意味着热带太平洋和印度洋上空的大气对北大西洋 SST 异常的响应不明显？该问题需要做进一步的研究。大气对北大西洋 NA1(三极型 SST 异常)的响应主要表现为局地大气(图 2(e))，通过显著性检验的响应系数集中在北大西洋和北美上空。该特点与前人指出北大西洋 SST 异常可以通过影响热带东太平洋大气或者影响欧洲的大气环流，进而影响西北太平洋和其他海域大气环流的观点有所不同。这种差异的原因有待我们做进一步的探讨。

综上所述，海盆尺度的 SST 异常，特别是热带太平洋和热带印度洋 SST 异常对全球大气环流的影响范围最大、也最显著。

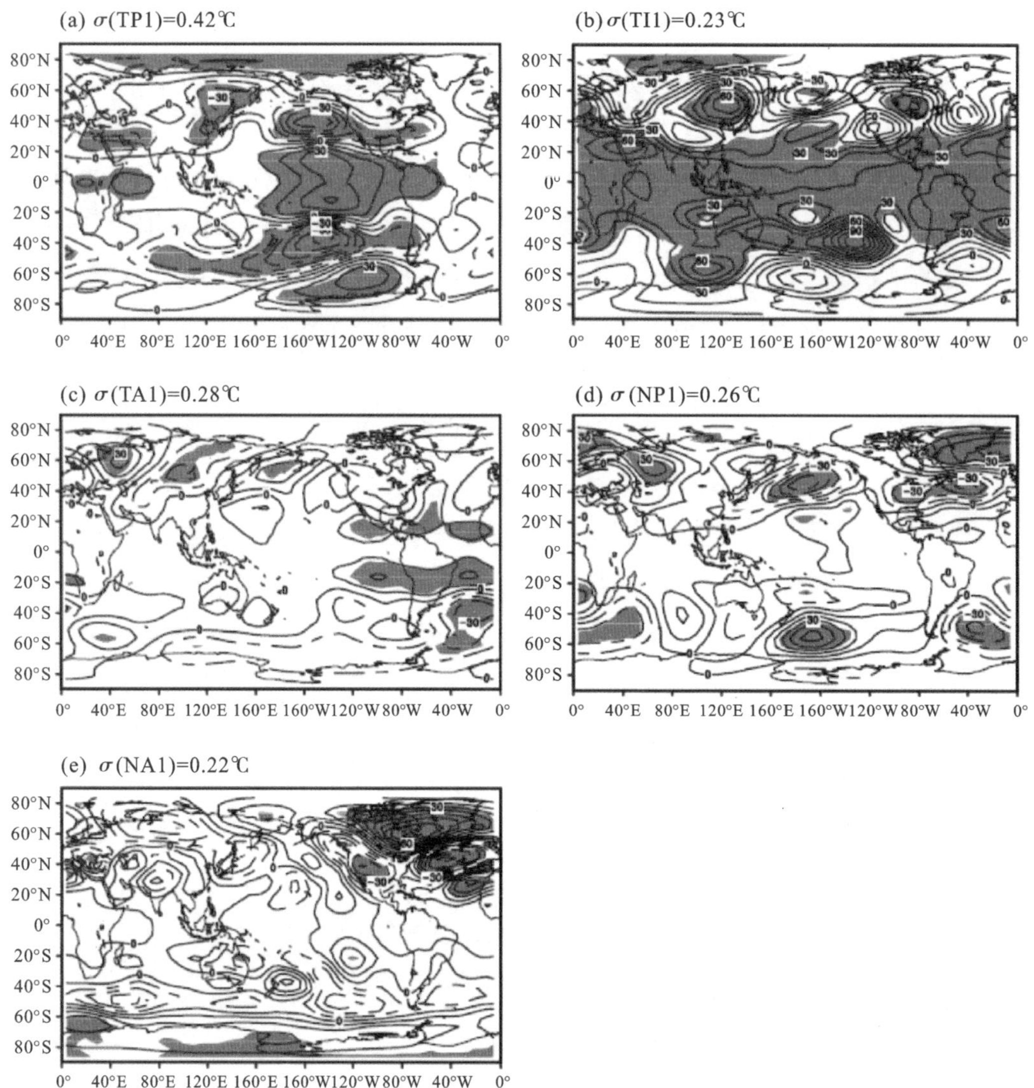

图 2　高空(250 hPa)大气的位势高度场(gpm)对 5 个海盆的 SST 异常主模态(EOF1)的响应系数:(a)热带太平洋(TP1);(b)热带印度洋(TI1);(c)热带大西洋(TA1);(d)北太平洋(NP1);(e)北大西洋(NA1)。实线(虚线)表示位势高度正(负)异常;阴影表示过 0.1 的显著性检验(引自参考文献[12])

3.2　大气环流对不同大洋、不同季节 SST 异常变化的响应

为了进一步探究使用 GEFA 得到上述结果的可信度,Liu 等[17]利用全球大气环流模式的数值试验,验证了基于周平均资料使用 GEFA 方法得到的大气对不同海洋响应系数不同季节的特征,进一步证明了 GEFA 对于估算大气对 SST 的季节性响应,虽然样本长度大幅缩小,但仍然是有效、可行的[12]。Fan 等[18]运用该方法并结合了其他动力统计方

法和数值模式试验，估算了不同海域 SST 对东亚夏季环流和降水的影响，不仅验证了前面提到的几种推测，而且揭示了在冬、春、夏不同季节导致热带西北太平洋反气旋环流(WPAC)异常的海域不同。在北半球冬季和春季对 WPAC 贡献最大的分别是局地(热带西北太平洋)SST 负异常和热带印度洋 SST 正异常；到了夏季，赤道中太平洋(Nino 4 区)海温负异常对 WPAC 的影响最为重要，其次是热带印度洋 SST 正异常，两者在西太平洋所产生的低空大气环流异常的形态不同但都为反气旋异常[17]。该结果是对前人研究结果的拓展，在气候短期预测中有重要的意义。

3.3 东亚夏季风对 El Nino 发展期热带太平洋 SST 异常变化的响应

以上的对比分析说明了借助 GEFA 能够分离出某一海域 SST 异常对大气的影响，Wen 等[19,20]研究了 El Nino 发展期的夏季，热带太平洋 SST 异常对东亚夏季风的影响。研究结果表明：东亚大气环流对 El Nino 发展期夏季热带太平洋 SST 异常的响应为东北亚地区的气旋式环流异常和热带西北太平洋的反气旋环流异常，前者加强了东亚大槽，后者导致了夏季副热带高压的西伸，进而导致了东亚大陆的三极型的降水异常[19,20](东北和华南降水增加，华北降水减少)。热带太平洋 SST 异常对应的大气异常加热导致了从热带沿东亚沿岸的经向大气波列是主要的响应机制之一[20]。该研究给出了 El Nino 发展期的夏季热带太平洋 SST 异常对东亚气候的直接影响，并指出该阶段其他海域的影响很小。

3.4 北美大气对不同海盆 SST 变异的响应

结合大气环流数值模式试验，2013 年 Wang 等[21]使用 GEFA，进一步证实了各海盆 SST 影响北美大气主要是通过大气波列完成的。该研究指出每个海域海温异常对北美大气异常的贡献都可用解释方差来量化。对北美冬季大气影响最大的四个海洋模态分别是 ENSO，印度洋海盆一致模，北太平洋海温第一模态和热带大西洋海温第二模态。其中，ENSO 和印度洋海盆一致模对温度和降水均有影响，北太平洋海温第一模态主要影响温度，热带大西洋海温第二模态则主要影响降水。在该研究中，ENSO 对北美大气的影响和前人的研究结果在定性的角度上是一致的，ENSO 暖位相使得北美大陆冬季气温北部偏暖、南部偏冷，美国东南部降水增多。通过使用 GEFA，这些影响在该研究中被进一步量化了。该研究首次发现印度洋海盆一致模对北美冬季气温的影响超过了 ENSO：暖位相的印度洋海盆一致模使得阿拉斯加、加拿大西部、美国东部以及墨西哥增暖，同时使得美国西部、魁北克北部降温，北美中部 40°N～60°N 变干。北太平洋马蹄型海温异常使得北美大陆西部降温、东部增温，和前人的研究结果“北部变暖、南部变冷”不同。通过线性叠加 ENSO、印度洋海盆一致模和北太平洋海温第一模态对北美冬季气温的影响，前人的结果可以重现。这足以证明在研究北太平洋海温异常对大气的影响时，需事先扣除来自其他海域海温对大气的影响。对于北美的降水来说，热带大西洋海温异常的影响要大于北大西洋海温异常的影响，这和前人的结果是一致的。以上研究表明：GEFA 是研究不同海域 SST 异常对大气影响的一种有效统计工具。即使事先不知道某个海区 SST 是如何影响大气的，通过使用该方法仍可把不同海区各自对大气的贡献给分离出来。

4　广义平衡反馈方法在陆气相互作用中的应用

陆地植被、土壤湿度和陆面的粉尘与大气之间的相互作用是陆气相互作用中的重要物理过程之一。这些物理量可以通过改变地表反照率、地表粗糙度、潜热和感热释放来影响大气。相对于大气的快变化，植被和土壤湿度的变化属于慢变化，因此，完全可以采用 GEFA 估算大气对陆地植被和土壤湿度异常的响应特征。近年来一系列基于遥感观测资料利用 GEFA 成功解析了陆地植被和土壤湿度对北非撒哈拉以南地区[22]、北美季风区[23,24]、北美北方森林[23]、南美 La Plata 河流域[25]以及澳大利亚季风区[26]区域气候的影响。

Wang 等[24]利用 GEFA 研究了北美季风区植被和北方森林对北美大气的影响。北美季风区植被的变化主要通过改变水循环和地表粗糙度来影响夏季降水。当季风区植被增加时，局地蒸腾作用增强，降雨增加。同时季风区植被增加使得地表粗糙度增加，局地 700 hPa 低气压异常，下游高气压异常，最终导致近地面降水增多温度降低，下游地区降水减少温度升高。而北方森林对大气的影响则主要发生在春季，其影响是通过改变地表反照率实现的。由于森林的反照率远小于雪面的反照率，当春季植被增加时，地表反照率降低，局地近地面温度升高。热源上空对应着位势高度正异常，上游及下游对应位势高度负异常。这种大气环流“相当正压”的波列结构和对应的水汽输送使得美国东部变干、西部偏湿。上述工作不仅进一步验证了 GEFA 的优点，也将 GEFA 成功地拓展到大气对植被异常响应的研究领域。

Yu 等[26]使用筛选最优因子组合的 GEFA 分析了遥感、再分析和台站的沙尘观测数据，发现了北非 Sahel 地区的植被覆盖和土壤湿度降低会引起扬沙和沙尘浓度增加。这项工作提出半干旱地区植被和土壤对区域降水的另一个可能反馈机制：干旱导致植被和土壤的破坏，土地荒漠化造成扬沙的增加，通过沙尘的直接辐射效应和对成云致雨的影响，进一步抑制降水。另外，Yu 等[26]采用 GEFA，即对某个特定的研究区域的大气，考虑全球的海洋驱动因子和局地的陆地驱动因子。这种方法有效削减了需要考察的陆地驱动因子，进一步降低取样误差，成功基于 2000 年至今的大量遥感数据，分析了海洋和陆地驱动因子对非洲生物质燃烧的影响及机理，构建了季节尺度的人工智能模型，提前至少 1 个月成功预报非洲野火的燃烧面积和碳排放量。上述成功应用展示了 GEFA 作为一种统计方法对气候和生态研究的广泛适用性。

综上所述，GEFA 不仅可以用来探测海洋对大气的反馈特征，还可以用来研究其他类型边界强迫（例如陆面强迫）对大气的影响。综合这些不同类型的下垫面强迫，通过 GEFA 可以综合系统分析大气对全球下垫面的大尺度反馈特征。另外，还可以基于耦合模式的试验输出结果，采用 GEFA 估算耦合模式里大气对海洋异常的响应特征。GEFA 在陆气相互作用的一系列应用进一步证实该方法可以推广到地球系统层圈相互作用研究之中。

5　结论与讨论

本文简单回顾了 GEFA 提出的依据和背景及其后续发展，系统总结了应用该方法得到大气对全球各大洋 SST 异常主模态的响应特点，证实了前人采用其他方法所得到的结果，也对前人研究的结果提出了质疑和新的推测。

另外，前人应用 GEFA 初步探讨大气对不同海盆 SST 主模态的响应特征。还有很多工作有待于进一步去做。例如，在海洋-大气相互作用研究中，GEFA 的应用是否可以扩展到其他大气物理变量场，以便更好理解大气对海温异常的响应特征。而且它还可以用来研究其他类型强迫（像热通量强迫或海冰强迫）对大气的影响。另外，对于某些我们比较关注的气候区域，可以通过分析对该地区产生影响的最优海温分布状况，为气候灾害预警提供参考依据。最后，我们还可以借助气候模式，一方面，用集合试验动力方法独立验证线性框架或大气准平衡假设，以评估 GEFA 统计结果的有效性；另一方面，用 GEFA 来研究大气对海温异常响应的动力机制。

本文也回顾了该方法在陆气相互作用的一系列应用。该方法适用于研究不同时间尺度的层圈相互作用中慢变量对快变量的作用，其优点是同时给出快变量对不同的慢变量的响应。

21 世纪前 20 年，地球系统模式的飞速发展，人们可以用部分耦合的数值试验集合平均来消除大气随机变化的“噪音”，以估算大气对不同海域 SST 异常的响应特征。但是，将模式试验与基于观测资料分析的 GEFA 相结合，通过对比，也许会解决目前海洋-大气相互作用研究中新的科学问题。

致谢

本文受国家重点研发计划(2018YFC1507704)和国家自然科学基金(41975089)资助。感谢俄亥俄州立大学的刘征宇教授对文中 GEFA 系列工作的指导。

参考文献

[1] Czaja A, Frankignoul C. Observed impact of North Atlantic SST anomalies on the North Atlantic Oscillation[J]. Journal of Climate, 2002, 15: 606-623.

[2] Wen N, Liu Z, Liu Q, et al. Observations of SST, heat flux and North Atlantic Ocean-atmosphere interaction[J]. Geophysical Research Letters, 2005, 32: L24619.

[3] Liu Q, Wen N, Yu Y. The role of the kuroshio in the Winter North Pacific Ocean-Atmosphere Interaction: Comparison of a coupled model and observations[J]. Advance in Atmospheric Science, 2006, 23(2): 181-189.

[4] Gan B, Wu L. Centennial trends in northern hemisphere winter storm tracks over the twentieth century[J]. Quarterly Journal of the Royal Meteorological Society, 2014, 140: 1945-1957.

[5] Gan B, Wu L. Seasonal and Long-term Associations between Wintertime Storm Tracks and Sea Surface Temperature in the North Pacific[J].Journal of Climate, 2013, 26: 6123-6136.

[6] Frankignoul C. Sea surface temperature anomalies, planetary waves, and air-sea feedback in the middle latitudes[J].Reviews of Geophysics, 1985,23: 357-390.

[7] Frankignoul C, Czaja A, Heveder B L. Air-sea feedback in the North Atlantic and surface boundary conditions for ocean models[J]. Journal of Climate, 1998, 11: 2310-2324.

[8] Liu Z, Wen N, Liu Y. On the assessment of non-local climate feedback: I: the generalized Equilibrium Feedback Analysis[J]. Journal of Climate, 2008, 21: 134-148.

[9] Fan L, Liu Z, Liu Q. Robust GEFA assessment of climate feedback to SST EOF modes[J]. Advance in Atmospheric Science, 2011, 28: 907-912.

[10] Wang F, Yu Y, Notaro M, et al. Advancing a model-validated statistical method for decomposing the key oceanic drivers of regional climate: Focus on North African climate variability in CESM[J]. Journal of Climate, 2017, 30: 362-382.

[11] Yu Y, Notaro M, Wang F, et al. Validation of a statistical methodology for extracting vegetation feedbacks: Focus on North African ecosystems in the community Earth System Mode[J]. Journal of Climate, 2018, 31: 1565-1586.

[12] 温娜. 广义平衡反馈方法及其在研究海洋对大气反馈中的初步应用[D]. 中国海洋大学博士学位论文, 2009.

[13] Wen N, Liu Z, Liu Q, et al. Observed atmospheric responses to global SST variability modes: a unified assessment using GEFA[J]. Journal of Climate, 2010, 23(7): 1739-1759.

[14] Yang J, Liu Q, Xie S P, et al. Impact of the Indian Ocean SST basin mode on the Asian

summer monsoon[J].Geophysical Research Letters, 2007, 34: L02708.

[15] Yang J,Liu Q, Liu Z, et al. Basin mode of Indian Ocean sea surface temperature and Northern Hemisphere circumglobal teleconnection[J].Geophysical Research Letters, 2009,36: L19705.

[16] Li Y, Feng J, Li J, et al. Equatorial windows and barriers for stationary Rossby wave propagation[J]. Journal of Climate, 2019, 32(18).

[17] Liu Z, Wen N, Fan L. Assessing atmospheric response to surface forcing in the observations. Part I: cross validation of annual response Using GEFA, LIM, and FDT[J]. Journal of Climate, 2012, 25: 6796-6816.

[18] Fan L, Shin S I, Liu Q, et al. Relative importance of tropical SST anomalies in forcing East Asian summer monsoon circulation[J]. Geophysical Research Letters,2013, 40: 2471-2477.

[19] Wen N, Liu Z, Liu Y. Direct impact of El Nino on East Asian summer precipitation in the observation[J]. Climate Dynamics, 2015, 44: 2979-2987.

[20] Wen N, Liu Z, Li L. Direct ENSO impact on East Asian summer precipitation in the developing summer[J]. Climate Dynamics, 2019, 52(11): 6799-6815.

[21] Wang F, Liu Z, Notaro M. Extracting the dominant SST modes impacting North America's observed climate[J]. Climate Dynamics, 2013, 26: 5434-5452.

[22] Yu Y, Notaro M, Wang F, et al. Observed vegetation-climate feedbacks in the Sahel dominated by a moisture recycling mechanism[J]. Nature Communications , 2017, 8(1): 1873.

[23] Wang F, Notaro M, Liu Z, et al. Observed local and remote influences of vegetation on the atmosphere across North America using a model-validated statistical technique that first excludes oceanic forcings[J]. Journal of Climate , 2013, 27(1): 362-382.

[24] Wang Y, Quiring S M. Observed influence of soil moisture on the North American Monsoon: An assessment using the stepwise generalized equilibrium feedback assessment method[J]. Journal of Climate, 2021, 34(15): 6379-6397.

[25] Chug D, Dominguez F. Isolating the observed influence of vegetation variability on the climate of La Plata River basin[J]. Journal of Climate, 2019,32(14): 4473-4490.

[26] Yu Y, Notaro M. Observed land surface feedbacks on the Australian monsoon system[J]. Climate Dynamics, 2020, 54(5-6): 3021-3040.

第二章
太平洋多尺度海洋-大气相互作用

作为北太平洋西边界流的黑潮在全球经向热输送中扮演了重要的角色。黑潮及其延伸体海域是全球海洋失热最多的海域之一。但是,这些热量到什么地方去了、中高纬度各种尺度的海洋动力过程究竟如何影响大气、是否存在中高纬度的独立海气耦合模态等一系列问题一直没有得到解决,严重影响了气候系统年代际变率的研究。本章通过对热带与热带外相互作用研究的回顾,进一步明确了中高纬度海洋动力过程在年代际变化中的作用和地位;从北太平洋黑潮延伸体-副热带模态水-副热带逆流这一海洋动力系统出发,通过对现场观测、卫星观测和数值模拟结果的对比分析,揭示东北太平洋“暖泡”事件形成机制,提出中、高纬度海洋多尺度动力过程影响大气的可能途径,进一步证实北太平洋海洋涡旋在中纬度海洋-大气相互作用中充当的重要角色。本章研讨的问题将为今后建立中纬度海洋-大气相互作用的理论体系奠定基础。认识中、高纬度海洋-大气相互作用的过程和机理,是提高未来气候预测能力的关键,对保障国家气候安全、应对气候变化和防灾减灾、服务社会经济发展具有重要意义。

热带与热带外太平洋年代际变率形成机制及其联系

张 钰*

(中国海洋大学深海圈层与地球系统前沿科学中心/物理海洋教育部重点实验室,山东青岛,266100;青岛海洋科学与技术试点国家实验室,山东青岛,266237)

(*通讯作者:zhangyu@ouc.edu.cn)

摘要 太平洋海盆存在显著的年代际变率,对周边沿海国家乃至全球气候都有重要影响,因此,深入理解其物理机制具有重要意义。本文回顾了热带太平洋和热带外太平洋年代际变率机制的研究进展。特别讨论了海洋动力过程在热带太平洋年代际变率中的作用,以及有无热带太平洋影响的南北热带外太平洋年代际振荡形成的物理机制,并讨论了热带外太平洋影响热带太平洋年代际变率的物理机制,呼吁学术界应加强这方面研究,从而构建海盆尺度、热带与热带外相互作用的太平洋年代际变率理论框架。

关键词 年代际变率;形成机制;热带太平洋;太平洋年代际振荡

1 引言

太平洋是全球最大的洋盆,不仅广泛影响周边人类的生产生活和国家的经济发展,其海表面温度(Sea Surface Temperature, SST)的变化还可通过大气桥对全球气候产生深远影响[1]。因此,认识太平洋 SST 变化的物理机制具有重要意义。为了方便本文描述,首先做两点说明。第一,定义太平洋不同区域范围:赤道太平洋是指 5°S～5°N,热带太平洋是指 20°S～20°N,热带外太平洋是指 20°S 和 20°N 向极地方向;第二,本文关注 SST“变率(variability)”的物理机制,这里变率是指无人类活动影响、气候系统固有的年际变化和年代际变化。

太平洋 SST 变率表现在不同的时间尺度上。其中,最显著且广为人知的是赤道太平洋 SST 年际变率——厄尔尼诺-南方涛动(El Nino-Southern Oscillation, ENSO)[2],主要表现为赤道东太平洋和中太平洋 SST 异常,与之强烈耦合的大气海表面纬向风异常,及对应的海平面气压纬向跷跷板结构。目前已有大量研究总结了 ENSO 的产生机制[3,4]。除 ENSO 外,太平洋 SST 还存在显著的年代际变率,且分布广泛。在热带太平洋称之为热带太平洋年代际变率(Tropical Pacific decadal variability, TPDV),表现为与 ENSO 类似的 SST 空间结构,但在东太平洋经向范围较宽[5]。在热带外北太平洋和南太平洋,SST 最主要的年代际变率分别叫作太平洋年代际振荡(Pacific Decadal Oscillation, PDO)[6]和南太平洋年代际振荡(South Pacific Decadal Oscillation, SPDO)[7]。PDO 和 SPDO 都具有 SST 异常,不仅关于赤道对称,而且中西部和东部符号相反的空间分布特征。

从前人的研究可以看出,在同一太平洋存在着热带的 TPDV、热带外的 PDO 和 SPDO。每位学者都用他们自己的角度只关注其中的一个年代际振荡。本文将系统地从热带的 TPDV 到热带外的 PDO 和 SPDO 来回顾太平洋年代际变率的物理机制,并介绍了用数值模式试验结果之间的比对,总结并讨论热带外影响热带太平洋的物理机制,指出未解决的关键科学问题和科学猜想,为建立统一的太平洋年代际变率理论框架提供思路。

2 海气耦合模式试验简介

所有海气耦合试验均基于地球物理流体力学实验室耦合模式 2.1 版本 Geophysical Fluid Dynamic Laboratory coupled model version 2.1(GFDL CM 2.1)。为了证实海气动力耦合过程在 TPDV 形成中的作用,本文设计了以下不同耦合程度的各种试验。另外,为了验证热带太平洋在太平洋年代际变率中扮演的角色,还设计了热带太平洋“起搏器”试验[8]。下面分别介绍这些模式试验设计。

2.1 不同复杂程度的海气耦合模式试验

首先介绍本文所用到的海气耦合模式试验。最简单的是只有海气热力学耦合的平板海洋模式(Slab Ocean Model,SOM)。在 SOM 中,海洋上混合层设定为全球 50 米等深,SST 的变化只受海表面热通量的影响。试验共运行 100 年。

进一步考虑加入海洋动力过程对 SST 的影响。由于海洋动力过程既包括由气候态风应力强迫的平均海洋环流和由异常风应力强迫的异常海洋环流,为了去除后者对热带太平洋 SST 的影响,模式利用气候态风应力驱动热带太平洋(15°S~15°N,图 1 深蓝色区域;南北浅蓝色区域为5°线性缓冲区),称之为气候态风应力试验(Clim-τ)[9]。值得说明的是,该区域的风速仍可以变化,因此保留了海气热力学耦合过程,如风-蒸发-SST反馈[10]。在全球其他海域,海洋大气完全耦合且自由演化。试验共运行310年,后300年用于分析(前10年为模式启动时间)。

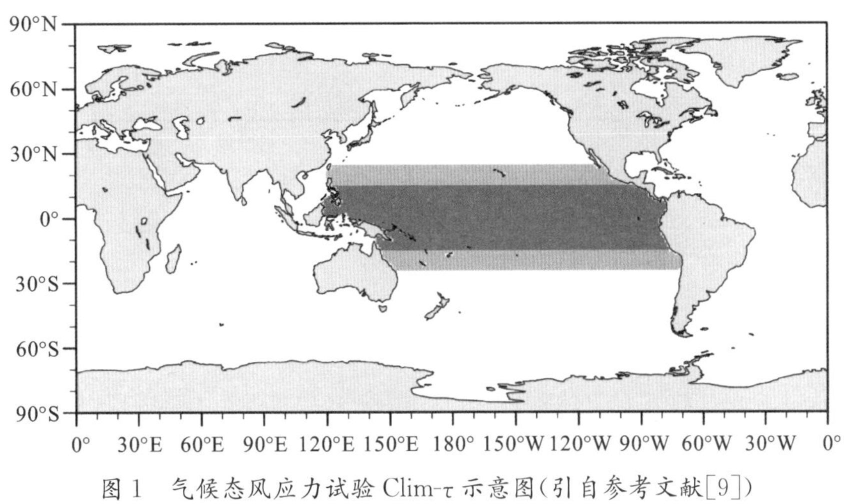

图1　气候态风应力试验Clim-τ示意图(引自参考文献[9])

最后是最复杂的海气完全耦合的动力海洋模式(Dynamic Ocean Model, DOM)。DOM试验既包含海气热力学耦合,又包含平均和异常海洋环流对SST的影响。试验共1 000年。

2.2　热带太平洋"起搏器"试验

本文还利用热带太平洋"起搏器"试验(Pacemaker Experiment)——太平洋-全球大气试验(Pacific Ocean-Global Atmosphere, POGA)[11-14]。POGA试验中利用历史外辐射强迫,且在热带东太平洋利用历史观测的SST强迫模式(周围设有5°线性缓冲区;图2),其他海域海洋大气完全耦合且自由演化,海洋大气初始条件微扰动,形成10个集合成员。POGA试验的具体细节请参见Kosaka和Xie[11,12]。为了去除外辐射强迫的影响,本文还利用了20个集合成员(初始条件不同)的历史试验(与CMIP5试验中的历史试验设计相同),集合成员的平均可以提取出外辐射强迫信号。因此,POGA的集合成员的平均减去历史试验的集合平均,即提取出热带太平洋强迫信号;POGA集合成员间的差异即为剩余部分,包括如热带外太平洋自身海气耦合过程、其他海盆对热带外太平洋的影响等。

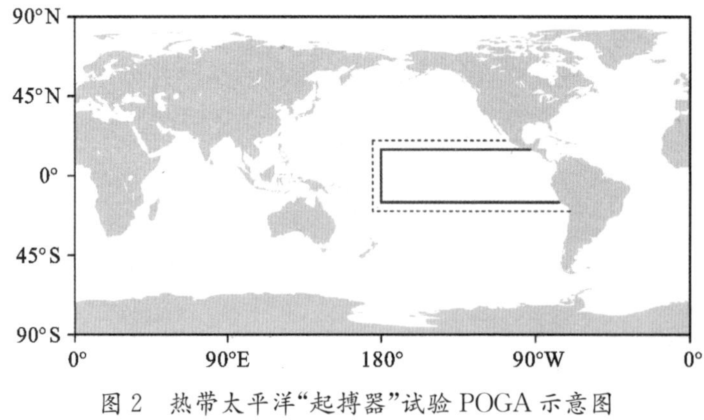

图 2　热带太平洋“起搏器”试验 POGA 示意图

3　热带太平洋年代际变率

热带太平洋年代际变率(TPDV)信号是由赤道和副热带东太平洋两个子区域的 SST 年代际变率所组成。在赤道太平洋,本文称之为赤道太平洋年代际变率(equatorial Pacific decadal variability, EPDV);在副热带东太平洋,TPDV 主要由北太平洋经向模态(North Pacific Meridional Mode, NPMM)[15-17]和南太平洋经向模态(South Pacific Meridional Mode, SPMM)[18]的年代际变率[9,19,20]组成。然而,目前学术界对太平洋经向模态年代际变率的机制研究刚刚起步,因此,这里重点回顾前人对 EPDV 物理机制的研究成果。

最近 Power 等[21]在 *Science* 发文对 EPDV 的机制进行了总结归纳,可归结为两类:一类认为是由 ENSO 的非线性造成热带中东太平洋 SST 在年代际尺度上冷暖位相交替,称之为 EPDV 的原假设(null hypothesis)[22];另一类认为热带太平洋存在年代际尺度的海气耦合过程。例如,与 EPDV 相关的经向宽的 SST 结构伴随的宽的纬向风异常在赤道外激发西传海洋罗斯贝波动,到达西边界后转为沿岸开尔文波,进而转为东传赤道开尔文波影响 EPDV[23]。由于赤道外罗斯贝波传播速度较慢,因而在年代际尺度上调控 EPDV。这种年代际尺度的罗斯贝波动调整同时影响副热带流胞(subtropical-tropical cell, STC),通过影响赤道上升流强度等进而影响 EPDV[24,25]。此外,EPDV 的年代际海气耦合过程还可由其他海盆触发。比如,南北中高纬度太平洋通过大气桥[26,27]或海洋桥[28]影响热带太平洋;还有研究认为,21 世纪以来的 EPDV 主要由热带大西洋通过跨洋盆作用产生[29,30]。以上研究都一致认为,不管 EPDV 的产生源是什么,都需要海洋大气在动力上的耦合,即需要异常风应力驱动的异常海洋动力过程影响 EPDV。这种过程可由海气完全耦合的 DOM 试验模拟。

然而有些研究利用只有海气热力学耦合过程的 SOM 也能够一定程度再现

EPDV[18,31]。这些工作认为,南太平洋上空大气内部变率通过随机强迫,在副热带东南太平洋产生年代际 SST 异常,进而通过风-蒸发- SST 反馈[10]向西北方向传播到赤道形成 EPDV。由海气热力学耦合驱动产生的 EPDV 及其与之相关的 SST 异常关于赤道是不对称的,主要表现为副热带东南太平洋较强的 SST 异常。这与观测和 DOM 模拟的关于赤道几乎对称的 EPDV 不同,说明海气动力学耦合对 EPDV 形成的重要性。然而,海气动力耦合在 EPDV 形成过程中到底起什么作用,目前尚不清晰。

为了探究海气动力耦合在 EPDV 形成中的作用,本文利用不同复杂程度的海气耦合模式试验(即 SOM, Clim-τ 和 DOM),通过从最简单的 SOM 到最复杂的 DOM,层层对比分析,揭示海气动力耦合的作用。

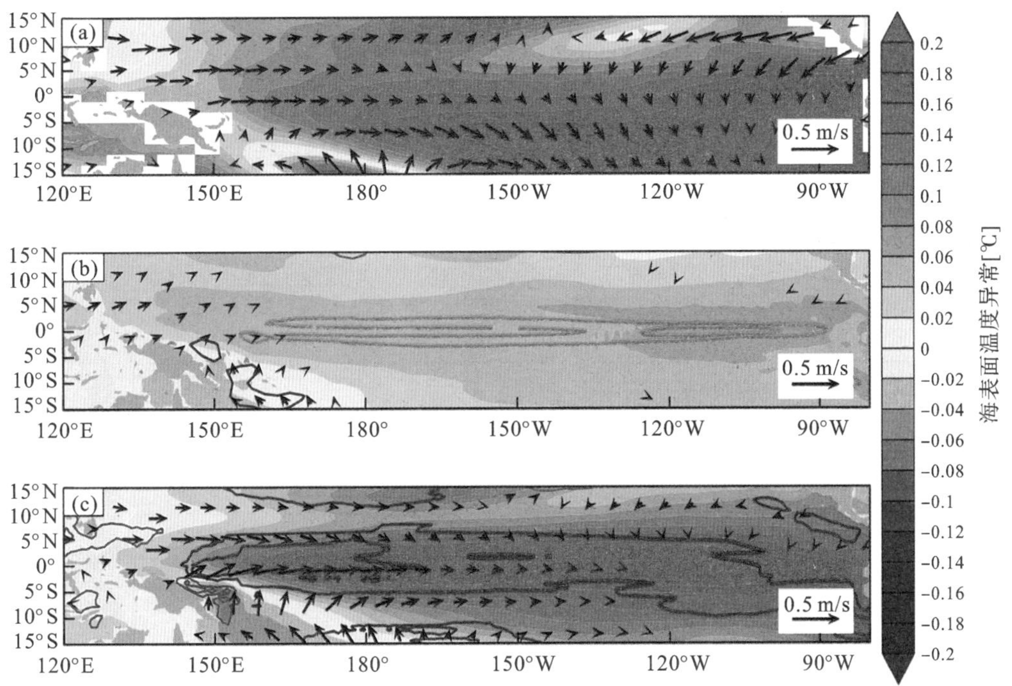

图 3 不同复杂程度海气耦合模式试验对 EPDV 的模拟结果:(a)SOM 试验中的结果(EPDV 占总方差的 93.2%);(b)Clim-τ 试验中的结果(EPDV 占总方差的 71.1%);(c)DOM 试验中的结果(EPDV 占总方差的 31.1%)。图中填色表示海表面温度异常,箭头表示表面风异常。(b)中绿色等值线表示 50 米海洋平均上升流。(c)中粉色和蓝色等值线分别表示向下和向上的海表净热通量异常(等值线间隔:1 W/m²)。SOM 试验来源于 https://nomads.gfdl.noaa.gov/dods-data/gfdl_sm2_1/MLM2.1U_Control-1990_D1/pp/atmos/ts/monthly/;Clim-τ 和 DOM 试验来源于日本东京大学先端科学与技术研究中心 Yu Kosaka 博士基于 GFDL CM2.1 模式设计试验数据

图3表示在SOM，Clim-τ和DOM的控制试验中(二氧化碳浓度不变)EPDV的空间特征。可以看出，SOM能够模拟出EPDV，且副热带东南太平洋SST增暖更强(图3(a))。这与前人推测一致，可能EPDV起源于热带外的年代际SPMM，通过风-蒸发-SST反馈传播到赤道太平洋[18,31]。有趣的是，在Clim-τ试验中EPDV振幅大幅度减弱(图3(b))。为了诊断哪一维度的平均海洋环流对EPDV的衰减起主要作用，我们分别计算了它们对EPDV的衰减率，发现赤道中东太平洋的上升流(图4(c))起关键作用，而赤道外SST年代际变化的信号主要是由纬向和经向平均环流引起(图4(a)，(b))。需要说明的是，Clim-τ试验中除了平均海洋环流外，还有由浮力通量引起的异常海洋环流，但通过进一步诊断显示，这部分异常海洋环流对EPDV的衰减作用可忽略不计。进一步加入异常风应力驱动的异常海洋环流后(DOM)，EPDV又进一步增强，振幅与SOM模拟相当，且形成关于赤道南北对称的SST空间结构，与观测相似(图3(c))。然而，这种赤道上升流对年代际变率的衰减作用和异常海洋水平环流的增强作用并没有完全抵消，净海表热通量对EPDV也起衰减作用(图3(c)蓝色等值线)。这表明成熟期EPDV是由异常海洋水平环流驱动。该结果还需要更多的观测和数值模式研究工作进一步证实。因此，通过三个不同复杂程度模式试验对比，揭示了赤道海域的海洋动力学在EPDV成熟期起重要作用。

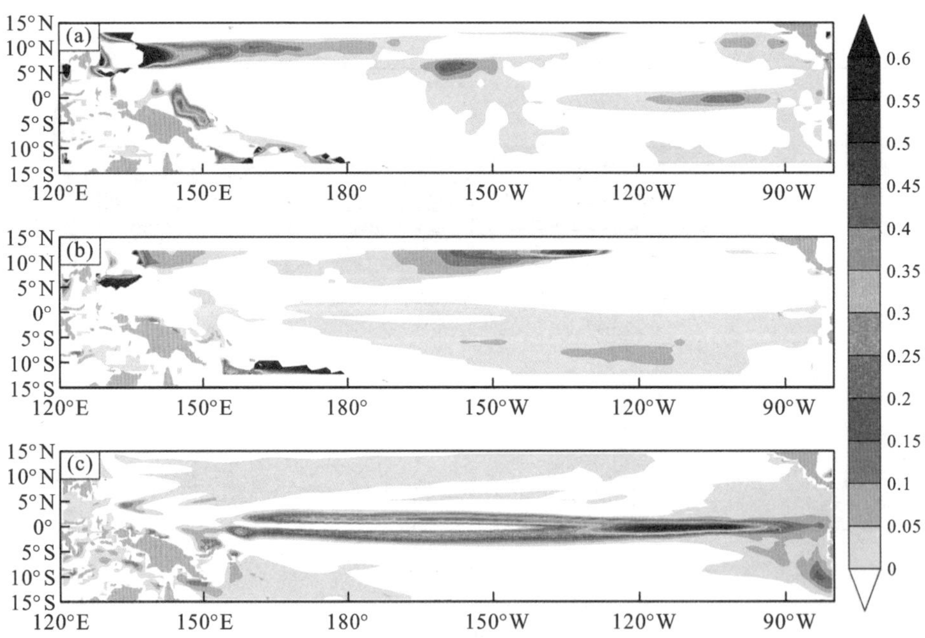

图4　SOM试验中气候平均海洋环流对EPDV衰减率贡献的空间分布(单位：1/30 d)：(a)纬向流的贡献；(b)经向流的贡献；(c)上升流的贡献。数据来源同图3

4 热带外太平洋的年代际变率

首先回顾一下有关热带外太平洋的 PDO 和 SPDO 形成机制的研究成果。由于北太平洋观测资料较南太平洋多,前人对 PDO 形成机制研究丰富,可归纳为两类观点[32]:一类认为,PDO 由热带太平洋强迫产生;另一类认为,PDO 的形成与热带太平洋无关(剩余部分,见 2.2 小节定义)。前者认为,热带太平洋 SST 变率可通过激发太平洋-北美大气遥相关型,在北太平洋产生异常的阿留申低压,从而强迫出 PDO 的 SST 空间型[1]。同时,异常阿留申低压还可激发西传海洋罗斯贝波,从而影响黑潮-亲潮延伸体海域 SST[33]。此外,伴随着热带太平洋 SST 变率的赤道太平洋海洋开尔文波继续沿北美西海岸向极传播,并向西辐射罗斯贝波,从而调控 PDO[34]。后者认为,由中、高纬大气内部变率产生的异常可以改变阿留申低压,与此同时,激发西传的海洋罗斯贝波动影响黑潮-亲潮延伸体 SST。SST 的变化又会进一步反馈给大气,激发的西传罗斯贝波削弱黑潮-亲潮延伸体 SST,从而形成中纬度海气耦合 SST 年代际变率[35,36]。

以上这些由热带太平洋强迫或剩余部分产生的 PDO 还会受到海洋“再现”机制的影响,即冬季上层海洋的海温异常会在夏季次表层得以保存,在次年冬季通过夹卷作用进一步影响 SST,使得 SST 信号得以持续[37]。除了太平洋海盆内部过程对 PDO 的影响,也有研究表明 PDO 还受到跨海盆作用的影响。例如,大西洋多年代际振荡(Atlantic Multidecadal Oscillation, AMO)通过大气桥直接影响北太平洋大气环流,从而影响 PDO[38],也可通过影响热带太平洋 SST 间接影响 PDO[39]。关于 SPDO 的机制,有研究认为,主要是由热带太平洋 SST 通过激发太平洋-南美大气遥相关型强迫产生[40],然而,是否存在由剩余部分产生的变率尚未可知。

鉴于上述原因,目前分离 PDO 或 SPDO 的热带太平洋强迫和剩余部分变率,在技术上存在一定的困难性。例如,有些研究利用线性回归等统计方法去除热带太平洋的影响[41]。但是,由于 ENSO 的非线性和“再现”过程等因素,同期线性回归不能有效去除热带太平洋的影响。再如,有些依据 SOM 研究得到热带的年代际变率能强迫出热带外的 PDO,但 SOM 模式中没有包含海洋动力过程[1]。为了考虑海洋动力对 PDO 的影响,有些研究将热带太平洋用气候态 SST 强迫,其他海域海气完全耦合,研究了剩余部分的 PDO[36]。Wang 等[42]通过对比模式模拟的剩余部分的 PDO 与 DOM 中的 PDO,强调了热带太平洋对 PDO 的作用。不管怎样,以上这些研究都不能同时分离热带太平洋强迫和剩余部分两个变率。因此,如何能够同时分离这两部分,从而研究它们各自的特征和机制,以及解释观测中 PDO 和 SPDO 的演化何时受热带太平洋的影响,又是何时受剩余部分变率的调控？这是一个非常关键的科学问题。

为了回答这一科学问题，Zhang 等[13]利用 POGA 试验分离并研究了热带太平洋强迫和剩余部分的 PDO 和 SPDO(图 5)。可以看出，无论是热带太平洋强迫导致的 PDO，还是剩余部分的 PDO，都具有相似的马蹄形空间结构：黑潮-亲潮延伸体和北太平洋中部的 SST 冷异常，北美西海岸的 SST 暖异常。此外，都对应相似的异常阿留申低压(图 5(a)，(b))，以上结果与前人相同[32]。但是，热带太平洋强迫导致的 SPDO 还是剩余部分的 SPDO 空间结构则不同：热带太平洋强迫的 SPDO 具有和 PDO 关于赤道对称的马蹄形空间结构，表现为南太平洋热带辐合带(South Pacific Convergence Zone，SPCZ)下方 SST 冷异常，以及周围的 SST 暖异常(图 5(c))；剩余部分的 SPDO 没有 SPCZ 下方的 SST 冷异常，只在 60°S 有明显的 SST 暖异常(图 5(d))。此外，两部分 SPDO 对应的海平面气压结构也不同：热带太平洋强迫海平面气压异常在热带表现为类似南方涛动，在南太平洋表现为从热带激发的向极的太平洋-南美型遥相关波列；剩余部分的海平面气压异常则表现为经向偶极子型结构。进一步研究表明，两部分相似的 PDO 和不同的 SPDO 空间结构主要是由这些海平面气压结构通过湍流热通量和埃克曼平流作用强迫产生。因此，为何两个不同机制形成的 PDO 相似而 SPDO 不同，这是目前尚未解决的问题。

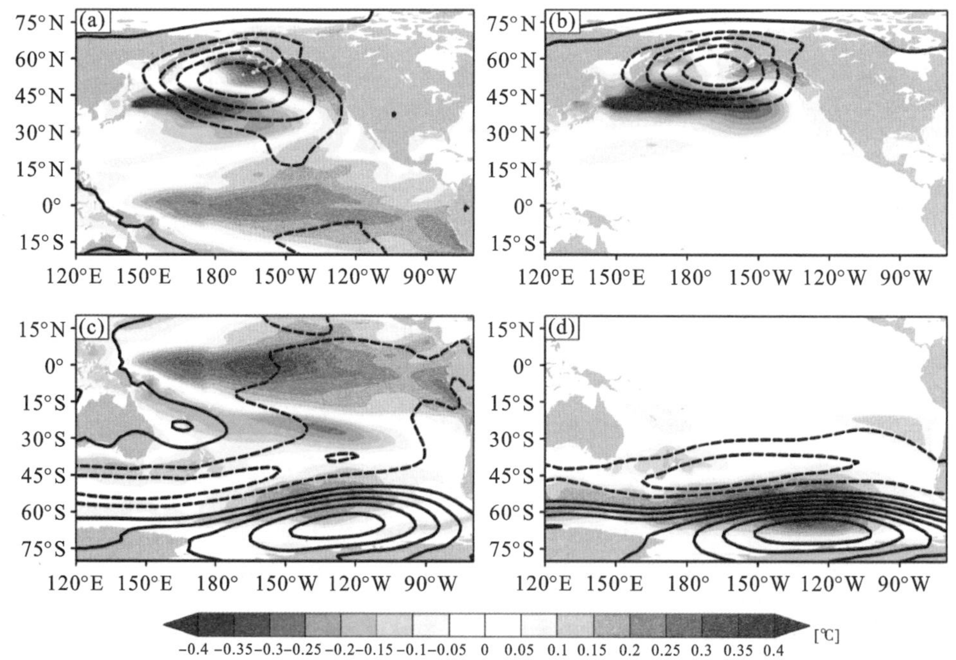

图 5　热带太平洋强迫和剩余部分的(a)～(b)PDO 和(c)～(d)SPDO。填色表示 PDO 和 SPDO，等值线表示 PDO 和 SPDO 回归的海平面气压异常(虚线为负值，实线为正值)。PDO：7 月至次年 6 月平均；SPDO：1—12 月平均。POGA 试验数据来源于 Zhang 等[13]

5 结论与展望

本文回顾了太平洋年代际变率机制的研究进展，从热带的 TPDV 到热带外的 PDO 和 SPDO 进行展开。TPDV 机制大致可分为年际 ENSO 的非线性影响和年代际尺度上海气耦合过程，但具体由哪一物理过程主导尚不清楚[21]。本文将 TPDV 在赤道太平洋的部分称之为 EPDV。由于 SOM 和 DOM 两种不同复杂程度的海气耦合模式试验均可模拟 EPDV，本文通过引入介于这两个模式框架之间的 Clim-τ 试验，通过层层对比它们模拟 EPDV 的结果，最后指出海气动力学耦合是真正驱动成熟位相 EPDV 的原因。

PDO 和 SPDO 的机制类似，大致可分为热带太平洋强迫和无热带太平洋影响（本文称为剩余部分）两部分[32]。然而，如何系统分离这两部分、从而研究它们各自的机制，一直是学术界的难题。本文特别回顾了 Zhang 等[13]利用 POGA 试验分离并探讨了热带太平洋 SST 强迫和剩余部分的 PDO 和 SPDO，研究了它们各自的空间特征及物理原因。

热带外太平洋年代际变率（如 PDO 和 SPDO），从海盆尺度来看，主要是由大气环流强迫产生，这其中热带太平洋 SST 变化通过大气桥产生的大气环流强迫这一过程已被大量研究证实[1,13,32]。热带外太平洋年代际变率强迫产生后还会反馈到热带太平洋，主要分为大气桥和海洋桥两种途径。尽管南北太平洋大气主要变率集中在中纬度地区，但也会影响到热带，从而影响热带东太平洋温跃层起伏，进而影响 SST[26,27]。另外，热带外太平洋年代际变率还可通过海洋桥将中纬度 SST 异常信号沿等密度面传播到赤道太平洋次表层，从而进一步影响热带太平洋 SST[28]。尽管观测表明，由于热带辐合带（Intertropical Convergence Zone，ITCZ）的存在，其下方的次表层海水具有较高的位势涡度，形成位涡障碍，导致北太平洋次表层异常信号很难穿越而到达热带地区[43-45]，有研究表明南太平洋更容易通过海洋桥影响热带太平洋[46]。

热带外影响热带太平洋到底以大气桥还是海洋桥为主？这一问题目前尚无定论，其可能原因在于前人研究大多基于某次特殊事件的某一物理过程（如 20 世纪 70 年代末的气候跃迁）[45,47]。由于 PDO 和 SPDO 作为热带外太平洋 SST 年代际变率的主模态，代表其主要变率，或许能从这一角度出发回答这一科学问题。PDO 位于北太平洋中纬度地区，距离热带较远，慢的海洋过程加之位涡障碍，可能很难通过海洋桥影响热带太平洋。然而，PDO 在副热带东太平洋产生的 SST 异常，猜想或许会以 NPMM 的方式影响热带。而 SPDO 可能既会通过海洋桥，又会通过与 SPMM 相关的海洋大气过程影响热带。

综上所述，目前学术界对太平洋年代际变率机理未达成共识，特别缺乏对热带外影响热带太平洋的物理机制研究。因此，呼吁加强对热带外影响热带的研究，这有利于构建太平洋海盆尺度、热带-热带外相互作用年代际变率的理论框架。

致谢

感谢中国海洋大学刘秦玉教授对本文提出的宝贵意见，感谢日本东京大学先端科学与技术研究中心 Yu Kosaka 博士提供 Clim-τ 和 DOM 模式试验数据，感谢中国海洋大学海洋与大气学院于诗赟博士研究生绘制图 2～图 5。本文由中国博士后科学基金面上项目资助(2021M703034)。

参考文献

[1] Alexander M A, Blade I, Newman M, et al. The atmospheric bridge: The influence of ENSO teleconnections on air-sea interaction over the global oceans[J]. Journal of Climate, 2002, 15: 2205-2231.

[2] Rasmusson E M, Carpenter T H. Variations in tropical sea surface temperature and surface wind fields associated with the Southern Oscillation/El Nino[J]. Monthly Weather Review, 1982, 110: 354-384.

[3] Wang C, Deser C, Yu J Y, et al. El Nino and southern oscillation (ENSO): a review[J]. Coral Reefs of the Eastern Tropical Pacific, 2017: 85-106.

[4] Timmermann A, An S I, Kug J S, et al. El Nino-Southern Oscillation complexity[J]. Nature, 2018, 559: 535-545.

[5] Zhang Y, Wallace J M, Battisti D S. ENSO-like interdecadal variability: 1900—93[J]. Journal of Climate, 1997, 10: 1004-1020.

[6] Mantua N J, Hare S R, Zhang Y, et al. A Pacific interdecadal climate oscillation with impacts on salmon production[J]. Bulletin of American Meteorological Society, 1997, 78: 1069-1079.

[7] Chen X, Wallace J M. ENSO-like variability: 1900—2013[J]. Journal of Climate, 2015, 28: 9623-9641.

[8] Delworth T L, Broccoli A J, Rosati A, et al. GFDL's CM2 global coupled climate models. Part I: Formulation and simulation characteristics[J]. Journal of Climate, 2006, 19: 643-674.

[9] Zhang Y, Yu S, Amaya D J, et al. Pacific meridional modes without equatorial Pacific influence [J]. Journal of Climate, 2021, 34: 5285-5301.

[10] Xie S P, Philander S G H. A coupled ocean-atmosphere model of relevance to the ITCZ in the eastern Pacific[J]. Tellus, 1994, 46A: 340-350.

[11] Kosaka Y, Xie S P. Recent global-warming hiatus tied to equatorial Pacific surface cooling[J]. Nature, 2013, 501: 403-407.

[12] Kosaka Y, Xie S P. The tropical Pacific as a key pacemaker of the variable rates of global warming[J]. Nature Geoscience, 2016, 9: 669-673.

[13] Zhang Y, Xie S P, Kosaka Y, et al. Pacific decadal oscillation: Tropical Pacific forcing versus internal variability[J]. Journal of Climate, 2018, 31: 8265-8279.

[14] Yang J C, Lin X, Xie S P, et al. Synchronized tropical Pacific and extratropical variability

during the past three decades[J]. Nature Climate Change，2020，10：422-427.

[15] Chiang J，Vimont D J. Analogous Pacific and Atlantic meridional modes of tropical atmosphere-ocean variability[J]. Journal of Climate，2004，17：4143-4158.

[16] Amaya D J. The Pacific Meridional Mode and ENSO：A review[J]. Current Climate Change Report，2019，5：296-307.

[17] Amaya D J，Kosaka Y，Zhou W，et al.The North Pacific pacemaker effect on historical ENSO and its mechanisms[J]. Journal of Climate，2019，32：7643-7661.

[18] Zhang H，Clement A，DiNezio P N. The South Pacific meridional mode：A mechanism for ENSO-like variability[J]. Journal of Climate，2014，27：769-783.

[19] Stuecker M F. Revisiting the Pacific meridional mode[J]. Scientific Reports，2018，8：3216.

[20] Liu C，Zhang W，Stuecker M F，et al. Pacific Meridional Mode-Western North Pacific tropical cyclone linkage explained by tropical Pacific quasi-decadal variability[J]. Geophysical Research Letters，2019，46：13346-13354.

[21] Power S，Lengaigne M，Capotondi A，et al. Decadal climate variability in the tropical Pacific：Characteristics，causes，predictability，and prospects[J]. Science，2021，374：eaay9165.

[22] Vimont D J. The contribution of the interannual ENSO cycle to the spatial pattern of decadal ENSO-like variability[J]. Journal of Climate，2005，18：2080-2092.

[23] Meehl G A，Hu A. Megadroughts in the Indian monsoon region and southwest North America and a mechanism for associated multidecadal Pacific sea surface temperature anomalies[J]. Journal of Climate，2006，19：1605-1623.

[24] McPhaden M J，Zhang D. Slowdown of the meridional overturning circulation in the upper Pacific Ocean[J]. Nature，2002，415：603-608.

[25] Graffino G，Farneti R，Kucharski F，et al. The effect of wind stress anomalies and location in driving Pacific subtropical cells and tropical climate[J]. Journal of Climate，2019，32：1641-1660.

[26] Barnett T P，Pierce D W，Latif M，et al. Interdecadal interactions between the tropics and midlatitudes in the Pacific basin[J]. Geophysical Research Letters，1999，26：615-618.

[27] Pierce D W，Barnett T P，Latif M. Connections between the Pacific Ocean tropics and midlatitudes on decadal timescales[J]. Journal of Climate，2000，13：1173-1194.

[28] Gu D，Philander S G H. Interdecadal climate fluctuations that depend on exchanges between the tropics and extratropics[J]. Science，1997，275：805-807.

[29] McGregor S，Timmermann A，Stuecker M F，et al. Recent Walker circulation strengthening and Pacific cooling amplified by Atlantic warming[J]. Nature Climate Change，2014，4：888-892.

[30] Li X，Xie S P，Gille S T，et al. Atlantic-induced pan-tropical climate change over the past three decades[J]. Nature Climate Change，2016，6：275-279.

[31] Okumura Y. Origins of tropical Pacific decadal variability：Role of stochastic atmospheric

forcing from the South Pacific[J]. Journal of Climate, 2013, 26: 9791-9796.

[32] Newman M, Alexander M A, Ault T R, et al. The Pacific decadal oscillation, revisited[J]. Journal of Climate, 2016, 29: 4399-4427.

[33] Qiu B. Kuroshio Extension variability and forcing of the Pacific decadal oscillations: Responses and potential feedback[J]. Journal of Physical Oceanography, 2003, 33: 2465-2482.

[34] Enfield D B, Allen J S. On the structure and dynamics of monthly mean sea level anomalies along the Pacific coast of North and South America[J]. Journal of Physical Oceanography, 1980, 10: 557-588.

[35] Latif M, Barnett T P. Causes of decadal climate variability over the North Pacific and North America[J]. Science, 1994, 266: 634-637.

[36] Zhang L, Delworth T L. Analysis of the characteristics and mechanisms of the Pacific decadal oscillation in a suite of coupled models from the Geophysical Fluid Dynamics Laboratory[J]. Journal of Climate, 2015, 28: 7678-7701.

[37] Alexander M A, Deser C. A mechanism for the recurrence of wintertime midlatitude SST anomalies[J]. Journal of Physical Oceanography, 1995, 25: 122-137.

[38] Zhang R, Delworth T L. Impact of the Atlantic multidecadal oscillation on North Pacific climate variability[J]. Geophysical Research Letters, 2007: 34.

[39] Meehl G A, Hu A, Castruccio F, et al. Atlantic and Pacific tropics connected by mutually interactive decadal-timescale processes[J]. Nature Geoscience, 2021, 14: 36-42.

[40] Shakun J D, Shaman J. Tropical origins of North and South Pacific decadal variability[J]. Geophysical Research Letters, 2009, 36, L19711.

[41] Zhang Y, Wallace J M, Iwasaka N. Is climate variability over the North Pacific a linear response to ENSO? [J]. Journal of Climate, 1996, 9: 1468-1478.

[42] Wang H, Kumar A, Wang W, et al. Influence of ENSO on Pacific decadal variability: An analysis based on the NCEP Climate Forecast System[J]. Journal of Climate, 2012, 25: 6136-6151.

[43] McCreary J P Jr, Lu P. Interaction between the subtropical and equatorial ocean circulations: The subtropical cell[J]. Journal of Physical Oceanography, 1994, 24: 466-497.

[44] Johnson G C, McPhaden M J. Interior pycnocline flow from the subtropical to the equatorial Pacific Ocean[J]. Journal of Physical Oceanography, 1999, 29: 3073-3089.

[45] Schneider N, Miller A J, Alexander M A, et al. Subduction of decadal North Pacific temperature anomalies: observations and dynamics[J]. Journal of Physical Oceanography, 1999, 29: 1056-1070.

[46] Kuntz L B, Schrag D P. Hemispheric asymmetry in the ventilated thermocline of the tropical Pacific[J]. Journal of Climate, 2018, 31: 1281-1288.

[47] Giese B S, Urizar S C, Fuekar N S. Southern Hemisphere origins of the 1976 climate shift[J]. Geophysical Research Letters, 2002, 29(2), 1014.

北太平洋副热带模态水和副热带逆流

许丽晓[1,2*]　胡海波[3]　刘秦玉[1]

(1. 中国海洋大学深海圈层与地球系统前沿科学中心/物理海洋教育部重点实验室，山东青岛，266100)

(2. 青岛海洋科学与技术试点国家实验室，山东青岛，266237)

(3. 南京大学大气科学学院，江苏南京，210023)

(* 通讯作者：lxu@ouc.edu.cn)

摘要　北太平洋副热带西部和中部模态水形成于黑潮延伸体海区，是冬季温跃层通风过程的产物。模态水的存在使上温跃层的上翘，其南侧会存在一个自西向东与热带信风方向相反的逆流，加上表层埃克曼流的经向辐聚作用形成了北太平洋副热带逆流。本文回顾了近十年的北太平洋副热带模态水和副热带逆流年代际变化和对全球变暖的响应有关方面的研究进展，系列研究发现，在年代际及更长时间尺度上，黑潮延伸体-模态水-副热带逆流呈现出协同变化的关系。在年代际尺度上，受太平洋年代际震荡的影响，当黑潮延伸体海区的海表温度变冷(暖)的时候，副热带模态水形成增多(少)，进而使得副热带逆流增强(弱)。在全球变暖后，海洋上层层结加强，黑潮延伸体区的混合层显著变浅。这将不利于副热带模态水的形成，副热带逆流减弱。副热带逆流的减弱会进一步影响海洋表层增温结构，使其呈现条带状的增暖不均匀现象。本文的归纳总结指出了副热带模态水可以通过控制副热带逆流的强弱直接影响海表温度及天气和气候特征，但需进一步研究。

关键词　北太平洋；副热带模态水；副热带逆流；黑潮延伸体；年代际变化；全球变暖

1　序言

模态水(Mode Water)是指存在于海洋跃层内的具有低位势涡度性质的特殊水体，具体表现为温度，盐度以及密度的垂向均一性[1,2]。它与温跃层本身的强温、盐、密度垂向梯度形成鲜明对比，因此，在副热带水团的温-盐图解中存在着一个明显的模态，这也是模态水名称的由来。它广泛存在于各个大洋的温跃层中，位于海流或者海洋锋面的暖水侧。模态水作为一种海洋-大气相互作用的产物，被发现含有生成地冬季的海面混合层特征[3]。模态水被认为在气候变化中具有非常重要的作用。模态水携带有生成地冬季大气强迫信号，在进入温跃层之后，携带有温度、盐度和低位势涡度（Potential Vorticity，PV）异常的水体可随海洋环流被输送到远离其形成区的其他海域[4,5]，在随后的某年冬季重新回到海洋表层后可以影响当地海洋表层的气候特征。模态水潜沉过程是海洋表层水进入次表层海洋的重要途径之一，同时也是传输海表热量、氧气和二氧化碳[6-9]等进入海洋内部的重要媒介，因此对气候变化以及气候预测具有重要意义。

另一方面，通过历史的水文观测数据，Uda 和 Hasunuma[10]在北太平洋副热带中部（17°E～130°W，15°N～35°N）发现了位于海洋表层向东与信风方向相反的逆流，即北太平洋副热带逆流（North Pacific Subtropical Countercurrent，STCC）。Uda 和 Hasunuma 当时留意到北太平洋副热带逆流正好处在副热带模态水的南侧，使得温跃层结构发生如下变化：上支向北变浅，下支向北变深。但是之后的一段时间内，关于北太平洋副热带逆流和北太平洋副热带模态水的研究分别向不同的方向发展而不再有关联。当时对副热带模态水的研究更多地倾向于对水团性质的研究，在这一时期中部模态水和东部模态水陆续被发现。

早期的研究认为，副热带逆流是由一个小的风应力旋度槽驱动的[11]，或是由于经向的埃克曼辐合而导致的锋生作用造成的[12,13]。Kubokawa 和 Inui[14]基于一个通风温跃层模式提出了一个新的副热带逆流的形成机制——在北太平洋副热带环流圈北部形成的低位涡水，在沿着各个等密度面向南输送的过程中受 β 效应的影响，不同密度面上的模态水的传输路径会在向南输送的过程中相互重叠，最终在垂向堆积而形成了一个非常厚的低位涡池区，由于该低位涡池区的存在使上温跃层不断抬升，并在这部分低位涡水的南侧产生了一支向东的流动，即副热带逆流（图 1）。

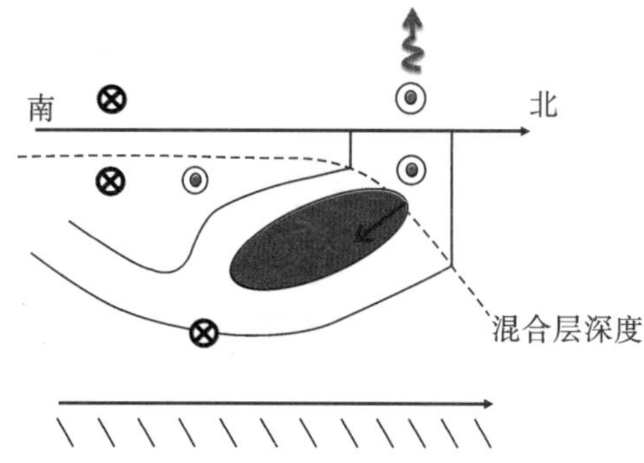

图 1　低位涡水影响北太平洋副热带逆流的示意图（引自参考文献[15]）

随着卫星高度计和Argo浮标观测资料的不断积累，以及数值模式的发展，现在人们逐渐意识到模态水对副热带逆流的重要影响。然而由于观测资料的时间跨度较短，研究副热带模态水和副热带逆流的年代际及以上尺度的变化受到了极大的限制。而世界气候研究计划（WCRP）组织的耦合模式比较计划（CMIP）所提供的具有较长时间（300～500年）积分的耦合模式，为我们研究副热带模态水长时间尺度变化及其气候效应提供了非常有利的条件和机遇。利用第三次耦合模式比较计划（CMIP3）和第五次耦合模式比较计划（CMIP5）中的多个耦合模式，近期的系列工作研究了北太平洋副热带模态水和北太平洋副热带逆流长时间尺度变化及其对全球变暖的响应。本文旨在系统回顾模态水和副热带逆流的形成机制、其年代际变化特征及其对全球变暖的响应。我们主要关注以下几个科学问题：①模态水如何影响副热带逆流？②模态水和副热带逆流的年代际变化有什么特征？③在全球变暖背景下，模态水和副热带逆流会有什么变化？

2　北太平洋副热带模态水影响副热带逆流的动力机制

2.1　北太平洋副热带模态水简介

在北太平洋副热带海域，根据其形成位置，模态水被分为三类，分别是西部模态水（Subtropical Mode Water，STMW），中部模态水（Central Mode Water，CMW）和东部模态水（Eastern Subtropical Mode Water，ESTMW）。Masuzawa[16]首次发现STMW，并将其定义为位于黑潮延伸体以南的、温度为16℃～18℃的较厚恒温水层（thermostad），与北大西洋的18℃水团相对应[17]。在20世纪90年代末，另外两类模态水也陆续被发现。Nakamura[18]和Suga等[19]分别定义了温度范围为8.5℃～11.5℃、10℃～13℃，位于副热带中部永久性温跃层内的水体，并将其称之为中部模态水（CMW）。相较于西部模态水，中部模态水的温度、盐度较低，密度较大。副热带东部模态水（ESTMW）在1998年被Hautala和Roemmich[20]发现。东部模态水形成于北太平洋副热带东南部的一个相对较深的混合层区。其温度范围为16℃～22℃，是一个相对较弱的恒温水层。与西部模态水不同，北太平洋中部模态水和东部模态水在进入永久性温跃层之后可被副热带环流输送至远离其形成区的副热带环流圈西侧[21]。

模态水的形成又被称之为潜沉（subduction），是晚冬海洋上混合层的低位涡水进入永久性温跃层的过程。根据经典的通风温跃层理论[22]，北太平洋副热带环流圈的水体受埃克曼抽吸的影响会由上混合层被推入主温跃层，随后在保持其PV的守恒性的情况下，可沿着等密度面被反气旋的Sverdrup环流向南输送。而在实际情况下，水团并不是从埃克曼层底进入温跃层，而是由混合层层底进入温跃层[3]。在黑潮-亲潮延伸体海区，冬季海洋大量失热，对应的深对流过程最终在该海区产生了一个最深可达 300 m 以上的深混合层池区，与周围平均深度只有 50 m 的混合层之间存在一个很强的混合层深度锋面。在南部(东部)的混合层深度锋面附近，向南(东)的背景流将深混合层的水跨过混合层深度锋面进入温跃层，该过程被称为侧向导入项[23]。侧向导入项对总潜沉率的贡献至少与埃克曼抽吸的贡献是同量级的[23-25]。我们最新的研究发现，除平均流以外，海洋涡旋跨混合层深度锋面的平流输送对潜沉率具有很大的贡献，约占总潜沉率的一半[26-28]。

2.2 北太平洋副热带模态水影响副热带逆流的物理机制

本小节主要给出副热带模态水影响副热带逆流的理论推导。主要参考自 Kubokawa 和 Inui[14]、Kobashi 等[29]、Xu 等[30]。位势涡度 PV 为本小节分析内容的重要变量。假设相对涡度对位势涡度的贡献相对较小，垂直密度坐标系下的位势涡度 q 可以表示为

$$q(\rho)=-\frac{f}{\rho_0 \partial z(\rho)/\partial \rho} \tag{1}$$

式中，Z 为等密度面的深度(向下为负)，f 为行星涡度，ρ_0 为参考密度(1 024 kg/m^3)。

当$\partial z(\rho)/\partial \rho<0$ 时，代表海洋为稳定状态。求得等密度面的深度 $Z(\rho)$如下：

$$Z(\rho)=-\frac{1}{\rho_0}\int_{\rho b}^{\rho}\left(\frac{f}{q(\rho')}\right)\mathrm{d}\rho'+Z_0(\rho_b) \tag{2}$$

式中，Z_0为等位势密度 $\rho_b(\geqq\rho)$所对应的深度。对上述公式取经向微分可以得到

$$\left(\frac{\partial Z(\rho)}{\partial y}\right)_\rho=-\frac{1}{\rho_0}\int_{\rho b}^{\rho}\frac{1}{q(\rho')}\left(\beta-\frac{f}{q(\rho')}\left(\frac{\partial q(\rho')}{\partial y}\right)_\rho\right)\mathrm{d}\rho'+\left(\frac{\partial Z_0(\rho_b)}{\partial y}\right)_\rho \tag{3}$$

式中，下标 ρ 代表沿着等密度面的微分。公式左侧代表等密度面的倾斜，右侧代表经向 PV 梯度与环境涡度梯度 β 之差的垂向积分。公式(3)表明等密度面的倾斜(对应纬向流)与其下侧的 PV 梯度有关。返回到 Cartesian 坐标系下，密度锋面的强度可以表示为

$$\left(\frac{\partial \rho}{\partial y}\right)_z=\frac{\rho_0 N^2}{g}\left(\frac{\partial Z(\rho)}{\partial y}\right)_\rho \tag{4}$$

密度锋面的强度与等密度面的倾斜的差异仅仅是一个与 Brunt-Vaisala 频率 $N=\sqrt{-(g/\rho_0)(\partial\rho/\partial z)_z}$ 有关的系数。公式(4)中，g 为重力加速度。在准地转近似(quasi-geostrophic approximation)下，上述等密度面的倾斜与 PV 的经向梯度之间的关系可以变得更加明确。在这种情况下，位势涡度 PV 可以表达为

$$q=\beta y+\frac{\partial}{\partial z}\left(\frac{f^2}{N^2}\left(\frac{\partial \Psi}{\partial z}\right)_z\right) \tag{5}$$

式中，Ψ 为地转流函数，并且忽略相对涡度。对上式取经向微分并应用热成风关系

$-f\left(\frac{\partial}{\partial z}\left(\frac{\partial \Psi}{\partial y}\right)\right)_z=g\left(\frac{\partial \rho}{\partial y}\right)_z$，我们最终得到

$$\left(\frac{\partial \rho}{\partial y}\right)_z=\frac{\rho_0 N^2}{gf}\int_{z0}^{z}\left(\beta-\left(\frac{\partial q}{\partial y}\right)_z\right)\mathrm{d}z'+\left(\frac{\partial \rho(z_0)}{\partial y}\right)_z \tag{6}$$

公式(6)表明锋面的强度与锋面以下 PV 的经向梯度的垂直积分密切相关。

上面图 1 为跨越北太平洋副热带逆流(副热带锋面)的密度断面示意图。图中温跃层的上下界用两个等密度面来表示。与经典风生环流理论下的副热带环流结构一致，位于下侧的等密度面向北加深。但受进入温跃层的副热带模态水的影响，温跃层上侧等密度面向北变浅。变浅的上温跃层的位置同时对应副热带锋面所在的位置。如果我们把下侧等密度面看作是公式(3)中的 ρ_b，则$\left(\frac{\partial Z_0}{\partial y}\right)_\rho$ 为负数。若要使得$\left(\frac{\partial Z}{\partial y}\right)_\rho$ 为正(对应副热带逆流)，则 PV 的梯度项$\left(\beta-\frac{f}{q(\rho')}\left(\frac{\partial q(\rho')}{\partial y}\right)_\rho\right)$必须为非常大的正值。低位涡水的南侧恰好存在这种较强的负 PV 梯度。

如果我们定义副热带模态水的厚度为 $Q=-\frac{1}{\rho_0}\int_{\rho b}^{\rho a}\left(\frac{f}{q(\rho')}\right)\mathrm{d}\rho'$，式中，$\rho_a$，$\rho_b$ 分别为副热带模态水所对应密度面的上、下临界值，因此方程(3) 可以简化为

$$\left(\frac{\partial Z(\rho)}{\partial y}\right)_\rho=\frac{\partial Q}{\partial y}+\left(\frac{\partial Z_0(\rho_b)}{\partial y}\right)_\rho \tag{7}$$

公式(7)说明，副热带逆流的强度直接与副热带模态水厚度的经向梯度有关。

2.3　北太平洋副热带逆流和副热带锋面简介

目前的研究普遍认为副热带西部模态水影响副热带逆流的西侧分支[31]，而中部模态水主要影响副热带逆流的东侧分支[32]。北太平洋副热带逆流从太平洋西部(20°N，130°E)向东北倾斜并可延伸到夏威夷岛以北(25°N，160°W)。北太平洋副热带逆流处同时对应一个海表面温度(密度)的锋面，被称为副热带海洋锋(Subtropical Front，STF)。在实际的观测中，北太平洋副热带逆流并不是连续的一支流，而是有明显的三个分支，并与三个副热带海洋锋一一对应。根据其相对位置依次称之为南部副热带海洋锋(SSTF)、北部副热带海洋锋(NSTF)和东部副热带海洋锋(ESTF)(图 2)。

对于副热带逆流和其对应副热带锋面的形成原因目前主要有两种观点。一种认为，是和风应力有关，是由经向的埃克曼辐合而导致的锋生作用造成的；另一种观点则认为，是由于北侧模态水入侵造成的上温跃层倾斜有关[14]。在年际尺度上，前人研究发现是风的作用占主导[33,34]。但是，在更长的(比如年代际变化和多年代际变化)时间尺度上，究竟是哪种机制占主导，目前尚无定论。一方面，有研究认为，北太平洋年代际变率(Pacific

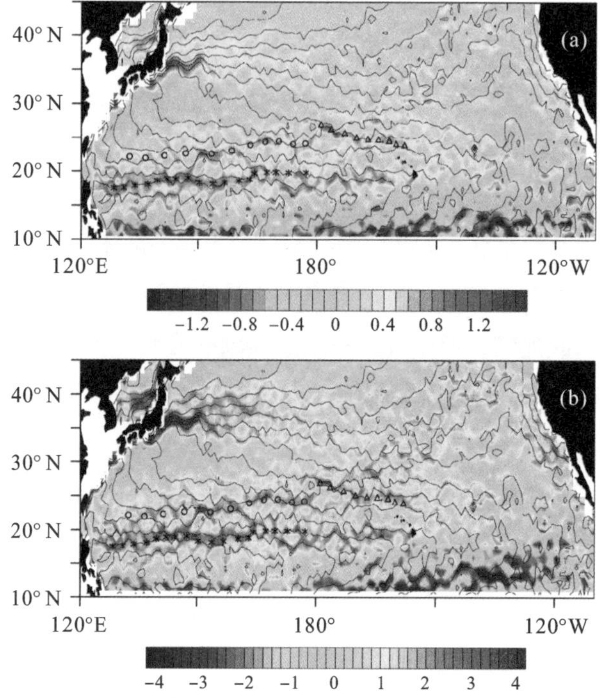

图 2　基于 Argo 浮标观测资料得到的北太平洋副热带逆流和副热带锋面的分布。(a)东西方向的地转流流速(颜色;单位 10 cm/s;参考面为 400 db);(b)位势密度的水平梯度(颜色;单位 10^{-6} kg/m^4)。叠加的黑色等值线为平均的海面高度,可代表平均的流线。副热带逆流所对应的三个副热带锋面 NSTF,ESTF,SSTF 在图中分别用圆圈、三角和星号标示

Decadal Oscillation,PDO)所造成的风场异常信号,是副热带逆流和副热带锋面强度变化的重要影响因素。另一方面,Kobashi 等[31]最新的研究工作却指出,副热带逆流的年代际变化主要与其北侧副热带模态水强度的变化密切相关,而风的作用影响不大。Kobashi 等[31]的研究主要是基于 137°E 断面上的海洋观测数据,无法很好地呈现模态水影响副热带逆流年代际变化的主要物理过程。因为副热带模态水主要是在 140°E 以东形成,并不断向东向南输运,最终在副热带逆流的北侧堆积,进而影响副热带逆流的长时间尺度变化。下一节内容,我们将系统回顾之前基于模式模拟结果的相关研究进展,并进一步证明在年代际和更长时间尺度上,模态水对副热带逆流的重要影响。

3　北太平洋副热带模态水和副热带逆流的年代际变化及其对全球变暖的响应

3.1　年代际变化

由于北太平洋海区海温具有很显著的年代际变化特征,而且海温异常中心位于黑潮

延伸体海区。当副热带模态水的形成区-黑潮延伸体海区的海温变冷的时候,副热带模态水会不会形成增多,进而使得副热带逆流增强?相反,当黑潮延伸体海区的海温为暖异常的时候,副热带模态水的形成会不会减少,副热带逆流会减弱?受西北太平洋海温年代际变化的影响,副热带逆流有没有年代际变化?副热带逆流的年代际变化与副热带模态水的关系如何?

针对以上科学问题和猜想,Xie 等[15]利用 GFDL_CM2.1 的 control run 实验(温室气体浓度一直处于工业革命前的状态),论证了副热带模态水和北太平洋副热带逆流(主要是东部分支)的年代际变化之间的关系。由于该控制实验具有相对较长的模拟时间(300年)且辐射强迫保持不变,因此有利于研究副热带模态水与副热带逆流的年代际自然变化特征。在副热带逆流所在海区(18.5°N~32.5°N,165°E~135°W)进行 EOF 分解,图 3 为 EOF 第一模态的空间分布和时间序列。其中,第一模态占 EOF 方差总贡献的 43.2%。副热带逆流区的 SSH 异常与其西北侧 SSH 异常位相相反。SSH EOF 第一模态在正位相时体现了副热带逆流的加强和位置的北移。此副热带逆流年代际变化模态具有约 50 年变化周期。

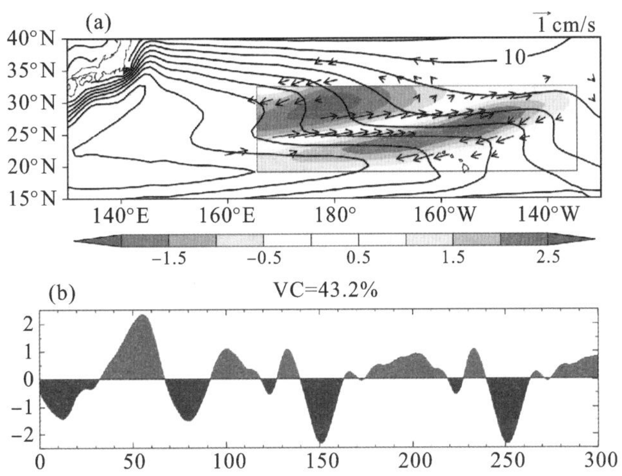

图 3 STCC 附近区域内 SSH 的 EOF 第一模态空间分布与时间序列。(a)方框区域内 SSH 的 EOF 第一模态,黑色等值线为平均态 SSH,矢量为回归的 50 m 流场。(b)第一模态时间序列(引自参考文献[15])

以副热带逆流年代际变化第一模态的时间序列(图 3(b))为指数进行回归或合成分析,来继续探讨副热带逆流年代际变化与副热带模态水年代际变化之间的关系(图 4)。研究发现:在年代际变化的正位相时期,等温线(白色等值线)上的 PV 最小值与负位相时期相比较小,且位置会向西偏移。因此,在正位相下 170°W 以西,受向西向上偏移的低位涡水的影响,特定等温线将被向上提升,同时 SST、SSH 为负异常。而在 170°W 以东,受西向偏移的副热带模态水的影响，当地的等温面下陷，导致当地出现正的温度异常和正的 SSH 异常。图 4 的结果表明，副热带逆流年代际变化模态的正位相对应着副热带模态水的加强和西向偏移；而副热带逆流年代际变化模态的负位相则对应着副热带模态水的减弱和东向偏移。

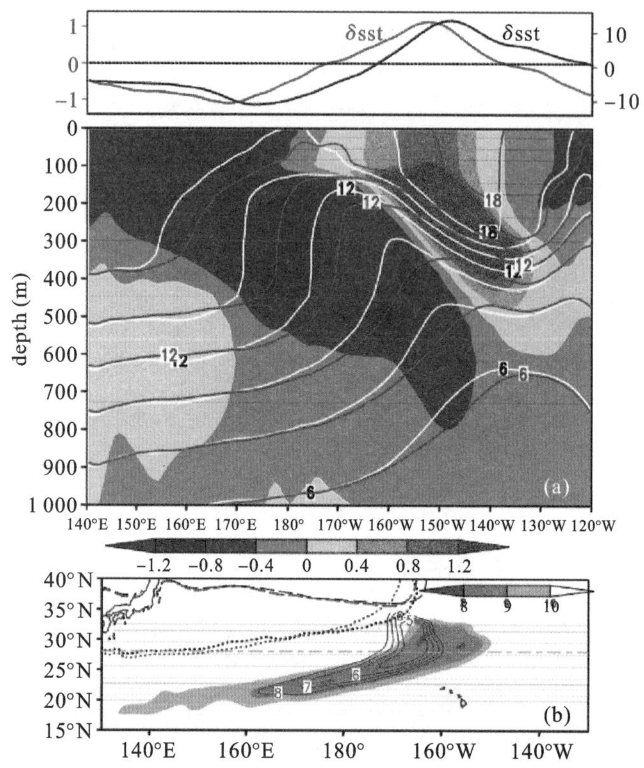

图 4　SSH EOF 第一模态正负位相之差。(a)正(白色等值线)负(灰色等值线)位相下的温度异常，正、负位相之差用颜色表示。而其上一排为正、负位相差所对应的 SSH 和 SST。(b)正(红色等值线)负(灰色)位相下，26.5 σ_θ 等密度面上的 PV 分布，以及 100 m 混合层深度和露头线(红色代表正位相，黑色代表负位相)(引自参考文献[15])

Kobashi 等[31]又从观测角度证实了北太平洋副热带模态水和副热带逆流(西支)年代际变化之间的对应关系。他们通过分析日本气象厅 137°E 断面自 1972 到 2019 年的观测数据发现，副热带逆流的年代际变化与起北侧副热带西部模态水强度的变化密切相关。当副热带西部模态水较强时，会让上温跃层抬升变得更陡峭，进而通过“热成风关系”加强向东的副热带逆流。反之，当副热带西部模态水强度减弱时，副热带逆流的强度也相应地减弱。结合模式实验结果，他们的研究还指出副热带逆流的年代际变化与局地风场的变化相关不大，从另一个侧面印证了模态水在副热带逆流在年代际变化上的主导作用。20 世纪太平洋年代际变化可以通过影响黑潮延伸体区混合层深度和潜沉率的变化，进一步影响模态水体积的年代际变化[39]。

3.2　对全球变暖的响应

全球变暖后，海洋上层层结加强，这将不利于副热带模态水的形成，那副热带逆流会不会减弱？副热带逆流的变化会不会影响海洋表层增温结构？如果会，副热带逆流的变化如何影响海洋表层增温结构？

Luo 等[35]通过分析 IPCC AR4 的一系列模式结果，发现副热带模态水在全球变暖之后强度减弱且核心密度面偏移到较轻的密度面上。由于温室气体增长引起的海洋增温具体表现为表层增温强于次表层，因此，海洋的层结加强，而且海气温差减小[36]。这些都将导致混合层深度的变浅。Xu 等[30,37,38]的系列研究发现，随着混合层深度的变浅，混合层深度锋面的减弱，潜沉率在全球变暖后也变弱(减小约 100 m yr^{-1})。在全球变暖后受潜沉率降低的影响，副热带模态水也同样变弱，而副热带模态水的减弱又进一步导致了副热带逆流的减弱。

图 5 为日界线上副热带模态水和纬向流在变暖前后的变化[30]，该结果基于 17 个 CMIP5 模式的集合平均，是在历史情景(historical)和典型排放情景(RCP4.5)下沿 180°E 经向断面上位势密度，纬向流速和 PV 的纬度-深度图。在当前气候态下，副热带逆流为一支表层强化的 100 m 以上的东向流，与北向变浅的上温跃层($\sigma_\theta<25.5$)密切相关。而在全球变暖以后，整个上层海洋的密度变轻～0.5 kg/m^3，且整个上层海洋层结加强。另外，由于副热带模态水减弱，上温跃层向北变浅的倾斜梯度也减弱，对应着副热带逆流的纬向流由 4 cm/s 变小到 1 cm/s，且副热带逆流对应深度从 100 m 以上变为 50 m 以上。

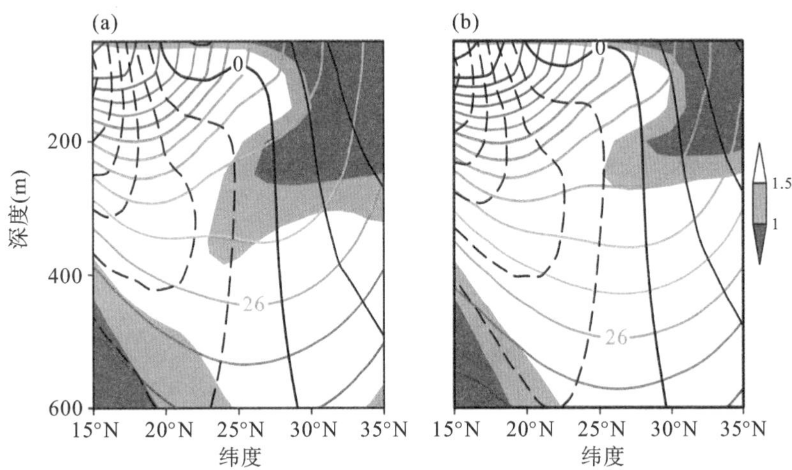

图 5　17 个 CMIP5 ensemble 在(a)历史情景(historical)、(b)典型排放情景(RCP4.5)的气候态平均态结果。沿 180°E 经向断面上位势密度(彩色等值线)，纬向流速(黑色等值线)和 PV(灰色)分布(引自参考文献[30])

图 6(b)为区域平均(120°E～140°W,20°N～40°N)的 24.5～26.6 σ_θ 等密度面之间的副热带模态水厚度时间序列。17 个 CMIP5 模式的结果都表明了全球变暖后副热带模态水强度的减弱,与副热带逆流的减弱一致(图 6(a))。20 世纪副热带模态水厚度的年代际变化拥有大概 50 年的变化周期,但随着温室气体的增长,副热带逆流和副热带模态水厚度的年代际变化强度减弱,周期变小。由以上结果可以看到,全球变暖后副热带逆流和副热带模态水的减弱是一种非常普遍的现象。

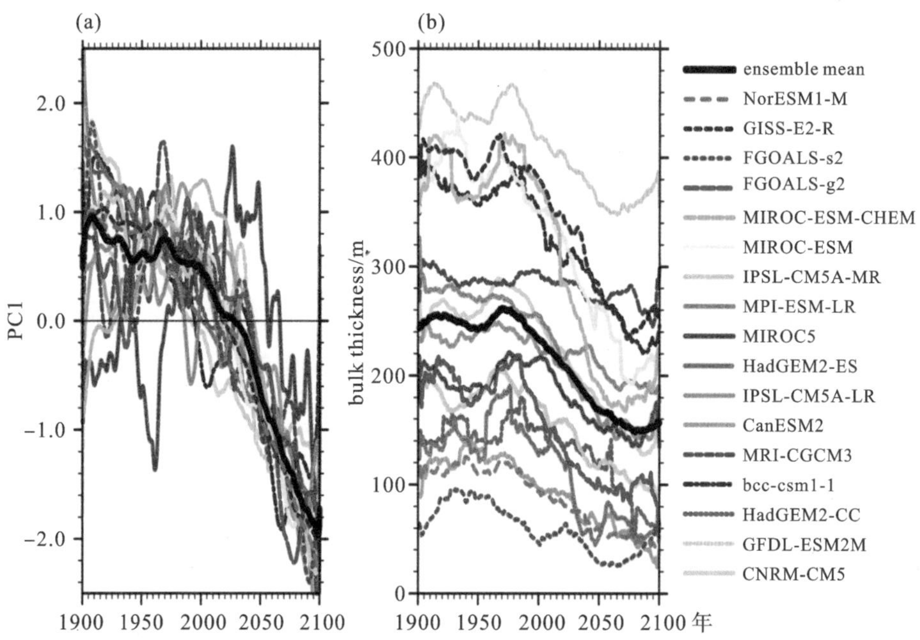

图 6　在 17 个 CMIP5 模式中:(a)160°E～140°W,15°N～30°N 区域内的 SSH 的 EOF 第一模态时间序列;(b)120°E～140°W,20°N～40°N 区域平均的 24.5 σ_θ～26.6 σ_θ 之间的副热带模态水厚度时间序列。以上时间序列都经过了 9 年以上低通滤波(引自参考文献[30])

自工业革命以来,大气中 CO_2 浓度一直在持续增长,并且将会继续增长。随着温室气体增长,海洋大气耦合系统中不同变量将会有不同时间尺度的响应过程,包括混合层内的快反应过程,以及永久性温跃层和深层海洋的慢反应过程[40]。Xu 等[38]挑选了 6 个 CMIP5 模式(CNRM-CM5, bcc-csm1-1, CanESM2, IPSL-CM5A-LR, MPI-ESM-LR, GISS-E2-R),这些模式具有较长时间的模拟结果。与其他模式相比,它们将自温室气体浓度稳定后的模拟结果,自 2100 年一直延伸到了 2300 年,因此,可以研究副热带模态水和北太平洋副热带逆流在温室气体增长阶段和温室气体达到稳定后的时间段的响应差异。

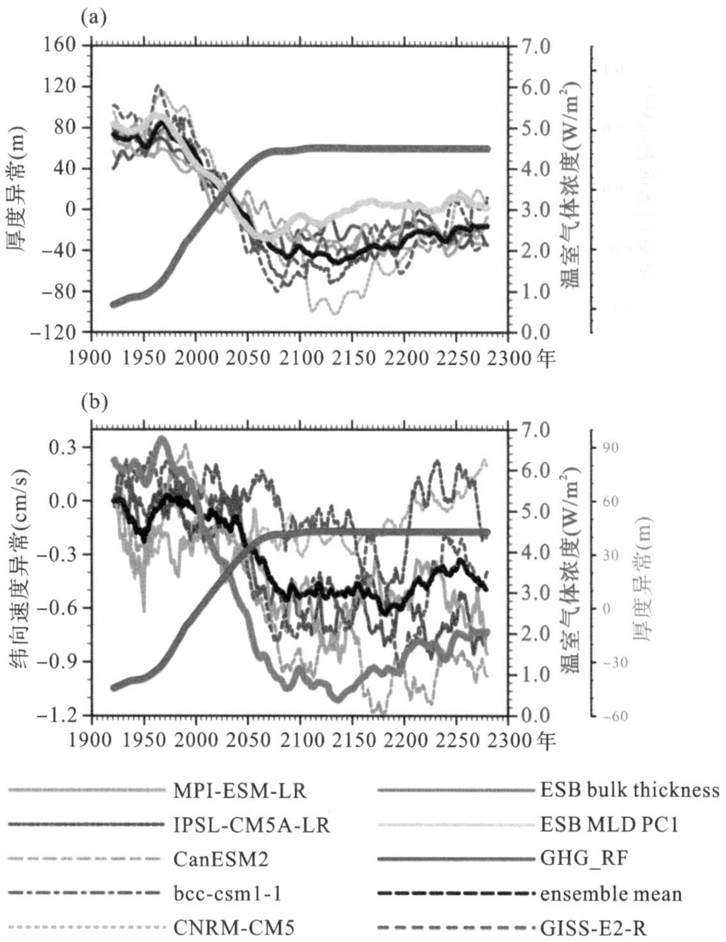

图 7　模态水和副热带逆流对温室气体增长的快、慢反应。(a)区域平均的(120°E～140°W，20°N～40°N)24.5 σ_θ 和 26.6 σ_θ 等密度面之间的副热带模态水厚度；(b)副热带逆流区(145°E～145°W，22°N～27°N)区域平均的 50 m 纬向流速异常，叠加上温室气体浓度(红色加粗实线)的时间序列。各条曲线所代表的模式结果见图下附注(引自参考文献[38])

图 7 为区域平均(120°E～140°W，20°N～40°N)的 24.5～26.6 σ_θ 等密度面之间的副热带模态水厚度演变与副热带逆流强度的变化。副热带模态水厚度和副热带逆流强度都存在着快慢反应，副热带逆流强度与副热带模态水强度时间序列的相关系数可以达到 0.92。副热带模态水和副热带逆流强度在 2000—2070 年表现为强度快速减弱，但是 2070 年之后则表现出缓慢加强的趋势。尽管海洋的不同时间尺度的响应过程是众所周知的[40]，但是，其对混合层深度、副热带模态水和副热带逆流的影响却并不被人认知。2000—2070 年，温室气体浓度持续增长阶段，海洋表层被辐射强迫加热，因此，海洋表层增温强于次表层，导致海洋上层层结加强，混合层深度变浅；而 2070—2300 年，温室气体浓度达到了稳定。此时，次表层海洋还在缓慢地继续增温，并且次表层增温强于表层，这

将导致上层海洋层结有减弱的倾向，因此，混合层深度有缓慢的变深趋势。模态水和副热带逆流的反应快慢与海洋层结的调整及混合层深度的变化密切相关。

4 北太平洋副热带逆流对天气和气候的影响

北太平洋副热带逆流强度和位置的变化会通过影响 SST 的空间分布，进而影响北太平洋的气候变化。Xie 等[41]发现随着大气中温室气体的增长，海洋表层的增温却并不均匀。通过比较分析当前气候态模拟与全球变暖 A1B 情境下的 SST 的变化，Xie 等[41]在北太平洋副热带海区发现了 SST 增暖的带状结构。这种带状结构位于副热带逆流所在的海区，而且也是向东北方向延伸。进一步研究表明，SST 的带状增暖结构与副热带模态水通风过程的变化有关系。在全球变暖后，模态水减弱进而使得副热带逆流减弱，最终导致了 SST 的东北方向倾斜的增暖带状分布结构(图 8)。

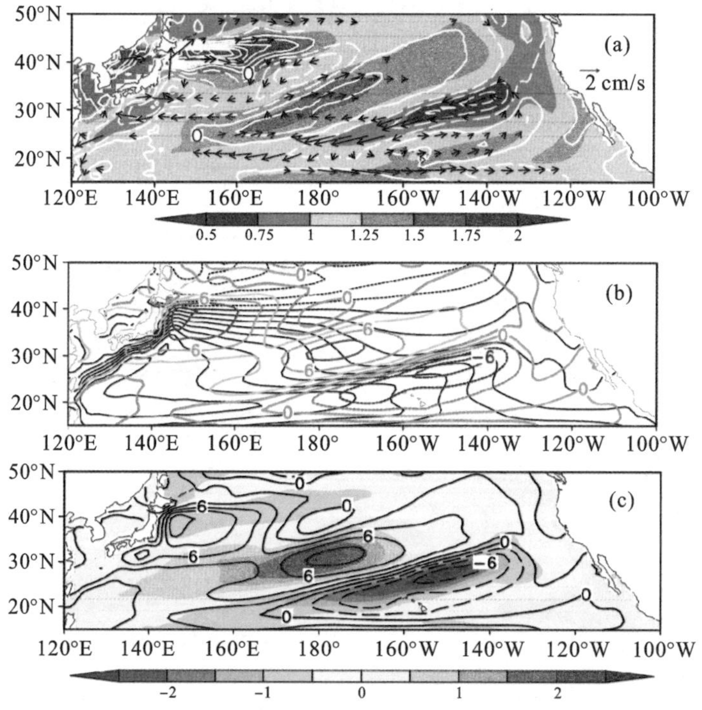

图 8　全球变暖前后 3 月份气候态的变化。(a)SST(颜色)，50 m 的流速和海表净热通量(等值线)；(b)当前气候态平均海平面高度(黑色等值线)和变暖前后平均海平面高度的变化(彩色等值线)；(c)当前气候态平均海平面高度(黑色等值线)和图 3-2 中的 SSH EOF 第一模态 SSH 全场回归(引自参考文献[15])

北太平洋副热带逆流对天气尺度过程也有影响。由副热带逆流导致的海表温度锋面在冬、春季节尤为明显。在 4—5 月份还是 SST 锋面比较强的时期，与此同时，季节性增暖使得该区域比较有利于大气对流活动的发生[42]。在风应力旋度为负值的背景态下，海表风应力旋度出现微弱的正值[43]。在天气尺度上，受表层斜压结构以及沿着锋面的侧向热传导的影响，正的风应力旋度与次天气系统尺度的低压系统有关。该SST锋面同时还产生了一个水汽垂直积分的经向最大值，代表大气的深对流结构的响应[15]。因此，春季副热带逆流的变化对天气过程也具有重要影响。

伴随次表层和表层海洋中存在的副热带逆流，该海域海面存在着显著的副热带海面温度锋区（Subtropical Frontal Zone，STFZ）。胡海波等人[44-48]系列的观测和模拟研究表明，冬季的STFZ强度一方面通过影响海表热通量交换作用于副热带海洋锋区向大气的热量、动量和水汽输送，从而影响大气的对流活动，对副热带区域的对流降水产生显著的影响，另一方面也可以通过影响上空大气斜压性，从而影响到上空大气瞬变涡旋活动以及急流的强度。此外，他们的工作还指出副热带海洋锋区除了海表的表层海洋锋区，还存在着一条强度更大的次表层海洋锋区[48,49]，且次表层海洋与海表的副热带海洋锋区之间存在一定的耦合关系。

目前北太平洋副热带逆流对天气和气候的影响的相关研究还仅是刚刚开展，因此尚未有定论。具体的物理过程及变化趋势有赖于未来进一步的研究工作。

5　结论与讨论

本文回顾了北太平洋副热带模态水和副热带逆流的形成机制、年代际变化及其对全球变暖的响应有关的研究进展。副热带模态水形成于黑潮延伸体海区的冬季强对流过程。形成之后，副热带模态水被副热带环流向南输运并在南面堆积。较厚的模态水层使上温跃层的上翘，会形成一个向东的副热带逆流。近十年来的系列研究发现，由于北太平洋海区海温具有很显著的年代际变化特征，而且海温异常中心位于黑潮延伸体海区。当副热带模态水的形成区-黑潮延伸体海区的海温变冷的时候，副热带模态水形成增多，进而使得副热带逆流增强；反之，当黑潮延伸体海区的海温为暖异常的时候，副热带模态水的形成减少，副热带逆流会减弱。受西北太平洋海温年代际变化的影响，副热带模态水和副热带逆流也呈现非常显著的年代际变化特征。另一方面，全球变暖后，海洋上层层结加强，这将不利于副热带模态水的形成，副热带逆流减弱。副热带逆流的减弱会进一步影响海洋表层增温结构，使其呈现出条带状的增暖不均匀现象。

前人的研究表明在年际变化时间尺度上，局地风场的变化也可以直接影响到副热带逆流强度的变化[33,34]。我们依据最近几年新发表的论文，归纳总结出在副热带逆流年代际和更长时间尺度的变化上，模态水的变化起着主要作用。由北太平洋副热带模态水影响副热带逆流年代际及全球变暖的机制可以看到，副热带模态水不仅仅是一团被动的水团。它的低位涡属性同时表明了其对大洋环流具有非常重要的动力作用。且位于温跃层中的副热带模态水可以通过影响北太平洋副热带逆流，不需要通过浮露的过程，就可以直接地影响海洋表层的气候特征。

致谢

感谢美国加州大学圣地亚哥分校 Scripps 海洋研究所谢尚平教授对本文相关研究工作的指导和帮助。本文是在国家自然科学基金面上项目"海洋涡旋在北太平洋副热带西部模态水输运中的作用"(编号:41876006)资助下完成的。

参考文献

[1] Hanawa K, Talley L D. Chapter 5.4 Mode waters[J]. International Geophysics, 2001, 77(C): 373-386.

[2] Oka E, Qiu B. Progress of North Pacific mode water research in the past decade[J]. Journal of Oceanography, 2012, 68(1): 5-20.

[3] Stommel H. Determination of water mass properties of water pumped down from the Ekman layer to the geostrophic flow below[J]. Proceedings of the National Academy of Sciences of the United States of America, 1979, 76(7): 3051-3055.

[4] Liu Q, Hu H. A subsurface pathway for low potential vorticity transport from the central North Pacific toward Taiwan Island[J]. Geophysical Research Letters, 2007, 34(12): L12710.

[5] Xu L, Xie S, Liu Q, et al.Evolution of the North Pacific Subtropical Mode Water in Anticyclonic Eddies[J]. Journal of Geophysical Research: Oceans, 2017, 122(12): 10118-10130.

[6] Bates N R, Pequignet A C, Johnson R J, et al. A short-term sink for atmospheric CO_2 in subtropical mode water of the North Atlantic Ocean[J]. Nature, 2002, 420(6915): 489-493.

[7] Palter J, Lozier M, Barber R. The effect of advection on the nutrient reservoir in the North Atlantic subtropical gyre[J]. Nature, 2005, 437(7059): 687-692.

[8] Sukigara C, Suga T, Saino T, et al. Biogeochemical evidence of large diapycnal diffusivity associated with the subtropical mode water of the North Pacific[J]. Journal of Oceanography, 2011, 67(1): 77-78.

[9] Gao L, Rintoul S.R, Yu W. Recent wind-driven change in Subantarctic Mode Water and its impact on ocean heat storage[J]. Nature Climate Change, 2018,8: 58-63.

[10] Uda M, Hasunuma K. The Eastward Subtropical Countercurrent in the Western North Pacific Ocean[J]. Journal of the Oceanographical Society of Japan, 1969, 25(4): 201-210.

[11] Yoshida K, Kidokoro T. A Subtropical Counter-Curreut in the North Pacific: An Eastward Flow Near the Subtropical Convergence[J]. Journal of the Oceanographical Society of Japan, 1967, 23

(2): 88-91.

[12] Cushman-Roisin B. Subduction[A]. In: Muller P, Henderson D. Dynamics of the Oceanic Surface Mixed Layer[M].Manoa, United States: Hawaii Institute of Geophysics Special, 1987: 181-196.

[13] 管秉贤. 副热带逆流二十年研究概况(续)[J]. 黄渤海海洋, 1988,1:71-86.

[14] Kubokawa A, Inui T. Subtropical countercurrent in an idealized ocean GCM[J]. Journal of Physical Oceanography, 1999, 29(6): 1303-1313.

[15] Xie S P, Xu L, Liu Q, et al.Dynamical role of mode water ventilation in decadal variability in the central subtropical gyre of the North Pacific[J]. Journal of Climate, 2011, 24(4): 1212-1225.

[16] Masuzawa J. Subtropical mode water[J]. Deep Sea Research & Oceanographic Abstracts, 1969, 16(5): 463-472.

[17] Worthington L V. The 18° water in the Sargasso Sea[J]. Deep Sea Research (1953), 1958, 5 (2-4): 297-305.

[18] Nakamura H. A pycnostad on the bottom of the ventilated portion in the central subtropical North Pacific: Its distribution and formation[J]. Journal of Oceanography, 1996, 52(2): 171-188.

[19] Suga T, Hanawa K, Toba Y. Subtropical mode water in the 137°E section[J]. Journal of Physical Oceanography, 1989, 19(10): 1605-1618.

[20] Hautala S L, Roemmich D H. Subtropical mode water in the Northeast Pacific Basin[J]. Journal of Geophysical Research: Oceans, 1998, 103(C6): 13055-13066.

[21] Oka E, Kouketsu S, Toyama K, et al. Formation and Subduction of Central Mode Water Based on Profiling Float Data, 2003-08[J]. Journal of Physical Oceanography, 2011, 41(1): 113-129.

[22] Luyten J R, Pedlosky J, Stommel H. The Ventilated Thermocline[J]. Journal of Physical Oceanography, 1983, 13(2): 292-309.

[23] Huang R X, Qiu B. Three-Dimensional Structure of the Wind-Driven Circulation in the Subtropical North Pacific[J]. Journal of Physical Oceanography, 1994, 24(7): 1608-1622.

[24] Williams R G. The Role of the Mixed Layer in Setting the Potential Vorticity of the Main Thermocline[J]. Journal of Physical Oceanography, 1991, 21(12):1803-1814.

[25] Marshall J C, Williams R G, Nurser A J G. Inferring the subduction rate and period over the North Atlantic[J]. Journal of Physical Oceanography, 1993, 23(7): 1315-1329.

[26] Xu L, Xie S P, McClean J L, et al. Mesoscale eddy effects on the subduction of North Pacific mode waters[J]. Journal of Geophysical Research: Oceans, 2014, 119(8): 4867-4886.

[27] Xu L, Li P, Xie S P, et al.Observing mesoscale eddy effects on mode-water subduction and transport in the North Pacific[J]. Nature Communications, 2016, 7(1): 10505.

[28] 许丽晓, 刘秦玉. 海洋涡旋在模态水形成与输运中的作用[J]. 地球科学进展, 2021, 36(9): 883-898.

[29] Kobashi F, Mitsudera H, Xie S P. Three subtropical fronts in the North Pacific: Observational

evidence for mode water-induced subsurface frontogenesis[J]. Journal of Geophysical Research, 2006, 111, C09033.

[30] Xu L, Xie S P, Liu Q. Mode water ventilation and subtropical countercurrent over the North Pacific in CMIP5 simulations and future projections[J]. Journal of Geophysical Research: Oceans, 2012, 117, C12009.

[31] Kobashi F, Nakano T, Iwasaka N, et al. Decadal-scale variability of the North Pacific subtropical mode water and its influence on the pycnocline observed along 137° E[J]. Journal of Oceanography, 2021, 77(3): 487-503.

[32] Sugimoto S, Hanawa K, Yasuda T, et al.Low-frequency variations of the Eastern Subtropical Front in the North Pacific in an eddy-resolving ocean general circulation model: roles of central mode water in the formation and maintenance[J]. Journal of Oceanography, 2012, 68(4): 521-531.

[33] Qiu B, Chen S. Interannual variability of the North Pacific subtropical countercurrent and its associated mesoscale eddy field[J]. Journal of Physical Oceanography, 2010, 40(1): 213-225.

[34] Kobashi F, Kubokawa A. Review on North Pacific subtropical countercurrents and subtropical fronts: role of mode waters in ocean circulation and climate[J]. Journal of Oceanography, 2012, 68(1): 21-43.

[35] Luo Y, Liu Q, Rothstein L M. Simulated response of North Pacific mode waters to global warming[J]. Geophysical Research Letters, 2009, 36(23): L23609.

[36] Sutton R T, Dong B, Gregory J M. Land/sea warming ratio in response to climate change: IPCC AR4 model results and comparison with observations[J]. Geophysical Research Letters, 2007, 34(2): L02701.

[37] Xu L, Xie S P, Liu Q, et al.Response of the North Pacific subtropical countercurrent and its variability to global warming[J]. Journal of Oceanography, 2012, 68(1): 127-137.

[38] Xu L, Xie S P, Liu Q. Fast and slow responses of the North Pacific mode water and subtropical countercurrent to global warming[J]. Journal of Ocean University of China (English Edition), 2013, 12: 216-221.

[39] Qiu B, Chen S. Decadal variability in the formation of the North Pacific subtropical mode water: oceanic versus atmospheric control[J]. Journal of Physical Oceanography, 2006, 36(7): 1365-1380.

[40] Stouffer R J. Time scales of climate response[J]. Journal of Climate, 2004, 17(1): 209-217.

[41] Xie S P, Deser C, Vecchi G A, et al. Global warming pattern formation: sea surface temperature and rainfall[J]. Journal of Climate, 2010, 23(4): 966-986.

[42] 李薇，刘海龙，刘秦玉. 北太平洋副热带海区的两支东向逆流[J]. 大气科学，2003，27(5):10.

[43] Kobashi F, Xie S P, Iwasaka N, et al. Deep atmospheric response to the North Pacific oceanic subtropical front in spring[J]. Journal of Climate, 2008, 21(22): 5960-5975.

[44] Hu H, Zhao Y, Zhang N, et al. Local and remote forcing effects of oceanic eddies in the

subtropical front zone on the mid-latitude atmosphere in Winter[J]. Climate Dynamics, 2021, 57(11-12): 3447-3464.

[45] Wang L, Hu H, Yang X, et al. Atmospheric eddy anomalies associated with the wintertime North Pacific subtropical front strength and their influences on the seasonal-mean atmosphere[J]. Science China Earth Sciences, 2016, 59(10): 2022-2036.

[46] Wang L, Hu H, Yang X. The atmospheric responses to the intensity variability of subtropical front in the wintertime North Pacific[J]. Climate Dynamics, 2019, 52(9-10): 5623-5639.

[47] Chen Q, Hu H, Ren X, et al. Numerical simulation of midlatitude upper-level zonal wind response to the change of North Pacific subtropical front strength[J]. Journal of Geophysical Research: Atmospheres, 2019, 124(9): 4891-4912.

[48] Chen F F, Chen Q, Hu H, et al. Synergistic effects of midlatitude atmospheric upstream disturbances and oceanic subtropical front intensity variability on Western Pacific Jet Stream in Winter[J]. Journal of Geophysical Research: Atmospheres, 2020, 125(17), e2020JD032788.

[49] Chen F, Hu H, Bai H. Subseasonal coupling between subsurface subtropical front and overlying atmosphere in North pacific in winter[J]. Dynamics of Atmospheres and Oceans, 2020b, 90: 101145.

海洋涡旋在模态水形成与输运中的作用①

许丽晓[1,2]　刘秦玉[1*]

(1. 中国海洋大学深海圈层与地球系统前沿科学中心/物理海洋教育部重点实验室，山东青岛，266100)

(2. 青岛海洋科学与技术试点国家实验室，山东青岛，266237)

(*通讯作者：liuqy@ouc.edu.cn)

摘要　模态水在全球气候变化中有着重要作用。但是，由于缺乏海洋次表层的高分辨率观测，对空间尺度为百公里的海洋中尺度涡旋如何影响空间尺度大于千公里的模态水的认识仍然欠缺。为了解决这一科学难题，在科技部的支持下，我们实施了一次成功的海上观测试验。并系统梳理了基于该观测数据所发表的有关涡旋影响模态水潜沉和输运的主要研究成果：①捕捉并揭示了中尺度涡导致混合层水潜沉的过程和动力机制；②发现了中尺度涡携带模态水迁移的新路径；③阐明了模态水多核结构的形成机制。研究结果揭示了黑潮延伸体海域中尺度涡旋影响大尺度模态水的物理本质，为该海域多时空尺度海洋-大气相互作用做出了一定的贡献。通过对该次观测试验结果的分析和总结，得到了如下新的科学推论：海洋次中尺度过程对模态水的形成和耗散也具有重要影响。

关键词　黑潮延伸体；海洋涡旋；模态水；潜沉与输运；多核结构

1　引言

模态水作为海洋-大气相互作用的产物，是中纬度海洋最重要的水文特征之一。模态水是气候变异信号进入海洋内部的主要渠道[1]，是海洋对热量、营养盐、温室气体输送的主要载体之一[2,3]。北太平洋副热带西部模态水是在黑潮延伸体南侧密跃层出现的温度、盐度和位势密度垂直较均一的低位涡水体，其核心温度为16℃～19℃，密度为24.0～

① 本文已于2021年9月出版的《地球科学进展》第36卷第9期发表(DOI：10.11867/j.issn.1001-8166.2021.085)。

25.4 kg/m^3[4-6]。北太平洋副热带西部模态水的空间分布和变化可以改变海洋的层结，进而通过热成风关系影响黑潮流系[7,8]以及副热带逆流[9-11]，副热带逆流所对应的海表温度锋的位置与强度变化又会导致局地的大气环流变化。因此，副热带模态水（Subtropical Mode Water，STMW）在北太平洋的气候变化中扮演着重要角色[12-17]。

黑潮延伸体还会将日本沿岸的核污染物向东输运，并通过潜沉进入海洋次表层的模态水中。北太平洋副热带西部和中部模态水的潜沉和运移也是福岛核事故^{137}Cs/^{134}Cs向南输运的主要机制；北太平洋副热带模态水汇入西边界流，随黑潮入侵南海和东海可能是福岛放射性污染物质进入我国近海的主要途径[18]。研究表明，约60%以上的污染物质会随北太平洋副热带西部模态水和中部模态水的潜沉过程进入次表层，在中尺度涡和平均流的作用下沿等密度面向东南运移，通过黑潮入侵在吕宋海峡和东海陆架边缘岛链进入到南海、东海、黄海及日本海等边缘海域[19]。因此，黑潮延伸体海域在海气界面物质交换与输运方面也是全球海洋最重要的海域之一。

基于时空分辨率较低的船测资料，前人认为，模态水是次海盆尺度（千公里）的海水性质相对均匀的大型水团。Hanawa等[20]和Oka等[21]的综述文章中已经总结了模态水的大尺度平均态及气候变异特征。然而，由于以上研究资料时空分辨率较低，无法详细刻画模态水的形成、潜沉与输运的具体过程。海洋中尺度涡旋又称海洋涡旋，水平直径为10～500 km、平均寿命为数天到数月之间[22]。在海洋运动的动能中，中尺度涡占主导地位，其外围流速比平均流要大一个量级以上，对水体输运和扩散具有重要影响[23,24]。模态水形成于中尺度涡现象非常活跃的黑潮延伸体海域，海洋中尺度涡旋和模态水两者之间很可能有联系。

随着Argo观测资料的不断积累以及海洋高分辨率模式的发展，人们逐渐意识到了海洋涡旋对模态水可能的影响。前人研究表明，在北太平洋副热带西部模态水的生成区，反气旋（暖）涡内冬季海洋失热较多，且永久性温跃层相对较深，背景层结较弱，因此较易于生成更多、更厚的北太平洋副热带西部模态水；反之，气旋涡（冷涡）内不利于北太平洋副热带西部模态水的生成[25-30]。以上研究主要是基于涡旋个例的分析结果，因为每个涡旋在其存活期内平均只有1～2个时次的Argo温盐廓线数据，不能分辨中尺度涡影响下模态水的潜沉和输运的具体物理过程。另一方面，基于能够分辨海洋涡旋的模式，人们发现海洋涡旋会增大模态水的潜沉率[31-34]。但是，由于不同高分辨率模式的参数化方案等存在差异性和不确定性，导致其结果也存在很大的差异性和不确定性。因此，急需能在百公里的海洋中尺度涡中有水平分辨率达到几十千米的准同步次表层的观测，这是一件非常困难的事情。

潜沉是海洋上混合层的低位涡水进入海洋跃层内的过程，是外界大气强迫信号、二氧化碳、氧气等进入次表层海洋的重要途径，对气候变化具有重要影响。根据1979年Stommel Demon[35]提出的有关潜沉机制的理论，在黑潮延伸体海域，冬季海洋大量失热，在水平尺度达到千公里以上的范围内形成明显的密跃层通风现象和对应的混合层深度(Mixed-layer Depth,MLD)锋区(混合层深度的水平梯度大值区)，为北太平洋副热带西部模态水的形成创造了必要的条件。Huang等[36]给出了气候态下模态水潜沉的具体途径。大尺度平均流的影响下，模态水的潜沉主要发生在冬季气候混合层深度锋面和密跃层露头线的交汇点处(模态水的潜沉要满足两个条件：一是等密度面的露头处，二是潜沉率大的地方，而混合层深度锋面和密跃层露头线的交汇点处则是同时满足这两个条件的地方)。我们通过同样外强迫下同一个海洋环流模式(仅仅是水平分辨率不同)中模态水的数值模拟结果以及Argo计划观测结果的比对(图1)发现，在低分辨率模式模拟中，模态水的潜沉发生在冬季气候混合层深度锋面和密跃层露头线的交汇点处(图1(c)中的蓝色)，而在能够分辨涡旋的高分辨率模式模拟中模态水的潜沉是沿着黑潮延伸体自西向东呈带状分布(图1(a)和(b)中的蓝色)[37]。这些现象启示我们：是否沿着黑潮延伸体存在一连串能将混合层的水潜沉到温跃层中的"天窗"？如果能的话，该海域百公里尺度的中尺度涡旋自东向西运动过程中究竟是哪些物理过程能担负该使命？

为了回答上述问题，依据前期研究工作，我们提出了如下的科学推论：气候平均态下，冬、春季黑潮延伸体海域存在水平尺度大于千公里的深混合层和对应的强混合层深度经向水平梯度(混合层深度锋)，当水平尺度为百公里、水平流速远大于气候平均流速的海洋中尺度涡旋向西运动经过该混合层深度锋时，反气旋涡(Anticyclonic Eddies,AE)的东侧存在自北向南的流有可能将深混合层中的水带到浅混合层水域的温跃层中，形成模态水(图2)。另外，依据历史观测资料和高分辨率数值模式结果得到的模态水不仅出现在气候平均混合层深度锋的南侧，而且出现在其西侧(图1(a)和(b))。这意味着海洋涡旋与混合层深度锋相遇不仅可以形成模态水，还有可能携带模态水向西移动。为了进一步证实上述科学推论，我们吸取了日本科学家有关观测研究的经验，借助国家重点基础研究发展计划(973计划)"太平洋印度洋对全球变暖的响应及其对气候变化的调控作用(编号:2012CB955600)"的出海观测航次，于2014年3—4月在西北太平洋开展了考察，并成功捕捉到了海洋涡旋影响下的北太平洋副热带模态水潜沉与输运过程。

本文将系统地梳理基于此次现场观测试验数据在大尺度模态水形成和迁移过程中所取得的成果[38-42]。并按照以下内容进行回顾和总结：①海洋涡旋影响模态水潜沉的观测证据；②海洋涡旋对模态水输运的影响；③模态水的多核结构及其形成机制；④新科学问题的提出。

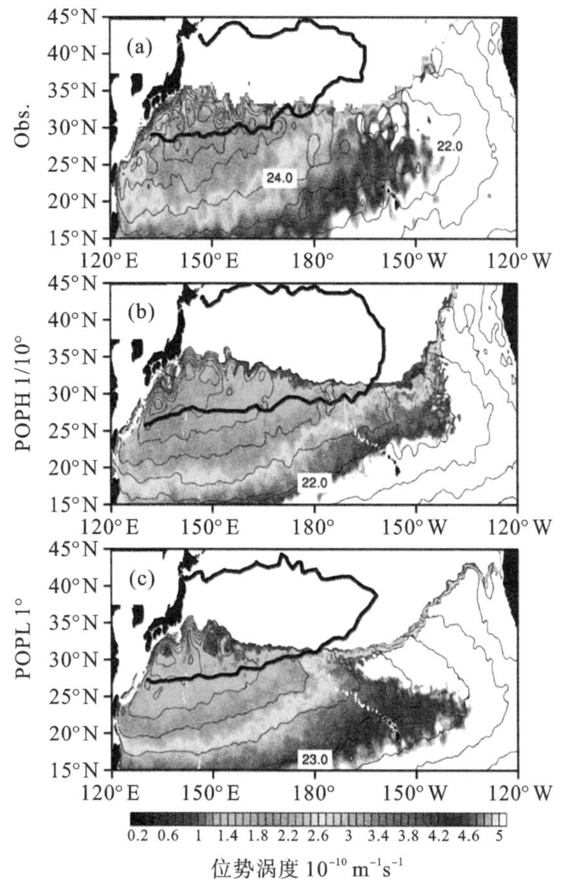

图 1　观测和不同分辨率模式中 3 月份北太平洋副热带模态水的分布情况。(a)观测(Obs)；(b)1/10°(涡分辨率)并行海洋模式(POPH)；(c)1°(低分辨率)并行海洋模式(POPL)结果。深蓝色代表新潜沉的低位涡模态水，黑色虚线代表等密度面上的流线，紫色实线为混合层深度锋面(引自参考文献[37])

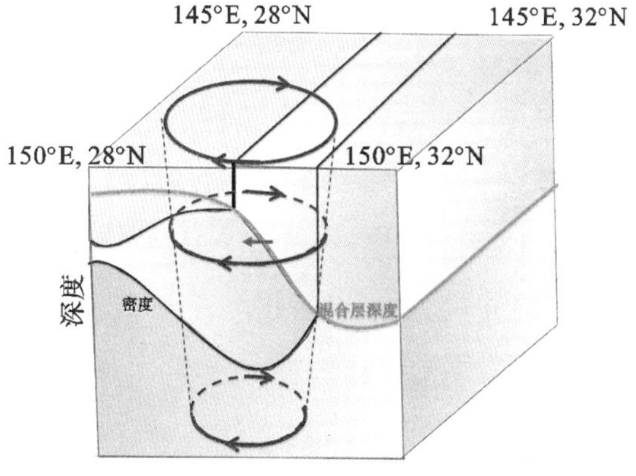

图 2　涡旋引起潜沉过程示意图。位于黑潮延伸体海域反气旋涡东侧的南向流可以将深混合层里的低位涡水潜沉进入浅混合层下面的温跃层。黑色粗线为气候态的等位势密度线，绿色实线为混合层深度，涡旋外围旋转流速用红色加粗箭头表示，气候态背景流则用蓝色箭头表示

2 副热带模态水的海洋观测实验

为了能直接用现场观测资料证实上述的科学推论，在科技部的支持下，我们于2014年3—4月在黑潮延伸体海域实现了水平分辨率达到几十千米的准同步观测实验(The Pacific Mode-water experiment，P-MoVE)。现将实验的大致情况介绍如下。

为了能在百公里的海洋尺度涡中实现水平分辨率达到几十千米准同步观测，而且要实时地监测海洋涡旋的垂向特征，达到捕捉涡旋影响下的模态水潜沉和输运过程的目的，首先想到的是利用Argo浮标来观测。Argo浮标就像气象观测中使用的探空气球一样，可以方便地获取海洋内部的垂直结构数据，是自持式的拉格朗日剖面观测浮标。在当时现有的历史Argo浮标的传统投放密度下，在一个涡旋长达数月的生命轨道上，能被Argo采样的次数可能仅有几十次。这对于想要清晰刻画一个直径为数百千米的海洋涡旋来说，是远远不够的。

本次副热带模态水的海洋观测实验通过前期调研，依据有限的经费，最终确定了将17个Argo浮标同时在一个海洋涡旋中布放的方案。为了让Argo浮标更好地保持在目标涡旋中，方案吸取了国外科学家有关观测研究的经验，将浮标的停留深度设定为500 m(而传统Argo浮标的漂流深度一般为1 000 m或1 500 m)。为了捕捉更清晰的涡旋图像，把每个浮标的采样间隔设定为一天。采用这种多“探头”加速扫描的方式，一个月就能获得500多个样本，这对于反演涡旋的三维结构提供了有力的保障。

此次海上调查非常特殊，由于海洋涡旋是运动的，在出海前需要依据获得的卫星高度计资料确定黑潮延伸体海域预计要观测的海洋涡旋大概位置；出海后依据更新的卫星高度计资料，调查船首席科学家指挥“东方红2”海洋综合调查船的航行，并在航行过程中通过走航观测和布放温盐深仪(Conductivity-Temperature-Depth system，CTD)观测，确定确实有模态水形成的涡旋，然后再在该涡旋中投放17个Argo浮标。2014年3—4月，实验通过搭载中国海洋大学“东方红2”海洋综合调查船，到了西北太平洋黑潮延伸体南侧，在西北太平洋开展了为期8天的考察(2014年3月20—27日)，并经历了一次跌宕起伏的“找涡”过程。在出海调查中，船上可以接收每天实时的卫星高度计数据，由此能够得到黑潮延伸体南侧所有反气旋涡大体的位置，并由此来找到对应涡旋下放CTD看是否含有模态水。然而，实际探测的前几个涡旋中(145°E以西)并没有发现模态水，考察队员们的心情日渐低迷。而当到达最后一个备选涡旋(核心位置大概147.5°E，29°N)时，一开始也没有探测到期待已久的模态水特征。经与项目首席卫星电话联系并讨论后，最终决定在目标涡旋的东面做最后尝试。考察队员们在经历了一夜的煎熬之后，在日出之前，当东方红考察船抵达了目标涡旋的东部、下放 CTD 到 150 m 左右时，温度曲线经历了混合层底部快速变化后再一次变得平缓的双温跃层现象。通过计算相关参数，该区域的模态水厚达 150 m，这表明在该涡旋东侧模态水正在形成。这才最终确定了目标涡旋的投放位置(图 3)。

P-MoVE 实验在反气旋涡核心偏东的位置上投放 PROVOR-DO-I 型号 Argo 浮标 17 个(站位见图 3)。2014 年 3 月 26 日 11:30，第一个 Argo 浮标被投放入海，之后按照 28 km 一站的距离，将浮标投放入涡内一矩形阵列中，阵列范围为 29°N～30°N，146°55′E～148°10′E，至 3 月 27 日 13:55 最后一个 Argo 浮标被投放入海。该海洋调查是国际上首次在一个海洋反气旋涡中投放了 17 个另外携带溶解氧(dissolved oxygen)探头的铱星 Argo 浮标，这些浮标投放时相互之间的距离约为 20 km。经研究发现，该海区的反气旋涡能够捕获水体的平均深度为 600 m 以上。为了能够让更多的 Argo 铱星浮标追踪涡旋，P-MoVE Argo 浮标设置漂流深度为 500 m。P-MoVE Argo 浮标上升过程中采样频率为 1 s，每个 P-MoVE Argo 浮标每天都上升采样一次，而传统 Argo 浮标每 10 天才采样一次(所有 Argo 浮标的观测深度和剖面采样频率都可在投放前设定)。此外，P-MoVE Argo 浮标在 0～600 m(600～1 000 m)层具有 2(10)m 的垂向采样分辨率。

2014 年 3 月 28 日，卫星已接收到了浮标传输回去的第一天的观测数据，并如国际上大多数 Argo 浮标一样，实时地向全世界共享。至此，浮标的投放工作顺利结束。

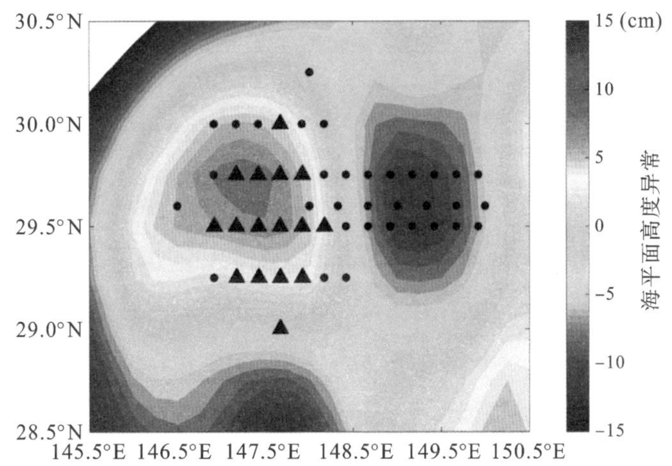

图 3　P-MoVE Argo 和 CTD 投放站位图。黑色三角为 17 个 P-MoVEArgo 浮标的投放位置。黑色三角和圆点处都有 CTD 站位。背景颜色为 2014 年 3 月 27 日实时的海平面高度异常(Sea Level Anomaly，SLA；cm)(引自参考文献[38])

该海洋调查通过对投放的 17 个 Argo 浮标(以下简称 P-MoVE Argo)进行针对性的设定，成功对涡旋影响下混合层低位涡水的潜沉过程和模态水形成和被输运的过程进行了长达一年半的准拉格朗日高分辨率连续追踪观测。如国际上大多数 Argo 浮标一样，这 17 个 Argo 浮标获取的资料，自 2014 年 3 月 28 日起实时地向全世界公布。这些特殊设定的 Argo 浮标尽管一开始布放在一个反气旋涡中，但布放后并不能完全待在一个涡旋中，而是先后共在两个反气旋涡及其周围运动，共获得 5 000 多个珍贵的温、盐及溶解氧垂向廓线数据(图 4)。截至 2017 年，在黑潮延伸体海域(130°E～160°E，20°N～36°N)垂向小于 10 m 分辨率的所有 Argo 廓线中，P-MoVE 浮标贡献的站位数占到了总数的 90%以上。这些观测不仅为模态水的研究提供了宝贵的资料，而且为国际 Argo 计划做出了突出的贡献。到目前为止，使用该资料开展研究的成果，已经公开发表了 12 篇论文。这些数据是国际上首次通过特殊设定 Argo 浮标对涡旋进行跟踪观测而获得的中尺度涡和有关次中尺度过程的研究数据，具有重要和独特的研究价值。

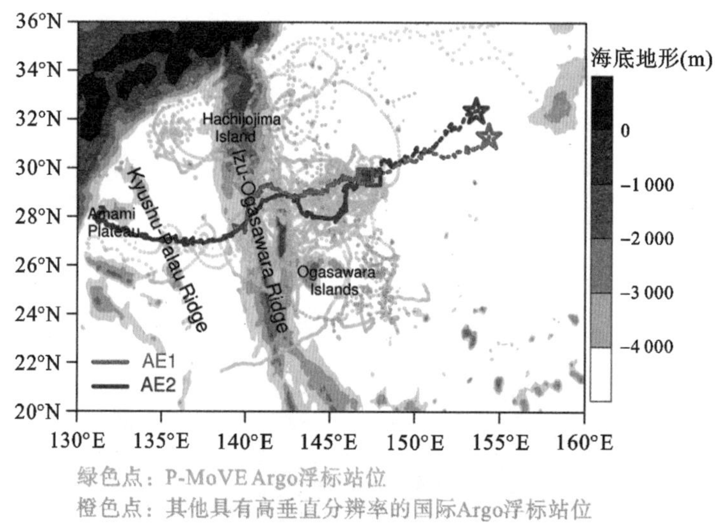

图 4　P-MoVEArgo 浮标及其追踪的两个反气旋涡轨迹。红色线(蓝色线)表示 AE1(AE2)的轨迹。这两个反气旋涡的生成地点用五角星表示，开始被 P-MoVEArgo 浮标追踪的位置用方框表示。P-MoVEArgo 浮标具有高分辨率(2～10 m)的垂向温度、盐度及溶解氧廓线。P-MoVEArgo 浮标站位用绿色点表示，橙色点为截至 2017 年其他垂向小于 10 m 分辨率的 Argo 浮标站位。灰色阴影表示水深浅于 4 000 m 的地形分布(引自参考文献[39])

3　涡旋对模态水潜沉的影响

P-MoVE Argo 浮标数据的获取为验证科学推论提供了必要条件。这些浮标围绕涡旋转动且每个浮标每天一次采样，一个月就能获得 500 多个样本。模态水潜沉时间一般是在海洋的晚冬—早春季节(3—5 月)，同时为了对比涡旋导致模态水潜沉发生时和发生后的差异，这一部分工作主要是选取了 2014 年 3—9 月 P-MoVE Argo 浮标持续扫描目标反气旋涡(AE1；图 4)得到的共计 3 000 多个温度盐度和溶解氧廓线数据。因此得以在统计上能够清晰地分辨涡旋的三维结构，并且从观测上捕捉到了涡旋导致的模态水潜沉过程。

在 P-MoVE 之前的观测资料无法直接分辨涡旋导致的模态水潜沉过程，因此，前人对模态水潜沉物理过程的认识还不够完善。根据 Cushman-Roisin[43] 和 Williams[44,45]，潜沉率 S 是单位面积自混合层进入温跃层的体积通量：

$$S=-\left(\frac{\partial h}{\partial t}+\boldsymbol{u}_h\cdot\nabla h+w_h\right) \tag{1}$$

潜沉率的增加可以通过增大自混合层向下的垂向速度 w_h，混合层深度的变浅速率 $\frac{\partial h}{\partial t}$，或者跨混合层深度水平锋面的侧向导入 $\boldsymbol{u}_h\cdot\nabla h$。前面图 1 比较了观测、涡分辨率模式和气候模式中副热带模态水核心密度面上低 PV 的分布情况(深蓝色代表新潜沉的低位涡模态水)。在气候模式中，模态水形成于混合层深度锋面与露头线的交点处(图 1(c))，由侧向导入项决定 $\boldsymbol{u}_h\cdot\nabla h$。气候模式里副热带模态水的形成位置非常窄，甚至可以把它看作一个"潜沉点"。而在观测与涡分辨率模式里，模态水形成于一个非常宽的带(图 1(a)和(b))，其形成位置甚至位于深混合层区。气候模式与观测的巨大差异说明中尺度涡在副热带模态水的潜沉中具有重要作用。Xu 等[37]基于高分辨率模式中大量涡旋样本数据，提出了跨黑潮延伸体混合层深度锋面的反气旋涡东侧向南的平流可能是导致北太平洋副热带西部模态水潜沉的新推论(图 2)。推论黑潮延伸体南侧，沿着混合层深度锋面的一连串的海洋涡旋能将混合层的水潜沉到温跃层中，形成了如图 1(a)和(b)所示非常宽的模态水潜沉带。

依据这次海上观测实验获得的温度、盐度及溶解氧廓线数据，首次捕捉到了海洋涡旋影响下的北太平洋副热带西部模态水的潜沉过程。利用随涡坐标系对结果进行分析，即将涡心定义为坐标零点，并计算所有的 Argo 浮标相对涡旋心的位置，进行坐标变换。图 5(a)～(i)给出了随涡坐标系下北太平洋副热带西部模态水核心密度面上(25.3 σ_θ)的混合层深度(Mixed Layer Depth, MLD)、位涡(Potential Vorticity，PV)和表观耗氧量(Apparent Oxygen Utilization，AOU)的分布情况。利用浮标的观测结果，成功捕捉到了海洋涡旋影响下的北太平洋副热带西部模态水潜沉过程[38]。研究发现，模态水潜沉的"热点"发生在涡旋外围—反气旋涡(气旋涡)东侧(西侧)的南向流处(图 5)。Argo 浮标观测结果显示，PV 和 AOU 在涡心外围具有东-西的不对称性(图 5(a)～(i))。涡旋的南向流会将模态水源区——黑潮延伸体深混合层的水向南输运进入永久性温跃层，从而潜沉。涡旋外围的位涡是不同的，南(北)向流输运较低(高)位涡。因此，涡旋会在平均意义上产生一个净的位涡输运，将北侧深混合层水体向南输运，从而使其南侧混合层也加深并导致温跃层通风，最终引起模态水的南向潜沉和输运。

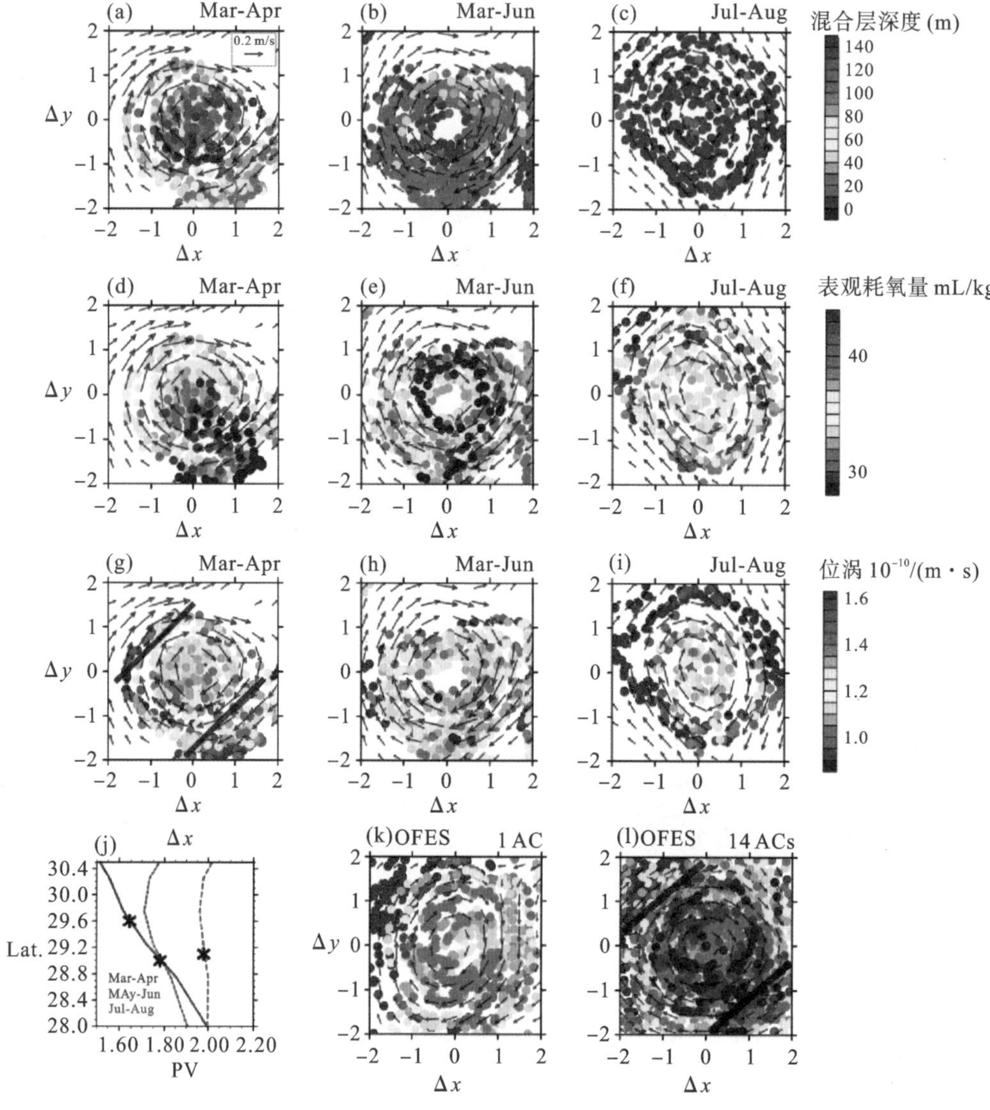

图5　在STMW核心密度面上的反气旋涡特征。(a)～(c)混合层深度(MLD，m)；(d)～(f)表观耗氧量(mL/kg)；(g)～(i)位涡[10^{-10}/(m・s)]。本图的坐标零点代表反气旋涡的核心，我们定义涡旋核心的边界为相对涡度为0的闭合等值线，此处将涡旋的边界标准化为[−1，1]。(Dx，Dy)坐标的[−1，1]代表标准化的涡旋半径。箭头表示地转流(m/s)。最底排的(j)表示在STMW核心密度面上纬向平均(135°E～150°E)的PV沿经向的分布。蓝色实线表示3—4月平均，绿色虚线为5—6月平均，红色长虚线为7—8月平均。在对应时间内涡旋所在的纬度用黑色＊标出。OFES模拟观测采样的结果：(k)1个涡旋个例；(l)14个涡旋个例的结果。颜色表示PV，箭头为地转流速(引自参考文献[38])

为了进一步证实上述观测结果的可靠性和代表性，Xu 等[38]进一步利用 OFES (Ocean General Circulation Model for the Earth Simulator)高分辨率模式，在研究区域(140°E～150°E，38°N～33°N)内挑选了 14 个反气旋涡，并在每一个反气旋涡里都模拟投放 17 个 Argo 浮标来追踪涡旋，对这些涡旋进行跟踪采样。这 14 个模式模拟观测的采样与观测结果进行对比，发现涡分辨率模式能够较好地再现观测结果。PV 的东西不对称在 OFES 模式中也同样存在(图 5(k)和(l))。与观测类似，低(高)PV 可见于反气旋涡的东南(西北)侧。OFES 模式和观测结果都表明涡旋平流效应对模态水潜沉的重要影响。涡旋的平流效应除了能够将混合层的低位涡水带到温跃层中，对模态水的潜沉具有重要贡献(占总潜沉率的一半以上)以外，涡旋外围平流效应对模态水的南向扩散和运移也具有重要作用。有关模态水输运的部分将在下一章详细介绍。

通过上述分析可以看到，P-MoVE 实验获得的资料确实证实了有关涡旋外围平流效应会导致混合层低位涡水潜沉这一推论。P-MoVE 实验的位置(147°E～138.5°E，29.2°N～30°N)是在黑潮延伸体深混合层池区南边锋面附近，这里的海洋涡旋能够把北侧深混合层的水向南输运，带入次表层进而潜沉形成模态水。而在深混合层池区北侧的锋面附近，海洋涡旋会通过外围平流效应[46]以及反气旋涡向北脱落的过程[47]，把南面深混合层的低位涡水带入黑潮延伸体锋面的北侧，通过局地海洋-大气相互作用的过程最终形成副热带中部模态水[47]；而黑潮延伸体锋面北侧的层结较强、位涡较高的水体会通过涡旋活动带入南侧的深混合层池区，使混合层深度变浅[27]。综上所述，在混合层深度锋面附近的海洋涡旋活动会不断把深混合层池区的水体向外围扩展。而黑潮延伸体海域海洋涡旋活动的强弱直接决定着模态水的形成和扩散的过程。当黑潮延伸体处于不稳定状态，海洋涡旋较为活跃时，副热带模态水的在副热带环流圈的分布范围会更广。相反，当黑潮延伸体较为稳定时，海洋涡旋较少，副热带模态水形成后会被局限在黑潮延伸体南侧再循环流涡(recirculation gyre)的内部。

然而，现有海洋观测资料还不能完全分辨上述次海盆尺度的天气式海洋变化过程，具体的物理过程将有赖于未来能够完全分辨中尺度涡垂向结构的海洋观测技术的发展。此外，气旋涡和反气旋涡在上述过程中是否存在不对称性，这些都是值得进一步探讨的问题。

4　涡旋对模态水输运的影响

前人研究结果已有迹象表明，海洋涡旋对模态水的输运具有重要影响。具体表现为，无论是副热带模态水的平均态分布，还是其移动速度，都与中尺度涡活动密切相关。

在不能分辨涡旋的气候模式中，副热带模态水潜沉后在平均流的作用下向西南方向输运，其分布形式呈现为一个狭窄的“舌状”(图 1(c))。而受中尺度涡输送过程的影响，在高分辨率模式和观测中，等密度面上副热带模态水的分布范围非常广，甚至可以跨过 140°E 附近伊豆海脊的地形障碍(图 1(a)和(b))。北太平洋副热带模态水通过大尺度的海洋“内部”输运通道(气候平均态)从黑潮延伸体南侧到台湾以东海区需要十年左右[7]，是太平洋年代际变化的重要环节。前人通过表观耗氧量(AOU)以及放射性同位素的测定发现，台湾以东海区也时常观测到形成仅 1～2 年的新型模态水[18,19,25,28]。

研究者们推论海洋涡旋对模态水的运移也具有重要影响。根据前人对海洋涡旋动力特征与物质输运的研究[24,48,49]，并结合北太平洋副热带西部模态水的平均态分布特征，前人推测海洋涡旋可以通过两种方式对北太平洋副热带西部模态水进行输运：一是较厚模态水层在源地被反气旋涡“捕获”，被圈在涡心内随反气旋涡的移动向西向南输运[25]；二是通过涡旋外围的平流效应，跨平均模态水厚度的梯度向源地外扩散输运[34]。但是，以上推测缺少观测的证据，并且这两种机制哪个占主，尚不清楚。

基于 P-MoVE 观测试验数据，得以确认涡旋外围平流效应和内部携带输运两种过程分别在北太平洋副热带西部模态水向南和向西传输中的重要作用。本章内容将分两个小节详细介绍涡旋外围平流效应在北太平洋副热带西部模态水向南输运以及反气旋涡内部携带模态水向西传输过程中的主导作用。

4.1　涡旋外围平流效应主导北太平洋副热带西部模态水的向南输运

上一章内容详细介绍了涡旋外围平流效应可以把混合层的低位涡水带到温跃层中形成模态水这一过程的观测证据。而涡旋外围平流效应除了能导致模态水潜沉外，还可以把刚形成的较强的模态水向南侧输运。由于北太平洋副热带西部模态水平均态分布强度在南北方向上存在较大梯度(图 1(b))，因此，涡旋外围跨位涡梯度的平流输运在北太平洋副热带西部模态水的南北向输运中具有很大的贡献。

PV 在涡旋的核心内部是保守均一的，而在涡旋外围 PV 具有东西不对称性：南向流将低 PV 水向南输运，而北向流将温跃层的高 PV 水向北输运，产生了一个净的向南的 PV 输运量(图 6 中的红色点)。根据 OFES 模式计算在 140°E～150°E 跨 30°N 截面在 STMW 核心密度面(25.3 σ_θ)上的积分 PV 经向输运，平均流的输运量约为 2.92×10^{-6} m/s^2，而涡旋导致的输运量约为 7.09×10^{-6} m/s^2[38]。依据 P-MoVE Argo 浮标数据反演得到的涡旋经向 PV 通量是 2.88×10^{-6} m/s^2，与 OFES 的预估结果量级基本一致，进一步说明涡旋外围平流效应对模态水的南向输运和 PV 的通量具有很大的贡献。涡旋平流效应导致的经向输运量与平均流引起的输运量量级相当，比涡旋携带效应的南向输运量(图 6 右列中的蓝色点)高一个量级。这个结果证实了涡旋平流效应对模态水南向输运的重要性。

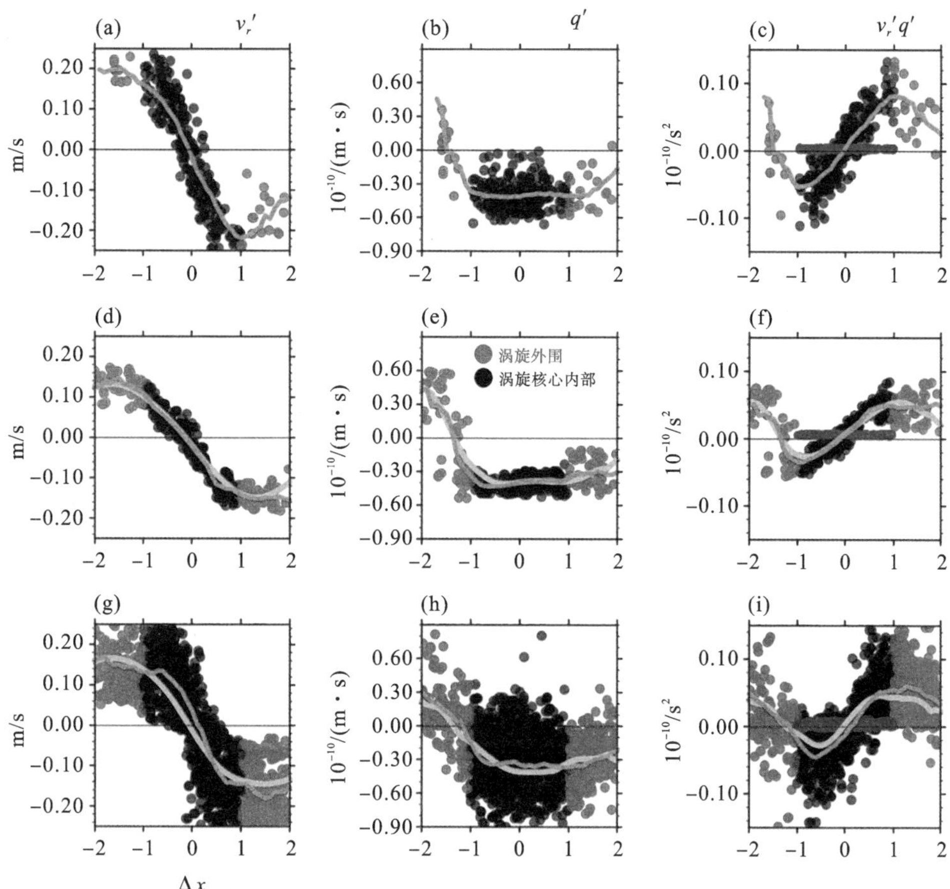

图 6　反气旋涡引起的 PV 经向输运。X 坐标为穿过涡心的纬向断面，[−1,1]内代表涡旋的核心，单位为标准化的涡旋半径。最左列(a)，(d)，(g)为涡旋的切向速度(v'_r 单位 m/s)，中间列(b)，(e)，(h)为与纬向断面上气候平均态 PV 相比的 PV 异常[q'，单位 $10^{-10}/(m\cdot s)$]，最右列(c)，(f)，(i)为涡旋引起的经向 PV 输运($v'_r q'$，单位 $10^{-10}/s^2$)。黑色点表示位于涡心内(这里涡旋携带输运为主)，红色点表示涡旋核心的外围(±[1,2]涡旋切向流速最强的地方，涡旋平流输运为主)。涡心携带输运(C_y)在最右列用蓝色点表示。从上数第一排(a)～(c)为 Argo 观测结果，(d)～(f)为 OFES 其中的一个涡旋个例结果，(g)～(i)为 OFES14 个涡旋个例的结果。绿色实线代表每 0.1 bin 内所有样本的平均值，而(d)～(i)的黄色实线则表示用 OFES 完整数据计算的“真实值”(引自参考文献[38])

4.2　反气旋涡携带模态水向西传输具体演化过程和机理

由于涡旋主要向西移动(比其南移动速度大一个量级)，在东西方向上北太平洋副热带西部模态水主要依靠反气旋涡内部的携带输运为主。依据 P-MoVE 浮标追踪两个反气旋涡长达一年半的采样数据，Xu 等[39,40]给出了涡旋输运模态水的具体演化过程。被 P-MoVE Argo 浮标追踪的两个反气旋涡都是在黑潮延伸体南侧海域形成(图 4 中的五角星)，形成后移动到 148°E，29°N 附近(图 4 中的方框)时开始被 P-MoVE 实验布放的 Argo 浮标捕获。通过 P-MoVE Argo 浮标追踪涡旋的数据能够看到这两个反气旋都包含有垂直密度梯度较小、密度为 25.0～25.4 σ_θ 的北太平洋副热带西部模态水，垂直方向出现双密跃层的结构(图 7)，并向西南方向移动。其中，一个反气旋涡(AE1)遇到伊豆海脊后开始消亡，另一个反气旋涡(AE2)能够通过伊豆海脊最终到达日本九州岛南部(图 4)。这两个反气旋涡内能够携带较厚的模态水层，垂直结构为上凸下凹的“显微镜”结构(图 7)。与涡旋外围的背景态相比，反气旋涡内部的模态水信号的保守性较好。相较于反气旋涡内较重层的西部模态水(25.2～25.4 σ_θ)性质基本保持不变，反气旋涡内较轻层的西部模态水(25.0～25.2 σ_θ)受季节性温跃层的影响较大。

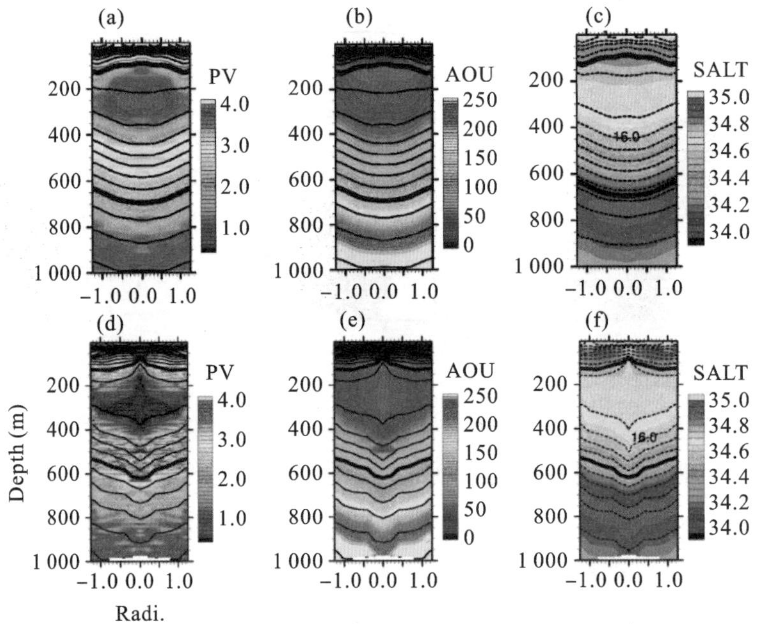

图 7 根据 P-MoVE Argo 浮标重构的(a)～(c)AE1 和(d)～(f)AE2 的垂直结构剖面图。(a)(d)图的颜色代表 PV[10^{-10}/(m·s)]；(b)(e)中的颜色代表表观耗氧量[AOU；(mL/kg)]；(c)(f)颜色代表盐度(PSU)。图中等值线为位势密度(kg/m^3)，其中，25.0 和 25.4 σ_θ 等密度线被加粗用来表示 STMW 的范围(引自参考文献[40])

反气旋涡携带模态水向西输运过程中，会遇到一个非常大的地形障碍——伊豆海脊。除这两个反气旋涡例外，Xu 等[40]还结合卫星高度计资料以及历史 Argo 观测数据，将模态水形成区出现的所有反气旋涡移动轨迹进行了统计，发现大部分海洋涡旋碰到伊豆海脊后消亡，只剩一部分反气旋涡能通过伊豆海脊地形的罅隙（28°N～30°N）向西移动，将低 PV 的模态水输送至伊豆海脊以西。较厚模态水层存在的位置除了位于其形成区之外，在反气旋涡的移动轨迹上也有很高频率的出现概率（图 8）。说明了反气旋涡携带效应对北太平洋副热带西部模态水输运及分布的重要影响。该海区反气旋能够捕获水体的平均最大深度约为 600 m，因此，它们能够携带输运位于 600 m 以浅的北太平洋副热带西部模态水，但是，不能携带在 600 m 以下的北太平洋中层水（North Pacific Intermediate Water，NPIW）[40]。

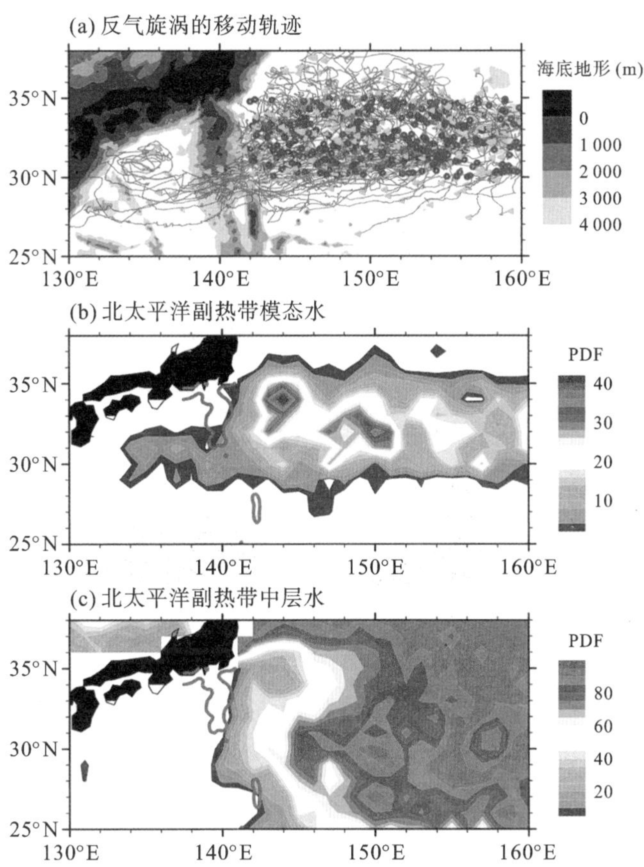

图 8　反气旋涡（AE）携带副热带模态水（STMW）穿越伊豆海脊罅隙向西输运通道。(a)反气旋涡移动轨迹（红色线条），蓝点表示 AE 的形成位置，绿色三角为 AE 的消亡位置；(b)北太平洋副热带模态水出现概率密度分布（Probability Density Function，PDF，%）；(c)北太平洋副热带中层水出现概率密度分布（PDF，%）。红色等值线表示 1 500 m 水深线，可代表伊豆海脊的位置（引自参考文献[40]）

北太平洋副热带西部模态水的通风区位于 140°E 以东，气候模式中的北太平洋副热带西部模态水沿平均温跃层环流向西南移动，在 25°N 以南的到达西边界流海域（图 1(c)）。该结果说明大尺度平均流不能把北太平洋副热带西部模态水输运到 25°N 以北、

140°E 以西的海域。而高分辨率模式和实际观测中，平均态分布上在 25°N 以北、140°E 以西海域，能够看到北太平洋副热带西部模态水的存在(图 1(a)和(b))。这部分北太平洋副热带西部模态水，应该主要是通过反气旋涡携带输运作用，跨过 140°E 附近伊豆海脊的地形障碍进来的。

利用 P-MoVE Argo 浮标追踪涡旋所获得垂直高分辨率的数据(采样间隔 2～10 m)，Xu 等[39]还给出了海洋涡旋通过伊豆海脊时，其垂直结构、扩散系数以及耗散率的演化过程(图 9)。研究结果发现，涡旋过伊豆海脊时，涡管垂直方向会发生压缩，而水平方向面积增大。核心在 500 m 以浅的海洋涡旋仍然能感知 3 000 m 以下的地形变化。涡旋经过伊豆海脊时具有强垂直耗散(比临近的深海区域大一个量级以上)。研究发现，该强垂直耗散与地形密切相关。受伊豆海脊处的较强垂直耗散影响，反气旋涡内的模态水在经过伊豆海脊时，其强度减弱约 20%。

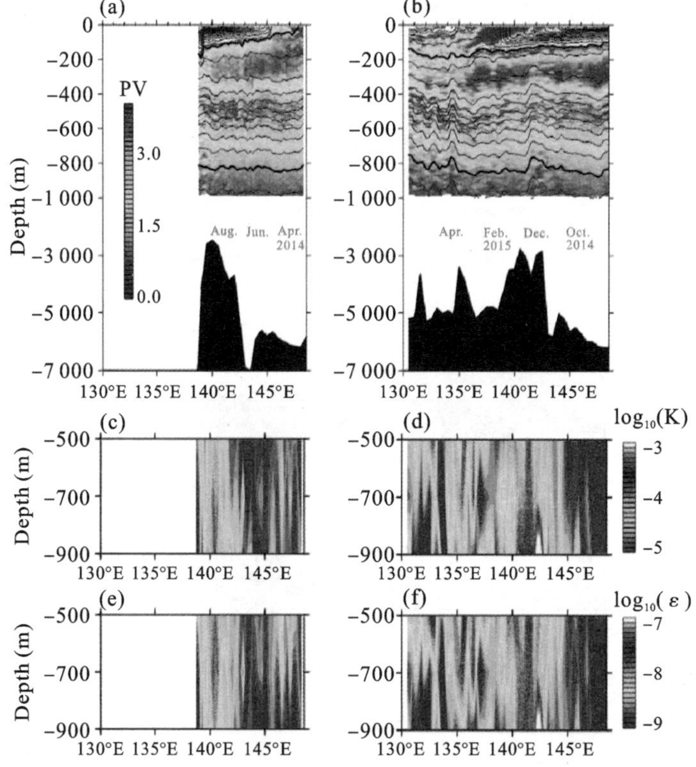

图 9　AE1(左)和 AE2(右)通过伊豆海脊前后其位势密度(等值线)和位涡、扩散系数以及耗散率的演化过程。(a)(b)位势密度(等值线，25.0 和 27.0 σ_θ 加粗)和位涡(颜色；$10^{-10}/(\mathrm{m \cdot s})$)；(c)～(d)扩散系数($\mathrm{m^2/s}$)；(e)～(f)耗散率($\mathrm{m^2/s^3}$)的演化过程。(a)～(b)中的黑色阴影表示海底地形(引自参考文献[39])

涡旋向西移动速度比平均流 O(0.01 m/s)要大一个量级。因此，新形成的 STMW

可能仅需要 1～2 年就能到达西边界。这与前人依靠传统气候模式得到的结论有着很大差异，这将对气候变异的时间尺度有重要的影响，还需进一步开展研究。

此外，副热带模态水的西南向输运同时也是日本核污染物扩散的主要载体[19]。不考虑涡旋影响的核事故模型预测结果认为，日本核污染物扩散到达中国近海需要 12 年左右的时间[50]，而实际的观测结果显示核污染物仅需要 1～2 年就能进入南海或者东海黑潮[18]，与中尺度涡影响下模态水的输运时间相符。这意味着中尺度涡在核污染物运移过程中的作用非常重要，因此，未来日本核污染物排放与扩散的情景模拟预估以及实时监测都需要考虑中尺度涡的影响。

5 副热带模态水多核结构形成机制

前人研究中发现了北太平洋副热带模态水层并不是只有一个低 PV 的核心，有些 Argo 垂直廓线上会出现多个低 PV 极小值核心，并将其称之为模态水多核结构[28,41,51]。模态水的多核结构在实际海洋中是否是普遍现象？该多核结构的形成与反气旋涡携带模态水向西运移的过程有着什么样的联系？依据 P-MoVE 实验获得的资料，并结合高分辨率数值模式结果，前期工作证实了海洋涡旋与混合层深度锋相遇可以形成模态水，并且能携带模态水向西移动，有的涡旋甚至会越过伊豆海脊的地形障碍到达 140°E 以西。我们可以进一步推论，涡旋向西移动过程中，如果多次遇到混合层深度锋，则可能在不同经度形成不同性质的模态水，这些不同性质的模态水可能会被涡旋捕获随其移动。一般来讲，在同一纬度越往西混合层的水温度会高一点，所形成的副热带模态水密度越小[28]。

由于 P-MoVE 实验中布放的 17 个 P-MoVE 浮标不仅在上浮的观测过程中拥有高垂向分辨率至 2 m(国际标准为 10 m)的温度和盐度采样，且配带溶解氧探头，累计获得的 5 000 多个垂向高分辨率温盐及溶解氧廓线数据(占研究海域所有垂向小于 10 m 分辨率的 Argo 廓线的 90%)，为系统研究多核结构提供了必要条件。利用这些数据，Liu 等首次对这类多核结构做了深入研究，发现了 STMW 多核结构的普遍存在[41]。在北太平洋副热带，模态水多核结构(其垂直方向出现多个低 PV 极小值)是普遍存在的。而且越往西，其出现的概率越大。这一特征进一步说明了反气旋涡的携带输运可能对多核结构的形成具有重要影响。Liu 等[41]对反气旋涡影响模态水多核结构的形成及演化过程进行了系统研究发现，这种模态水多核结构的分布更多是位于反气旋涡内部。由于反气旋内部易形成较厚的模态水，且其对低 PV 的保守性较好。受背景环流场的影响，在黑潮延伸体南侧，副热带模态水的露头线(混合层底的密度等值线)并非是完全东西向分布的，而是有一定倾斜的(西北—东南向倾斜)。越往西，形成的副热带模态水的温度越高、密度越低。反气旋涡携带较重的模态水向西输运过程中，局地通风过程会产生较轻的模态水，轻的模态水叠加在旧的模态水之上，最终出现了模态水多核结构这一现象(图 10)。

副热带模态水具有多核结构特征，同时意味着垂向性质均一的模态水层之间穿插了多个层结略强的密度或温度层。该多跃层结构可能会影响次表层向表层输入营养盐的过程[52]，从而影响海洋的初级生产力和整个生态系统。多核结构对海洋生物化学过程影响的研究将有赖于未来生物地球化学浮标(Biogeo Chemical Argo，BGC-Argo)数据的积累和高分辨率生态模型的发展。

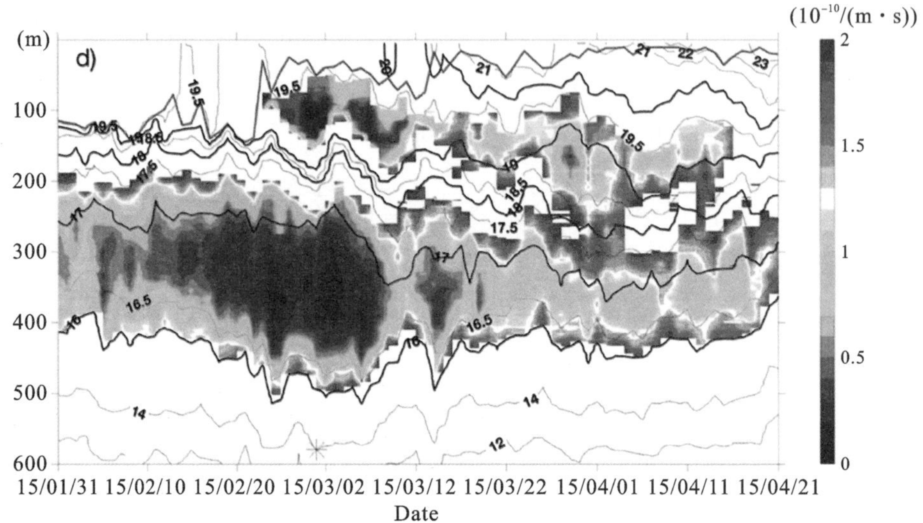

图 10　以 2901554 号 Argo 浮标、自 2015 年 1 月 31 日至 2016 年 4 月 21 日垂向剖面的演化为例来示例模态水多核结构的形成过程。颜色阴影代表 PV(10^{-10}/(m・s))，黑色等值线为位势温度(℃)，红色等值线为混合层深度(引自参考文献[41])

6　总结与讨论

本文基于最近一次模态水的现场观测实验已发表论文的结果，系统梳理了海洋涡旋影响模态水潜沉与输运的物理本质。2014 年 3 月，通过“东方红 2”科考船在西北太平洋副热带模态水形成区的一个反气旋涡内布放了 17 个铱星剖面 Argo 浮标，成功对涡旋影响下混合层低位涡水的潜沉过程和模态水形成及被输运的过程进行了长达一年半的准拉格朗日高分辨率连续追踪观测，共获得 5 000 多个珍贵的温度、盐度及溶解氧廓线数据。通过该加密浮标观测，后续系列研究工作揭示了涡旋影响下的混合层低位涡水的潜沉输运的物理过程。①提出了海洋涡旋影响模态水潜沉的物理机制。通过研究发现，涡旋外围的位涡分布具有不对称性，混合层中低位涡水潜沉发生在涡旋外围—反气旋涡东侧的南向流处。这是因为海洋涡旋会产生一个跨等密度面的低位涡水输运，导致该低位涡水的南向潜沉进入温跃层，并形成模态水。这种海洋涡旋对混合层低位涡水潜沉率贡献可以占到其总潜沉率的一半以上。该观测研究的成果将为改进目前学界广泛运用的耦合模式比较计划（Coupled Model Intercomparison Project，CMIP）全球气候模式提供重要的参考依据。②提出了模态水输运的新路径，阐明了涡旋通过海脊时次表层的演化过程；发现了海洋涡旋携带模态水可以跨越伊豆海脊的地形障碍到达西太平洋，1～2 年将低 PV 的模态水输送至西边界；利用 P-MoVE 试验长时间的涡旋追踪观测数据，揭示了海洋涡旋通过伊豆海脊时，其垂直结构、扩散系数及耗散率的具体演化过程。③这 17 个浮标拥有高垂向分辨率至 2 m（国际标准为 10 m），且配带溶解氧探头。利用这些垂向高分辨率数据才得以发现了模态水多核结构（其垂直方向出现多个低 PV 极小值）的普遍存在，并对这类多核结构做了深入研究，指出这种模态水多核结构更多分布于反气旋涡内部。

我们在研究中发现，模态水潜沉发生在海洋中尺度涡旋边缘，而这里同时也是海洋次中尺度过程强的地方。海洋次中尺度过程对模态水的形成和耗散可能也具有重要影响。海洋中尺度涡导致的模态水潜沉发生在气旋涡和反气旋涡之间的南向流速处。南向流将高密度水向南输运，加上涡旋边缘非常强的地转变形场作用，都使得水平浮力梯度增强，进而导致锋生过程和锋面不稳定的发生，形成跨锋面的垂向次级环流。垂向次级环流倾向于把倾斜的等密度面放倒，而释放出的有效位能使不稳定继续发展。我们提出如下推论：次级环流一方面使得锋面北侧的混合层再层化，另一方面将深混合层下部的低位涡水向下向南输运，进入次表层最终形成模态水。次中尺度导致的再层化过程将有利于季节性密跃层的建立，有可能会缩短密跃层的通风时间，并且加剧模态水上部的侵蚀。以上研究都需要连续的、高分辨率的海洋观测。值得庆幸的是，大洋调查在我国正在迅速发展。我们相信，通过现场观测、卫星观测与数值模式研究的结合研究，会极大地丰富多尺度相互作用的理论，对提高气候预测水平起到推动作用。

致谢

感谢美国加州大学圣地亚哥分校 Scripps 海洋研究所谢尚平教授对本文相关研究工作的指导和帮助；感谢李培良教授作为首席的海上调查团队所有成员和中国海洋大学“东方红 2”海洋综合调查船的所有成员。本文是在国家自然科学基金面上项目“海洋涡旋在北太平洋副热带西部模态水输运中的作用”（编号：41876006）资助下完成的。

参考文献

[1] Ling L L, Fan W, Rui X H. Enhancement of subduction/obduction due to hurricane-induced

mixed layer deepening[J]. Deep Sea Research Part I, 2011, 58(6):658-667.

[2] Bates N R, Pequignet A C, Johnosn R J, et al. A short-term sink for atmospheric CO_2 in subtropical mode water of the North Atlantic Ocean[J]. Nature, 2002, 420(6915):489-493.

[3] Palter J, Lozier M, Barber R. The effect of advection on the nutrient reservoir in the North Atlantic subtropical gyre[J]. Nature, 2005, 437(7059):687-692.

[4] Masuzawa J. Subtropical mode water[J].Deep Sea Research, 1969, 16(5):463-472.

[5] Suga T, Hanawa K, Toba Y.Subtropical mode water in the 137°E section[J]. Journal of Physical Oceanography, 2010, 19(10):1605-1619.

[6] Suga T, Motoki K, Aoki Y,et al.The North Pacific Climatology of winter mixed layer and mode waters[J]. Journal of Physical Oceanography, 2004, 34(1):3-22.

[7] Liu Q, Hu H. A subsurface pathway for low potential vorticity transport from the central North Pacific toward Taiwan Island[J].Geophysical Research Letters, 2007, 34(12), GL029510.

[8] 胡海波. 北太平洋低位势涡度水的潜沉和向台湾以东的输运[D]. 中国海洋大学博士学位论文, 2008.

[9] Hananwa K. Interannual variations in the wintertime outcrop area of Subtropical Mode Water in the western North Pacific Ocean[J].Atmosphere-Ocean, 1987, 25(4):358-374.

[10] Kubokawa A, Inui T. Subtropical countercurrent in an idealized ocean GCM[J].Journal of Physical Oceanography, 1999, 29(6):1303-1313.

[11] Kobashi F, Mitsudera H, Xie S P. Three subtropical fronts in the North Pacific: observational evidence for mode water-induced subsurface frontogenesis[J]. Journal of Geophysical Research: Oceans, 2006, 111:C09033.

[12] Deser C, Alexander M A, Timlin M S. Upper-ocean thermal variations in the North Pacific during 1970—1991[J].Journal of Climate, 1946, 9(8):1840-1855.

[13] Xie S P, Kunitani T, Kubokawa A, et al. Interdecadal thermocline variability in the North Pacific for 1958—1997: a GCM simulation[J]. Journal of Physical Oceanography, 2000, 30:2798-2813.

[14] Xie S P, Xu L X, Liu Q,et al.Dynamical role of mode water ventilation in decadal variability in the Central Subtropical Gyre of the North Pacific[J]. Journal of Climate, 2011, 24(4):1212-1225.

[15] Xu L X, Xie S P, Liu Q,et al.Response of the North Pacific Subtropical Countercurrent and its variability to global warming[J]. Journal of Oceanography, 2012, 68:127-137.

[16] Xu L X, Xie S P, Liu Q. Mode water ventilation and subtropical countercurrent over the North Pacific in CMIP5 simulations and future projections[J].Journal of Geophysical Research: Oceans, 2012, 117:C12009.

[17] Wu B, Lin X, Yu L. North Pacific subtropical mode water is controlled by the Atlantic Multidecadal Variability[J].Nature Climate Change, 2020, 10(3):238-243.

[18] Men W, He J, Wang F,et al. Radioactive status of seawater in the northwest Pacific more than

one year after the Fukushima nuclear accident[J]. Scientific Reports, 2015, 5:7757.

[19] Aoyama M, Uematsu M, Tsumune D, et al. Surface pathway of radioactive plume of TEPCO Fukushima NPP1 released 134Cs and 137Cs[J]. Biogeosciences, 2013, 10(5):3067-3078.

[20] Hanawa K, Talley L D. 'Mode Waters'[M]// Church J, et al , ed. Ocean Circulation and Climateby. London, United Kingdom: Academic Press, 2001, 2001:373-386.

[21] Oka E, Bo Q. Progress of North Pacific mode water research in the past decade[J]. Journal of Oceanography, 2012, 68(1):5-20.

[22] Chelto D B, Schlax M G, Samelson R M. Global observations of nonlinear mesoscale eddies[J]. Progress in Oceanography, 2011, 91(2):167-216.

[23] Gent P R, Mcwilliams J C. Isopycnal mixing in Ocean Circulation Models[J]. Journal of Physical Oceanography, 1990, 20(1):150-155.

[24] Zhang Z, Wei W, Qiu B. Oceanic mass transport by mesoscale eddies[J]. Science, 2014, 345: 322-324.

[25] Uehara H, Suga T, Hanawa K, et al. A role of eddies in formation and transport of North Pacific Subtropical Mode Water[J]. Geophysical Research Letters, 2003, 30(13):1705.

[26] Pan Aijun, Liu Qinyu. Mesoscale eddy effects on the wintertime vertical mixing in the formation region of the North Pacific Subtropical Mode Water[J]. Chinese Science Bulletin, 2005, 50(14): 1523-1530.

[27] Qiu B, Hacker P, Chen S, et al. Observations of the subtropical mode water evolution from the Kuroshio Extension System Study[J]. Journal of Physical Oceanography, 2006, 36(3): 457-473.

[28] Oka E, Suga T, Sukigara C, et al. "Eddy Resolving" Observation of the North Pacific Subtropical Mode Water[J]. Journal of Physical Oceanography, 2011, 41(4):666-681.

[29] Kouketsu S, Tomita H, Oka E, et al. The role of meso-scale eddies in mixed layer deepening and mode water formation in the western North Pacific[J]. Journal of Oceanography, 2012, 68(1):63-77.

[30] Liu C, Li P. The impact of meso-scale eddies on the Subtropical Mode Water in the western North Pacific[J]. Journal of Ocean University of China, 2013, 12(2):230-236.

[31] Marshall D. Subduction of water masses in an eddying ocean[J]. Journal of Marine Research, 1997, 55(2):201-222.

[32] Qu T, Xie S P, Mitsudera H, et al. Subduction of the North Pacific Mode Waters in a global high-resolution GCM[J]. Journal of Physical Oceanography, 2002, 32(3):746-763.

[33] Rainville L, Jayne S R, Mcclean J L, et al. Formation of Subtropical Mode Water in a high-resolution ocean simulation of the Kuroshio Extension region[J]. Ocean Modelling, 2007, 17(4):338-356.

[34] Nishikawa S, Tsujino R, Sakamoto R, et al. Effects of mesoscale eddies on subduction and distribution of subtropical mode water in an eddy-resolving OGCM of the Western North Pacific[J]. Journal of Physical Oceanography, 2010, 40(8):1748-1765.

[35] Stommel H. Determination of water mass properties of water pumped down from the Ekman layer to the geostrophic flow below[J]. Proceedings of the National Academy of Sciences of the United States of America, 1979, 76(7):3051-3055.

[36] Huang R X, Qiu B. Three-dimensional structure of the wind-driven circulation in the subtropical North Pacific[J]. Journal of Physical Oceanography, 1994,24(7):1608-1622.

[37] Xu L X, Xie S P, Mcclean J L, et al. Mesoscale eddy effects on the subduction of North Pacific mode waters[J]. Journal of Geophysical Research Oceans, 2015, 119(8):4867-4886.

[38] Xu L X, Li P, Xie S P, et al. Observing mesoscale eddy effects on mode-water subduction and transport in the North Pacific[J]. Nature Communications, 2016, 7:10505.

[39] Xu L X, Xie S P, Jing Z, et al. Observing subsurface changes of two anticyclonic eddies passing over the Izu-Ogasawara Ridge[J]. Geophysical Research Letters, 2017, 44:1857-1865.

[40] Xu L X, Xie S P, Liu Q, et al. Evolution of the North Pacific Subtropical Mode Water in Anticyclonic Eddies[J]. Journal of Geophysical Research: Oceans, 2017, 122:10118-10130.

[41] Liu C, Xu L X, Xie S P, et al. Effects of anticyclonic eddies on the multicore structure of the North Pacific Subtropical Mode Water based on argo observations[J]. Journal of Geophysical Research Oceans, 2019, 124(4):8400-8413.

[42] Ding Y, Xu L X, Zhang Y. Impact of anticyclonic eddies under stormy weather on the mixed layer variability in April south of the Kuroshio Extension[J]. Journal of Geophysical Research: Oceans, 2021, 126, e2020JC016739.

[43] Cushman-Roisin B. Subduction[M]// Muller P, Henderson D, eds. Dynamics of the Oceanic Surface Mixed Layer. Manoa, United States: Hawaii Inst. of Geophys, Univisty, of Hawaii, Manoa, 1987: 181-196.

[44] Williams R G. The influence of air-sea interaction on the ventilated thermocline[J]. Journal of Physical Oceanography, 1989, 19(9):1255-1267.

[45] Williams R G. The role of the mixed layer in setting the potential vorticity of the main thermocline[J]. Journal of Physical Oceanography, 1991, 21(12):1803-1814.

[46] Bishop S P, Bryan F O. A comparison of mesoscale eddy heat fluxes from observations and a High-Resolution Ocean Model simulation of the Kuroshio Extension [J]. Journal of Physical Oceanography, 2013, 43(12):2563-2570.

[47] Oka E, Bo Q, Kouketsu S, et al. Decadal seesaw of the central and subtropical mode water formation associated with the Kuroshio Extension variability[J]. Journal of Oceanography, 2012, 68(2): 355-360.

[48] Flierl G R. Particle motions in large-amplitude wave fields[J]. Geophysical & Astrophysical Fluid Dynamics, 1981, 18(1/2):39-74.

[49] Lee M M, Marshall D P, Williams R G. On the eddy transfer of tracers: Advective of diffusive?

[J].Journal of Marine Research, 1997, 55(3): 483-505.

[50] Wang Hui, Wang Zhaoyi, Zhu Xueming, et al. Numerical study and prediction of nuclear contaminant transport from Fukushima Daiichi Nuclear Power Plant in the North Pacific Ocean[J]. Chinese Science Bulletin, 2012, 5757(22): 2111-2118.

[51] Gao W, Li P, Xie S P, et al. Multicore structure of the North Pacific subtropical mode water from enhanced Argo observations[J]. Geophysical Research Letters, 2016, 43(3):1249-1255.

[52] Sukigara C, Suga T, Saino T, et al. Biogeochemical evidence of large diapycnal diffusivity associated with the subtropical mode water of the North Pacific[J]. Journal of Oceanography, 2011, 67(1):77-85.

东北太平洋的暖泡与冷泡事件

石　剑[1*]　刘秦玉[2]
(1. 中国海洋大学海洋与大气学院，山东青岛，266100)
(2. 中国海洋大学物理海洋教育部重点实验室/海洋与大气学院，山东青岛，266100)
(*通讯作者：shijian@ouc.edu.cn)

摘要　海洋热浪严重影响海洋生态和渔业资源，近年来受到广泛关注。作为东北太平洋的海洋热浪，暖泡事件自2015年以来已成为备受关注的研究领域。本文对东北太平洋暖泡事件和冷泡事件的研究进展进行了系统梳理，回顾了冷、暖事件依据季节演变特征分类后的主要特征与生消机制。研究发现，暖泡事件可分为单峰、双峰、多峰三种类型；冷泡事件可分为夏峰和冬峰两种类型。暖泡事件的持续时间总体上长于冷泡事件，但二者的强度无明显差异；暖、冷泡事件都没有明显的“季节锁相”特征。除单峰型暖泡事件外，冷、暖泡事件在冬、春季发展的首要因子是海气界面热量交换异常；而其夏季的发展多与海洋中垂直夹卷作用有关。本文还指出了目前研究中尚未解决的科学问题，对推动海洋热浪与极端低温事件的研究，完善中纬度海洋-大气相互作用的理论框架具有重要意义。

关键词　暖泡；冷泡；东北太平洋；大气环流异常；热通量；夹卷作用

1　序言

近年来，海洋温度变化与变率等科学问题，比如众所周知的海洋热浪，受到了学界的广泛关注[1]。海洋热浪在南、北半球均可发生，如北半球的东北太平洋[2]、西北大西洋[3]和南半球的澳大利亚西海岸[4]、新西兰附近海域[5-7]。它们会对气候、生态系统、环境、经济、人类健康等方面造成巨大的影响，比如，可导致海洋物种的迁移或死亡，进而对渔业造成毁灭性的打击[8-10]。特别地，自2013年起，在北半球东北太平洋阿拉斯加湾附近发生了一次持续性增温事件，暖海温异常可达2.5℃，被称为“暖泡”(warm blob)事件[11](即该海域发生的海温异常增暖事件)。该事件由于其强度大、持续时间长、气候影响大，一直是近几年的热点话题[2,12]。此次事件与阿拉斯加当年的暖冬和北美大部分地区的寒冬有着密不可分的联系[13,14]。不仅如此,该事件也可能与加州地区的旱情[15]乃至全球海温的变化有关。另外,自 2019 年以来,东北太平洋又出现了一次超强的持续性暖泡事件[16,17]。鉴于其巨大的气候影响和近年极端事件的频发,深入揭示历史上暖泡事件的时空特征及其在全球变暖背景下的未来变化具有重要的理论与实际价值,对完善太平洋海盆内海-气相互作用的理论研究也具有关键作用。再者,与东北太平洋暖泡对应的东北太平洋冷泡事件,却在东北太平洋海区几乎鲜有涉及,这与学界对 El Nino 的关注度远高于 La Nina 是有些相似的。但不可否认的是,冷泡事件也会对气候、环境、生态等方面有着潜在的影响。因此,对冷泡事件的系统研究也是必要而迫切的。

本文主要围绕冷、暖泡的季节演变特征,事件分类,物理过程与诊断等方面,对冷、暖泡事件的研究进行回顾与评述。

2 暖泡和冷泡事件的季节演变特征

2.1 暖泡事件的季节演变特征

在对东北太平洋暖泡事件的早期研究过程中,学者们对其是否存在季节锁相特征有所忽视。东北太平洋所在的中纬度地区有显著的季节变化,暖泡事件的季节演变也必然是一个重要的科学问题。但在前期的研究结果中,仅有极少数研究对比了暖泡事件在不同季节的差异[18]。Di Lorenzo and Mantua[2]只重点强调了在暖泡生命史中海温形态由 2014 年冬季的北太平洋环流振荡(North Pacific Gyre Oscillation, NPGO)型[19]向 2015 年冬季的太平洋年代际振荡(Pacific Decadal Oscillation, PDO)型[20]的演变;而 Liang 等[21]则筛选出 5 个持续性暖泡事件,并展示了它们生命期间冬、夏季节海表温度(SST)异常的变化,但该文并未分析暖泡事件在夏季得以维持的有利条件。尽管如此,有些研究注意到了上述暖泡事件在 2015 年夏季的再次增强[21,22],这表明夏季的大气与海洋状态对暖泡事件的维持可能至关重要。因此,东北太平洋 2013—2016 年极端暖泡事件中的“夏季增强”是水泡事件的固有特征还是仅为一次特殊现象值得深入探讨。再者,水泡事件是否具有与厄尔尼诺-南方涛动(ENSO)类似的季节锁相特征[23]也是一个需要阐释的关键问题。

我们最新的研究成果表明,暖泡事件根据其演变过程,可分为单峰、双峰、多峰三类事件。该研究与前人的个例研究不同之处在于:我们提取了自 1951 年以来所有出现的暖泡事件并依据其演变特征进行了分类[24]。我们将(40°N～50°N,160°W～135°W)范围内区域平均的标准化 SST 异常称为水泡指数；当其连续 5 个月及以上(期间至多间断 1 个月)超过 1 个标准差时，定义为一次暖泡事件[24]。当暖泡事件在整个生命史中仅有一次峰值且发生在冬季时定义为单峰事件。自 1951 年以来共发生了 6 次单峰事件，其平均生命时长为 6 个月。与第一个峰值间隔 2 个月以上后又出现第二个峰值的暖泡事件称为双峰事件。自 1951 年以来共发生了 5 次双峰事件，其平均生命时长为 10 个月。在这 5 次双峰事件中，著名的 2013—2016 年的超长暖泡事件，由于期间海温异常，有数月未超过暖泡事件定义的阈值，被拆分两个双峰型暖泡事件。双峰事件的第一个峰值出现在北半球冬季，而第二个峰值出现在随后的夏季。需要说明的是，这里仅分析了冬季达到峰值的单峰型事件[24]，而历史上还发生过其他两次暖泡事件，其峰值分别出现在 8 月和 4 月。

从 SST 异常场的时间演变来看，上述两类暖泡的海温演变在阿拉斯加湾海域最主要的差异出现在第一个峰值后的夏季。双峰型暖泡事件在次年夏季的二次增暖十分显著(图1)；相比之下，单峰事件的SST异常在次年夏季已经向北美沿岸衰退、且强度已经大

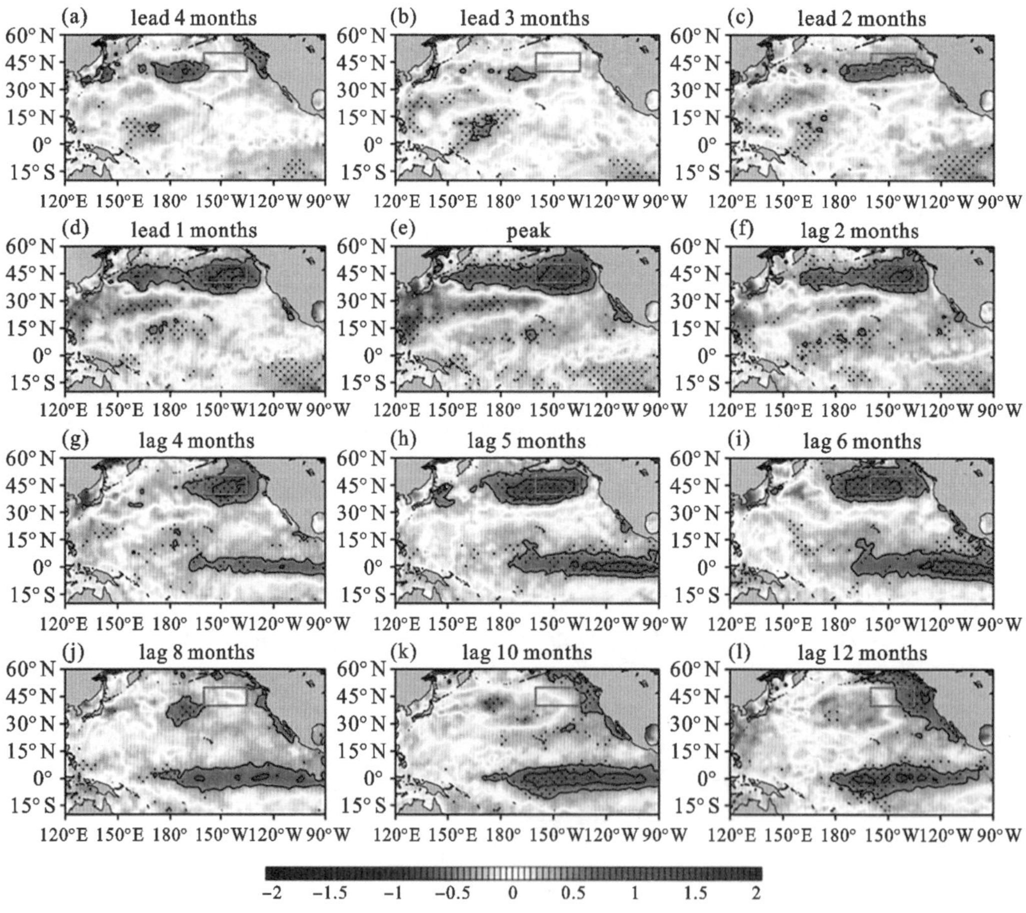

图 1　双峰型暖泡事件的 SST 异常的演变合成场。其超前滞后的时间为相对于第一次峰值月份。打点区域为超过显著性水平 $\alpha=0.1$ 的区域。绿色框区为所选暖泡海区(引自参考文献[24])

为减弱(图 2)[24]。从海盆尺度的背景场来看,两类暖泡事件均处于 NPGO 的负位相,这也表明 NPGO 或者维多利亚模态(VM)[42]可能是暖泡事件发生的气候背景场异常信号[2,25]。

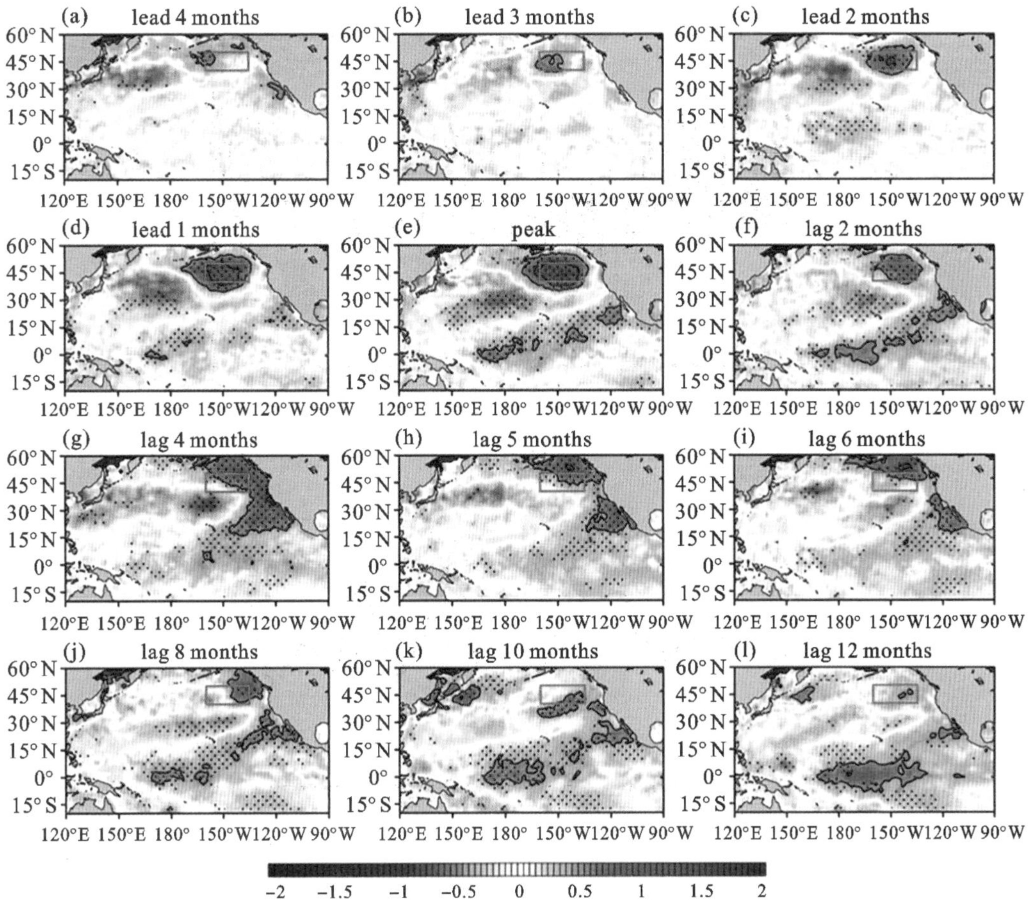

图 2　同图 1,但为单峰型暖泡事件的 SST 异常的演变合成场(引自参考文献[24])

我们发现自 2019 年春季开始,又有一次强度大、持续时间长的暖泡事件在东北太平洋海域发生[17]。研究结果表明,该事件自 2019 年 5 月持续至 2020 年 12 月,共计 20 个月,是自 1951 年以来持续时间最长的暖泡事件。从强度来看,该事件在历史上排名第二,仅次于著名的 2013—2014 年事件(图 3(a))[17]。为了便于比较,我们将此次持续性事件与历史上的双峰事件进行了比较(图 3)[17]。由图 3(b)可以看出,此次事件由 4 个峰值构成,分别出现在 2019 年 11 月、2020 年 4 月、2020 年 7 月和 2020 年 11 月。其中,位于冬季和夏季的峰值,在之前的研究中已经得到了较为充分的解释,但位于北半球春季 4 月份的这次峰值,由于其出现次数较少,尚未得到广泛的关注。从标准化序列来看,春季的这次峰值仅次于前年冬季的第一个峰值(图 3(b))。此次事件的 4 次峰值也表明该事件的演变过程呈现出较大的复杂性。总之，除了单峰和双峰型暖泡事件，还有“多峰”类型的暖泡事件。暖泡事件并不像 ENSO 那样具有明显的季节锁相的特征，其复杂性是一个需要关注的科学问题。

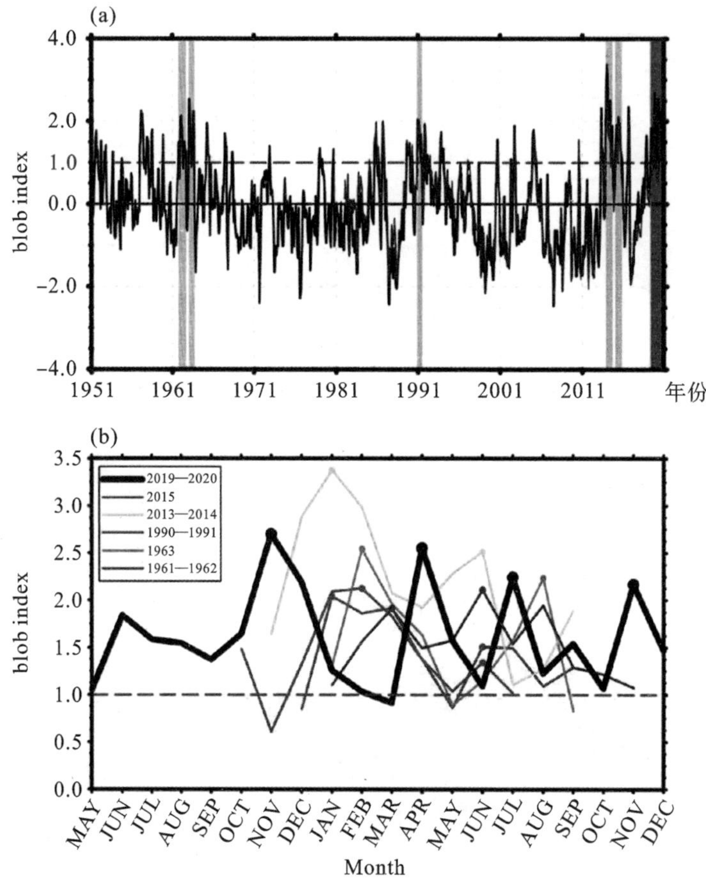

图 3 (a)水泡指数的时间序列。其中，黑线是 ERSST V5 数据，蓝线是 OISST V2 数据，二者相关系数为 0.95。红色阴影表示 2019—2020 年暖泡事件，粉色事件为 Chen 等[24]选出的双峰型暖泡事件。(b)双峰事件和 2019—2020 年事件水泡指数的时间演变(引自参考文献[17])

2.2 冷泡事件的季节演变特征

前文提到，目前对东北太平洋冷泡事件的研究是十分有限的。Joh 和 Di Lorenzo[26] 曾初步描绘了东北太平洋极端低温事件的海温形态，但是，他们并未揭示低温事件的季节演变过程，也没有刻画低温事件在海洋次表层的垂直结构和大气环流特征。因此，尽管对北大西洋的冷泡事件已经有了一定的研究进展，而在北美大陆另一侧的东北太平洋冷泡，还缺乏系统性的研究。

我们类比对暖泡事件的定义，将水泡指数低于－0.75，并持续至少 5 个月时，视为一次冷泡事件发生[27]。基于此，从 1950—2017 年筛选出了 17 次冷泡事件。根据其峰值时间，上述事件有 10 次在夏季达到峰值，以下称为“夏峰”类型；而另有 7 次事件在冬季达到峰值，以下称为“冬峰”类型。作为对比，北大西洋著名的 2014—2016 年冷泡事件也是在夏季达到了峰值[28]。另外，我们还指出，自 20 世纪末，两类冷泡事件的发生频率均有所增加。在 1999—2001 年这 3 年内，共有 3 次冷泡事件发生，而此时的热带太平洋也有一次超长 La Nina 事件发生[27]。另一方面，从冷泡的持续时间来看，两类事件基本相同，约为 7 个月[27]。如果与热带太平洋 ENSO 冷位相(即 La Nina)的持续时间做比较，由于 La Nina 经常可持续 1～2 年[29]，冷泡事件的持续时间显然更短。

从 SST 异常的演变来看，夏峰型冷泡事件经过前期发展加强，在夏季阿拉斯加湾附近达到峰值(图 4(e))，然后冷异常向北美沿岸逐渐减弱(图 4)[27]。海盆尺度上则经历了从类 NPGO 型模态向类 PDO 型模态的转变，这与暖泡事件是类似的[2,26]。对冬峰型事件而言，其峰值时冷异常在阿拉斯加湾和北美沿岸均较为显著(图 5)[27]。显然，夏峰型事件的冷 SST 异常要强于冬峰类型。但是，这在次表层的海温异常中并未得到体现，反而是冬峰型冷异常在次表层更强且更深，这可能与海洋层结的季节变化有关，冬季的混合层更深、垂向混合更剧烈。

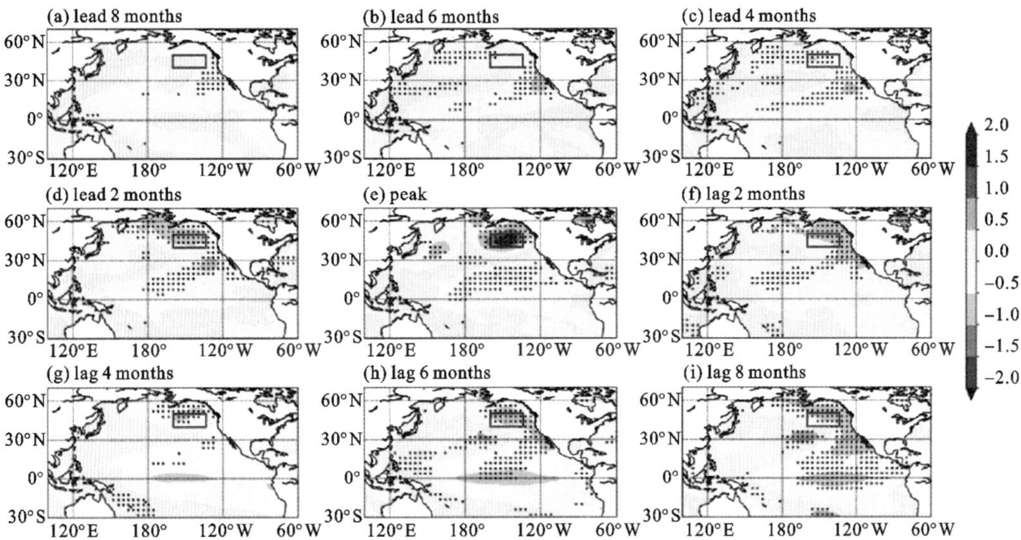

图 4　夏峰型冷泡事件的 SST 异常的演变合成场。其超前滞后的时间为相对于夏季峰值月份。打点区域为超过显著性水平 α=0.1 的区域。红色框区为所选冷泡海区(引自参考文献[27])

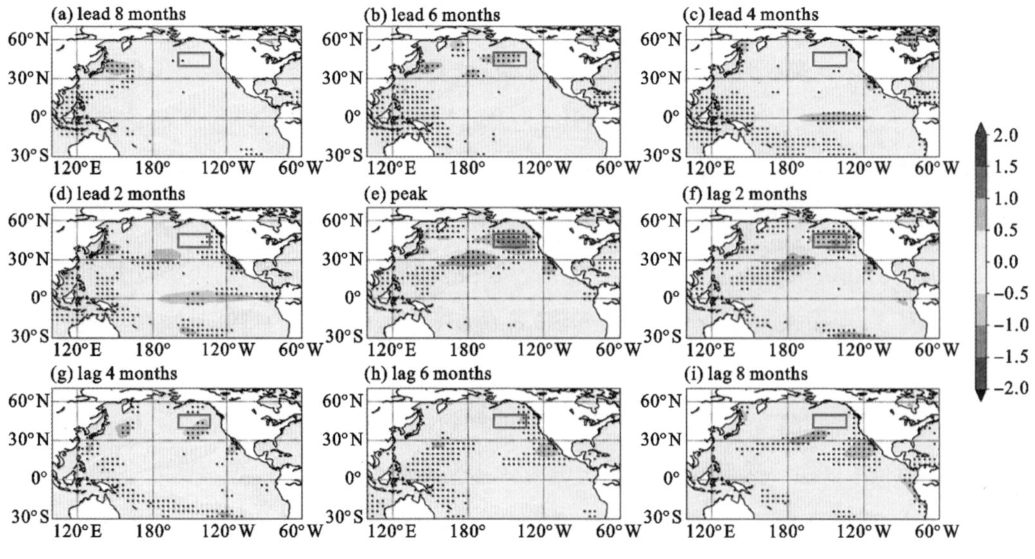

图 5　同图 4，但为冬峰型冷泡事件的 SST 异常的演变合成场(引自参考文献[27])

3　大气和海洋过程对冷、暖泡事件的贡献

3.1　大气环流异常对冷、暖泡事件的作用

学界已对上述 2013—2016 年暖泡事件的发生、维持机制进行了广泛的探索。大气环流目前多被认为是触发暖泡事件的首要因子。具体来说，该事件可能是由局地强大的异常高压脊引起的[11,15,22]。其南侧的东风异常与中纬度盛行西风反向，从而减少表面蒸发，海洋潜热损失减少。从大尺度环流模态角度，一众学者指出，北太平洋涛动(North Pacific Oscillation，NPO)对暖泡事件的演变十分关键[2,25,26]；而 Liang[21]强调热带-北半球遥相关型(Tropical-Northern Hemisphere，TNH)[30]对暖泡事件形成的触发作用。NPO 和 TNH 环流型的共同点是均在上述高压脊附近存在活动中心。尽管太平洋-北美洲遥相关型(Pacific-North American，PNA)也在阿拉斯加湾上空具有大气活动中心，却与暖泡事件的关系并不显著[21]。Schmeisser 等[12]重点讨论了云和海-气界面热通量对维持暖泡事件的重要性。但是，大气状态瞬息万变，环流异常、持续时间短，其异常特征与水泡事件在时间尺度上并不完全匹配，还需要进一步阐明。

通过对 1951—2018 年单峰、双峰型暖泡事件进行合成分析后我们发现，两类暖泡事件冬季峰值及前期两个月，北太平洋均呈现出“北正南负”的类 NPO 型大气环流异常，阿拉斯加湾附近为异常高压脊，表现为阿留申低压的减弱[24]。这与前人的研究是一致的，且该环流模态也成为触发 2019—2020 年暖泡事件第一个冬季峰值的大气早期信号[17]。

阿拉斯加湾附近暖泡关键区的东风异常均是有利于其发生或再次增强的重要因子，该规律对 2020 年 4 月春季暖泡的再次加强也是适用的[17]。

在冷泡事件期间，东北太平洋的大气环流也展示出剧烈的变化，表现为阿留申低压与北太平洋副热带高压强度和位置的变化，而对其发生最有利的条件是该海域的西风异常。夏峰型事件发生时的西风异常尽管持续性稍强，但是强度明显更弱；相比之下，冬峰型事件的西风异常更强，对应的表层环流场也呈现了更显著的变化，这与冬季西风带上风暴轴的活动更强也是一致的。只有当该西风异常达到一定强度时，海洋-大气相互作用才较为活跃和高效，通过海气热通量交换，从而影响 SST[27]。通过对比在冬季达到峰值的冷、暖泡事件，Tang 等[27]指出它们的海平面气压异常大小基本相同，约为 8 hPa，这也在一定程度上导致二者的强度基本相当。

3.2　海洋过程对水泡事件的可能作用

近来部分研究指出，海洋过程对暖泡事件的发展也具有不可忽视的作用。Bond 等[11]指出海水的平流输送对暖泡事件的发展和维持十分重要，但 Schmeisser 等[12]并未强调海洋的平流作用。Zhi 等[31]的结果表明盐度因子对暖泡事件也会产生较大影响。另外，风不仅会通过海气界面的热量交换影响 SST 的变化，也会通过风生混合作用对 SST 造成一定的影响[32]。Hu 等[22]曾提出海洋动力过程可能会影响暖泡演变的猜想，但并未进行阐释。在北太平洋，维持 SST 异常的一个重要机制是“SST 再现机制”(Reemergence Mechanism)：在混合层深度季节变化明显的海区，前一年冬季 SST 异常信号存在于混合层内，当夏季季节性温跃层迅速变浅时，可将 SST 异常信号保存在季节性温跃层之下，与表层海-气相互作用过程隔离，从而得以保留前冬 SST 异常的性质[33]。当秋、冬季混合层再次加深时，先前位于夏季季节性温跃层以下的水体可通过夹卷作用重新进入上混合层，从而继续影响 SST，出现冬季 SST 持续异常的现象[34]。

为了明确海洋动力过程对暖、冷水泡事件形成的作用，我们以 2019—2020 年极端事件为例，展示暖泡事件的次表层海温特征[17]。在第一次达到峰值时，由 1.0℃暖异常等值线表征的暖水团自表层向下扩散至 50 m 深的位置，该异常水团位于混合层内(图 6(a)，(e))。在 2020 年 7 月峰值时，混合层深度显著变浅，绝大部分的暖异常被储存在了混合层的下面，此时增暖中心位于约 50 m 深的次表层(图 6(c)，(g))。而当介于冬季和夏季峰值之间的春季峰值发生时，则表现出明显的过渡性特征，即约一半的暖水位于混合层内，而另一半则深入混合层以下，可达 140 m(图 6(b)，(f))。到了第二年冬季的第四个峰值时，暖心仍然位于 50 m 深附近，但是相比第一年冬季的峰值，此时更多的暖水位于混合层以下，且暖水更加分散(图 6(d)，(h))。这些位于混合层以下的暖信号，为 2020 年冬季暖海温的"再现"创造了条件。也从一定程度上暗示海洋过程对暖泡事件的再次加强可能有一定的作用。

综上所述，东北太平洋的暖泡事件主要是发生在上混合层海洋的现象，这与 Hu 等[22]的观点是一致的。另外，Scannell 等[16]还注意到，这次事件中异常暖水的垂直深度不及 2013—2014 和 2015 年的个例，这是由于该区域内海表的淡水异常及更加稳定的层结所致。

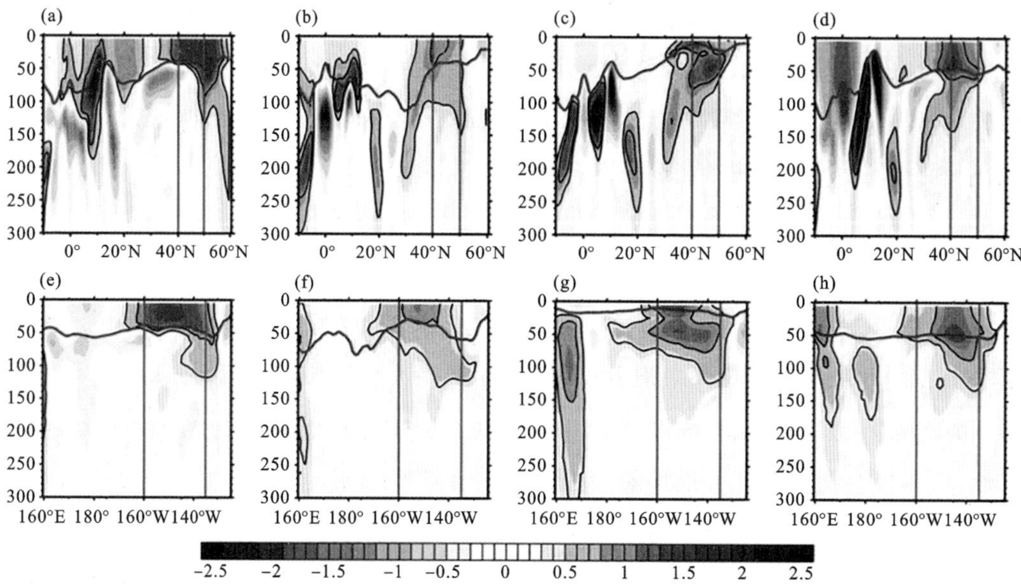

图 6　上排：海洋温度异常（填色和 0.5℃、1.0℃等值线）的 135°W～160°W 平均的纬度-深度垂直剖面图；下排：海洋温度异常（填色和等值线）的 40°N～50°N 平均的经度-深度垂直剖面图。(a)(e)是 2019 年 11 月，(b)(f)是 2020 年 4 月，(c)(g)是 2020 年 7 月，(d)(h)是 2020 年 11 月。绿线表征混合层深度；棕色竖线表征暖泡所在海区（引自参考文献[17]）

3.3　大气与海洋过程对水泡贡献的对比

为了更好地将大气和海洋过程对暖泡发展演变的贡献进行定量化的对比，前人多采用海洋上混合层热收支的方法进行诊断[11,12,21]。Bond 等[11]曾指出，海洋的平流作用可能对某些极端暖泡事件有较为重要的作用。我们对历史上单峰和双峰两类暖泡事件进行合成诊断分析后发现[24]：水平平流项在整个发展演变过程中的作为十分微弱；该结果在对多峰事件上混合层热收支分析的结果中再次得到印证[17]。双峰事件中海气界面的净热通量项在双峰型暖泡的第一个峰值之前呈现出明显的正异常，成为暖泡发展到第一个峰值的主导因素，而双峰型暖泡事件第二个峰值的形成主要是海洋垂直过程的贡献；对单峰事件而言，海洋的垂直夹卷和扩散作用是导致其发展成熟与后期消亡的主要因素。需要说明的是，我们的研究结果与前人的研究并不完全一致[11,12,21]。对2019—2020年这次特殊的多峰事件，我们认为两次冬季峰值的主导因子均为表层的热通量异常[17]，这也与前人的结果较为一致[11,21,34]；而2020年春季峰值体现出了一定的过渡季节的特征，它的出现是由表面热通量和混合层底的垂直夹卷作用共同引起的[17]。

通过将热通量分解为短波辐射、长波辐射、感热和潜热四项，我们进一步指出，潜热异常对冬、春季热通量项的贡献是最大的，这也与风场和海平面气压场的演变规律是吻合的[17]。另外，需要指出的是，由于当前海洋次表层资料的相对缺乏，对海洋内部动力过程无法进行显示计算。这种计算误差也导致垂直夹卷和扩散等过程可能一定程度被前期的研究低估，也需要未来用精度更高的资料或数值试验进一步阐明海洋内部过程对暖泡发展的作用。

我们也运用类似的诊断方法对冷泡的发展演变进行归因，研究结果表明，冬峰和夏峰两类冷泡事件的主导因素是不同的[27]，这可能与北半球的季节特征差异有关。具体来看，夏峰型事件发展的主要因子是垂直夹卷过程，这与双峰型暖泡在次年夏季的增强原因是一致的，此时海洋混合层的深度最浅。值得注意的是，尽管夏峰类型的大气环流场中西风增强有利于向大气的潜热损失增加，但是，向下短波辐射的增加使得表面通量项阻碍了冷泡事件的发展[27]。不同的是，对冬峰型事件，促进其快速发展的主导因素则是净热通量项[27]，这与冬季暖泡事件的发展原理也是一致的[11,17,21,24]。具体来看，前期强烈的西风异常增加了背景西风，引起了潜热损失的剧烈增加，海洋失热增多，SST显著降低。但此时海洋垂直过程的作用不再显著。尽管两类冷泡峰值前期、其上方大气西风均有所增强，只有冬峰类型的事件中海气通量项起到了促进作用，这其中涉及的物理过程（包括云物理过程）可能十分复杂，需要进一步探讨。与暖泡事件一致，水平平流输送对两类冷泡的发展贡献也十分有限。在两类冷泡的衰退阶段，海气界面的通量异常均是主要的消亡因素。

到目前为止，尽管对历史上水泡事件的研究越来越全面，但是仍有一些问题值得进一步探讨。比如，海洋-大气相互作用显然在冷、暖泡事件的发展演变过程中起到非常关键的作用，但是其中涉及的具体过程并不十分清晰。比如，对海气界面热通量项的分解研究很少，短波、长波、感热、潜热各自的作用与具体过程还未揭示，其中涉及的云物理过程也需要进一步深入剖析[12]。加深对这些过程的理解对提高冷、暖泡事件的可预报性具有重要意义。但是，受中纬度大气随机过程所限，水泡事件的可预报性是十分有限的[22]。

总体来看，受历史上冷、暖泡事件样本数量所限，许多特征仍需要未来更多的事件进一步验证和揭示。例如，若对在冬季、春季、夏季达到峰值的不同事件进行比较，将是一个有意义的科学问题。

4 冷、暖泡事件与ENSO之间的可能联系

在2013—2016年极端暖水泡事件期间，热带太平洋经历了一段持续性的SST正异常，该状态自2014年初延续至2016年初，从一次弱El Nino事件演变成一次超强El Nino事件[35]。此次超强El Nino事件(2015/16年)也是有观测记录以来的三大超强El Nino事件之一。此次东北太平洋极端暖水泡事件与同期热带太平洋极端El Nino事件的联系引发了广泛的研究。Di Lorenzo and Mantua[2]指出了热带与热带外的遥相关作用对维持此次暖水泡事件的关键作用，热带太平洋El Nino激发的大气遥相关会引起与PDO类似的SST形态，有利于增强暖泡[2,35]。同时，El Nino的热带太平洋海温异常也能通过大气桥进一步引起NPGO型的SST变化，进一步增强暖泡[36,37]。另有研究表明，与此次东北太平洋暖水泡事件相关的SST异常以北太平洋经向模态(PMM)[38]为媒介，通过强迫出大气环流异常及风-蒸发- SST机制响应[39]，继而造成赤道太平洋的纬向风异常，引发热带海-气耦合系统对该异常风的响应，可能成为El Nino的前兆[2,40,41]。Tseng等[25]则将暖泡作为维多利亚模态(Victoria mode, VM)与El Nino二者之间的桥梁，重点强调海盆尺度的VM模态，而非暖泡事件本身，对触发El Nino发展的重要性。但是，也有部分研究指出，暖泡事件和ENSO两种现象是相互独立的，二者没有相互作用[43,44]。因此，东北太平洋暖泡事件与El Nino之间是相互独立、单向影响、还是双向相互作用的关系尚未明晰。

Chen等[24]指出暖泡事件与次年的El Nino在统计上是显著关联的。对单峰事件，暖泡区域的SST暖异常通过下加利福尼亚州(Baja California)这个关键区形成了PMM形态的SST分布，将暖泡的影响传到热带太平洋，在第二年秋、冬季节激发出El Nino。另外，当信风异常出现后，信风充电(TWC)机制也会通过海洋次表层过程将暖水带到表层，从而促进El Nino的发展。但是，Chen等[24]并未明确阐述双峰型暖泡与El Nino的具体物理机制。类似地，我们也指出冷泡与La Nina的统计关系也是显著的[27]。遗憾的是，在2019—2020年暖泡后，热带太平洋出现的是La Nina事件(图4)[17]，且La Nina在2021年冬季再次形成。这与历史上的暖泡事件后均对应El Nino或中性状态是完全不同的。因此，东北太平洋的冷、暖泡与热带ENSO之间的关系是复杂的，仍需要做深入阐释。

5 结论和讨论

在前人个例分析的基础上，本文对东北太平洋暖、冷泡事件的研究进展进行了系统

[22] Hu Z Z, Kumar A, Jha B, et al. Persistence and predictions of the remarkable warm anomaly in the northeastern Pacific ocean during 2014—16[J]. Journal of Climate, 2017, 30(2): 689-702.

[23] Neelin J D, Jin F F, Syu H H. Variations in ENSO phase locking[J]. Journal of Climate, 2000, 13(14): 2570-2590.

[24] Chen Z, Shi J, Li C. Two types of warm blobs in the Northeast Pacific and their potential effect on the El Nino[J]. International Journal of Climatology, 2021, 41(4): 2810-2827.

[25] Tseng Y H, Ding R, Huang X M. The warm Blob in the northeast Pacific—The bridge leading to the 2015/16 El Nino[J]. Environmental Research Letters, 2017, 12(5): 054019.

[26] Joh Y, Di Lorenzo E. Increasing Coupling Between NPGO and PDO Leads to Prolonged Marine Heatwaves in the Northeast Pacific[J]. Geophysical Research Letters, 2017, 44(22): 11663-11671.

[27] Tang C, Shi J, Li C. Long-lived cold blobs in the Northeast Pacific linked with the tropical La Nina[J]. Climate Dynamics, 2021, 57(1-2): 223-237.

[28] Josey S A, Hirschi J J-M, Sinha B, et al. The recent Atlantic cold anomaly: Causes, consequences, and related Phenomena[J]. Annual Review of Marine Science, 2018, 10(1): 475-501.

[29] Okumura Y M, Deser C. Asymmetry in the duration of El Nino and La Nina[J]. Journal of Climate, 2010, 23(21): 5826-5843.

[30] Mo K C, Livezey R E. Tropical-extratropical geopotential height teleconnections during the Northern Hemisphere winter[J]. Monthly Weather Review, 1986, 114(12): 2488-2515.

[31] Zhi H, Lin P, Zhang R H, et al. Salinity effects on the 2014 warm "Blob" in the Northeast Pacific[J]. Acta Oceanologica Sinica, 2019, 38(9): 24-34.

[32] Amaya D J, Miller A J, Xie S P, et al. Physical drivers of the summer 2019 North Pacific marine heatwave[J]. Nature Communications, 2020, 11(1): 1-9.

[33] Namias J, Born R M. Temporal coherence in North Pacific sea-surface temperature patterns. Journal of Geophysical Research, 1970, 75(30): 301-321.

[34] 陈儒，刘秦玉，胡海波. 北太平洋晚冬海表温度持续异常现象的机制分析[J]. 海洋与湖沼，2009，40(4)：407-413.

[35] Shi J, Fedorov A V, Hu S. North Pacific temperature and precipitation response to El Nino-like equatorial heating: sensitivity to forcing location[J]. Climate Dynamics, 2019, 53(5-6): 2731-2741.

[36] Yu J Y, Kim S T. Relationships between extratropical sea level pressure variations and the central Pacific and eastern Pacific types of ENSO[J]. Journal of Climate, 2011, 24(3): 708-720.

[37] Furtado J C, Di Lorenzo E, Anderson B T, et al. Linkages between the North Pacific Oscillation and central tropical Pacific SSTs at low frequencies[J]. Climate Dynamics, 2012, 39(12): 2833-2846.

[38] Chiang J C H, Vimont D J. Analogous Pacific and Atlantic meridional modes of tropical atmosphere-ocean variability[J]. Journal of Climate, 2004, 17(21): 4143-4158.

[39] Xie S P, Philander S G H. A coupled ocean-atmosphere model of relevance to the ITCZ in the eastern Pacific[J]. Tellus Series A, 1994, 46(4): 340-350.

[40] Feng J, Wu Z, Zou X. Sea surface temperature anomalies off Baja California: A possible precursor of ENSO[J]. Journal of the Atmospheric Sciences, 2014, 71(5): 1529-1537.

[41] Ding R Q, Li J P, Tseng Y-H, Sun C, Guo Y P. The Victoria mode in the North Pacific linking extratropical sea level pressure variations to ENSO[J]. Journal of Geophysical Research: Atmospheres, 2015, 120(1): 27-45.

[42] Bond N A, Overland J E, Spillane M, et al. Recent shifts in the state of the North Pacific[J]. Geophysical Research Letters, 2003, 30(23): 2-5.

[43] Amaya D J, Bond N E, Miller A J, et al. The evolution and known atmospheric forcing mechanisms behind the 2013—2015 North Pacific warm anomalies[J]. US CLIVAR Variations, 2016, 14(2): 1-6.

[44] Jacox M G, Hazen E L, Zaba K D, et al. Impacts of the 2015—2016 El Nino on the California Current System: Early assessment and comparison to past events[J]. Geophysical Research Letters, 2016, 43(13): 7072-7080.

[45] Schlegel R W, Darmaraki S, Benthuysen J A, et al. Marine cold-spells[J]. Progress in Oceanography, 2021, 198: 102684.

海洋涡旋与海表温度锋对大气影响的差异

贾英来*　刘秦玉

（中国海洋大学物理海洋教育部重点实验室/海洋与大气学院，山东青岛，266100）

（*通讯作者：jiayingl@ouc.edu.cn）

摘要　北太平洋黑潮和北大西洋湾流及其延伸体海域是海洋向大气释放热量和水汽最多的海域，也是北半球冬季重要的热源区。两个西边界流延伸体区域的海洋-大气相互作用既有相似之处，又存在差异。本文依据观测的海表温度（SST）资料发现了相比湾流延伸体区域，黑潮延伸体区域 SST 空间分布不均匀主要来自海洋涡旋的影响，而海洋锋面的影响则相对较弱。通过对前期研究结果的回顾和归纳总结，提出了黑潮延伸体区域海洋对大气的影响可能与湾流区的差异：黑潮延伸体区域海洋涡旋主要通过垂直混合机制对大气边界层产生影响，通过增加向大气的水汽输送，激发对流层大气的非绝热加热等过程来影响风暴轴和高空急流，海洋涡旋的冷暖涡对大气的水汽和热量输送具有不对称性。而湾流海域海洋锋面对大气的影响作用超过海洋涡旋，海洋锋面 SST 空间分布不均匀可以通过压力调整机制影响大气，并产生次级环流，通过和大气锋面的相互作用而激发深对流，引起大气风暴轴的变化。本文不仅提出中纬度海洋涡旋和海洋锋面对大气影响物理机制之间可能存在的差异，也提出未来还需进一步研究解决的科学问题。

关键词　黑潮延伸体；湾流；海洋锋面；海洋涡旋；差异

1　引言

北太平洋黑潮及其延伸体和北大西洋湾流是北半球冬季大气重要的热源区[1-3]：在冬季，黑潮延伸体和湾流向来自大陆的干冷气团释放大量热量和水汽[4]，加强大气的斜压性，促进大气气旋的产生和发展，因而该海域上空也是“风暴路径”[5-7]。而黑潮延伸体与湾流延伸体本身具有流轴不稳定性强、易摆动、多涡旋的特征[8-11]。实际上，黑潮与湾流延伸体是全球海洋涡旋活动最强烈的海区[12]。相比较而言，黑潮延伸体的海洋涡旋更活跃，而湾流延伸体的海表温度(SST)的锋面更强(图1)。从逐日图上看，若以5°×5°为依据提取中尺度信号的话[13]，黑潮延伸体区域以涡旋信号为主，而湾流延伸体区域则表现为SST锋面梯度的变化。即使在多年平均的图上，黑潮延伸体区域的SST锋面仍然比湾流延伸体区域范围小且强度弱。上述SST场的差异必然造成两个区域在海洋-大气相互作用上的差异。本文将总结北半球冬季黑潮延伸体海洋涡旋以及湾流延伸体海洋锋面对大气影响的研究成果，重点比较两者的差异，进而得到新的认识。

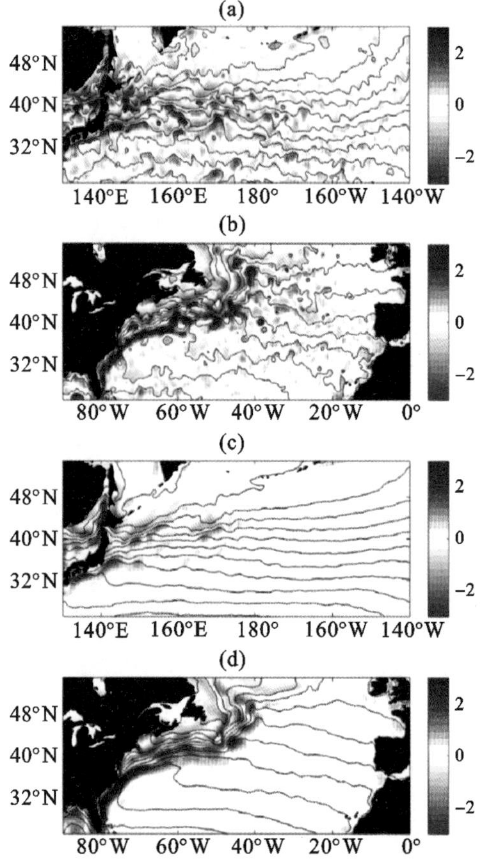

图1 2002年12月1日北太平洋(a)和北大西洋(b)的海表温度(等值线，0℃～30℃，间隔2℃；颜色是海表温度中尺度异常信号)，多年平均的北太平洋(c)和北大西洋(d)的海表温度(等值线，0℃～30℃，间隔2℃；颜色是高通滤波后的海表温度，代表中尺度异常信号)

资料来自OISST(NOAA Optimum Interpolation Sea Surface Temperature)观测数据(水平分辨率为0.25°×0.25°的逐日数据；图(c)和(d)所用的资料为2000—2013年每年的DJF 3个月份的逐日数据)

2 黑潮延伸体海域海洋涡旋对大气的影响

黑潮延伸体，通常指黑潮在大约(35°N，140°E)处与日本海岸分离后进入西北太平洋的洋流。黑潮延伸体具有强的斜压性，流轴表现出强的不稳定性，在其两侧形成大量的海洋涡旋[8-11]。海洋涡旋是指具有O(10～100 km)空间尺度的海洋动力学现象。因其具有大气中天气尺度运动所具备的动力学特征(准地转)，所以也被称为“海洋天气”或被人们称为“海洋中等尺度涡”(简称“海洋中尺度涡”)。黑潮延伸体的海洋涡旋数量多，非线性强，生命周期长且移动缓慢[11]。在黑潮延伸体，冬、春季温跃层较浅甚至通风，因而海洋涡旋引起的温跃层起伏会直接作用到SST上，形成与涡旋核心近似同位相的SST异常[14,15]。因此，在这些温跃层通风的海域海洋涡旋对大气的影响，主要是通过影响SST空间分布不均匀来驱动大气的。下面将分海洋涡旋对局地大气边界层的影响以及海洋涡旋对大气环流总体效应两个方面来探讨。

2.1 海洋涡旋对大气边界层的影响

海洋涡旋影响大气以通过垂直混合机制为主，在暖涡(冷涡)上空风速增大(减小)，云量和降水率增加(减小)[16-19]。Ma等[19]和Chen等[20]结合观测和再分析资料，对黑潮延伸体海洋涡旋对大气的影响进行了考察。与Frenger等[21]的结果类似，他们的结果显示海表面湍流热通量、云水含量异常和降水率异常也在涡旋核心区最大，而暖涡上空风速增大，与相邻冷涡引起的风速减小相匹配，造成风速辐合并激发上升运动，驱动大气次级环流。他们通过诊断湍流通量，给出了海洋涡旋通过垂直混合机制影响大气的证据。Chen等[20]则更进一步发现，在10%的海洋涡旋上空存在因压力调整机制而激发的大气响应和次级环流。刘秦玉等[22]的综述文章指出，海洋涡旋上空大气运动较慢时，大气对海洋涡旋的响应表现以气压调整机制为主，海洋涡旋的影响常常被限制在大气边界层中；海洋涡旋上空大气的运动较快时，大气对暖(冷)涡的响应以垂直混合机制为主，海表面风速在暖(冷)水上加(减)速，海表面风强辐合出现在暖水的背景风下游一侧，并从暖水上空携带了大量水汽；通过水汽凝结与海面辐合上升之间的正反馈机制，为大气中出现强对流提供了必要条件。

除了基于观测资料的上述研究之外，利用高分辨率数值模式的试验结果更多地揭示了海洋涡旋影响大气边界层的物理机制。比如，Sugimoto等[23]利用WRF模式，研究了背景SST场上叠加涡旋尺度SST暖异常(沿38°N放了4个暖异常)后局地大气的响应，发现冬季暖涡旋加热大气边界层，并通过垂直混合机制增大西风风速，在涡旋东侧形成风速辐合区，激发上升运动，造成降水，释放潜热加热上层大气。但是，他们并没有解释为什么在其结果中下游 SST 异常引起的风速、垂直速度、降水强于上游的 SST 异常。Jia 等[24]基于 WRF 的干空气和湿空气的理想化对比数值试验，探讨了背景风速和空气湿度对暖涡上空次级环流的作用。这两组试验证明了强的背景风速和空气湿度有利于加强暖涡东侧形成风速辐合区，激发上升运动，造成上空的次级环流和对流层的降水。而 Sugimoto 等[23]暖涡试验的下游次级环流增强可能是下游风速和水汽均增多的原因。而在利用实际 SST 场进行模拟的数值试验结果中，并没有这种下游增强的现象[25,26]。

2.2 海洋涡旋对大气的总体影响

Liu 等[27]利用各种卫星降水资料的研究更证实了冷暖涡在影响降水方面的不对称性，因黑潮延伸体区域冷暖涡旋个数基本相当，这种不对称性喻示着黑潮延伸体区海洋涡旋对大气大尺度水汽收支存在净效应，可能进而影响与冬季气旋生成有关的湿不稳定过程或非绝热罗斯贝波过程，为涡旋引起的风暴轴、西风急流的变化提供了依据。

如前所述，冷暖涡旋对大气边界层水汽和降水影响的不对称性喻示着海洋涡旋尽管水平尺度远小于大气环流特征尺度，但是，因为其数量多且具有不对称性，对大气有着不可忽视的总体效应。学者们对其整体效应的研究目前主要通过数值试验来完成。常见的数值试验方法是进行对比试验，一组用包含中尺度信号的原始 SST 场，一组用平滑后的 SST 场，然后比较大气环流在两组试验结果中的差异，可得涡旋的总体效应。比如，Ma 等[13]通过 WRF 模式系列试验并结合观测资料发现，黑潮-亲潮延伸体区域的海洋涡旋引起的 SST 异常，能够通过大气环流对美国西岸的降水产生影响。中尺度 SST 异常增强了基于非绝热过程的潜热能向涡旋瞬时能量的转换，通过湿斜压不稳定过程促进了冬季气旋的生成，导致下游相当正压式反气旋异常，并减小了北太平洋东岸的降水率。因海洋涡旋持续的时间较长，因此，海洋涡旋对大气的这些作用可作为季节内天气预报的依据。而 Ma 等[28]通过 WRF 模式系列试验，结合观测资料，进一步强调了模式的分辨率在解析海洋涡旋上空的次级环流和非绝热加热过程、模拟大气风暴轴能力方面的重要性。他们的数值试验表明，数值模式对黑潮延伸体区 SST 异常的正确模拟能够促进对气旋生成的模拟，并且在东北太平洋激发海盆尺度正压响应，促进下游的风暴轴和西风急流北移。这种分辨率的差异是由于 SST 在百公里以内的空间分布非均匀性可以通过湿斜压不稳定影响气旋生成，缺少对气旋生成过程这种中小尺度非绝热加热过程的描述，就会减弱气旋的生成。因此，为包含上述非绝热加热过程，大气模式的分辨率应在 27 km 以上。另外，中尺度 SST 影响风暴轴的物理机制可以理解为：其促进了非绝热能量向 EPE（有效位能）转换，进而促进了 EPE-EKE（有效位能-涡旋动能）的转换，加强了局地的气旋发生和发展，而气旋发展的累积效应引起东北太平洋相当正压响应。他们进一步指出，低分辨率模式虽能够模拟边界层对中尺度 SST 的响应，但是非绝热能量转换却因该大气过程本身的水平尺度小，低分辨率模式不能模拟，这样，尽管 SST 异常加强了 50%，仍然不能激发非绝热过程。

那么，海洋涡旋的存在到底为风暴轴的加强提供了什么支持？Foussard 等[29]利用理想模式研究了中尺度海洋涡旋导致的 SST 空间分布非均匀信号对高空（对流层）大气的影响。他们利用"渠道模型"模拟中纬度大气，在纬向 SST 锋面上叠加海洋涡旋导致的 SST 扰动，发现海洋涡旋导致的 SST 异常会使风暴轴和高空急流向北偏移，同时涡旋上空对应净对流加热，对流层中层出现向极的热量输送。海洋涡旋加大了蒸发，增加了边界层湿度，气旋携带更多的水汽向高空和极地输送并通过降水过程释放潜热。而 Jia 等[25]也得出了海洋中尺度涡旋导致的 SST 空间分布非均匀信号增强了向大气的水汽输送的结论。Zhang 等[30]进一步研究了中尺度海温对风暴轴的影响，通过检测跟踪风暴轨迹上的黑潮延伸体区域的温带气旋发现，中尺度的 SST 异常的存在几乎使水蒸气供应增加了一倍，由此产生的非绝热加热支持着气旋的增强。而 Zhang 等[31]采用类似的试验方法也发现，滤去黑潮延伸体区中尺度 SST 信号后，局地风暴轴 EKE 降低了约 20%，而下游风暴轴偏南。

基于区域模式、全球模式、气旋个体模拟试验一系列的数值试验，Liu 等[26]的研究指出，黑潮延伸体的涡旋可影响大气中的气旋和强水汽输送（大气河）以及北美西岸的强降水。黑潮延伸体中尺度海洋涡旋导致的 SST 空间分布非均匀信号引起大气边界层向上水汽输送的增加，增强向气旋的水汽输送，加强大气河的形成。气旋经过黑潮延伸体上空时，冷锋后干冷空气经过暖涡时大气不稳定性增强，垂向混合增加，激发向上的水汽输送并影响到边界层以上。冷涡上空大气更稳定，没有水汽的向上输送。因此，海洋冷暖涡的共同作用是有利于净的边界层向上的水汽输送。这增加的水汽促进了下一个到来的气旋，气旋的暖输送带将输送更多的水汽进入气旋，产生更多的降水，以及形成更强的大气河。因此，暖涡上空的 SST 的影响，是以气旋接力的形式完成，并有时间滞后，故对下游产生的影响更显著（对美国西岸的影响滞后 4～5 天）。所以，即使海洋涡旋引起的上升和下沉运动相互抵消，上升运动引起的非绝热加热并不会被抵消掉，这就是海洋涡旋对大气加热净的效应。

总之，黑潮延伸体区域的海洋涡旋冷暖涡对大气的水汽和热量输送具有不对称性，因此，海洋涡旋对大气环流具有总体效应，海洋涡旋通过增加向大气的水汽输送、激发次级环流、促进大气的不稳定，激发对流层大气的非绝热加热等过程来影响风暴轴和高空急流。

3 湾流延伸体区海洋锋面对中纬度大气的影响

湾流延伸体区一般指湾流离岸后到纽芬兰岛(75°W～50°W)之间的区域,是北大西洋冬季向大气释放热量和水汽的最强海域[32]。冬季湾流延伸体区域的 SST 场以强的海洋锋面为主要特点,即使从逐日的海温图来看(图 1),中尺度 SST 异常也主要沿锋面两侧分布,体现了锋面强度的变化。因此,湾流延伸体区域边界层大气的响应以压力调整机制为主[33]。Minobe[32]等在 Lindzen 和 Nigam[33]基础上研究了大西洋中纬度的湾流延伸体区 SST 锋对大气的影响。边界层大气运动受压强梯度力、科氏力和摩擦力三力影响,风散度和压强的拉普拉斯成正比。因此,海表面风在湾流延伸体锋面的南侧(北侧)暖水上空有强的辐合(辐散),导致上升(下沉)运动。当大气中有气旋或者锋面等降水系统过境时,暖水上空的上升运动会加强降水,同时会向上输送水汽并通过释放潜热继续加强暖水上空的上升运动。这种上升运动-加强降水-释放潜热-加强上升运动的正反馈过程,可以使得上升运动可以达到对流层顶(200 hPa)。

中纬度 SST 锋的变化通过调节两个环境参数来影响大气环流,即海面潜热通量(LHF)和大气低层的斜压性。LHF 通过改变非绝热加热和边界层过程来影响气旋,而与 SST 梯度相关的感热通量(SHF)的梯度对大气低层的斜压性有贡献[34,35]。对于海洋锋面,其南北两侧 SST 值的改变和 SST 梯度大小的改变都会影响气旋的发展[36]。关于 SST 值的重要性,Vries 等[35]利用大气模式通过改变湾流 SST 锋面的梯度(控制试验和平滑试验)探讨了锋面对气旋的作用,指出锋面通过改变海面潜热通量和低层大气的斜压性来影响气旋的强度,但是,气旋强度的变化对 SST 值本身的变化更敏感。Small 等[37]利用 CESM 和 GFDL 两种全球耦合系统,通过大气模式分辨率相同,但海洋模式分辨率不同(1°和 0.1°)的对比试验研究了温度梯度对风暴轴的影响。他们的海洋高分辨率的试验虽然有强的 SST 梯度,但并没有导致中纬度气旋的加强,这是因为强的 SST 梯度降低了湾流锋面北部的海温。因此,他们支持气旋强度对 SST 值更敏感的观点。在海洋锋面较暖的一侧,LHF 释放的增加促进水汽的蒸发并造成大气边界层湿度增加[38,39]。

Foussard 等[29]利用 WRF 模式进行了理想试验,他们通过将锋面北移得到了风暴轴北移的试验结果,进一步对温度方程的收支分析表明,锋面北移能增加向大气的热量输送。在上述各数值研究工作中,对湾流锋面的处理方法不同,得到了不同的试验结论。但一致的观点是,湾流温度锋面梯度的北移和锋面南部 SST 值的升高都会起到使风暴轴北移和加强气旋活动的作用。Bui 和 Spengler[40]的数值实验进一步证明,SST 值的正异常引起向大气提供水汽的增多,促进了湿斜压不稳定过程的发展,有利于形成更强的垂直上升运动，这会加强气旋中的暖输送带，导致气旋增强。因此，湾流延伸体锋面区 SST 的变化不仅会影响 LHF 的释放，也会影响向大气提供的水汽和大气稳定度，从而影响风暴轴和高空急流。

上述研究多是比较平均场上 SST 梯度对大气的影响。而实际上，大气锋面经过海洋锋时，海洋-大气相互作用会增强。Parfitt 等[41]提出了“热阻尼和强化”（Thermal Damping and Strengthening，TDS）机制，阐述了大气锋面和海洋锋面间相互作用的几种可能情况。比如冷锋经过较弱的海洋锋时，大气锋面的冷锋侧气温和海洋锋冷水侧的海温温度差异很小，同样暖侧的海气温差也不大，如此海洋和大气之间几乎没有感热的交换。若是冷锋经过强的海洋锋的时候，相比气温而言，暖洋面海温更高，而冷洋面海温更低，这种情况下感热经向梯度为负值，海洋锋会加强大气锋。另外，Vanniere 等[42]进一步指出大气冷锋在经过海洋锋的暖侧时，干冷空气遇到湿热的洋面，不仅加强了向大气的水汽输送，又激发出垂直运动，引起高空大气中降水的发生和潜热的释放，而强的海洋锋又进一步促进了大气的不稳定，进一步加强风速辐合和垂直对流。Sheldon 等[43]则进一步强调了锋面暖侧在遇到大气锋面时所提供热量和水汽的重要性，暖洋面有利于在大气低层维持高的相当位温，从而给气团的上升提供有利的背景场。另外，强的 SST 梯度有利于加强南侧上升、北侧下沉的次级环流，从而加强了气旋内的暖输送带和气团的抬升。他们强调了这些过程空间尺度非常小，数值模式的分辨率达到 12 km 的时候才能够更好地模拟这些过程引起的强的上升运动。而随着分辨率的增粗，上升运动明显减弱，所影响到的高度也急剧降低。因此，高分辨率的数值试验是理解气旋和海洋锋面相互作用的关键手段。而将来对 SST 值、SST 梯度、SST 的分布方向这三点如何影响大气仍值得研究。

另外有研究表明，SST 锋面并没有直接对气旋内的大气锋产生影响，而是通过改变环境参数的变化而改变气旋的生成。Masunaga 等[44]指出，绝热加热主要影响弱的或准静止的锋面。而 Tsopouridis 等[45]的数值试验结果发现 SST 梯度变化对单独的气旋影响不大，却有使急流和风暴轴偏北的效应。对单个气旋，不管是在 SST 锋面的冷侧、暖侧，还是从暖侧移动到冷侧，气旋的增长速率都类似。因此，SST 锋面对气旋的直接作用比较小，反而是通过改变高空风速、海面热通量、比湿和降水等变量来间接地影响气旋。Reeder 等[46]指出，与变形半径有关的绝热锋生过程在大气锋面生成中占更大的比例。因 SST 锋面南北两侧对锋生的作用相反，净的锋生作用较弱，只有在变形半径较小或大气平流效应较弱时，非绝热锋生过程才出现在 SST 锋面上空并能形成大气锋面。因此，SST 锋面上空大气锋面增强是 SST 锋面对新生锋面的促进作用造成的。上述争议表明，大气锋面和海洋锋面的相互作用是很复杂的问题，并且依赖于模式的分辨率和边界层过程的参数化。另外，在计算海气界面的潜热通量时，海流流速也需要考虑进去[47]，因此，将来有必要针对海洋锋面和大气锋面的特征建立高分辨率耦合模式，以进一步揭示与两者相互作用有关的物理机制。

湾流延伸体区海洋锋面不仅影响当地的大气环流，还通过遥相关作用调节下游的大气环流。对湾流延伸体区海洋锋面影响大气的研究也主要通过数值试验来完成。和对海洋涡旋作用的研究类似，常见的数值试验方法也是进行对比试验，一组用包含原始 SST 梯度的 SST 场，一组用平滑后的锋面减弱的 SST 场，然后比较大气环流在两组试验结果中的差异。Small 等[38]和 Piazza 等[48]的数值试验结果都注意到，在减弱湾流延伸体区的海洋锋面强度后，因经向热输送的减少，他们的高分辨率全球气候模型模拟的风暴轴路径向南发生了偏移。而海洋锋通过调节经向热输送和非绝热加热或湿不稳定过程引起的潜热释放对下游大气环流产生遥相关作用[49,50]。湾流延伸体区的海洋锋面还通过影响行星罗斯贝波，增加经向的热输送而引起对流层响应，比如，欧洲阻塞发生频率的改变和准静止波的响应[51,52]。

湾流延伸体区海洋锋的另一个重要影响是通过提供非绝热加热而产生驻波[2]。在北方冬季，海洋锋面持续提供的非绝热加热效应是产生准静止波的重要因素，其作用要大于地形所起的作用[2,53]。而准静止波反过来会调节风暴轨迹和急流的变化[54-56]。因此，湾流延伸体锋区的非绝热加热在调节大气环流中起着关键作用。

总之，湾流延伸体区海洋锋面的变化能够引起大气风暴轴的变化[48]，罗斯贝波的调整[52]造成大气从北大西洋到欧亚大陆遥相关响应并影响东亚降水[57]。Zhou 等[58]在其综述文章里也指出，海洋锋面影响大气主要通过以下三个方面：①海洋锋面强的 SST 梯度通过感热过程加强跨越海洋锋面的大气温差，增强大气低层斜压性；②海洋锋面两侧大气的稳定性的差异也会加强大气低层斜压性；③更重要的是，海洋锋面暖侧大量的潜热释放则会造成中层大气的不稳定。

4 黑潮延伸体区和湾流延伸体区海洋-大气相互作用的差异

综上所述，黑潮延伸体区域 SST 中尺度信号以海洋涡旋导致的信号为主，而湾流延伸体区域 SST 中尺度信号则主要以海洋锋面的形式存在。但是，无论是海洋涡旋，还是海洋锋面，都会引起风暴轴和急流的南北偏移。那么，海洋涡旋和海洋锋面，还有黑潮和湾流延伸体区域在海洋-大气相互作用方面有哪些差异呢？

首先，我们可以从海陆分布来考虑两者的区别，北半球冬季，从亚洲大陆到达黑潮延伸体海域的冷空气首先经过日本海，已经被日本海加热，并携带了一些水汽，越过日本岛到达黑潮延伸体海域；而从北美大陆直达湾流延伸体海域的干冷空气直接遇到了强的海洋 SST 锋面。

再从黑潮和湾流延伸体区域垂直速度多年平均态场来看，两区均存在跨越 SST 锋面的次级环流（锋面南侧上升、北侧下沉），不过在黑潮延伸体区锋面上空垂直速度小，是湾流延伸体区的一半，且向北倾斜更多，下沉支更明显，高空垂直速度值衰减较强，展现更强的斜压性。而在湾流延伸体区垂直速度大、正压性强，且能影响到大气层顶，该次级环流的下沉支则较弱[7]。Parfitt 等[59]以海面风散度（near-surface wind convergence，NSWC）来表示大气锋面，研究了大气锋面存在的情况下 NSWC 在黑潮和湾流延伸体区域的分布。虽然黑潮和湾流延伸体区大气锋面发生频率约为 25%，但是和出现频率高达 90%的降水有关[60]。从 Parfitt 等[59]的海面风散度分布来看，在大气锋面的影响下，湾流延伸体区域的、跟大气锋面有关的 NSWC 更清晰地分布在湾流锋面两侧，而在黑潮延伸体区 NSWC 分布则范围更广。这也许与海洋涡旋导致 SST 空间分布非均匀信号分布的海区范围大有关（图 1）。没有大气锋面的情况则海面风主要是辐散且值更弱一个量级。在没有大气锋面时，SST 梯度本身也会通过 SST 加热和释放加热及释放潜热机制促进大气的不稳定，形成海面风辐合。因为黑潮延伸体区域海洋涡旋更明显，所以 NSWC 分布更广，看不到随锋面而变化的特征，因此，黑潮延伸体区域的 NSWC 可能和海洋涡旋通过垂直混合机制对海面风的影响有关。而湾流延伸体区则主要在锋面南侧，大气锋发生频率高的区域对 NSWC 起主要贡献。而 Foussard 等[29]的数值试验结果表明，锋面的北移对涡动热输送、急流和风暴轴的作用可以和叠加在锋面上的涡旋的作用相当。

5　新的科学问题的提出和对应的猜想

通过上述讨论可见，海洋涡旋虽然空间尺度较小，但是分布范围广、数量多，其冷暖涡相间的分布特征有利于形成大气次级环流。并且暖涡对海洋向大气的水汽输送，以及大气内部水汽的垂直通量，均具有增强的作用，而该增强作用并不能被冷涡的抑制作用相抵消。因此，海洋涡旋对风暴轴、高空急流等存在净的影响。而海洋锋面则是通过和气旋、大气锋面的相互作用，激发强的上升运动，从而影响上层大气环流。那么，海洋涡旋和气旋、大气锋面的相互作用是怎样的？是否因海洋涡旋的空间尺度较小而呈现出不同于海洋锋面上空海洋-大气相互作用的特征？或者，海洋涡旋和海洋锋面对气旋生成和加强的作用存在怎样的差异？究竟黑潮和湾流延伸体海洋-大气相互作用的差异是有哪些因素形成的？这都是未来值得研究的问题。

致谢

本文受到泰山学者攀登计划支持。本文由下列基金项目资助：国家自然科学基金面上项目(41975065)，山东省自然科学基金重大基础研究项目(ZR2019ZD12)。

参考文献

[1] Wallace J M, Hobbs P V. Atmospheric Science: An Introductory Survey[M]. Cambridge, Academic Press, 2006.

[2] Held I M, Ting M, Wang H. Northern winter stationary waves: Theory and modeling[J]. J Climate, 2002, 15:2125-2144.

[3] Yanai M, Tomita T. Seasonal and interannual variability of atmospheric heat sources and moisture sinks as determined from NCEP-NCAR reanalysis[J]. J Climate, 1998, 11:463-482.

[4] Kelly K A, Small R J, Samelson R M, et al. Western boundary currents and frontal air-sea interaction: Gulf stream and Kuroshio Extension[J]. J Climate, 2010, 23:5644-5667.

[5] Nakamura H, Sampe T, Tanimoto Y, et al. Observed associations among storm tracks, jet streams, and midlatitude oceanic fronts[J]. Earth's Climate: The Ocean-Atmosphere Interaction, 2004, 147:329-345.

[6] Taguchi B, Nakamura H, Nonaka M, et al. Influences of the Kuroshio/Oyashio Extensions on air-sea heat exchanges and storm-track activity as revealed in regional atmospheric model simulations for the2003/04 cold season[J]. J Climate, 2009, 22:6536-6560.

[7] Minobe S, Miyashita M, Kuwano-Yoshida A, et al. Atmospheric response to the Gulf Stream: Seasonal variations[J]. J Climate, 2010, 23:3699-3719.

[8] Yasuda I, Okuda K, Hirai M. Evolution of a Kuroshio warm-core ring—Variability of the hydrographic structure[J]. Deep-Sea Res, 1992, 39:S131-S161.

[9] Waseda T, Mitsudera H, Taguchi B, et al. On the eddy-Kuroshio interaction: Evolution of the mesoscale eddy[J]. J Geophys Res, 2002, 107:3088.

[10] Qiu B, Chen S. Variability of the Kuroshio Extension jet, recirculation gyre, and mesoscale eddies on decadal time scales[J]. J Phys Oceanogr, 2005, 35:2090-2103.

[11] Itoh S, Yasuda I. Characteristics of mesoscale eddies in the Kuroshio-Oyashio Extension region detected from the distribution of the sea surface height anomaly[J]. J Phys Oceanogr, 2010, 40:1018-1034.

[12] Chelton D, Schlax M, Samelson R. Global observations of nonlinear mesoscale eddies[J]. Prog Oceanogr, 2011, 91:167-216.

[13] Ma X, Chang P, Saravanan R, et al. Distant influence of kuroshio eddies on North Pacific weather patterns? [J]. Sci Rep, 2015a, 5:17785.

[14] Suga T, Aoki Y, Saito H, et al. Ventilation of the North Pacific subtropical pycnocline and

mode water formation[J]. Prog Oceanogr，2008，77:285-297.

[15] Gaube P. Satellite observations of the influence of mesoscale ocean eddies on near-surface temperature，phytoplankton and surface stress[D]. Oregon:Oregon State University，2012.

[16] Park K，Cornillon P，Codiga D. Modification of surface winds near ocean fronts:Effects of Gulf Stream rings on scatterometer (QuikSCAT，NSCAT) wind observations[J]. J Geophys Res，2006，111：c03021.

[17] Small R J，deSzoeke S P，Xie S P，et al. Air-sea interaction over ocean fronts and eddies[J]. Dyn Atmos Oceans，2008，45:274-319.

[18] Chelton D B，Xie S P. Coupled ocean-atmosphere interaction at oceanic mesoscales[J]. Oceanography，2010，23:52-69.

[19] Ma J，Xu H，Dong C，et al. Atmospheric responses to oceanic eddies in the Kuroshio Extension region[J]. J Geophys Res Atmos，2015b，120:6313-6330.

[20] Chen L，Jia Y，Liu Q. Oceanic eddy-driven atmospheric secondary circulation in the winter Kuroshio Extension region[J]. J Oceanogr，2017，73:295-307.

[21] Frenger I，Gruber N，Knutti R，et al. Imprint of Southern Ocean eddies on winds，clouds and rainfall[J]. Nat Geosci，2013，6(8):608-612.

[22] 刘秦玉，张苏平，贾英来. 冬季黑潮延伸体海域海洋涡旋影响局地大气强对流的研究[J]. 地球科学进展，2020，35(5):441-451.

[23] Sugimoto S，Aono K，Fukui S. Local atmospheric response to warm mesoscale ocean eddies in the Kuroshio-Oyashio Confuence region[J]. Sci Rep，2017，7:11871.

[24] Jia Y，Chen L，Liu Q，et al. The role of background wind and moisture in the atmospheric response to oceanic eddies during winter in the Kuroshio Extension region[J]. Atmosphere，2019，10(9)：527.

[25] Jia Y，Chang P，Szunyogh I，et al. A modeling strategy for the investigation of the effect of mesoscale SST variability on atmospheric dynamics[J]. Geophys Res Lett，2019，46(7):3982-3989.

[26] Liu X，Ma X，Chang P，et al. Ocean fronts and eddies force atmospheric rivers and heavy precipitation in Western North America[J]. Nat Commun，2021，12:1268.

[27] Liu X，Chang P，Kurian J，et al. Satellite-observed precipitation response to ocean mesoscale eddies[J]. J Climate，2018，31:6879-6895.

[28] Ma X，Chang P，Saravanan R，et al. Importance of resolving Kuroshio front and eddy influence in simulating the North Pacific storm track[J]. J Climate，2017，30:1861-1880.

[29] Foussard A，Lapeyre G，Plougonven R. Storm track response to oceanic eddies in idealized atmospheric simulations[J]. J Climate，2019，32:445-463.

[30] Zhang C，Liu H，Li C，et al. Impacts of mesoscale sea surface temperature anomalies on the meridional shift of North Pacific storm track[J]. Int J Climatol，2019，39(13):5124-5139.

[31] Zhang C, Liu H, Xie J, et al. North Pacific storm track response to the mesoscale SST in a global high resolution atmospheric model[J]. Clim Dyn, 2020, 55:1597-1611.

[32] Minobe S, Kuwano-Yoshida A, Komori N, et al. Influence of the Gulf Stream on the troposphere[J]. Nature, 2008, 452:206-209.

[33] Lindzen R S, Nigam S. On the role of sea surface temperature gradients in forcing low-level winds and convergence in the tropics[J]. J Atmos Sci, 1987, 44:2418-2436.

[34] Nakamura H, Sampe T, Goto A, et al. On the importance of midlatitude oceanic frontal zones for the mean state and dominant variability in the tropospheric circulation[J]. Geophys Res Lett, 2008, 35:L15709.

[35] Vries H d, Scher S, Haarsma R, et al. How Gulf-Stream SST-fronts influence Atlantic winter storms[J]. Clim Dyn, 2019, 52:5899-5909.

[36] Booth J F, Thompson L, Patoux J, et al. Sensitivity of midlatitude storm intensification to perturbations in the sea surface temperature near the Gulf Stream[J]. Monthly Weather Review, 2012, 140(4):1241-1256.

[37] Small R J, Msadek R, Kwon Y O, et al. Atmosphere surface storm track response to resolved ocean mesoscale in two sets of global climate model experiments[J]. Clim Dyn, 2019, 52:2067-2089.

[38] Small R J, Bacmeister J, Bailey D, et al. A new synoptic scale resolving global climate simulation using the Community Earth System Model[J]. J Adv Model Earth Syst, 2014, 6(4):1065-1094.

[39] Kuwano-Yoshida A, Minobe S. Storm-track response to SST fronts in the Northwestern Pacific region in an AGCM[J]. J Climate, 2017, 30:1081-1102.

[40] Bui H, Spengler T. On the influence of sea surface temperature distributions on the development of extratropical cyclones[J]. J Atmos Sci, 2021, 78(4):1173-1188.

[41] Parfitt R, Czaja A, Minobe S, et al. The atmospheric frontal response to SST perturbations in the Gulf Stream region[J]. Geophys Res Lett, 2016, 43(5):2299-2306.

[42] Vanniere B, Czaja A, Dacre H, et al. A "cold path" for the Gulf Stream-troposphere connection [J]. J Climate, 2017, 30:1363-1379.

[43] Sheldon L, Czaja A, Vanniere B, et al. A 'warm path' for Gulf Stream-troposphere interactions[J]. Tellus A:Dynamic Meteorology and Oceanography, 2017, 69, 1299397.

[44] Masunaga R, Nakamura H, Taguchi B, et al. Processes shaping the frontal-scale time-mean surface wind convergence patterns around the Gulf Stream and Agulhas Return Current in winter[J]. J Climate, 2020, 33:9083-9101.

[45] Tsopouridis L, Spensberger C, Spengler T. Cyclone intensification in the Kuroshio region and its relation to the sea surface temperature front and upper-level forcing[J]. Quart J Roy Meteor Soc, 2021, 147:485-500.

[46] Reeder M J, Spengler T, Spensberger C. The effect of sea surface temperature fronts on atmospheric frontogenesis[J]. J Atmos Sci, 2021, 78(6):1753-1771.

[47] Song X. The importance of including sea surface current when estimating air-sea turbulent heat fluxes and wind stress in the Gulf Stream region[J]. Journal of Atmospheric and Oceanic Technology, 2021, 38(1):119-138.

[48] Piazza M, Terray L, Boe J, et al. Influence of small-scale North Atlantic sea surface temperature patterns on the marine boundary layer and free troposphere: a study using the atmospheric ARPEGE model[J]. Clim Dyn, 2016, 46:1699-1717.

[49] Chen T C. The structure and maintenance of stationary waves in the winter northern hemisphere[J]. J Atmos Sci, 2005, 62:3637-3660.

[50] Deremble B, Lapeyre G, Ghil M. Atmospheric dynamics triggered by an oceanic SST front in a moist quasigeostrophic model[J]. J Atmos Sci, 2012, 69(5):1617-1632.

[51] O'Reilly C H, Minobe S, Kuwano Yoshida A. The influence of the Gulf Stream on wintertime European blocking[J]. Clim Dyn, 2016, 47:1545-1567.

[52] Lee R W, Woollings T J, Hoskins B J, et al. Impact of Gulf Stream SST biases on the global atmospheric circulation[J]. Clim Dyn, 2018, 51:3369-3387.

[53] Wang H, Ting M. Seasonal cycle of the climatological stationary waves in the NCEP-NCAR reanalysis[J]. J Atmos Sci, 1999, 56:3892-3919.

[54] Chang E K M. Diabatic and orographic forcing of northern winter stationary waves and storm tracks[J]. J Climate, 2009, 22:670-688.

[55] Kaspi Y, Schneider T. The role of stationary eddies in shaping midlatitude storm tracks[J]. J Atmos Sci, 2013, 70(8):2596-2613.

[56] Garfinkel C I, White I, Gerber E P, et al. The building blocks of northern hemisphere wintertime stationary waves[J]. J Climate, 2020, 33:5611-5633.

[57] Zhou L, Wu R. Interdecadal variability of winter precipitation in Northwest China and its association with the North Atlantic SST change[J]. Int J Climatol, 2015, 35:1172-1179.

[58] Zhou G D, Cheng X H. Impacts of oceanic fronts and eddies in the Kuroshio-Oyashio Extension region on the atmospheric general circulation and storm track[J]. Adv Atmos Sci, 2022, 39(1): 22-54.

[59] Parfitt R, Seo H. A new framework for near-surface wind convergence over the Kuroshio Extension and Gulf Stream in wintertime: The role of atmospheric fronts[J]. Geophys Res Lett, 2018, 45:9909-9918.

[60] O'Neill L W, Haack T, Chelton D B, et al. The Gulf Stream Convergence Zone in the time-mean winds[J]. Journal of the Atmospheric Sciences, 2017, 74(7):2383-2412.

冬季黑潮延伸体海域海洋涡旋影响局地大气强对流的研究①

刘秦玉[1]　张苏平[1*]　贾英来[1,2]
(1. 中国海洋大学物理海洋实验室/海洋与大气学院，山东青岛，266100)
(2. 青岛海洋科学与技术试点国家实验室，山东青岛，266237)
(* 通讯作者：zsping@ouc.edu.cn)

摘要　黑潮延伸体海区是冬季西北太平洋向大气加热的关键海区。前人研究表明，活跃在黑潮延伸体海区的海洋涡旋会通过影响海表温度(SST)而影响海面风。本文回顾了最近几年该海域海洋涡旋影响局地大气的研究成果，重点从船测探空资料、卫星观测资料和模式数值实验3个方面分析和梳理了已有的研究成果，依据该海区海洋涡旋导致大气异常的地转适应理论，得到了以下新的科学推论：海洋涡旋上空大气层结较稳定、运动较慢时，大气对海洋涡旋的响应表现以气压调整机制为主，海洋涡旋的影响常常被限制在大气边界层中；海洋涡旋上空大气的运动较快时，大气对暖(冷)涡的响应以垂直混合机制为主，海表面风速在暖(冷)水上加(减)速，海表面风强辐合出现在暖水的背景风下游一侧，并从暖水上空携带了大量水汽；通过水汽凝结与海面辐合上升之间的正反馈机制，为导致大气中出现强对流提供了必要条件。该推论将有利于进一步定量地刻画海洋涡旋对大气的影响。

关键词　黑潮延伸体；海洋涡旋；大气强对流；地转适应；垂直动量混合机制

1　引言

海洋-大气相互作用中，海洋影响大气的主要过程是通过海气界面热通量来完成的；而这一过程与海表面温度的空间与时间变化直接相关。目前，海洋影响气候年际变化最

① 本文已于2020年5月出版的《地球科学进展》第35卷第5期发表(DOI:10.11867/j.issn.1001-8166.2020.041)。

显著的异常信号 ENSO 也是以热带东、中太平洋海温的发生变化为主要标志。目前观测研究表明，就年平均而言，北太平洋黑潮和北大西洋湾流及其延伸体海域是海面湍流热通量（感热加潜热）最大的海域，特别是在北半球的 2 月最明显[1]。这表明，北太平洋黑潮和北大西洋湾流及其延伸体海域是海洋向大气释放热量和水汽最多的海域，由于缺少海上的现场观测，这些海面释放的热量和水汽如何影响大气一直是重要但没有解决的科学问题。

黑潮延伸体海域不仅是全球海洋向大气加热的关键海区，也是海洋涡旋出现最频繁的海域之一。海洋涡旋是指具有 O(10～100 km)空间尺度的海洋动力学现象。因为它具有大气中天气尺度运动所具备的动力学特征（准地转），所以，也被称为“海洋天气”或“海洋中等尺度涡”（简称“海洋中尺度涡”）。相比大气中被称为天气系统的气旋和反气旋（水平尺度超过 1 000 km），这样一种水平尺度较小（远小于大气的 Rossby 变形半径）的海洋涡旋是否影响 SST、进而影响大气，一直是被人们所忽略的科学问题。大气的地转适应理论指出，对于水平尺度小于大气 Rossby 变形半径（约为 3 000 km）的非地转扰动，风场是主导的，气压场向风场调整[2,3]。因此，如果海洋涡旋尺度 SST 异常可能影响海面风，气压场要向风场去适应，海洋涡旋上空的大气一定会受到影响。但是，在解决该问题时遇到的最大困难是既缺少观测海洋涡旋的数据，又缺少观测大气的数据。

20 世纪 80 年代后，卫星遥感技术和时空高分辨率海洋大气耦合模式的高速发展以及 Argo 观测网的建立，都为解决该难题提供了可能的途径。对高分辨率卫星观测的 SST 和海面风资料的分析证实：在中纬度海域的海洋 SST 锋和海洋涡旋尺度上，往往暖的海表上空会出现海面风速加强的现象，这是由于暖的海表上空大气的湍流加强，将高空的动量下传，这种现象被称为垂直混合机制[4]，这时会出现 SST 与海面风的时间序列呈现正相关的现象，该现象表明中纬度海洋的变化可以影响到大气[5,6]。该发现完全改变了长期以来人们对中纬度海洋-大气相互作用的认识。人们认识到在海盆尺度气候平均海面风与 SST 的时间序列呈现负相关，表现为大气影响海洋；而在百公里以下天气尺度上 SST 与海面风的时间序列呈现正相关，表现为海洋影响大气。该现象也在高分辨率海气耦合的数值模式中被发现[7]，SST 与海面风的时间序列的正相关在强海洋锋面和涡旋区域特别明显[8]。接下来的问题就是：海洋涡旋能导致海面风异常，在多大程度上影响高空大气？

Ma 等[9,10]用高分辨率的区域海气耦合模式研究了黑潮延伸体海域海洋涡旋尺度的 SST 异常对大气的影响后发现，该海域海洋涡旋尺度的 SST 异常会对大气的水汽和潜热释放有增强作用，大气中水汽的增加更多地受到暖涡的影响；同时，高分辨率的大气模式的数值实验也表明：大气对中尺度 SST 异常的响应还与大气中是否出现风暴有关；如果忽略了海洋涡旋导致的 SST 异常，就使得大气有效位能向动能的转化减少 70%，证实了中尺度 SST 异常激发的非绝热过程对气旋生成的重要作用。Foussard 等[11]使用理想实验进一步表明，海洋涡旋尺度的 SST 异常会导致急流和风暴轴极向位移。以上研究不仅证实了黑潮延伸体海域海洋涡旋可以影响自由大气，而且指出了海洋涡旋主要是通过改变水汽以及潜热释放来影响大气风暴的强度和位置。

直径小于几百公里的海洋涡旋对大气的影响如果只限于大气边界层的话，该影响会被大气边界层中的强耗散所抑制。只有当海洋涡旋能导致局地大气的强对流，并在对流层中水汽凝结释放潜热成为自由大气的一个加热源时，自由大气才能将该水平尺度百公里的热源扰动通过地转适应过程和能量串级影响到直径为上万公里的大气气旋或反气旋。因此，需要解决一个重要的科学问题是：在什么条件下海洋涡旋对大气影响可以到达对流层，并在对流层中形成新的热源？

依据大气动力学的原理，我们可以猜测出，如果海洋涡旋的存在能导致海面风的强辐合及对应的上升运动，同时还能为冬季干冷的背景风提供足够的潜热（水汽），冬季黑潮延伸体海域海洋涡旋就可能导致局地大气中出现强对流。

本文将依据已经发表的论文提供的结果，从两次现场观测资料的比对分析，卫星观测和再分析资料合成结果的比对分析，以及数值模式对物理机制的验证研究几个方面来归纳推测出海洋涡旋导致局地自由大气中出现强对流现象的物理本质。

2 两次船测资料的比对和分析

长期以来，人们对海上大气的认识是建立在航船定时海面观测和海面有限浮标观测资料的基础上，缺乏对海洋上空大气精细的观测。Tokinaga 等[12]基于 2003—2004 年冬季对黑潮延伸体海域进行的两次海上船测（探空）大气的研究表明，当海气温差增加 7℃或表面湍流热通量为 500 W/m^2 时，海洋大气边界层高度可以增加 1 km。众所周知，冬季黑潮延伸体海域盛行干冷的西风，但天气系统活跃。若海洋涡旋上空正处在不稳定大气锋面系统中，很难从探空资料中分离出强的上升运动中哪一部分是下垫面海洋涡旋导致的，哪一部分是天气过程本身就具备的。因此，我们挑选了两次背景大气层结稳定，且海面还有海洋涡旋形成的 SST 异常分布的观测来比较，从而探索海洋涡旋影响局地大气强对流的物理机制。

依据 2014 年 4 月 8—9 日"东方红 2"海洋综合调查船在黑潮延伸体区域跨过一个冷涡走航观测获得的探空数据，发现了从暖水面到冷水面航行过程中对流积云的发展[13]；2016 年 4 月 13 日，"东方红 2"科考船在黑潮延伸体区域走航观测又探测到位于大气的高压脊中心的一个海面 400 km 的暖涡上空，边界层顶层积云迅速发展过程，但没有发现大气中的强对流[13]。这两次观测结果似乎是要质疑前人提出该海域暖涡对局地次级环流的影响程度要超过冷涡的结论[14,15]，因此，有必要对这两次观测结果做进一步的对比分析。

从观测时段的 SST 对比而言，尽管 2014 年探空观测跨过的是一个冷涡，但是冷涡西偏北侧有一个暖涡，观测的航线穿过强的 SST 锋面(3.3℃/20 km)[16]；而对应 2016 年的探空观测海域的下垫面的最大 SST 水平梯度只有 0.4℃/20 km[13]。尽管两次观测涡旋的高空(700 hPa)都是偏西风，但 2014 年的观测地点位于高空弱低压槽影响下比较平直的偏西—西北风中[16]。这种中纬度移动性短波槽的移速为每天 10～15 经度，对大气有比较强的平流作用。不同于 2014 年、2016 年 4 月 12—13 日整个暖涡被移动缓慢的海上大尺度高压控制，暖涡位于高空高压脊脊线附近和海面高压中心[13]，平流作用弱。

为什么都是在大气层结较稳定的背景下，而这两次大气对海洋涡旋的响应却有明显的差异？下面我们重点对比一下探空观测结果(图 1,2)。2014 年 4 月 8 日边界层上空的自由大气一直是西风，但是，在冷涡西侧的暖水上空(A1～A2)，特别是 A2 观测点从海面到3 000 m 高度的西风风速几乎一样(图 1(a))。这表明在暖水上空大气已经充分垂直混合，且海面风速比较大(约为 15 m/s)；而在位于冷水区的 A3～A4 观测点海面西风是迅速减弱，探测到对应海平面气压场的逐步上升，1 000 m 以下边界层的风转为弱的东风(A4～A10)大气模式的数值实验表明，该海面的东风是大气对冷涡响应的结果[16]。与边界层风速和风向变化相对应的是 A4～A5 观测点云底高度在 500～2 500 m 剧烈地变化，相对湿度的最大值也出现在高空 2 000 m 以上[16]。这表明，在 A4～A5 观测点出现高空的强对流和凝结加热现象。该现象对应海面有强辐合，且与暖水上空的垂直湍流混合有关。由于 2014 年观测的大部分时间是在冷涡上空，整个观测过程中的海面感热是在零或负值，大气是被冷涡所冷却的，大气的层结应该更稳定。但是，由于船进入冷涡前海面风较强的西风和进入冷涡后海面风的减速并转向，边界层内海面风的强辐合，加上在暖水区(A1～A2)海面因风速强，潜热通量高达 100 W/m^2，边界层大气中获得了充足的水汽，抬升凝结后形成高空积云这就是在冷涡西侧(SST 锋面)大气形成强对流的物理本质[16]。

再来分析 2016 年船舶观测结果。由于从 4 月 12—13 日背景大气海面高压脊系统几乎没有移动(图 2)，海面风速 2～4 m/s，暖涡上空的海表气温一直小于 SST，感热一直为正，最大值高达 100 W/m^2，潜热也一直保持在 100～300 W/m^2(图 2(d))。在暖涡中心大气边界层内出现了明显的上升运动，将水汽带到边界层顶部，增加了空气的相对湿度(图 2(a))。但是，在背景大气高压脊系统的控制下，边界层顶一直保持在 1 500 m 以下，该暖涡与背景大气在4月12—13日几乎没有相对运动，暖涡上空边界层大气可能在一天内已经完成了气压场向风场调整的过程，出现了在海表面形成较强的热强迫导致的低压异常。这一点从船测的海平面气压场可以看出：本来船在自西向东航向过程中，海平面气压场是应该逐步上升的，但却在4月12日20时开始下降、一直到观测结束(图2(e))。对应的大气模式的数值实验表明，观测后期的海平面气压降低是大气对暖涡的响应，在暖涡中心有上升分支，在暖涡的上风向和下风向分别存在较弱的下沉分支[13]。

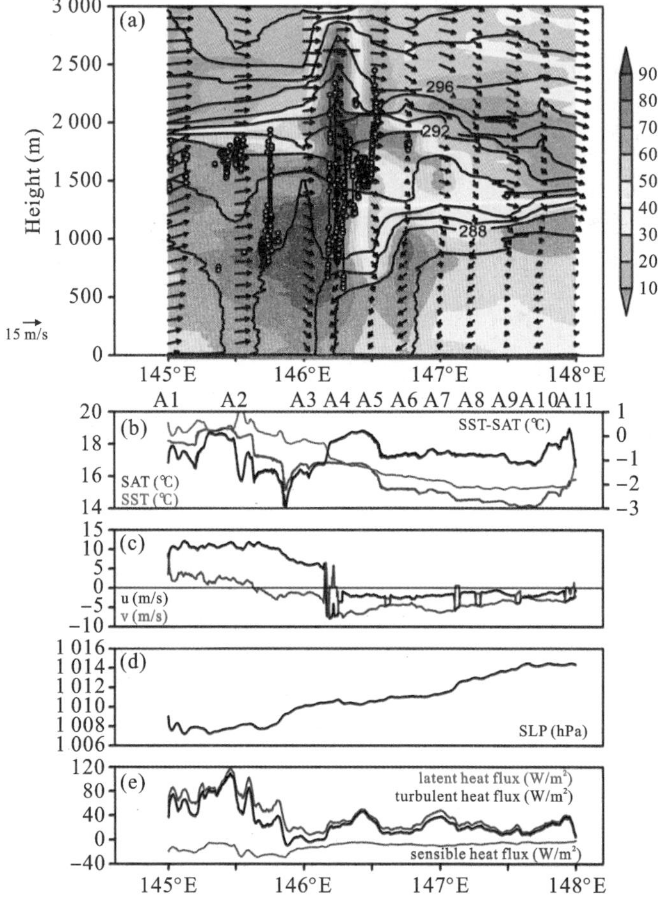

图1　2014年4月8—9日沿着航线从A1站(34°N,145°E)到A11站(34°N,148°E)船上观测结果，其中，(a)相对湿度(彩色)、位温(等值线)、水平风(矢量)和云底高度(白点)的经度-高度剖面图，横坐标上分别用红、绿和蓝线表示暖水区，冷涡的西侧和冷涡的中心区位置；(b)海表温度(蓝线)、海面气温(红线)以及两者之差(黑线)；(c)海表面纬向风速(黑线)和经向风速(蓝线)；(d)海平面气压(黑线)；(e)海表面感热、潜热和湍流热通量(引自参考文献[13])

这两次船测的海洋与大气状况的对比表明了以下内容。导致2014年在冷涡西侧强对流上升运动的主要原因是：在快速移动的短波槽影响下，平流作用强，观测期间背景风跨越强SST锋时大气对冷涡西侧暖水的响应是垂直混合机制为主，边界层中出现垂直切变很小的强西风;冷涡上空的海面风为东风。因此,强西风与东风之间形成了强的海面风辐合,并从暖水面吸收了大量的水汽,为大气边界层中水汽凝结放热,进一步为强对流的产生创造了条件。导致2016年的暖涡上空没有出现强对流的主要原因是:观测期间背景海面高压脊系统几乎没有移动,平流作用弱,大气边界层对暖涡的响应以气压调整为主,暖涡在大气边界层内形成的低压辐合上升运动一直被背景大气高压脊系统压制,只能将暖涡提供的水汽在边界层顶以下凝结,起到整体抬高边界层的作用。

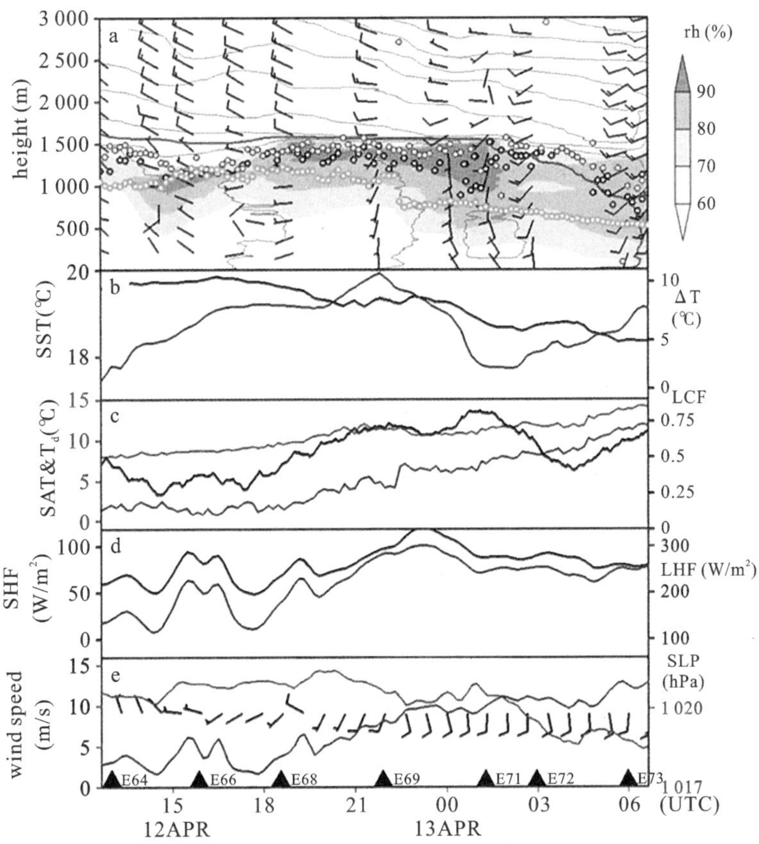

图2 2016年4月12—13日沿着航线从E64—E73船上观测结果。其中,(a)相对湿度(彩色),位温(2 K间隔的红色实线、加粗值为284 K),水平风(矢量),抬升凝结高度(绿圈),云底高度(黑圈)和海洋边界层高度(红圈)的经度-高度剖面图;(b)海表温度(蓝线)和海表温度与海面气温之差(黑线);(c)海面气温(红线),露点温度(蓝线)和低云云量(黑线);(d)感热通量(黑线)和潜热通量(蓝线);(e)海平面气压(红线),水平风速(蓝线)和水平风向(风向杆)站点探测的时间用▲标记(引自参考文献[13])

3 依据卫星观测资料和再分析资料的分析

利用卫星观测资料和再分析资料开展多涡旋合成的研究,可以在一定程度上消除随机的天气过程本身的作用，提取海洋涡旋对大气的影响。通过对黑潮延伸体海域 4 年(2006—2009 年)35 000 个海洋涡旋的合成分析研究，Ma 等[9]提出了该海域海洋暖(冷)涡可以通过垂直对流机制加(减)速海面风，并增加(减少)海面湍流，云水和降水率；在顺风向涡旋边界会出现海表面风的辐合辐散；海表面湍流热通量在涡旋核心区调整最大；同时给出了海洋涡旋通过调整海表面风，通过动力作用驱动大气次级环流的结果，即在涡旋边界的海表面风辐合辐散因质量补偿诱发对应的垂直运动，进而诱发次级环流；文中也给出热通量对大气边界层影响的证据，并指出该影响可以突破边界层，影响自由大气。虽然 Ma 等[14]的研究是包含春夏秋冬四个季节的合成结果，但是，由于黑潮延伸体海区海洋涡旋对大气的影响在冬季最明显，因此，上述结果也基本上反映了冬季大多数涡旋影响大气的共同特征。Ma 等[17]又进一步分析了黑潮延伸体海区海洋涡旋对大气影响的季节变化。他们发现，海洋涡旋对大气的影响在冬、春季达到最大，夏、秋季要弱得多。

进一步的研究发现，冬季黑潮延伸体海域，海洋涡旋既可以通过垂直混合机制，又可以通过压力调整机制影响大气[15,18]；冬季黑潮延伸体海域 60%的海洋涡旋对大气影响机制是以垂直混合机制为主:表现为在暖(冷)涡上空海面风增(减)速，在暖涡一侧形成海面风辐合和对应的大气次级环流可以到达对流层；10%的海洋涡旋对大气的影响是以气压调整机制为主:表现为在暖(冷)SST 中心为低(高)气压和海面风辐合(散)中心，对应的大气次级环流基本上在 700 hPa 以下[15]。为什么以垂直混合机制为主的大气响应占多数? 对照前面谈到观测的例子，我们可以推测因为冬、春季黑潮延伸体海域天气系统向东移动速度快，低空大气平流作用明显。在大多数情况下，海洋涡旋对局地大气的影响时间较短(小于 6 个小时)，大气还没有时间完成地转调整过程，所以，卫星资料看到的大部分瞬间是海表温度异常导致的边界层湍流混合加强或减弱现象。Chen 等[15]还指出了垂直混合型大气对海洋涡旋响应，海表面风在沿背景风向海洋涡旋边缘形成偶极子型的散度分布，海表面风的调整进而会驱动大气的次级环流(图 3)；在 10%的卫星观测样本中可以看到，已经完成气压向风的压力调整过程，在海洋涡旋内部，靠近核心的位置形成单极型海表面风的散度分布，同时伴有海表面压力异常的相似空间分布[15]。依据卫星观测资料和再分析资料，针对为什么暖涡对大气的影响强于冷涡这个问题，揭示了海洋涡旋诱生的大气次级环流，能够突破边界层达到自由大气的物理机制:以垂直混合机制影响大气的暖涡，其上空海表面风会加速；大气在暖涡上风向辐散下沉，下风向会辐合上升；暖涡下风向充沛的水汽会向上输送，在抬升的过程中会释放凝结潜热，进而加强大气的上升运动，使其在平均状态下可以达到 500 hPa 对流层。相比之下，冷涡因为缺乏这样水汽抬升的机制，其上空的大气次级环流强度较弱，垂直上升也只能达到 700 hPa(图 3)。

对应已经完成气压向风的压力调整过程的情况下，暖涡与冷涡的作用基本上对称，对应的大气垂直方向上的次级环流，也基本上出现在 700 hPa 以下(图 4)。

上述合成研究尽管所用资料不同、时间不同，但其共同一致的结果就是发现了通过垂直混合机制影响大气的涡旋更容易在暖涡旋的背景风下游一侧形成强的辐合上升，在这种情形下暖水面也会为干冷的大气提供较充足的水汽，以保证辐合上升过程中水汽的凝结加热。

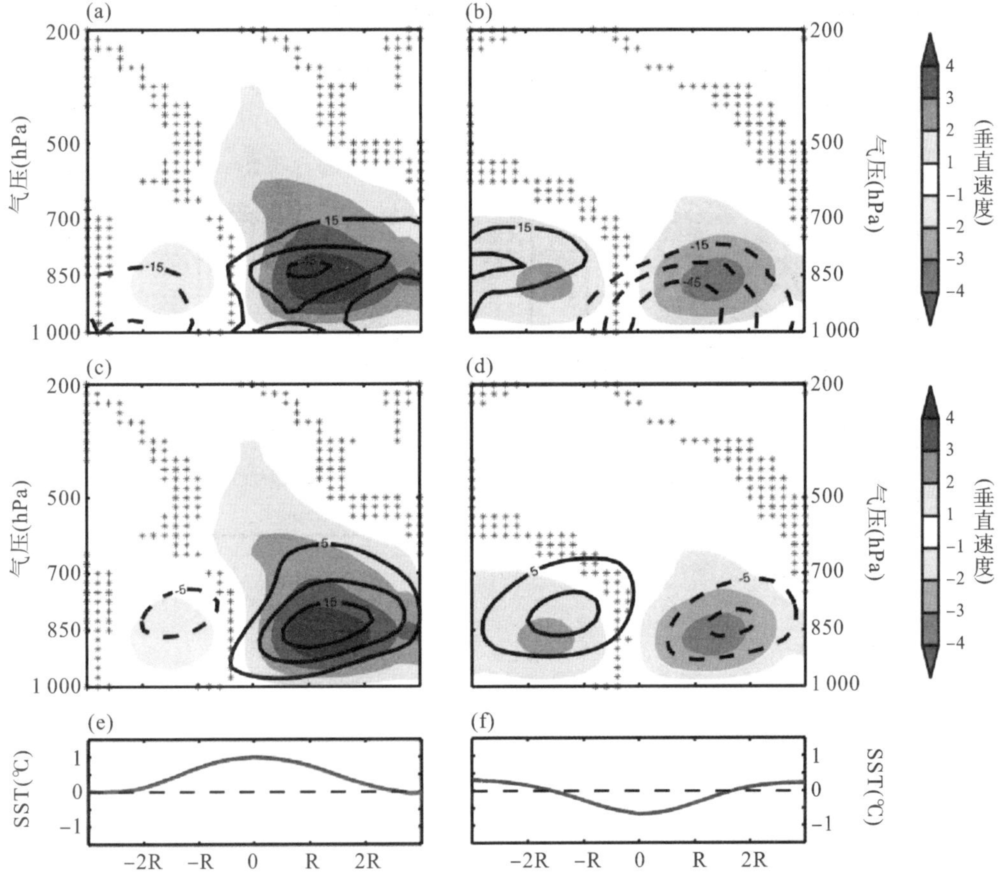

图 3　冬季黑潮延伸体海域大气响应为垂直混合机制的 2 070 个反气旋涡(a,c)和 1 719 个气旋涡(b,d)合成的大气垂直剖面图。其中，(a)～(d)图中填色为负的压力坐标下垂直速度，向上为正；图(a)和(b)中等值线为比湿，(c)和(d)中等值线为垂直涡动热通量。垂直速度单位为 1×10^{-2} Pa/s，比湿为 1×10^{-3} J/(kg・s)，1×10^{-2} g/kg。图中没有 * 标记的位置为通过显著不为 0 的 99%信度 t-检验；(e)和(f)分别为反气旋涡和气旋涡的海表面温度异常合成的剖面，横坐标的“0”为涡旋中心，“R”为离涡旋中心一个半径的距离，“2R”表示离涡旋中心一个直径的距离(引自参考文献[16])

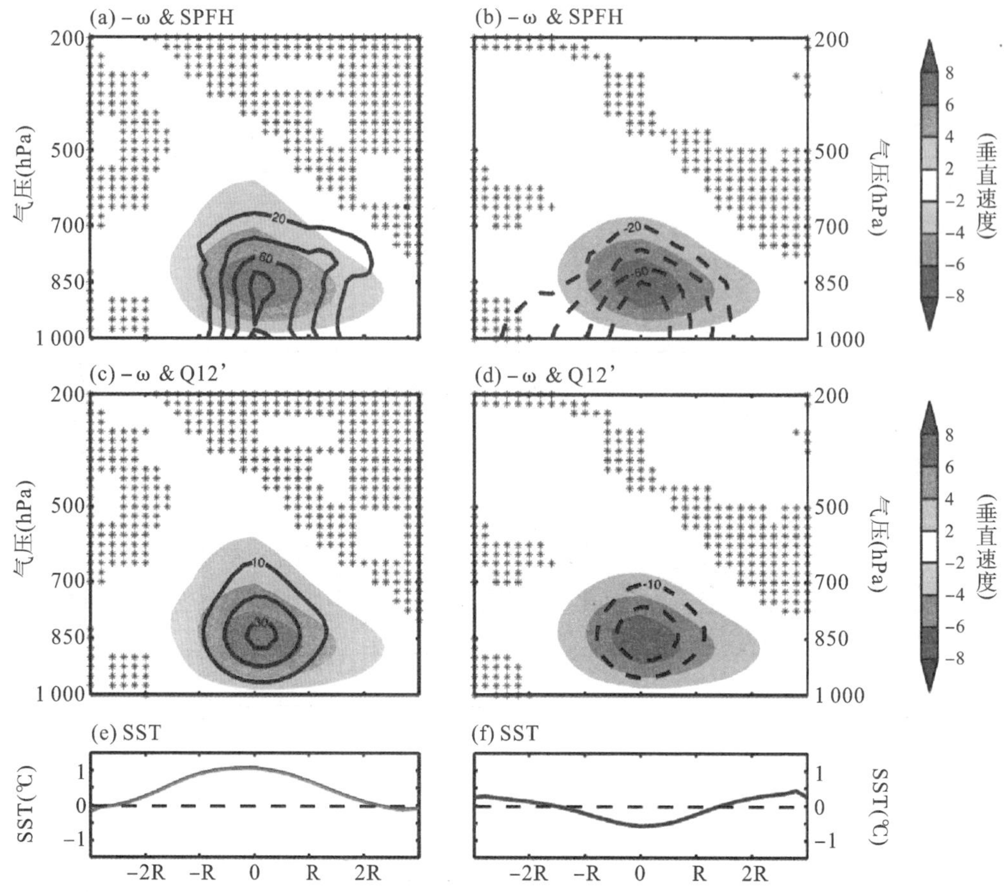

图 4　冬季黑潮延伸体海域气压调整机制响应的 303 个反气旋涡(左)和 517 个气旋涡(右)合成图;其他同图 3(引自参考文献[16])

4　利用数值模式对机制的研究

无论是依据船测探空资料还是依据卫星观测资料都指出,如果大气对海洋涡旋的响应是以垂直混合机制为主,暖水面上空的湍流混合就会将高空背景强风的动量下传而海面风加强,进一步导致海面风在暖水的背景风下游一侧强辐合及对应强的上升运动,同时还能为冬季干冷的背景风提供足够的潜热(水汽)。如果是气压调整机制为主的大气响应,则海洋涡旋尺度的暖水面异常导致的大气对流可能只限于大气边界层。

但是,什么时候冬季黑潮延伸体海域海洋涡旋对大气的影响是以垂直混合为主,而不是以气压调整为主。2014 年 4 月和 2016 年 4 月的两个船测探空资料对比分析给我们提供了重要的信息:大气移动速度在决定海洋涡旋是否能影响自由大气的凝结加热中起重要作用。这是因为,对于水平尺度小于大气 Rossby 变形半径的海面风非地转扰动,风场是主导的，气压场向风场调整是需要时间的。在平流作用强的条件下，气压场来不及调整，大气内部天气系统（如中纬度短波槽脊）已经变化；大气的响应是以气压调整机制为主的话，需要海面温度异常持续作用大气几个小时以上，对应移动更慢的背景天气系统。为了证实上述猜想，高分辨率大气模式的数值试验可以达到这个目的。使用 WRF 模式进行理想化数值试验的结果表明，冷（暖）涡导致海平面气压增加（减少），以及减少（增加）了潜热和显热通量、表面风速、海洋大气边界层高度和大气的可降水量；而且指出背景大气平流的强度会在大气对中尺度涡旋的响应过程中产生影响[19]。通过以下两组数值实验，验证了背景大气的移动速度和水汽含量这两个条件对暖涡导致的大气次级环流的影响[16]：干空气的一组试验表明弱背景风（0.5 m/s）条件下（可以理解为大气运动缓慢），通过 5～6 个小时气压场完成了对非地转扰动风场的调整，并导致暖涡中心低压异常和很弱（0.002 m/s）的上升运动，该上升运动被限制在低空（900 hPa 以下）；但强背景风（15 m/s）条件下，异常低压中心出现在暖涡背景风下游一侧，对应出现大于 0.008 m/s 的上升运动[16]。这组试验证明了强的背景风速有利于大气对暖涡的响应以垂直混合机制为主；同时也证明了，不考虑水汽凝结的加热作用，以垂直混合机制为主对应的上升运动速度也远大于气压调整机制导致的上升速度。但是，没有水汽凝结的加热作用，即使是垂直混合机制为主的大气响应中也不太会出现强对流[16]。

湿空气数值试验证明：当背景风弱时（0.5 m/s），在 6 小时后 900 hPa 以下大气中出现垂直速度并伴随水汽的抬升，但由于量很小，直到 10 个小时大气中还没有出现凝结加热和对应的降水[16]；也就是说，弱背景风的情况下，基本上不会出现高达对流层的强对流。相反，强背景风（15 m/s）条件下，6 个小时后大气中就在暖涡背景风下游一侧出现了越来越强的垂直运动。这证明了水汽凝结与海面辐合导致的垂直运动之间存在正反馈作用；在积分 12 小时的时候，大气中的垂直运动速度就超过了0.016 m/s，是干空气同条件实验结果的 1 倍以上，且强的垂直运动出现在 850 hPa 以上的高空（图 5(b)）[18]。

强背景风条件下，暖涡导致的水汽凝结与垂直运动之间的正反馈作用，在用高分辨率的海气耦合模式对北太平洋海域气旋的数值模拟中非常明显[20]。通过比较在控制试验以及滤波试验中的 151 个气旋发现：海洋涡旋导致的海表面温度异常的存在可以使得在气旋生成时，海洋向大气提供的水汽达到几乎“翻倍”的效果，并导致当气旋生成于黑潮延伸体海区的时候，大气中的非绝热加热的释放增多，垂直方向上对水汽的输送也更强，大气中涡旋位能向涡旋运动能的能量转换增强，也为风暴的增强提供强有力的支持，使得中纬度气旋快速生长[20]。

总而言之，数值模拟和数值实验的结果进一步证实，在背景大气移动很慢、高空风速小的情况下，冬季大气的响应以气压调整为主，基本上不会出现高达对流层的强对流。

相反，在背景大气移动速度快的情况下，海洋涡旋对局地大气的影响会在暖水的背景风下游一侧形成辐合上升。该上升运动将大气从通过暖涡获得的水汽抬升，在边界层凝结加热，进一步促进了边界层中的辐合上升运动，可能导致强对流，进而影响对流层。

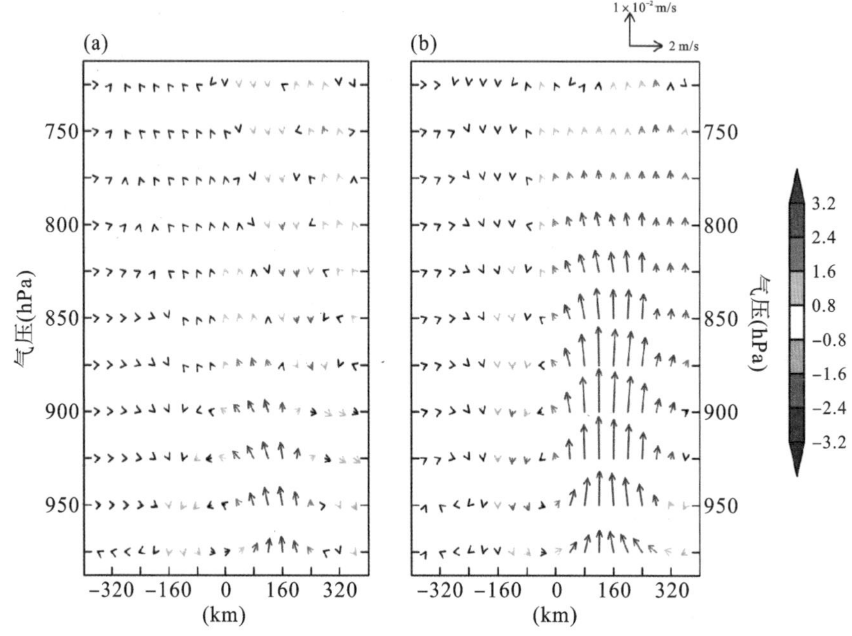

图 5　数值实验第 12 小时穿越涡旋中心的风矢量垂直剖面图。(a)干空气实验；(b)湿空气实验。图中风矢量的垂直速度分量放大了 200 倍，箭头颜色代表垂直速度异常大小，单位为 10^{-2} m/s，向上为正(引自参考文献[18])

5　结论与讨论

我们依据最近几年发表的论文，归纳总结出冬季黑潮延伸体海域海洋涡旋导致局地大气中出现强对流现象的物理本质。已有的研究结果尽管所依据的资料不同、时间不同、方法不同，但是共同一致的结果是：如果海洋涡旋导致的 SST 异常上空的大气层结较稳定、移动速度较慢，冬季黑潮延伸体海域涡旋导致强对流的可能性较小；如果相对海洋涡旋大气系统移动较快，海洋涡旋通过垂直混合机制影响大气，更容易在暖涡旋的背景风下游一侧形成强的辐合上升，在这种情形下暖水面也会为干冷的大气提供较充足的水汽，以保证辐合上升过程中水汽的凝结加热；在边界层中水汽的凝结加热与辐合上升运动之间的正反馈作用下，暖涡的背景风下游一侧容易出现高达对流层的强对流现象。

上述 3 种方法研究各自都有一定的缺陷：①船测资料成本太高、还太少，只能看到个例；②针对卫星资料与再分析资料研究中很难消除资料本身的误差；③高分辨率的大气模式无法刻画大气反过来对海洋的作用。因此，希望通过本文的综述，不仅能找到已研究成果共同证实的科学问题，还能在今后的研究中，加强上述三种方法的相互印证工作。

相对陆地而言，占地球表面70%的海洋上空的观测很少，海洋上空的天气动力学是否会因海上独特的性质而具备新的动力学特征，需要我们进一步去发现，特别是在业务化高分辨率的海洋预报模式的资料同化中正确地将观测的海洋涡旋与大气相互作用过程刻画出来，也是关系到海洋环境预报准确率的重要问题。另外，本文指出的中尺度涡的SST异常可以通过改变水汽以及潜热释放来影响自由大气，是否能与吕宋海峡附近的黑潮甩涡导致的涡致输运向南海输送大量热而咸的黑潮水相提并论，也是今后值得研究的问题。值得庆幸的是，大洋调查在我国正在迅速发展。本文中提到的现场观测成果，就是借助我国开展的海洋调查项目完成的。我们相信，通过现场观测、卫星观测与数值模式研究的结合研究，会极大地丰富大气动力学和气候动力学的理论，对提高天气和气候预测水平起到推动作用。

致谢

感谢美国加州大学圣地亚哥分校Scripps海洋研究所谢尚平教授对本文所综述的相关研究工作给予的指导和帮助；感谢以李培良教授为首席的海上调查团队所有成员和中国海洋大学“东方红2”海洋综合调查船的所有成员。

参考文献

[1] Yu L, Weller R A. Objectively analyzed air-sea heat fluxes for the global oce-free oceans (1981—2005)[J].Bulletin of the American Meteorological Society, 2007, 88(4): 527-539.

[2] 曾庆存. 大气中的适应过程和发展过程(一)[J]. 气象学报, 33: 163-174.

[3] 叶笃正, 巢纪平. 论大气运动的多时态特征——适应、发展和准定常演变[J]. 大气科学, 1998, 22(4): 385-398.

[4] Wallace J M, Mitchell T P, Deser C. The influence of sea surface temperature on surface wind in the eastern equatorial Pacific: Seasonal and interannual variability[J].Journal of Climate. 1989, 2(12): 1492-1499.

[5] Xie S P. Satellite observations of cool ocean-atmosphere interaction[J]. Bulletin of the American Meteorological Society. 2004, 85(2): 195-208.

[6] Chelton D B, Schlax M G, Freilich M H, et al. Satellite measurements reveal persistent small-scale features in ocean winds[J]. Science, 2004, 303(5 660): 978-983.

[7] Maloney E D, Chelton D B. An assessment of sea surface temperature influence on surface winds in numerical weather prediction and climate models[J]. Journal of Climate, 2006, 19(12): 2743-2762.

[8] Lin P, Liu H, Ma J, et al. Ocean mesoscale structure-induced air-sea interaction in a high-

resolution coupled model[J]. Atmospheric and Oceanic Science Letters, 2019, 12(2): 98-106.

[9] Ma X., Coauthors. Distant influence of Kuroshio Eddies on North Pacific Weather Patterns[J]. Scientific Report, 2015, 5, 17785.

[10] Ma X, Chang P, Saravanan, et al. Importance of resolving Kuroshio front and eddy influence in simulating the North Pacific storm track[J]. Journal of Climate, 2017, 30(5): 1861-1880.

[11] Foussard A, Lapeyre G, Plougonven R. Storm tracks response to oceanic eddies in idealized atmospheric simulations[J]. Journal of Climate, 2018, 32: 445-463.

[12] Tokinaga H, Y Tanimoto, M Nonaka, et al. Atmospheric sounding over the winter Kuroshio Extension: Effect of surface stability on atmospheric boundary layer structure[J]. Geophysical Research Letters, 2006, 33(4), L04703.

[13] Jiang Y, Zhang S, Xie S P, et al. Effects of a cold ocean eddy on local atmospheric boundary layer near the Kuroshio Extension: In situ observations and model experiments[J]. Journal of Geophysical Research: Atmospheres, 2019, 124(11): 5779-5790.

[14] Wang Q, Zhang S, Xie S P, et al. Observed variations of the atmospheric boundary layer and stratocumulus over a warm eddy in the Kuroshio Extension[J]. Monthly Weather Review, 2019, 147(5), 2581-2591.

[15] Ma J, Xu H, Dong C, et al. Atmospheric responses to oceanic eddies in the Kuroshio Extension region[J]. Journal of Geophysical Research: Atmospheres, 2015, 120(13):6313-6330.

[16] Chen L, Jia Y, Liu Q. Oceanic eddy-driven atmospheric secondary circulation in the winter Kuroshio Extension region[J]. Journal of Oceanography, 2017, 73(3): 295-307.

[17] Dong C, Xu H, Ma J. Seasonal variations in atmospheric responses to oceanic eddies in the Kuroshio Extension[J]. Tellus, Series A. Dynamic Meteorology & Oceanography, 2016, 68, 31563.

[18] 陈隆京. 冬季黑潮延伸体海区海洋涡旋对大气的影响[D]. 中国海洋大学博士学位论文, 2017.

[19] Shan H, Dong C. Atmospheric responses to oceanic mesoscale eddies based on an idealized model[J]. International Journal of Climatology, 2019, 39(3): 1665-1683.

[20] Zhang X, Ma X, Wu L. Effect of mesoscale oceanic eddies on extratropical cyclogenesis: A tracking approach[J]. Journal of Geophysical Research: Atmospheres, 2019, 124:6411-6422.

冬季北太平洋两种不同类型的海面温度锋对大气的影响

胡海波*　白皓坤　李依然

(中国气象局-南京大学气候预测研究联合实验室/南京大学大气科学学院，江苏南京，210093)

(*通讯作者：huhaibo@nju.edu.cn)

摘要　北太平洋海洋锋区是海表温度水平梯度最大的区域，海洋锋区的变化如何强迫上空大气，是中纬度海洋-大气相互作用耦合反馈机制中有待明确的关键科学问题之一。根据海洋锋区空间尺度的不同，北太平洋海洋锋可分为海盆尺度海洋锋区、东海黑潮海洋锋区。本文回顾了这两类海洋锋区变化对冬季局地大气环流的影响研究，指出北太平洋海盆尺度的两支海面温度锋面（副极地海洋锋和副热带海洋锋）的存在对上空中纬度大气斜压性的维持都有作用。并特别指出，增强的副热带海洋锋区可通过引起低层大气的斜压 Rossby 波上传和随后的中高层大气正压波破碎及波流相互作用过程，导致冬季平均的高空西风急流增速。作为边缘海的东海黑潮海洋锋区内，暖（冷）海温异常对应局地上空低层大气的风速增加（减速），且海洋性大气边界层结构、低层云量等也有显著变化；发现了不同背景风向下，东海黑潮海洋锋对上空海洋性大气边界层的影响差异，并揭示了该海域与降水密切相关的风场日内变化事件的存在机制。

关键词　冬季；北太平洋；海洋涡旋；海洋锋区；次表层海洋

海洋锋区作为中高纬度海洋-大气相互作用中极为关键的区域，一直是海洋科学及大气科学领域的研究重点之一。根据海洋锋区时空尺度的不同，相关研究可分为海盆尺度海洋锋区的研究以及中小尺度海洋锋区的研究。海盆尺度的海洋锋区空间尺度在数千公里以上，主要包括副热带海洋锋区（Subtropical Frontal Zone，STFZ）以及副极地海洋锋区（Subarctic Frontal Zone）等。相关研究[1-5]表明，海盆尺度的海洋锋区对于天气尺度瞬变涡旋活动、大气斜压性、大尺度大气环流及高空西风急流与风暴轴具有显著的影响,具有明显的年代和年代际周期,与长期的海温异常主要模态太平洋年代际振荡(Pacific Decadal Oscillation, PDO)以及北太平洋涡旋振荡(NPGO, North Pacific Gyre Oscillation)之间存在密切的联系。在冬季北太平洋海盆,至少存在两条主要的纬向延伸的海温经向梯度带状大值区,其中偏南的一条位于 28°N～32°N 附近,跨越整个北太平洋海盆,被记为北太平洋副热带海洋锋区[6,7]。副热带海洋锋与北太平洋副热带逆流相依并存,与海面风场变化关系密切。另一条大值带位于 42°N 附近,记为北太平洋副极地海洋锋区。已有观测研究表明,这种海盆尺度的海洋锋区是中纬度海洋影响上空大气的显著区域,并表现为显著的大尺度海温负(正)异常对应高层大气西风急流的加速(减弱),但具体机制有待进一步明确[5,8]。

而空间尺度在几公里到千公里的中小尺度海洋锋区,相关研究[6,9-16]表明,这种中小尺度海洋锋区会对海表面的大气风应力、大气边界层、低云云量有着非常重要的影响,主要表现为暖(冷)海水上空的低层大气中显著的风速加快(减慢)。在大气边界层内,海洋锋至少可以通过两种机制影响上空大气:一种为 Wallace 等[17]提出的近表面动量"垂直混合机制",另一种为 Lindzen 和 Nigam[18]提出的海平面"气压调整机制"。海洋锋不仅能显著影响上空边界层大气和表面风速[19],还有利于大气深对流活动的产生。徐海明等[20]利用多种再分析气象资料和全球大气环流模式,给出了春季西北太平洋副热带海洋锋的变化特征及其对西北太平洋区域气候的影响。此外,白皓坤等[16]观测到了东海黑潮海洋锋强度变化所引起的上空冬季海洋性大气边界层的变化,但其具体影响机制有待进一步揭示。可见,冬季北太平洋的两支海盆尺度的海洋锋对于中纬度大气环流都有着显著的影响,但是其具体的影响机制尚不明确。

1 北太平洋中主要海洋锋区的基本特征

海洋锋区作为中高纬度海洋-大气相互作用中极为关键的区域,一直是海洋科学及大气科学领域的研究重点之一。根据海洋锋区时空尺度的不同,相关研究可以分为海盆尺度海洋锋区的研究及边缘海内中小尺度海洋锋区的研究。

1.1 北太平洋海盆尺度海洋锋区的时空分布特征

海盆尺度的海洋锋区空间尺度在数千公里以上,在北太平洋存在着两条非常显著的 SST 经向梯度大值区,分别是副热带海洋锋区(Subtropical Frontal Zone, STFZ)及副极地海洋锋区(Subarctic Frontal Zone, SAFZ)。这两条海盆尺度的海洋锋区呈纬向东西分布，几乎横跨整个北太平洋海盆，并且在强度上，北边的副极地海洋锋区的 SST 经向梯度要强于南边的副热带海洋锋区(图 1)。

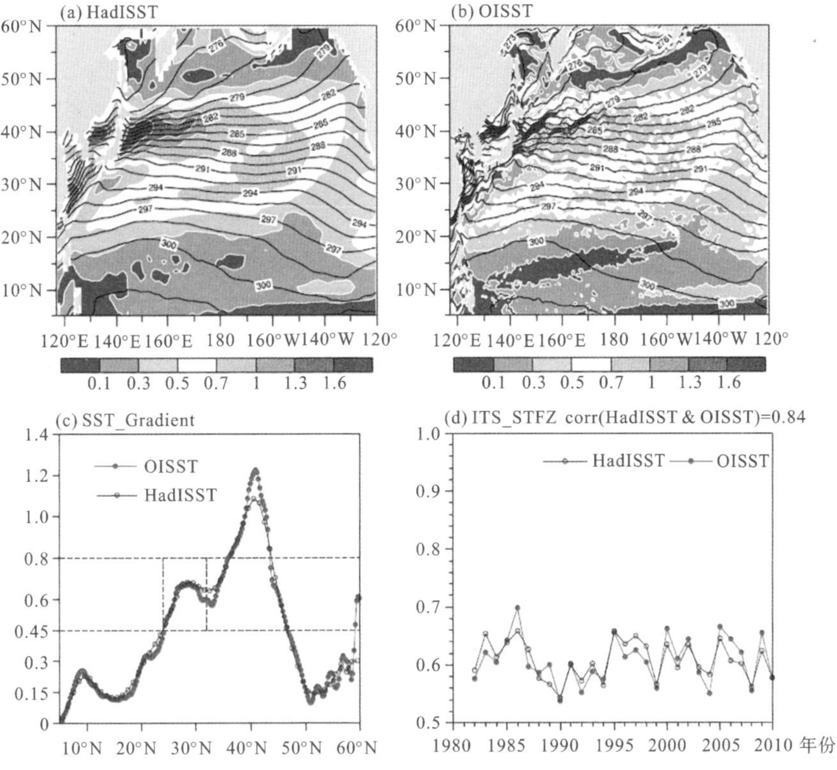

图 1 不同数据中冬季北太平洋海面温度锋面强度(引自参考文献[8])

已有大量研究表明[4,5,8,21,22]，海盆尺度的副极地海洋锋区对于天气尺度瞬变涡旋活动、大气斜压性、大尺度大气环流、高空西风急流与风暴轴都具有显著的影响，与长期的 SST 异常主要模态太平洋年代际振荡以及北太平洋涡旋振荡之间存在密切的联系。

但是，位于 28°N 附近北太平洋中部西风带和信风带的切变区存在着另一条海盆尺度的海面温度锋(副热带海洋锋)，其形成与东北信风和西风气流之间的 Ekman 辐合，以及北太平洋副热带逆流的存在均有着密切的关系；而副极地海洋锋区则位于 40°N 附近的黑潮与亲潮及其二者延伸体的交汇区域，由于黑潮及其延伸体向北输送的暖水以及亲潮及其延伸体向南输送冷水在此区域汇合，从而产生了极强的海温经向梯度，并且副极地海洋锋区的强度变化通常上与亲潮的变化更加密切[23]。与之相比，副极地海洋锋区的垂直结构则较浅，其海温梯度主要位于海表，一般认为，只存在海表面这一条显著的表层海洋锋区[23]。此外，副热带表层海洋锋区及副极地海洋锋区都存在着显著的季节变化，一般在冬、春季强度较强，夏、秋季则较弱，而副热带次表层海洋锋区则终年稳定存在[25,26]。

1.2 东海黑潮海洋锋区时空分布特征

东海黑潮海洋锋区是西北太平洋非常重要的中小尺度海洋锋区，对中国沿海区域天气气候的影响极为显著。作为西北太平洋的边缘海域，东海海底地形较为复杂，主要沿着大陆架的方向从西北向东南方向逐渐加深，东北部通过对马海峡与日本海相通，西北部与黄海相接，西南部通过台湾海峡与南海相连，东侧为琉球群岛，通常也被认为是东海与西北太平洋的自然分界线。而黑潮作为西北太平洋非常强劲的一支西边界流，起源于北赤道暖流在菲律宾群岛东岸转向的北向分支，流经吕宋海峡、台湾海峡，并且沿着东海的大陆陆坡向东北方向流动，一直在 40°N 附近与起源于白令海区的亲潮寒流交汇，最终汇入北太平洋环流，流速强、流量大、流幅窄、流路远，是全球海洋环流中非常重要的组成部分，对于经向的热量、动量输送都有着不可忽视的作用[7,27,28]。

在关于黑潮的研究中，通常将黑潮主流从台湾海峡汇入东海的部分称为“东海黑潮”。而在冬、春季，由于黑潮暖流的存在使得高温高盐水团从低纬度海洋被带到中高纬度。同时东亚冬季风带来的连续的寒潮活动使得东海陆架水温较冷，因此，在东海黑潮暖水与陆架冷水的强烈对比之下，SST 急剧变化，因此形成了非常强的海洋温度锋区，称为东海黑潮海洋锋区。东海黑潮海洋锋区与东海黑潮主流的分布一致，从台湾岛东北侧开始，沿琉球群岛西侧，向东北指向日本群岛西岸，基本呈西南—东北走向[27,28]。由于东海黑潮海洋锋区是由黑潮暖水与陆架冷水之间强烈的海温变化形成，因此有着非常显著的季节变化，通常在冬季最强，宽度也最宽，春季次之，在夏秋季锋区主轴向北移动并且变弱变窄甚至消失[29]。东海黑潮海洋锋区除了具有显著的季节变化之外，也具有明显的年际与年代际变化。由于东海黑潮海洋锋区的位置与强度主要由黑潮与冬季风活动控制，因此其年际变化与年代际变化也与这二者的变化息息相关，其中黑潮的影响更为重要。在强度上，黑潮具有 2 年、4～5 年和 22 年的准周期，并且在 1976 年发生突变，其流量在 1976 年以后有着非常显著的增强，因此，在年代际尺度上有着显著的增强趋势；而在位置上，东海黑潮海洋锋区有着准 10 年周期的移动，在 20 世纪 80 年代和 90 年代中期以南移为主，90 年代初期则以北移为主[1,30]。垂直结构上，东海靠近大陆架，具有相当复杂的海底地形，东海黑潮海洋锋区又位于海温较高的黑潮暖水与垂直混合强烈的陆架低温冷水之间，因此，东海黑潮海洋锋区在垂直方向上从表层到靠近海底大陆架的较深的海水中都显著存在，并且垂直结构变化较小，都与东海黑潮主流方向较为一致，与其余陆架锋的特点相同，其最大海温梯度一般不在表层，而是位于 200～300 m 深度的较深海域。此外，在东海黑潮暖水向陆架冷水的入侵过程中，流速切变的非线性作用使得黑潮海洋锋面存在一定的弯曲，通常会伴随着典型的中小尺度锋面涡旋活动，东海黑潮海洋锋区的海洋涡旋活动对于海气之间物质与能量的交换有着重要作用，也是黑潮及其延伸体区域小尺度海洋-大气相互作用中非常关键的物理过程[30-32]。

2　北太平洋冬季海盆尺度海洋锋区对上空大气影响

关于海盆尺度海洋锋区对于上空大气的影响，目前已经有大量研究表明，海盆尺度的海洋锋区会对天气尺度瞬变涡旋活动、大气斜压性、大尺度大气环流、高空西风急流与风暴轴具有显著的影响，并且通常与年际年代际的变化有着密切联系[1-5,8,21,22,33]。

在北太平洋，两条海盆尺度海洋锋区分别位于中纬度和副热带，因此，二者对于上空大气的影响及其机制也有所差异。在中纬度，大气具有相当强的斜压性，有着非常活跃的大气瞬变涡旋活动，形成有规模的中纬度风暴轴，而这些强盛的天气尺度瞬变涡旋扰动是中纬度大气环流重要的组成部分，对于大气中热量、动量的径向输送以及重新分配都有着不可或缺的作用[32]。而大量的观测证据表明[34]，在全球海洋上空，风暴轴的中心位置与海洋锋区的位置具有非常好的对应关系，风暴轴的位置往往被锚定于主要的海盆尺度海洋锋区上空，在北太平洋，副极地海洋锋区与上空的风暴轴也具有相当好的空间配置关系。为了解释中纬度海盆尺度海洋锋区对于上空大气瞬变涡旋活动的作用，Nakamura[35]等通过理想水球试验提出了目前被广泛认可的“海洋斜压调整机制”。海洋斜压调整机制指出，副极地海洋锋区可以维持大气低层的斜压性，从而使得上空强盛瞬变涡旋活动以及风暴轴得以维持。其具体过程为：中纬度大气存在的大量瞬变涡旋活动会将热量由低纬向高纬输送。在这个热量输送的过程中，由于副极地海洋锋区上空南北两侧的大气低层气温存在明显的差异，因此，副极地海洋锋区南北两侧的海气之间的热量通量交换也存在着显著的差异，暖侧较强，冷侧较弱，并且在从低纬跨越锋区向高纬时迅速减弱，而热量从低纬向高纬的输送使得副极地海洋锋区南侧大气低层温度降低而北侧升高，导致大气低层温度梯度降低、斜压性减弱，同时从低纬向高纬的热量输送对于海洋来说，会造成副极地海洋锋区南侧 SST 高于低层大气温度，而北侧 SST 低于大气温度，这样的海气温差会导致在副极地海洋锋暖水侧有向上的海表湍流热通量输送而冷水测有向下的热通量输送，经过 1～2 天，海气之间海表面热通量的输送又会使得大气低层温度在锋区南侧升高而在北侧降低，因此，被瞬变涡旋活动所减弱的大气低层经向温度梯度和斜压性由于海洋锋区的参与又得到了恢复。海洋斜压调整机制被大量的观测和数值试验证明，在中纬度海盆尺度海洋锋区影响上空大气风暴轴位置和强度的过程中有着至关重要的作用[36]。

而副热带海洋锋区位于 28°N 附近北太平洋中部，位置较副极地海洋锋区偏南，平均海温较高但是海洋锋区强度较弱。已有的研究表明[5,8,22,26,37]，副热带海洋锋区既可以通过影响海表热通量交换及 SST 平流，作用于副热带海洋锋区向大气的热量、动量和水汽输送，从而影响大气的对流活动，对副热带区域的对流降水产生显著的影响；也可以通过影响上空大气斜压性，从而影响到上空大气瞬变涡旋活动以及急流的强度；还会与副热带海洋锋区北侧的大气环流、上游的大气扰动等因子共同作用，来维持其上空低层大气斜压性和风暴轴的持续性异常，从而将西风急流的位置锚定在 25°N～45°N。此外，副热带海洋锋区除了海表的表层海洋锋区，在次表层还存在着一条强度更强的次表层海洋锋区[24]。Chen 等[24]的工作证明，次表层海洋与海表的副热带海洋锋区之间存在一定的耦合关系。在副热带海洋锋区上空，西风急流可以通过热通量的交换造成 SST 负异常，并通过垂直方向的温度输送进而影响次表层海温，再影响到 SST，通过大气斜压性进一步影响西风急流(图 2)。

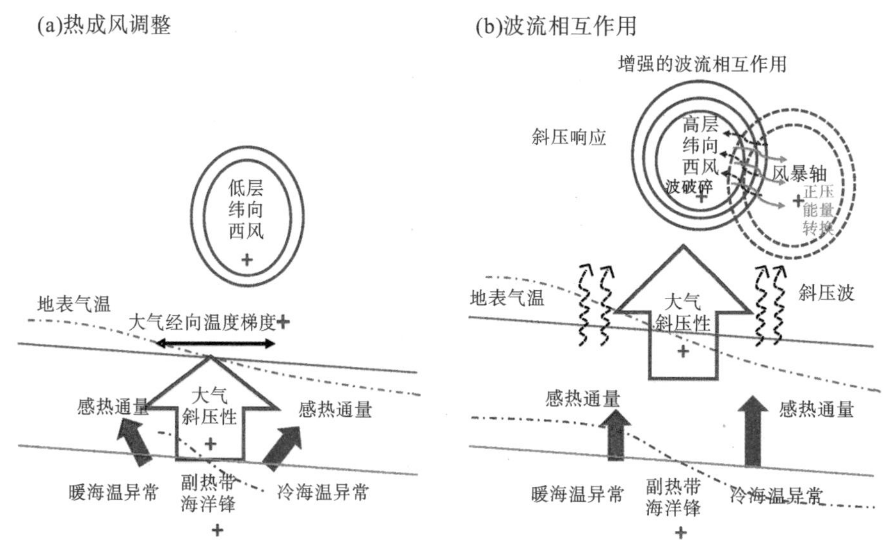

图 2　冬季 STFZ 强度年际变化引起西风急流年际变化的机制示意图(引自参考文献[5])

此外，在北太平洋上，副热带海洋锋区和副极地海洋锋区本身及其影响大气的过程中，二者并非是互相独立的。Wang 等[22]通过计算副热带海洋锋区和副极地海洋锋区二者的强度指数与位置指数发现，二者位置指数之间存在显著的负相关，而强度指数之间存在显著的正相关，并且二者与北太平洋 SST 的两个主要异常模态 PDO、NPGO 密切相关。当北太平洋 SST 异常为 PDO 正位相时，副热带海洋锋区增强而副极地海洋锋区向低纬移动，对应着海洋锋区上空西风急流的加速；而当北太平洋 SST 异常为 NPGO 正位相时，副极地海洋锋区增强且副热带海洋锋区向高纬移动，对应着整层西风急流向极移动。因此，北太平洋存在的两个主要的海盆尺度海洋锋区之间是互相联系且共同影响上空大气的。

3　东海黑潮锋区对局地低层大气的调整

3.1　观测研究

在观测中，使用高分辨率的卫星遥感观测资料以及新一代的再分析资料，海洋锋区对海表面风场的影响的研究结果表明[38]，在全球海洋锋区，特别是在东海黑潮海洋锋区流经流域，冬、春季 SST 与海表面风速之间存在明显的正相关关系，即暖 SST 区对应于海表面风速的大值区，而冷 SST 区则刚好与海表面风速的小值区相对应，这体现了海洋锋区对上空大气，特别是对大气边界层内大气的直接强迫作用。Small 等[6]通过对全球主要中小尺度海洋锋区附近的风应力和 SST 进行分析发现，在经过空间高通滤波之后，风应力和 SST 之间存在着非常一致的同位相变化，在锋区 SST 偏暖的海域上空对应着风应力的正异常，而在锋区 SST 偏冷的海域上空对应着风应力的负异常。Minobe 等[13,38]利用高分辨率的卫星遥感资料，在墨西哥湾流区域建立了海洋锋区小尺度 SST 结构与上空对流层大气之间的耦合关系发现，湾流海洋锋区导致的显著风场辐合会造成局地环流异常，使得向上的垂直速度增强，并且锋区的作用会一直影响到对流层高层，从而对海洋锋区上空低云云量产生影响，使得湾流上空降水显著增强，进而形成明显的降雨带，对北美的气候产生重要影响。Xu 等[14]证明，在东海黑潮海洋锋区，也存在着海表面风速以及海表面风辐合的极大值，并且存在着类似的过程，使得东海黑潮海洋锋区上空的降水产生显著增强，对东海黑潮海洋锋区以及中国沿海区域产生重要的气候效应。郭春迓和刘秦玉[39]利用卫星观测资料发现，对于黑潮及黑潮延伸体的海洋锋区，在年际尺度上，由于海洋锋区的辐合上升运动，对流性降水都会被锚定在海洋锋区上空，尤其是在锋面暖侧，锋面强度的偏强或偏弱会直接导致对流性降水偏多或偏少。但是，由于高精度持续观测资料的缺乏，并不能给出海面温度锋强度变化对上空大气特别是边界层的长期统计特征，而且有关东海黑潮海洋锋区对于上空低层大气影响的机制解释目前还不明确。

关于中小尺度下海洋锋区影响海表面风的机制，目前存在两种主要理论：海平面气压调整机制[18]和垂直混合机制[17]。在气压调整机制假设中，设计了一种理想的边界层模型，该模型假设海洋大气边界层垂向混合均匀，忽略 700 hPa 以上更高层大气的影响，把 700 hPa 以下简化成一层，MABL 的水平热力结构直接受到 SST 的控制。赤道海域的暖 SST 使上空边界层空气增暖，海平面气压降低；反之，冷 SST 区域使空气变冷，海平面气压相应升高。在不考虑科氏力影响下，海平面气压梯度异常产生于海洋温度锋区上空，并进而驱动了异常海表面风的出现。随后，Minobe 等[13]考虑科氏力影响后，研究了湾流和黑潮海域海面气压调整机制对海面风场的作用。他们的工作同样证明了海面气压调整机制在中纬度中小尺度海气耦合作用中的重要性，特别是海洋温度锋对海面风旋度和散度的调控作用。此外，他们提出了利用诊断海平面气压（Sea-Level Pressure，SLP）的拉普拉斯算子（Laplacian）和海表面风散度二者之间关系的方法，来判断 SLP 调整机制是否起作用，这种方法为后续的大量研究所采用[15,40,41]。

但在一些观测分析中发现，海表面风速与气压梯度力的异常分布并不总呈现以上的对应关系。某些时候观测得到的风速异常最强区域并不在海洋锋区，而是出现在 SST 异常的极大值区。这种现象并不能用 SLP 调整机制来解释，而是体现了垂直混合机制的存在。在垂直混合机制中，海洋锋冷暖两侧的 SST 有着显著的不同，而海洋与大气的温差会直接影响到海洋与大气之间的热通量交换。尤其是在冬季，西边界流的暖水从热带向中纬度输送，会在北太平洋的黑潮区域以及北大西洋的湾流等区域形成显著的海洋锋区，这些海洋锋区存在的海域是全球海洋对大气加热最多的海域。海洋锋区的海温异常可以持续影响上空大气，从而在海洋锋区的暖侧造成海洋向大气的热通量增加，而海洋锋冷侧造成海洋向大气的热通量减少。这不同于传统的海洋-大气相互作用观点中，海表的热通量异常决定于大尺度 SST 场与大尺度环流场的异常，而是在海洋锋区附近，暖洋面上空的 MABL 层结处于不稳定或弱稳定状态，有利于大气动量的垂直传输，将 MABL 顶的动量下传到 MABL 底部，使海表面风速增加。该 MABL 内部的动量垂直混合机制可以很好地解释中小尺度 SST 和海表面风速同位相变化的现象。即高 SST 使得边界层大气变得不稳定，垂直混合增强，把高空的动量传递到海表面，导致暖 SST 上空海表面风速增强；反之，冷 SST 区大气的稳定度增大，大气边界层内湍流混合受抑制，海表面风速减小。当海表面风平行于 SST 等值线时，由于垂直混合机制的存在，产生风应力旋度异常，而当海表面风垂直于 SST 等值线时，则可能导致风应力散度异常的出现[17]。

这两种机制都反映了边界层大气向 SST 的调整，尤其是海洋锋区在影响边界层大气时的重要作用，但是关于垂直混合机制和气压调整机制对中小尺度海洋-大气相互作用的重要性对比，目前的研究仍存在较大争议。通过直接的观测数据分析和海洋涡旋尺度下的大气边界层数值模拟，一些研究证明了垂直混合机制对大气边界层影响的重要性[42]。而另一些区域数值模拟的结果却表明 SLP 调整机制在中纬度中小尺度海洋-大气相互作用中更加重要[6,12]。O'Neill 等[11]利用卫星数据和浮标资料分析发现，在不同季节的背景态下，相同海域内的中小尺度海洋-大气相互作用的具体机制存在差异。Liu 等[43]基于卫星观测数据、船舶观测数据和高分辨率的再分析资料，分别在天气尺度和月以上的长时间尺度，研究了气压调整机制和垂直混合机制在海表面风对东海黑潮锋的响应过程中的作用,并将二者在时间尺度上统一起来。Liu 等[43]进一步采用了矢量风和标量风来反映东海黑潮海洋锋区上空的海表面风场在不同时间尺度上的响应,结果证明,矢量风与标量风对东海黑潮锋均存在明显的响应,但其响应极值区相对海洋锋区的位置关系迥异。矢量风大小在海洋锋区处最强;而标量风在海洋锋区的暖水侧达到最大值,且与海气温差的极大值位置相同。即标量风与 SST 为同位相变化,而矢量风大小与 SST 存在 90°空间位相差。由于标量风与矢量风大小代表了不同时间尺度风场的能量,二者的空间位相差表明,小尺度 SST 影响海表面风的两个物理机制在不同时间尺度上起作用,气压调整机制和垂直混合机制的相对重要性高度依赖时间尺度,气压调整机制在长时间尺度上更加重要,而垂直混合机制则是在天气尺度上的作用更加明显。Xu 和 Xu[15]采用卫星资料以及数值模拟研究中国东海黑潮海洋锋区内的海洋-大气相互作用时进一步证明,在不同季节,SLP 调整机制和垂直混合机制都会起一定的作用,但是两者的重要性对比在不同季节是不一样的。刘秦玉等[44]综合观测分析和数值模拟发现,在黑潮以及黑潮延伸体的海洋涡旋影响上空大气的过程中,气压调整机制和垂直混合机制与海洋涡旋上空大气的移动速度密切相关,当海洋涡旋上空大气运动较慢时,大气对海洋涡旋的响应表现以气压调整机制为主,而海洋涡旋上空大气的运动较快时,大气对暖(冷)涡的响应以垂直混合机制为主,海表面风速在暖(冷)水上加(减)速,海表面风强辐合出现在暖水的背景风下游一侧,并从暖水上空携带了大量水汽;通过水汽凝结与海面辐合上升之间的正反馈机制,为导致大气中出现强对流提供了必要条件。因此,对于为什么这两种机制会存在如此显著的差异的问题,目前虽然有了一定的假设,但是具体的原因仍然没有得到解决。

白皓坤和胡海波等[45]在东海黑潮处的研究发现了海洋锋区内与降水耦合的大气风场日变化事件的存在,揭示了其形成机制并初步给出了其对于我国南方区域冬季强降水的气候效应。其结果表明,在冬季黑潮海洋锋区,当上游冬季风减弱,边界层内垂直混合减弱时,由黑潮海洋锋区热力效应引起的冷暖两侧的边界层高度梯度增强,有利于水汽从黑潮暖侧向冷侧,特别是向边界层以上自由大气的输送,并在海洋性边界层顶部产生显著的水汽辐合,进而在黑潮海洋锋区邻近区域产生显著的降水异常。由全型位势涡度倾向方程,降水释放的潜热会迫使边界层内出现气旋异常,该气旋异常导致黑潮海洋锋区上空垂直上升运动和东南风异常,使更多的水汽进入自由大气再次增强局地降水。这样一个海洋锋区上空海洋性大气边界层内的“大气边界层水汽输送—降水—涡度—风场”正反馈机制的存在,最终导致了黑潮海洋锋区上空局地风场显著的日内变化存在(图 3)。

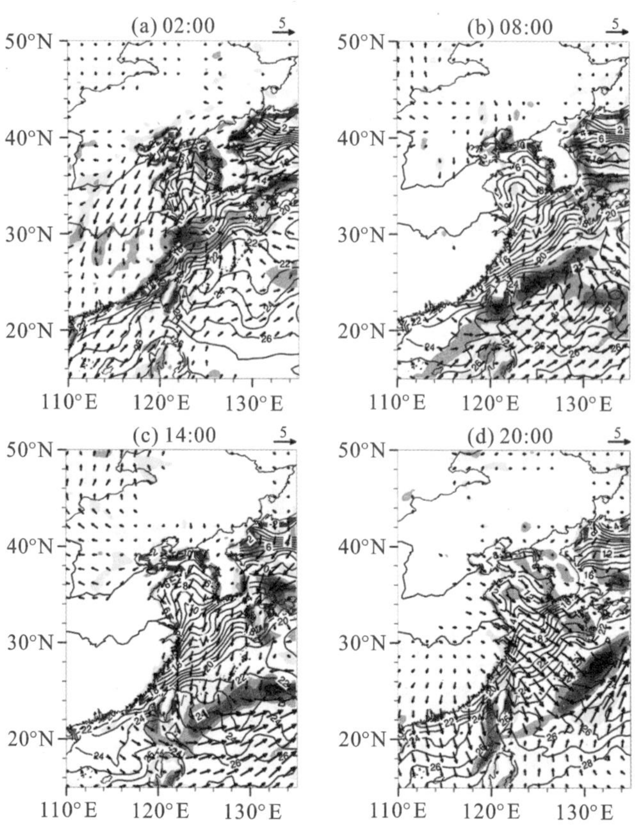

图3 1979—2019年冬季CFSR数据中在东海黑潮海洋锋区上空,风场异常(箭头;m/s)和涡度异常(填色;10^{-5}/s)的日变化。(a) 02:00 LT;(b) 8:00 LT;(c) 14:00 LT;(d) 20:00 LT(引自参考文献[46])

在海洋锋区,除了海洋温度锋本身,还存在着大量的海洋涡旋,而海洋涡旋也会对大气产生一定的影响[46]。Aoki等[47]研究发现,北太平洋上存在两个涡漩活动的纬向高值带。北侧的高值带位于黑潮延伸体区,它是一支伴随有大量涡旋的纬向型海洋急流;南侧的高值带位于副热带地区,从吕宋海峡一直延伸至夏威夷群岛。Nonaka等[48]研究发现,当日本以南出现冷性海洋涡旋时,附近黑潮的路径会发生变化,这会显著影响局地的风速、云量和降水。Ma等[31]运用动态合成的方法,选取中尺度海洋涡旋个例,对其中心附近海表面温度、海表面风速、热通量进行分析,发现海表面温度与风速的正相关关系清晰可见,感热、潜热通量与海表面温度也近乎是同位相变化。Nakamura[35]研究发现,当黑潮弯曲时,副热带气旋远离日本南部海岸,且趋向于消散;而黑潮直行时,气旋则靠近日本南部海岸,维持的时间较长;蛇形路径时气旋的发展速率比直行时小41%。实际上,气旋路径和强度的变化正是大气瞬变扰动强度变化的反映。包括我们已有研究[31,46]发现,中尺度海洋涡旋能够影响大气瞬变扰动的强度,这种影响不仅发生在大气边界层,甚至在自由大气中低层也有比较清晰的反映。大气瞬变扰动强度在暖(冷)涡下游上空出现极大(小)值,这主要是由于大尺度环流的平流作用。此外,斜压转换能量相对正压能量转换在中尺度海洋涡旋对大气瞬变扰动的影响过程中更加重要。

3.2 冬季东海黑潮海洋锋区对低层大气影响的数值研究

为了弥补中小尺度海洋锋区在冬季对上空低层大气的研究中、有限的现场观测资料对于异常事件描述的不足,更清楚地研究冬季东海黑潮海洋锋区对低层大气的影响,前人还采用了高分辨率的数值模式来研究东海黑潮海洋锋区与上空大气的联系及其机制。

Small 等[36]利用一个较高空间分辨率气候模式研究了中小尺度海洋锋区对于上空大气的影响,结果表明,在整个对流层都存在着大气对于海洋锋区的响应信号。并且,当改变下垫面条件、减弱海洋锋区的强度时,上空大气的响应、尤其是瞬变涡旋活动的强度以及水汽通量都会产生明显的降低,不仅低层大气响应发生改变,中高层大气也有着显著的变化。但是,目前对于中小尺度海洋锋区影响中高层大气的机制仍然未得到解释。Xu 和 Xu[15]使用高分辨率的天气预报模式(Weather Research Forecasting model, WRF),进一步选取不同背景风下的某个时刻典型观测个例,再现了冬、春季东海黑潮海洋锋区附近海洋温度锋与海表面风速之间的正相关关系。后续一系列研究[49-51],证明了不同背景风存在会对天气时间尺度下中纬度海洋-大气相互作用产生影响,在黑潮上空的大气背景风向不同时,东海黑潮海洋锋区与其上空大气之间的响应关系也会发生改变。Kilpatrick 等[52]同样利用 WRF 模式,设计了一个干大气理想二维数值试验来研究大气对中纬度中小尺度 SST 锋区的响应,结果表明,海洋锋区会在自由大气中诱发一个沿着锋面方向的风场异常,并且其峰值强度正好位于 MABL 之上。此外,对于跨越海洋锋区的背景风来说,大气的响应几乎都是准地转的。Schneider 和 Qiu[53]利用一个简单的理论数值模型,设计了以正弦型 SST 场为下垫面的 SST 分布,定量诊断了由于垂直混合机制以及气压调整机制所带来的风场异常,发现了不同大气背景下垂直混合机制和气压调整机制对于风场异常的贡献是有着显著差异的。并且已有的数值研究已经指出,不同包含了海气耦合过程的直接观测数据和再分析数据,通过数值模式尤其是 SST 强迫的单独大气试验中,模拟得到的上空低层大气响应可以更好地体现 SST 场、特别是海洋锋区强度对于低层大气的直接强迫。因此,在中小尺度海洋锋区对上空大气的特征和机制研究中,SST 强迫的数值模式试验设计是非常必要的。但是,这些已有的数值模式研究大都针对一些典型的个例进行研究,而没有进行长期的统计检验。并且,虽然边界层内大气对于海洋的响应是非常快速的过程,但仍然需要一定的时间(1～2 天)[53],而大多数模式研究中并没有考虑边界层大气响应时间所带来的影响。因此,目前的数值研究中仍然缺乏可靠的考虑边界层大气响应时间的长期高分辨率模拟。

白皓坤和胡海波等[16]在天气尺度上，利用一系列的 SST 强迫试验的诊断分析，给出了冬季东海黑潮海洋锋区对上空低层大气的影响过程，诊断了气压调整和垂直混合机制在黑潮海洋锋区影响低层大气过程中的相对贡献，揭示了大气背景环流在海洋锋区强迫低层大气中的作用及具体机制。其研究表明，冬季东海黑潮海洋锋区存在三种持续背景盛行风：沿着海洋温度锋的东北风、跨越海洋锋区从暖水向冷水的东南风及跨越海洋锋区从冷水向暖水的西北风。在不同大气背景下，海洋锋区对于上空低层大气的影响存在显著的差别。在沿海洋温度锋的东北风持续背景风事件下，海洋可以通过海表面气压调整机制强迫大气边界层，此时标量风和矢量风的变化是较为相似的；而在跨越海洋锋区由冷侧向暖侧的西北风持续背景风下，垂直混合强迫机制和气压调整机制都有着重要作用，并且标量风和矢量风的垂直结构有着显著的不同。标量风变化的最大值出现在黑潮海洋锋区主轴上空，而矢量风变化的最大值出现在海洋锋暖侧上空。在跨越海洋锋区由暖侧向冷侧的东南风持续背景风事件下，则是垂直混合机制占据了主导地位，此时矢量风主要是在暖侧增强而在冷侧降低，标量风在海洋锋区主轴上空有着明显的增强，并且其最大值出现在边界层之上（图 4）。

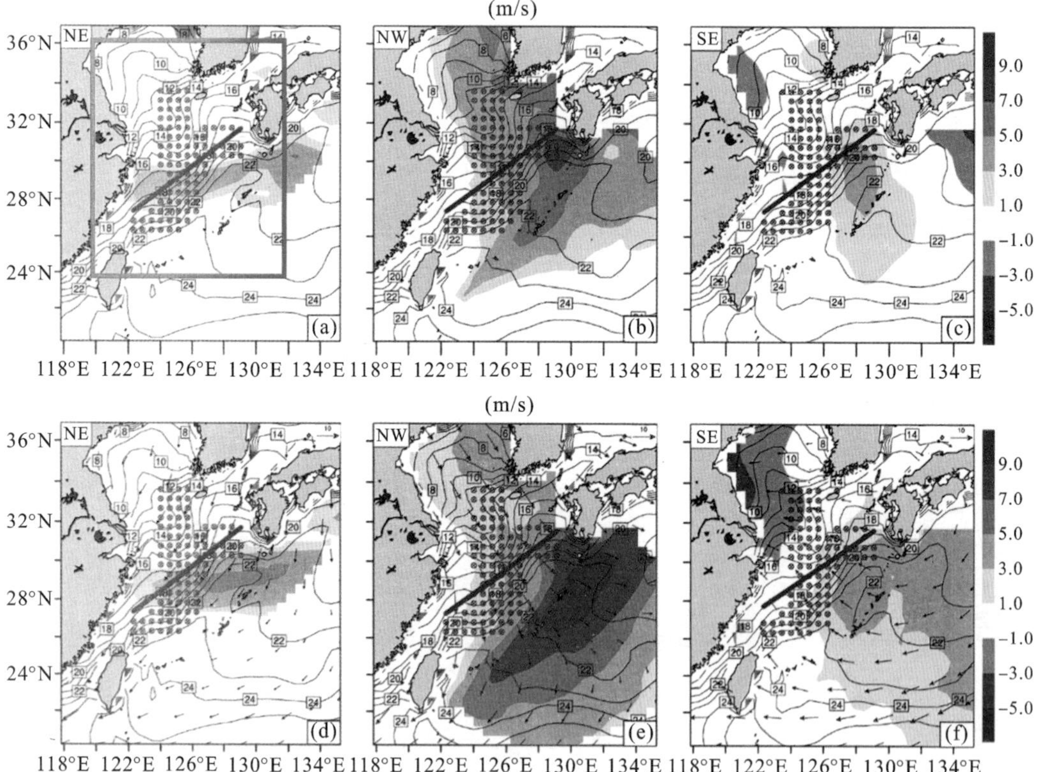

图 4　三种不同背景风向持续事件下 SST（等值线：℃）、10 m 风速异常（填色：m/s）与矢量风异常（箭头：m/s）的分布。(a)(d)为东北背景风持续事件；(b)(e)为西北背景风持续事件；(c)(f)为东南背景风持续事件。(a)(b)(c)为标量风；(d)(e)(f)为矢量风（引自参考文献[16]）

4 结论和讨论

海洋锋区是冷暖海水的交汇区域，也是海表温度水平梯度的大值区域。该区域内的海洋-大气相互作用也是物理海洋学和气象学共同关心的热点研究方向。根据海洋锋区空间尺度的不同可以分为海盆尺度海洋锋区和区域海域内的海洋锋区。本文回顾了北太平洋海域内海盆尺度的副热带海洋锋和我国东海黑潮海洋锋的存在对上空海洋性大气边界层以及中高层大气的影响。已有研究指出，海盆尺度的副热带海洋锋区强度的年际变化，首先通过海洋锋冷暖两侧的局地感热异常，引起低层冬季大气经向温度梯度的改变，进而引起上传的斜压 Rossby 波异常，在中高层大气波流相互作用过程后，最终导致了冬季平均的高空西风急流变化。在东海黑潮海洋锋区内，东海黑潮海洋锋对上空海洋性大气边界层的影响与其上空的天气尺度大气背景持续风场密切相关。而在日内时间尺度上，已有研究揭示了东海黑潮海洋锋区存在特殊的风场日变化事件。海洋锋所导致的海洋性大气边界层高度梯度大值以及局地降水和涡度的正反馈机制是该事件产生的必要因素。

以上国内外的研究现状回顾表明，伴随大量海洋涡旋活动的两类海洋锋区是西北太平洋非常重要的海域，与局地大气具有强烈的热量、动量等交换。海洋锋区会对局地大气环流、尤其是边界层内大气以及局地的气候变化产生重要的影响。但对于冬季海盆尺度与中小尺度的海洋锋区和上空大气的耦合关系及其机制仍然存在诸多不确定的问题。并且已有的研究大多关注海表面锋与大气的关系，但次表层海洋锋的作用不应忽视，同时海洋锋区存在的大量海洋涡旋活动对于上空大气的影响也应该充分考虑。那么，在冬季北太平洋海盆尺度的副热带海洋锋区和副极地海洋锋区，以及中小尺度下的东海黑潮海洋锋区各自的演变特征是怎样的？它们的变化会如何影响上空大气（海洋性大气边界层和中高层大气）？具体机制又是什么？众多海洋涡旋的空间分布在这一强迫过程中起到什么作用？此外，对于副热带海洋锋区，次表层海洋锋区的影响过程与表层海洋锋影响大气的过程有何异同？能否利用区域海气耦合模式，给出伴随海洋涡旋分布下、北太平洋的各个海洋锋区与大气的相互影响机制等一系列科学问题，都有待进一步解决。

致谢

感谢中国海洋大学刘秦玉教授提出的宝贵修改意见和建议。本文受国家自然科学基金委面上项目（42175060）和江苏省科技厅面上项目（BK20201259）资助。

参考文献

[1] Nakamura H, Kazmin A S. Decadal changes in the North Pacific oceanic frontal zones as revealed in ship and satellite observations[J]. Journal of Geophysical Research: Oceans, 2003, 108(C3), 3078.

[2] Nakamura M, Yamane S. Dominant anomaly patterns in the near-surface baroclinicity and accompanying anomalies in the atmosphere and oceans. Part I: North Atlantic basin[J]. Journal of climate, 2009, 22(4): 880-904.

[3] Nakamura M, Yamane S. Dominant anomaly patterns in the near-surface baroclinicity and accompanying anomalies in the atmosphere and oceans. Part II: North Pacific basin[J]. Journal of climate, 2010, 23(24): 6445-6467.

[4] Taguchi B, Nakamura H, Nonaka M, et al. Influences of the Kuroshio/Oyashio Extensions on air-sea heat exchanges and storm-track activity as revealed in regional atmospheric model simulations for the 2003/04 cold season[J]. Journal of Climate, 2009, 22(24): 6536-6560.

[5] Chen Q, Hu H, Ren X, et al. Numerical simulation of midlatitude upper-level zonal wind response to the change of North Pacific subtropical front strength[J]. Journal of Geophysical Research: Atmospheres, 2019, 124(9): 4891-4912.

[6] Small R J, deSzoeke S P, Xie S P, et al. Air-sea interaction over ocean fronts and eddies[J]. Dynamics of Atmospheres and Oceans, 2008, 45(3-4): 274-319.

[7] 徐蜜蜜，徐海明，朱素行. 春季我国东部海洋温度锋区对大气的强迫作用及其机制研究[J]. 大气科学，2010，34(6)：1071-1087.

[8] Wang L Y, Hu H B, Yang X Q. The atmospheric responses to the intensity variability of subtropical front in the wintertime North Pacific[J]. Climate Dynamics, 2019, 52(9): 5623-5639.

[9] Chelton D B, Schlax M G, Freilich M H, et al. Satellite measurements reveal persistent small-scale features in ocean winds[J]. science, 2004, 303(5660): 978-983.

[10] Chelton D B, Schlax M G, Samelson R M. Summertime coupling between sea surface temperature and wind stress in the California Current System[J]. Journal of Physical Oceanography, 2007, 37(3): 495-517.

[11] O'neill L W, Chelton D B, Esbensen S K, et al. High-resolution satellite measurements of the atmospheric boundary layer response to SST variations along the Agulhas Return Current[J]. Journal of Climate, 2005, 18(14): 2706-2723.

[12] Small R J, Xie S P, Wang Y, et al. Numerical simulation of boundary layer structure and cross-equatorial flow in the eastern Pacific[J]. Journal of the atmospheric sciences, 2005, 62(6): 1812-1830.

[13] Minobe S, Kuwano-Yoshida A, Komori N, et al. Influence of theGulf Stream on the troposphere[J]. Nature, 2008, 452(7184): 206-209.

[14] Xu H, Xu M, Xie S P, et al. Deep atmospheric response to the spring Kuroshio over the East China Sea[J]. Journal of Climate, 2011, 24(18): 4959-4972.

[15] Xu M, Xu H. Atmospheric responses to Kuroshio SST front in theEast China Sea under different prevailing winds in winter and spring[J]. Journal of Climate, 2015, 28(8): 3191-3211.

[16] Bai H K, Hu H B, Yang X Q, et al. Modeled MABL responses to the winter Kuroshio SST front in the East China Sea andYellow Sea[J]. Journal of Geophysical Research: Atmospheres, 2019, 124 (12): 6069-6092.

[17] Wallace J M, Mitchell T P, Deser C. The influence of sea-surface temperature on surface wind in the eastern equatorial Pacific: Seasonal and interannual variability[J]. Journal of Climate, 1989, 2 (12): 1492-1499.

[18] Lindzen R S, Nigam S. On the role of sea surface temperature gradients in forcing low-level winds and convergence in the tropics[J]. Journal of Atmospheric Sciences, 1987, 44(17): 2418-2436.

[19] Xie S P. Satellite observations of cool ocean-atmosphere interaction[J]. Bulletin of the American Meteorological Society, 2004, 85(2): 195-208.

[20] Zhang L, Xu H, Shi N, et al. Responses of the East Asian jet stream to the North Pacific subtropical front in spring[J]. Advances in Atmospheric Sciences, 2017, 34(2): 144-156.

[21] Yao Y, Zhong Z, Yang X Q. Numerical experiments of the storm track sensitivity to oceanic frontal strength within the Kuroshio/Oyashio Extensions [J]. Journal of Geophysical Research: Atmospheres, 2016, 121(6): 2888-2900.

[22] Wang L Y, Hu H B, Yang X Q, et al. Atmospheric eddy anomalies associated with the wintertime North Pacific subtropical front strength and their influences on the seasonal-mean atmosphere [J]. ScienceChina Earth Sciences, 2016, 59(10): 2022-2036.

[23] Minobe S. A 50-70 year climatic oscillation over the North Pacific andNorth America[J]. Geophysical Research Letters, 1997, 24(6): 683-686.

[24] Chen F F, Hu H B, Bai H. Subseasonal coupling between subsurface subtropical front and overlying atmosphere in North pacific in winter[J]. Dynamics of Atmospheres and Oceans, 2020, 90: 101145.

[25] Kobashi F, Mitsudera H, Xie S P. Three subtropical fronts in the North Pacific: Observational evidence for mode water-induced subsurface frontogenesis[J]. Journal of Geophysical Research: Oceans, 2006, 111(C9) , C0933.

[26] Zhang L, Xu H, Shi N, et al. Responses of the East Asian jet stream to the North Pacific subtropical front in spring[J]. Advances in Atmospheric Sciences, 2017, 34(2): 144-156.

[27] 郭炳火，葛人峰. 东海黑潮锋面涡旋在陆架水与黑潮水交换中的作用[J]. 海洋学报，1997，19 (6): 1-11.

[28] 刘秦玉，刘倬腾，郑世培，等. 黑潮在吕宋海峡的形变及动力机制[J]. 青岛海洋大学学报(自然科学版)，1996，26(4): 413-420.

[29] Liu Z, Gan J. Variability of the Kuroshio in theEast China Sea derived from satellite altimetry

data[J]. Deep Sea Research Part I：Oceanographic Research Papers，2012，59：25-36.

[30] Qiu B. The Kuroshio Extension system：Its large-scale variability and role in the midlatitude ocean-atmosphere interaction[J]. Journal of Oceanography，2002，58(1)：57-75.

[31] 马静，徐海明，董昌明. 大气对黑潮延伸区中尺度海洋涡旋的响应——冬季暖、冷涡个例分析[J]. 大气科学，2014，38(3)：438-452.

[32] Ma J，Xu H，Dong C，et al. Atmospheric responses to oceanic eddies in the Kuroshio Extension region[J]. Journal of Geophysical Research：Atmospheres，2015，120(13)：6313-6330.

[33] Nakamura H，Shimpo A. Seasonal variations in the Southern Hemisphere storm tracks and jet streams as revealed in a reanalysis dataset[J]. Journal of Climate，2004，17(9)：1828-1844.

[34] Hoskins B J，Hodges K I. New perspectives on the Northern Hemisphere winter storm tracks [J]. Journal of the Atmospheric Sciences，2002，59(6)：1041-1061.

[35] Nakamura H，Sampe T，Goto A，et al. On the importance of midlatitude oceanic frontal zones for the mean state and dominant variability in the tropospheric circulation[J]. Geophysical Research Letters，2008，35(15)，L15709.

[36] Small R J，Tomas R A，Bryan F O. Storm track response to ocean fronts in a global high-resolution climate model[J]. Climate dynamics，2014，43(3)：805-828.

[37] Huang J，Zhang Y，Yang X Q，et al. Impacts of North Pacific subtropical and subarctic oceanic frontal zones on the wintertime atmospheric large-scale circulations[J]. Journal of Climate，2020，33(5)：1897-1914.

[38] Minobe S，Miyashita M，Kuwano-Yoshida A，et al. Atmospheric response to theGulf Stream：Seasonal variations[J]. Journal of Climate，2010，23(13)：3699-3719.

[39] 郭春迓，刘秦玉. 冬季黑潮延伸体海域云水含量的年际变化[J]. 中国海洋大学学报：自然科学版，2013 (3)：7-14.

[40] Shimada T，Minobe S. Global analysis of the pressure adjustment mechanism over sea surface temperature fronts using AIRS/Aqua data[J]. Geophysical Research Letters，2011，38(6).

[41] Nelson J，He R. Effect of theGulf Stream on winter extratropical cyclone outbreaks[J]. Atmospheric Science Letters，2012，13(4)：311-316.

[42] Skyllingstad E D，Vickers D，Mahrt L，et al. Effects of mesoscale sea-surface temperature fronts on the marine atmospheric boundary layer[J]. Boundary-layer meteorology，2007，123(2)：219-237.

[43] Liu J W，Zhang S P，Xie S P. Two types of surface wind response to the East China Sea Kuroshio front[J]. Journal of climate，2013，26(21)：8616-8627.

[44] 刘秦玉，张苏平，贾英来. 冬季黑潮延伸体海域海洋涡旋影响局地大气强对流的研究[J]. 地球科学进展，2020，35(5)：441-451.

[45] Bai H，Hu H，Perrie W，et al. On the characteristics and climate effects of HV-WCP events

over the Kuroshio SST front during wintertime[J]. Climate Dynamics, 2020, 55(7): 2123-2148.

[46] Wen Z, Hu H, Song Z, et al. Different influences of mesoscale oceanic eddies on the North Pacific subsurface low potential vorticity water mass between winter and summer[J]. Journal of Geophysical Research: Oceans, 2020, 125(1): e2019JC015333.

[47] Aoki S, Imawaki S, Ichikawa K. Baroclinic disturbances propagating westward in the Kuroshio Extension region as seen by a satellite altimeter and radiometers[J]. Journal of Geophysical Research: Oceans, 1995, 100(C1): 839-855.

[48] Nonaka M, Xie S P. Covariations of sea surface temperature and wind over the Kuroshio and its extension: Evidence for ocean-to-atmosphere feedback[J]. Journal of climate, 2003, 16(9): 1404-1413.

[49] Xie S P, Hafner J, Tanimoto Y, et al. Bathymetric effect on the winter sea surface temperature and climate of the Yellow and East China Seas[J]. Geophysical Research Letters, 2002, 29(24): 81-1-81-4, L015224.

[50] Zhang S P, Liu J W, Xie S P, et al. The formation of a surface anticyclone over the Yellow and East China Seas in spring[J]. Journal of the Meteorological Society of Japan. Ser. II, 2011, 89(2): 119-131.

[51] Long J, Wang Y, Zhang S, et al. Transition of low clouds in the East China Sea and Kuroshio region in winter: A regional atmospheric model study[J]. Journal of Geophysical Research: Atmospheres, 2020, 125(17): e2020JD032509.

[52] Kilpatrick T, Schneider N, Qiu B. Atmospheric response to a midlatitude SST front: Alongfront winds[J]. Journal of the Atmospheric Sciences, 2016, 73(9): 3489-3509.

[53] Schneider N, Qiu B. The atmospheric response to weak sea surface temperature fronts[J]. Journal of the Atmospheric Sciences, 2015, 72(9): 3356-3377.

黑潮在吕宋海峡形变及其对南海北部海洋环流的影响

陆九优[1]　贾英来*[2]　刘秦玉[2]

(1. 青岛海洋科学与技术试点国家实验室，高性能科学计算与系统仿真平台，山东青岛，266237)

(2. 中国海洋大学物理海洋教育部重点实验室/海洋与大气学院，山东青岛，266100)

(*通讯作者：jiayingl@ouc.edu.cn)

摘要　作为太平洋西边界流的黑潮在吕宋岛以东形成后北上，通过吕宋海峡失去岛屿支持后发生形变的问题，不仅是西边界流动力学中的一个重要的科学问题，也是关系到太平洋与南海之间水体和其他物质交换的重要问题。我国科学家从20世纪90年代开始对该问题开展研究，取得了一系列被国际同行认可的重要成果。本文通过对有关成果的回顾，指出了在气候平均意义下，由于黑潮的主轴被巴坦岛和巴布延群岛钳住，黑潮经由巴林塘海峡进入吕宋海峡，而后顺时针旋转，在跨越恒春海脊之前转向东北，贴着台湾岛东南沿岸流出吕宋海峡，而黑潮主轴西侧有部分来自太平洋的黑潮水以泄漏的方式进入南海，因此，黑潮在吕宋海峡的平均形态是"跨隙—泄漏"形态，除了"跨隙—泄漏"形态经常出现外，吕宋海峡黑潮还以流套和反气旋涡从黑潮脱落的这两种形式出现。该变化不仅受季风的影响，也与太平洋内区西传的中尺度涡旋和Rossby波的影响有关。本文还指出了目前吕宋海峡黑潮形态变化中能量转换和物质输运的问题尚不清楚，严重地影响了我们对太平洋和南海之间水交换的认识和对黑潮形态变化的预测。

关键词　黑潮；吕宋海峡；形态；跨隙—泄漏；反气旋涡脱落

1　引言

吕宋海峡位于中国台湾与菲律宾吕宋岛之间，是连接南中国海和西太平洋的门户，也是唯一深水通道；西太平洋水和南海水通过吕宋海峡进行物质和动量、能量交换。吕宋海峡南北跨度约 350 km，最大水深大于 2 500 m，海峡内 1 500 m 以深水域之经向跨度仍超过 200 km，形成了北太平洋西边界上的一个“豁口”。海峡内地形十分复杂，有巴布延群岛、巴坦群岛和三个主要的海峡水道——巴士海峡、巴林塘海峡和较浅的巴布延海峡。此处的风场处在东亚季风控制之中，冬季为强盛的东北季风，夏季为西南季风。海峡附近的环流系统复杂、多变。北赤道流在菲律宾以东 11°N～15°N 之间分叉，北分支紧贴着吕宋岛形成北太平洋副热带环流圈的西边界流，因此，位于吕宋岛以东（15°N～18°N）的西边界流就成为黑潮的源头；黑潮北上过程经过吕宋海峡这一西边界“豁口”时，失去侧边界和陆坡支持，发生形变，并对南海北部环流及其变异有十分重要的影响。长期以来，关于黑潮在吕宋海峡形变的方式及其对南海的影响一直是海洋动力学中的重要科学问题。

Wyrtki[1]认为，黑潮在冬季东北季风作用下，上层有一支进入巴士海峡，并向西进入南海腹部，夏季受西南季风影响，上层海水从南海流向太平洋。该观点的理论基础是风驱动表层的 Ekman 流可以有此特点[2-4]。但是，伍伯瑜[5]认为，黑潮终年有一分支进入南海并沿台湾海峡北上；仇德忠等[6]根据对南海东北部夏季水文资料的分析，提出有“黑潮南海分支”进入南海，在东沙群岛附近形成一支逆风的西向强流；郭忠信等[7]进一步认为，冬季广东外海在南海暖流南侧也存在着相当强的向西南方向流动的黑潮南海分支。黄企洲等[8]通过对吕宋海峡处海洋学状况的分析支持黑潮终年有直接分支深入南海。蒲书箴[9]通过 ADCP 资料分析认为，黑潮分支以西北向进入南海东北部，随后又进一步分为两支，一支为我国台湾西海岸附近的北向流，另一支为南海东北部的西向流。模式结果表明，实际观测的在南海东北部陆坡外存在一支强度多变的西（西南）向海流应看作是黑潮诱生的南海气旋式环流，黑潮并无显著分支进入南海[10,11]。苏纪兰等[12]利用 1998 南海季风试验 IOP 期间的观测资料，再一次验证“黑潮并未直接入侵南海”。李荣凤等[13,14]的数值模式结果则认为，冬季黑潮水由吕宋海峡南端进入南海北部向西折，西行过程中一部分受海南岛陆架坡折的阻挡和地形诱导，转向东北，汇入逆风而上的南海暖流；另一部分构成南海北部气旋式涡旋的一部分。夏季进入南海的黑潮有一部分可被陆架诱导流向东北。Metzger 等[15]的模拟结果虽然支持有黑潮分支进入南海，但又表示更高精度模式并不支持全年都有黑潮直接分支。

李立[16]通过对多次历史资料的分析，继 Nitani[17]之后明确提出了“黑潮南海流套”的设想，认为黑潮在失去陆坡支持后，会在吕宋海峡南端向西折入南海北部，形成一个呈反气旋式运动的高温高盐水舌，然后在吕宋海峡北端折出南海，返回黑潮主干。Shaw[18]认为，黑潮流套的形成与黑潮流量的变化有关。黄企洲等[19]对 1992 年调查资料的分析和动力计算结果也指出黑潮水自吕宋海峡中部偏南进入南海，一部分黑潮水在台湾西南形成流套状结构后从海峡北部流出。胡建宇[20,21]通过对 1994 年夏季海洋调查结果分析发现，吕宋海峡处有西伸的高温高盐水舌，“黑潮影响水”的区域会伸展到东沙群岛附近。李立[22]通过对 1994 年 9 月断面调查结果分析，在 117.5°E，21°N 处捕捉到一反气旋黑潮分离流环，进一步提出黑潮以反气旋式流套的形式进入南海之后，有反气旋涡间歇性地从流套脱落，向西移动，并进一步与南海水混合的设想。蔡树群等[23]提出一个临界的“巴士海峡等效宽度”(即指黑潮入流的核心点至台湾岛东南角的距离)，一旦黑潮入流的“惯性射程”超过或小于这一临界宽度的程度较大，入流都可以在南海北部以不同的方式形成套状流结构。Farris[24]发现吕宋海峡黑潮流套的发生与局地前期海面风场的强度变化具有良好的相关，黑潮流套发生在局地南向风应力大于 0.08 Nm^{-2}时。Chern 等[25]通过高分辨率海洋环流模式对南海北部的模拟及数值实验，指出夏季南海水和黑潮水间垂向层结的不同会对黑潮流套的弯曲程度有影响，西南季风将强层化的南海水推向北部，会减弱黑潮流套的弯曲度。基于水平分辨率为 1/8°，垂直方向分为 6 层的包含太平洋在内的数值模式结果揭示了黑潮形变的年变化及年际变化特征，发现有无反气旋涡从黑潮弯曲中脱落的现象发生，和风应力旋度的强弱有一定关系。在风应力旋度值较大的风场强迫下，涡旋脱落现象频繁发生，反之，涡旋脱落现象消失[26]。

总之，直到 20 世纪末 21 世纪初关于黑潮是否直接入侵南海，黑潮通过直接分支进入南海还是以流套的形式影响南海还存在争议。这是由于海洋调查资料的不连续性，及长时间序列观测资料的缺乏和海洋数值模式水平分辨率太低等原因。学者们对黑潮有无进入南海、以何种方式进入南海的问题仍然众说纷纭。随着卫星观测资料日益增加和海洋高分辨率的数值模式不断改进，人们对该问题的认识越来越清楚，但是，不同作者会从不同角度来看待该问题。概括起来，前人研究结果已经指出了影响吕宋海峡黑潮形变的因素为：黑潮流量、南海局地风应力和海水的垂向层结等。本文将从黑潮在吕宋海峡形变的平均状态、变化和机制这两个方面回顾近 30 年来的研究工作，并阐明我们的观点，提出新的科学问题。

2 黑潮在吕宋海峡的平均状态

实际上，西边界流在沿岸线的急速运动中，遇到西边界的豁口“海峡”的情况在大洋中并不少见，由此产生的一系列特殊现象关系到大洋与相邻边缘海的相互作用，早已引起海洋学家的重视。要想确定太平洋西边界流的黑潮在吕宋海峡发生形变问题，就必须清楚在理想状态下，黑潮在吕宋海峡的稳态解的基本特征。刘秦玉等[27]利用位涡守恒理论初步对此进行了定性的分析，指出西边界流本身的相对涡度分布特点和球面β效应决定黑潮主轴在吕宋海峡发生反气旋式弯曲，主轴的西侧会有进入南海的水。根据大洋风生环流的基本理论，黑潮的特征宽度大约为150 km，吕宋海峡的跨度约为300 km，李薇等[28,29]建立一个体现西边界豁口的动力学作用的豁口边界层模式，探讨了正压、平底和太平洋存在定常风场的假设条件下，尺度小于西边界流宽度2倍的西边界豁口对西边界流运动的影响。模式中考虑边界豁口处底摩擦项，假设与β项相平衡的底摩擦项不因边界的中断而突然消失（相当于吕宋海峡的底摩擦），而是随离开豁口南北两端距离的变大而逐渐减小，在豁口中心处底摩擦作用最小，即随着离开豁口南北两端距离的变大，流体的性质逐渐趋向更多成分的内区性而减少了边界性。依据此模式得到的解，对吕宋海峡黑潮流套和吕宋海峡东侧大洋上的反气旋涡的形成机制进行解释。研究结果表明：大洋西边界豁口的存在使西边界流在豁口变形，向西扩展，在豁口以西海域形成套状流结构。当大洋呈现反气旋式环流场时，这个套状流沿反气旋路径，自豁口南部向西扩展到一个有限的范围，然后由豁口北部折回西边界流的主体；西边界流在边界豁口的变形完全是由地转β效应和豁口的边界层动力学作用决定的，并提出黑潮在吕宋海峡的绕流可能对南海暖流的形成有一定贡献[29]。上述结果有助于理解为什么吕宋海峡黑潮主轴是以套状流形式沿反气旋路径，自豁口南部向西扩展到一个有限的范围，然后由豁口北部折回太平洋。

根据历史观测的温盐数据指出，气候平均而言，黑潮以"跨隙"路径跃过吕宋海峡，即使冬季也并未显示黑潮以大弯曲形式进入南海北部[30]。随着卫星观测资料的增加和气候系统模式的改进，有关黑潮在吕宋海峡的形变问题的研究取得丰硕成果。这些成果中将黑潮的形变分成各种形态类型[31-33]。Huang等[33]依据卫星观测的高度计资料发现无论如何分类，在吕宋海峡黑潮出现频率最多(70%左右)是跨隙—泄漏(leaking)形态。该形态流的空间分布为：黑潮的主轴（流速最大值处）在海峡南部进入海峡后又在海峡的北部流出海峡，黑潮主轴西侧有部分来自太平洋的黑潮水以泄漏的方式进入南海。该结果也被绝大多数的数值模式结果所证实。图1是几种不同水平高分辨率海洋模式得到的气候平均场，显示出相同的黑潮的跨隙—泄漏形态。在低水平分辨率的模式中，由于模式不能准确分辨巴林塘海峡附近的底地形和岛屿，模拟结果中会出现黑潮呈现流套路径[34]。Huang等[35]利用中科院大气物理研究所的高分辨率数值模式的数值试验，详细地论证了岛屿的存在对黑潮在吕宋海峡的平均状态的影响。

图2给出了依据高分辨率气候模式(Community Earth System Model)控制实验60年逐日输出的海面高度的平均值(等值线)和变化(颜色)。在图2中吕宋海峡黑潮的状态也是“跨隙—泄漏”形态:黑潮主轴进入南海后又从北部离开南海,但主轴的西侧会有一定的黑潮水进入南海。再一次证实了由于吕宋海峡所处的地理位置和包含的岛屿及三个主要的海峡水道,决定了在目前气候状态下作为西边界流的黑潮在吕宋海峡的气候平均形态,同时也证实了前人提出的气候平均意义下“黑潮主体没有进入南海”和存在“黑潮分支”进入南海这两个观点都是对的。上述流态特征也被Centurioni等[36]对表层漂流浮标轨迹的分析所证实。

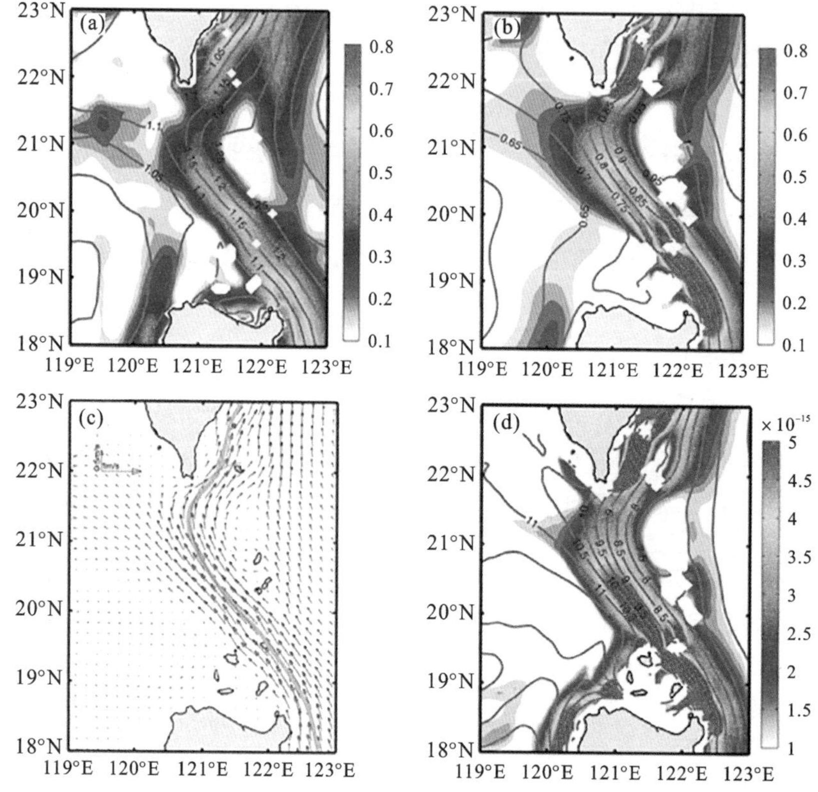

图1 (a)基于CNES-CLS09模式(1993—1999年)数据的平均动力高度场(等值线;单位:m)和地转流速(颜色;单位:m/s)。(b)基于HYCOM模式再分析资料(2004—2009年)的平均海表高度(等值线;单位:m)和地转流速(颜色;单位:m/s)。(c)HYCOM再分析资料(2004—2009年)的200 m流场。灰色流线表示黑潮主轴,红线为理论预测路径。(d)23.0~25.0等密面之间的位势涡度[等值线;单位:10^{-10}/(s·m)]和位涡梯度[颜色;单位:10^{-15}/(s·m^2)](引自参考文献[34])

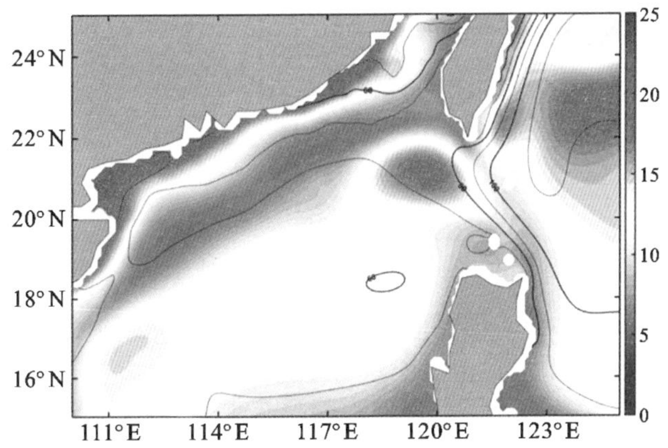

图2 高分辨率气候模式的气候平均海面高度(等值线,单位:cm)和海平面高度的标准差在南海北部和吕宋海峡的空间分布(资料来源:Community Earth System Model 水平分辨率约为0.1°,控制实验的60年逐日输出资料)

3 黑潮在吕宋海峡的变化

依据观测、数值模式和理论研究,黑潮除了频繁出现的"跨隙—泄漏"形态以外,还存在流套形态和涡旋脱落状态[31-33]。从图2中我们可知,在吕宋海峡海平面高度的变化有一个大值区,位于20°N~22°N、118°E~121°E海域,该海域也是反气旋涡从黑潮主体脱落的海域。

3.1 季风对反气旋涡从黑潮主体脱落的影响

Jia 和 Liu[37]依据 TOPEX/POSEDIENT-ERS(T/P-ERS)卫星高度计资料发现,在吕宋海峡处黑潮弯曲程度随时间变化,并伴有反气旋涡周期性地从黑潮主体中脱落。前人研究发现,当黑潮向西弯曲时,在其西南侧出现一气旋涡;当黑潮弯曲伸展程度较大时,该气旋涡增长,将黑潮弯曲的西端从黑潮母体中分离出来,导致反气旋涡的脱落现象,反气旋涡从黑潮弯曲中脱落的过程和黑潮弯曲南部气旋涡的增长密切相关。根据统计分析结果,反气旋涡脱落的主要周期为60~90天,季节变化不明显[38]。研究表明,在非线性效应作用下,吕宋海峡处黑潮流套西伸导致的反气旋涡的脱落必伴随着南侧气旋涡的增长,两者时间变化的显著周期都为60~70天。对吕宋海峡处黑潮弯曲区域的不稳定性分析发现,黑潮弯曲南侧气旋涡增长的能量来源位于吕宋海峡黑潮弯曲南侧锋面处,由锋面不稳定机制将平均流的位能转换成扰动动能[37]。随后的海洋环流模式研究表明,反气旋涡从黑潮弯曲中脱落的过程与季风的 Ekman 输送有密切关系,冬季风 Ekman 输送可以有利于黑潮流套的形成和涡旋的脱落[39]。该结论也证实了前人关于局地季风影响冬季黑潮入侵南海的推测，也被其他数值实验所证实[34]。

正是由于反气旋涡的脱落伴随着气旋的成长，所以，在台湾岛西南侧海域才出现海平面高度的标准差大值区，也才在该区出现与黑潮流套对应的暖涡中心或脱落的暖涡，以及取而代之的冷涡。

3.2 吕宋海峡以东海洋 Rossby 波和中尺度涡对黑潮形变的影响

在吕宋海峡以东常年活跃的中尺度涡西传到达黑潮，并且影响黑潮结构或形变的海洋 Rossby 波和中尺度涡。研究证实，黑潮“跨隙—泄漏”路径对应着局地温跃层向西抬升，形成了阻碍 Rossby 波和中尺度涡西传的位势涡度(PV)的纬向梯度，并且比行星 PV 的经向梯度高一个量级。

Sheu 等[40]指出，Rossby 波和涡旋更有可能在冬季穿过吕宋海峡进入南海。依据卫星观测资料和尺度分析方法，Zheng 等[41]指出半径大于 150 km 的中尺度涡足够强，可以改变黑潮形变，并指出涡旋通过黑潮的可能性会达到 60%以上。Hu 等[42]利用“东方红2”海洋综合调查船在 2010 年 1 月 20—30 日 28 个站位的 CTD 资料发现了位于(118°E，21°N)处有高于 34.8psu 的高盐水和对应直径为 150 km 的反气旋涡。他们认为，该涡与 2009 年 12 月 21 日位于 122°～123°E 之间的一个反气旋中尺度涡的向西移动有关。但是，依据对混合坐标大洋环流模式(Hybrid Coordinate Ocean Model，HYCOM)再分析资料和 AVISO 卫星高度计资料的统计分析表明：海面高度信号的西传特征在吕宋海峡以东非常显著；而到达吕宋海峡时，这些信号几乎都被拦截：1993—2010 年总计识别出 150 次从太平洋西传过来的年内信号，其中，只有 15 次(9 次为正异常)即 10%的信号穿过吕宋海峡进入南海且大都发生在冬季。因此，从太平洋西传到吕宋海峡的海表面高度信号绝大部分被黑潮阻挡住，“跨隙—泄漏”路径的黑潮能有效地阻碍西传的一般强度的 Rossby 波和中尺度涡旋穿过吕宋海峡。而一旦黑潮呈流套路径进入南海，黑潮在吕宋海峡对 Rossby 波和涡旋能量西传的阻挡效应马上消失，此时，吕宋海峡以东太平洋上的 Rossby 波和中尺度涡旋也会影响黑潮在吕宋海峡的变化[43]。简单的锋面与涡旋相互作用模型显示，强度胜于黑潮的涡旋能够穿过黑潮建立的位势涡度锋面，而弱流强度的涡旋不能破坏和穿过锋面[34]。

依据以上研究，目前对吕宋海峡以东海洋 Rossby 波和中尺度涡对黑潮形变的影响尚未有统一的认识，有待进一步研究。特别是海洋 Rossby 波和中尺度涡与黑潮之间的能量与物质交换过程怎样还不清楚。事实上，能分辨“吕宋海峡黑潮形变和涡旋脱落全过程”的现场水文观测公开资料较少，而因果上显著影响此过程发展的因素又复杂多变、进而增加了现场观测系统布局的难度。尽管 Lien 等[44]和 Zhang 等[45]等尝试了非常不错的现场观测布局，但尚不足以捕捉和刻画分析“吕宋海峡黑潮形变和涡旋脱落事件的发生发展全过程”。这在很大程度上限制了学界在该问题上的探索认知进程。基于数值模拟、敏感性实验和理论分析的探索，其现实可靠性尚需进一步与实际观测进行交叉印证，去伪存真；同时也将十分有益地为改善观测系统布局提供一些重要参考线索[46]。在此，笔者建议更多地聚焦于有较好观测佐证的历史事件过程复现、后报及敏感性实验，以及更多的示踪标记物观测分析，将会有助于深化动力学认知，优化更迭观测系统布局，为可预报性研究铺平道路。

4　结论与讨论

在吕宋海峡处，黑潮失去陆坡支持后其流径的位置和形态是西边界流动力学中的一个重要科学问题，它关系到太平洋和南海之间的动量、能量、涡度和水体交换，引起了众多海洋学者的关注。前人对于黑潮在吕宋海峡的形变研究还存在很大的争议，其主要原因是黑潮的流径形态有较强的时空变率，不同形态是不同时段的存在形式；而现场观测资料只能反映局地和瞬时的形态；数值模式对岸线和地形的精确分辨也没有足够重视。

本文回顾了有关黑潮在吕宋海峡的形变研究成果，指出了在气候平均意义下由于黑潮的主轴被巴坦岛和巴布延群岛钳住，黑潮经由巴林塘海峡进入吕宋海峡，而后顺时针旋转，在跨越恒春海脊之前转向东北，贴着台湾岛东南沿岸流出吕宋海峡，而黑潮主轴西侧有部分来自太平洋的黑潮水以泄漏的方式进入南海，因此，黑潮在吕宋海峡的平均形态是“跨隙—泄漏”形态。该结论证实了前人研究结果的正确性和局限性；揭示了现在气候背景下季风和太平洋西传的海洋涡旋与 Rossby 波对黑潮在吕宋海峡的形变的影响。

但是，在年际、年代际等长时间尺度上甚至全球变暖情景下，副热带北太平洋风场及黑潮流量、东亚季风都将发生变化，则控制黑潮在吕宋海峡处流径形态的主导因素是否会有所改变？若黑潮流径形态发生改变，太平洋的 Rossby 波和涡旋是否会更容易穿过吕宋海峡进入南海，进而影响南海北部的动力及生态环境？这些问题目前尚未系统研究，特别是尚不清楚吕宋海峡黑潮形态变化中能量转换和物质输运的具体过程。这些问题严重地影响了我们对太平洋和南海之间水交换的认识和对黑潮形态变化的预测，应进一步加强这方面的研究工作。

致谢

本文由下列基金项目资助：国家自然科学基金面上项目(41975065)，山东省自然科学基金重大基础研究项目(ZR2019ZD12)。感谢中国海洋大学未来海洋学院蔡金卓博士研究生对图 2 的绘制。

参考文献

[1] Wyrtki K. Physical oceanography of the Southeast Asian Waters[M]. La Jolla, California: Scripps Institute of Oceanography, 1961:1-195.

[2] Chau Y K, Wang C S. Oceanographical investigation in the northern shelf region of the South China Sea off Hong Kong[J]. Hong Kong Univ Fish J, 1960, 3:1-25.

[3] Chu C Y. The oceanography of the surrounding waters of Taiwan[J]. Rept Inst Fist Bio, 1963, 4:29-44.

[4] Watts J D C. A general review of the oceanography of the northern sector of the South China Sea [J]. Hong Kong Fish Bull, 1971, 2:41-50.

[5] 伍伯瑜. 台湾海峡环流研究中的若干问题[J]. 台湾海峡, 1982, 1(1):1-7.

[6] 仇德忠, 杨天鸿, 郭忠信. 夏季南海北部一支向西流动的海流[J]. 热带海洋, 1984, 3(4):65-73.

[7] 郭忠信, 杨天鸿, 仇德忠. 冬季南海暖流及其右侧的西南向海流[J]. 热带海洋, 1985, 4(1):1-8.

[8] 黄企洲. 巴士海峡的海洋学状况[C]. //南海海洋科学集刊, 第 6 集. 北京:科学出版社, 1984: 53-67.

[9] 蒲书箴, 于惠苓, 蒋松年. 巴士海峡和南海东北部黑潮分支[J]. 热带海洋, 1992, 11(2):1-7.

[10] 苏纪兰, 刘先炳. 南海环流的数值模拟[C]. //海洋环流研讨会论文选集. 北京:海洋出版社, 1992:206-215.

[11] 刘先炳, 苏纪兰. 南海环流的一个约化模式[J]. 海洋与湖沼, 1992, 23(2):167-174.

[12] 苏纪兰, 许建平, 蔡树群, 等. 南海的环流和涡旋[C]. //南海季风爆发和演变及其与海洋的相互作用. 北京:气象出版社, 1999:66-72.

[13] 李荣凤, 曾庆存. 冬季中国海及其邻近海域海流系统的数值模拟[J]. 中国科学(B 辑), 1993, 23(12):1329-1338.

[14] 李荣凤, 王文质, 黄企洲. 南海夏季海流的数值模拟[J]. 大气科学, 1994, 18(3):257-262.

[15] Metzger E J, Hurlburt H E. Coupled dynamics of the South China Sea, the Sulu Sea and the Pacific Ocean[J]. J Geophys Res, 1996, 101(c5):12433-12455.

[16] 李立, 伍伯瑜. 黑潮的南海流套? [J]. 台湾海峡, 1989, 8(1):89-95.

[17] Nitani H. Beginning of the Kuroshio[M]. Seattle: University of Washington Press, 1972:129-163.

[18] Shaw P T. The intrusion of water masses into the sea southwest of Taiwan[J]. J Geophys Res, 1989, 94(c12):18213-18226.

[19] 黄企洲, 郑有任. 1992 年 3 月南海东北部和巴士海峡的海流[C]. //中国海洋学文集(6). 北京:海洋出版社, 1996:42-52.

[20] 胡建宇, 梁红星, 张学斌. 盐度的断面分布对 1994 年夏末黑潮水入侵台湾南部及南海东北部的指示[C]. //中国海洋学文集(7). 北京:海洋出版社, 1997:62-71.

[21] 胡建宇，梁红星，张学斌. 台湾海峡南部及其临近海区 1994 年夏末温度盐度的平面分布特征[C]. //中国海洋学文集(7). 北京：海洋出版社，1997：72-79.

[22] 李立，苏纪兰，许建平. 南海的黑潮分离流环[J]. 热带海洋，1997，16(2)：42-57.

[23] 蔡树群，苏纪兰. 南海环流的一个两层模式[J]. 海洋学报，1995，17(2)：12-20.

[24] Farris A，Wimbush M. Wind-induced Kuroshio intrusion into South China Sea[J]. J of Oceanogr，1996，52：771-784.

[25] Chern S C，Wang J. A numerical study of the summertime flow around the Luzon Strait[J]. J of Oceanogr，1998，54：53-64.

[26] Metzger E J，Hurlburt H E. The nondeterministic nature of Kuroshio penetration and eddy shedding in the South China Sea[J]. J Phys Oceanogr，2001，31：1712-1732.

[27] 刘秦玉，刘倬腾，郑世培，等. 黑潮在吕宋海峡的形变及动力机制[J]. 青岛海洋大学学报，1996，26(4)：413-420.

[28] 李薇，刘秦玉. 西边界流在边界"豁口"的形变及其机制[J]. 青岛海洋大学学报，1997，27(3)：277-281.

[29] 李薇. 吕宋海峡黑潮流套及其与副热带环流关系的研究[D]. 青岛海洋大学博士学位论文，1998.

[30] Qu T，Mitsudera H，Yamagata T. Intrusion of the North Pacific waters into the South China Sea[J]. J.Geophys.Res.，2000，105(C3)：6415-6424.

[31] Caruso M J，Gawarkiewicz G G，Beardsley R C. Interannual variability of the Kuroshio intrusion in the South China Sea[J]. J. of Oceanogr.，2006，62：559-575.

[32] Nan F，Xue H J，Yu F. Kuroshio intrusion into the South China Sea：A review[J]. Progress in Oceanography，2014，137：314-333.

[33] Huang Z D，Liu H L，Hu J Y，et al. A double-index method to classify Kuroshio intrusion paths in the Luzon Strait[J]. Adv Atmos Sci，2016，33(6)：715-729.

[34] 陆九优. 吕宋海峡黑潮形变的机制及其与 Rossby 波和涡旋的相互作用[D]. 中国海洋大学博士学位论文，2013.

[35] Huang Z D，Liu H L，Lin P F，et al. Influence of island chains on the Kuroshio intrusion in the Luzon Strait[J]. Adv Atmos Sci，2017，34(3)：397-410.

[36] Centurioni L R，Niiler P P. Observations of inflow of Philippine Sea surface water into the South China Sea through the Luzon Strait[J]. J Phys Oceanogr，2004，34：113-121

[37] Jia Y，Liu Q. Eddy shedding from the Kuroshio bend at Luzon Strait[J]. Journal of Oceanography，2004，60：1063-1069.

[38] 贾英来. 吕宋海峡黑潮形变的时空分布特征和形成机制[D]. 青岛海洋大学博士学位论文，2002.

[39] Jia Y，Chassignet E P. Seasonal variation of eddy shedding from the Kuroshio intrusion in the

Luzon Strait[J]. J Oceanogr, 2011, 67:601-611.

[40] Sheu W J, Wu C R, Oey L Y. Blocking and westward passage of eddies in the Luzon Strait[J]. Deep Sea Res Part II, 2010, 57:1783-1791.

[41] Zheng Q, Tai C K, Hu J, et al. Satellite altimeter observations of nonlinear Rossby eddy-Kuroshio interaction at the Luzon Strait[J]. J Oceanogr, 2011, 67(4):365-376.

[42] Hu J, Zheng Q, Sun Z, et al. Penetration of nonlinear Rossby eddies into South China Sea evidenced by cruise data[J]. J Geophys Res, 2012, 117:C03010.

[43] Yuan D, Wang Z. Hysteresis and dynamics of a Western Boundary Current Flowing by a Gap Forced by impingement of Mesoscale Eddies[J]. J Phys Oceanogr, 2011, 41:878-888.

[44] Lien R C, Ma B, Cheng Y H, et al. Modulation of Kuroshio transport by mesoscale eddies at the Luzon Strait entrance[J]. Journal of Geophysical Research:Oceans, 2014, 119:2129-2142.

[45] Zhang Z, Tian J, Qiu B, et al. Observed 3D structure, generation, and dissipation of oceanic mesoscale eddies in the South China Sea[J]. Sci Rep, 2016, 6:24349.

[46] Zhang K, Mu M, Wang Q, et al. CNOP-based adaptive observation network designed for improving upstream Kuroshio transport prediction[J]. Journal of Geophysical Research: Oceans, 2019, 124:4350-4364.

第三章
热带印度洋-南海-太平洋跨海盆海洋-大气相互作用及其气候效应

位于热带印度洋、南海和西太平洋的“暖池”是全球海表温度最高的海区，其上空是全球最强的大气对流加热中心，处于信风与季风的汇聚处。最典型的热带太平洋海气耦合模态 ENSO 不仅通过大气桥和海洋过程影响热带印度洋和南海；反过来，热带印度洋和南海自身的多尺度变化也会通过大气桥和海洋过程影响 ENSO。这种异常信号在热带印度洋-南海-太平洋之间通过哪些跨海盆相互作用过程影响亚洲季风区气候是目前亟待解决的前沿科学问题。本章通过对热带印度洋海气耦合模态研究工作的回顾，厘清了热带印度洋海气耦合模态对亚洲季风的影响及其与 ENSO 之间的相互作用关系，得到了依据 ENSO 进一步预测热带印度洋两个不同的海气耦合模态的新思路；提出了北半球冬季暖池降水异常对东亚季风的影响途径；揭示了南亚季风与 ENSO 关系不稳定性的成因；确定了南海在“暖池”年际变化中扮演的角色和在夏季风爆发前的警示作用。

热带印度洋海盆模态的电容器效应

杨建玲[1,2]　王传阳[3]　刘秦玉[*3]

(1. 中国气象局旱区特色农业气象灾害监测预警与风险管理重点实验室，宁夏银川，750002)

(2. 宁夏气象科学研究所，宁夏银川，750002)

(3. 中国海洋大学深海圈层与地球系统前沿科学中心，物理海洋教育部重点实验室，山东青岛，266100)

(* 通讯作者：liuqy@ouc.edu.cn)

摘要　作为热带印度洋海表面温度年际异常的主模态——热带印度洋海盆模态(IOB)，早期只是被认作为热带太平洋 ENSO 的响应模态，一直没有得到重视。直到 21 世纪初热带印度洋海盆模态自身的海洋-大气相互作用过程及其对气候异常的重要影响才得以揭示。本文回顾了关于热带印度洋海盆模态“电容器”效应的发现及有关的研究成果。一系列研究表明：热带印度洋海盆模态受热带太平洋 ENSO 影响完成“充电”过程后，在一定条件下可以一直持续到夏季，并对大气产生了影响，发挥了其“放电”作用。热带印度洋海盆模态不仅对亚洲夏季风系统的主要成员有显著影响，还可能引起夏季北半球中纬度绕球遥相关波列。热带印度洋海盆模态的“电容器”效应随着全球变暖有显著增强趋势。热带印度洋海盆模态对大气的影响已经在气候预测业务中得到广泛的应用。

关键词　热带印度洋；海盆模态；“电容器”效应；夏季风；遥相关波列

1　引言

印度洋作为全球第三大洋有其特殊的位置，它连接着亚、欧、非三大洲和澳大利亚，其北面紧靠全球地形最高的青藏高原。热带印度洋位于全球海表温度(SST)最高的暖池区，处在亚洲季风这一全球重要的气候系统区域内。因此，印度洋海温异常变化在亚洲季风气候异常中扮演的角色一直是气候学界渴望认识和了解的。

我国学者于20世纪80年代中期就开始关注印度洋海温异常与东亚夏季气候和我国降水的关系[1-7]，但是，相比于太平洋海气耦合事件ENSO，由于印度洋海温变率小、资料缺乏等原因，对其的研究相对较少。直到20世纪末，Saji等[8]和Webster等[9]发现热带印度洋也存在和太平洋ENSO相类似的海气耦合事件后，关于印度洋海温与气候的研究才得到了气候学界的关注，很多研究揭示了热带印度洋SST年际异常第二模态偶极子(Indian Ocean Dipole，IOD)对气候异常的重要影响[10-15]。但作为热带印度洋SST年际变化最主要的第一模态——印度洋海盆(Indian Ocean Basin，IOB)，却认为它仅仅是对ENSO的被动响应模态，没有引起足够的认识。2007年，Yang等[16]关于热带印度洋海盆模态"电容器"效应的发现和提出，揭示了热带印度洋在ENSO影响亚洲季风区大气环流和气候系统过程中发挥了至关重要的传递信号的作用。这一发现改变了当时普遍认为热带印度洋SST正异常会改变夏季陆海温差、东亚夏季风会减弱的传统认识，解释了热带太平洋SST异常已经处于消亡阶段的夏季，为什么东亚副热带季风会增强的物理机制。

海盆模"电容器"效应的发现拉开了热带印度洋在ENSO影响东半球气候异常中作用的研究序幕，随后出现了大量关于印度洋海盆模的维持、影响及其机理的系列创新成果[17-20]。尤其是关于伴随El Nino出现在西北太平洋的异常反气旋的发展、维持和机理研究，揭示了热带印度洋、南海和西北太平洋局地和跨海盆的海洋-大气相互作用的影响贡献及其机理，并进一步提出了热带印度洋-西北太平洋"电容器"效应[21,22]。

热带印度洋海盆模"电容器"效应以及热带印度洋-西北太平洋"电容器"效应等科学发现，如Xie等[22]指出的那样，对于科学认识ENSO影响亚洲气候异常的物理机制和过程，以及亚洲季风区气候异常的成因和机理等方面具有里程碑意义。近10年来关于海盆模影响季风气候系统的研究，进一步揭示出了海盆模"电容器"效应的重要性。尤其可喜的是，我国气候预测业务人员在实际预测业务中积极应用了关于海盆模态的最新研究成果，对提高中国区域气候异常的预测准确率提供了科学依据[31-34]，在区域防灾减灾中发挥了重要作用。

已有学者对热带印度洋海盆模及其相关研究的不同侧重点做了很好回顾性总结[22,35]。黄刚等[35]侧重回顾了热带印度洋海温海盆模的变化规律以及对东亚夏季气候的影响，Xie等[22]侧重回顾和总结了ENSO不同阶段热带印度洋-西北太平洋海洋-大气相互作用在西北太平洋反气旋形成过程中的作用和机制。本文则侧重回顾热带印度洋海盆模"电容器"效应发现的过程，以及关于海盆模态对亚洲季风区及北半球大气环流和气候的影响及应用的研究成果，并指出了存在的科学问题和今后研究的方向。

2 热带印度洋海盆模态“电容器”效应的发现

热带印度洋海温异常(Sea Surface Temperature Anomaly, SSTA)年际变化有两个主要模态。海盆模态IOB是热带印度洋SSTA年际异常EOF分析的第一模态,表现为全海盆海温异常符号一致,约占方差贡献的36%。前人研究发现,海盆模IOB与热带太平洋ENSO密切相关,当Nino3指数超前IOB指数3个月时,相关系数最大为0.65[36],大部分IOB模态的出现是对ENSO强迫的响应[36-38],忽略了热带印度洋海盆模态自身对大气的影响,对该模态是否对夏季风有影响没有引起足够的认识。自1999年Saji等[8]首次指出热带印度洋海气耦合第二模态(IOD)主要依赖于印度洋独立的海洋动力学过程以来,人们曾认为IOD模态可以影响东亚夏季风,但是,北半球夏季形成秋季达到峰值的IOD模态是夏季风异常的产物还是影响夏季风的因子,一直是难以解决的问题。

为了从热带印度洋中寻求对亚洲季风的影响因子,特别是对夏季风的影响因子,我们将注意力集中到对IOB的研究上。特别是在1998年夏季长江中下游的特大洪涝灾害的形成中究竟是否有热带印度洋的作用。1998年夏天,热带印度洋SST和邻近的南海、西太平洋SST正异常时,夏季海陆上空的温度水平差减少,夏季风应该减弱。为什么西太平洋副热带高压会加强西伸?带着这些问题,我们借助谢尚平教授和刘征宇教授2006年暑期到我校访问的机会,与他们进行了深入的研讨。在这两位科学家的启发下,我们提出了一个新的猜想:热带印度洋SST正异常可以引起印度洋海面潜热释放增加、有利于增加夏季风降水,大气对热带印度洋SST正异常的响应也应该是类似“Matsuno-Gill”型响应[39],会有利于西太平洋副热带高压加强西伸。沿着这一新的思路,并结合海-气耦合模式数值试验,我们研究了IOB对亚洲季风区大气环流的可能影响,得到了以下结果[16]。

(1)IOB滞后ENSO 1~2个季度,其发展于北半球秋季,在冬末和次年春季达到其峰值位相,异常最大值在ENSO消亡年的1~4月,从春季到夏季有很好的持续性,在条件合适的情况下,热带印度洋较高的海温异常可能会持续到ENSO消亡后的夏季7~8月份(图1)。

(2)IOB正位相对应的SST增暖引起潜热增加而成为赤道上的异常热源,春、夏季都会在大气中引起“Matsuno-Gill”型响应(图2)。该响应在夏季最明显,因为夏季ENSO导致的异常已经很弱了,凸显了IOB的作用:在其东侧赤道附近引起大气Kelvin波,西侧赤道两侧引起Rossby波。东侧赤道附近形成东风异常,该东风异常在赤道附近的孟加拉湾、南海到赤道西太平洋地区为最强，它会导致大气低层形成关于赤道对称的异常反气旋性环流。而IOB的热源西侧低层形成关于赤道对称的异常气旋性环流。该气旋性环流在南印度洋比北印度洋更清楚；印度洋地区低层气流辐合，形成上升运动，从而引起降水异常偏多，降水大值区位于西南印度洋。东亚处在西北太平洋异常反气旋性环流的西部，出现异常南风，异常偏南气流输送更多的水汽，引起中国东部到日本南部的一段纬度带内降水异常偏多(图3)。

上述结果从观测分析和海气耦合模式实验两个不同的研究路径同时证实了我们提出的新猜想，并第一次将IOB对季风的这种影响称为热带印度洋海盆模态的"电容器"效应[16]。

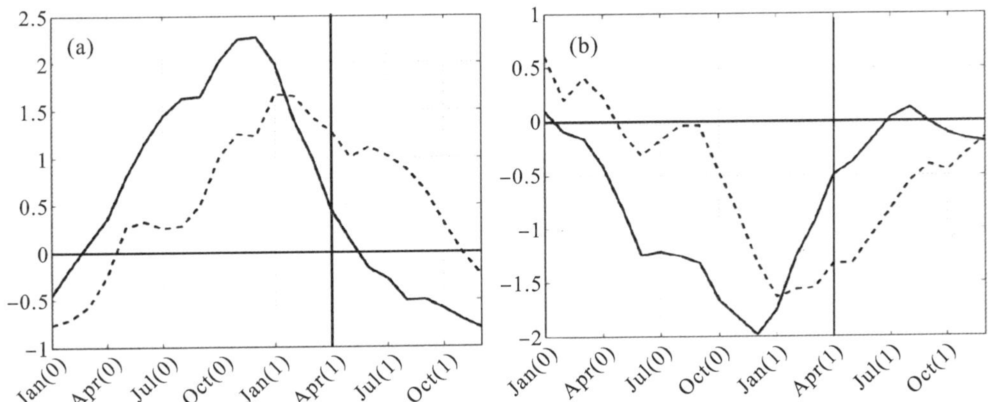

图1 太平洋Nino3指数(实线)与印度洋海盆模指数IOBI(虚线)在(a)El Nino和(b)La Nina发生当年(0表示)1月至次年(1表示)12月逐月合成图(单位:℃)(引自参考文献[16])

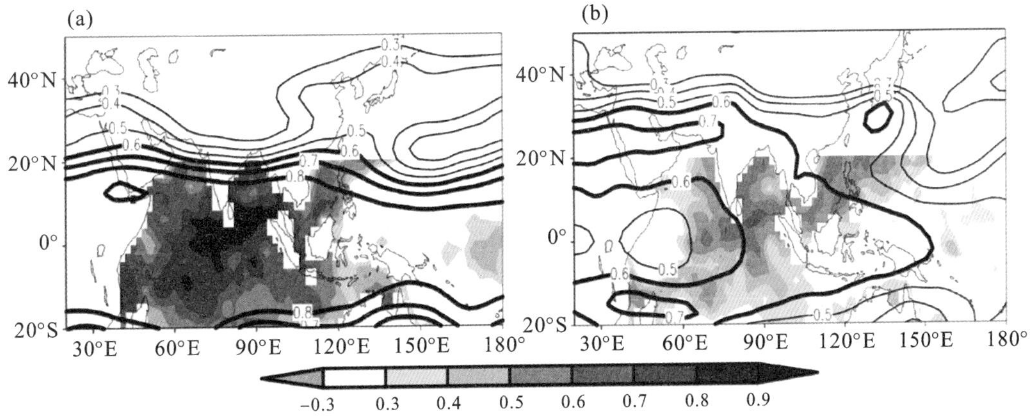

图2 4月份热带印度洋海盆模态指数IOBI与印度洋SSTA(填色)和200 hPa位势高度(等值线，粗线代表相关系数≥0.6)的相关。(a)4、5月平均；(b)7、8月平均(引自参考文献[16])

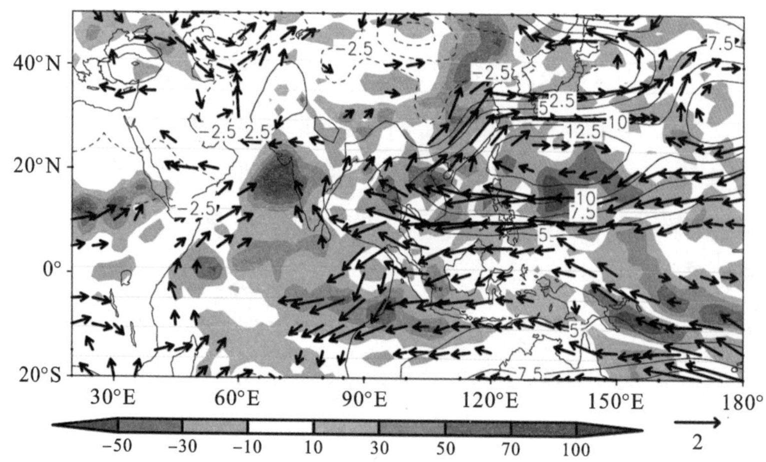

图 3　热带印度洋海盆模(IOB)暖事件和冷事件的合成差值图:彩色为月平均降水(mm);等值线为 850 hPa 位势高度场(gpm);矢量场为 850 hPa 水平风场(m/s)(引自参考文献[16])

3　热带印度洋海盆模态"电容器"效应

3.1　对西北太平洋反气旋的影响机理

在热带印度洋海盆模态的"电容器"效应提出[16]以后,黄刚和胡开明[40]又指出北印度洋的海温在上述过程中起主要作用,而南印度洋对西北太平洋异常反气旋的影响很弱。Xie 等[18]在上述研究的基础上,系统地从热带大气动力学的理论出发,指出热带印度洋的增暖能激发上空的暖性开尔文波动,其向西太平洋伸展的低压槽能导致西北太平洋低层有流向赤道的风场,从而导致了西北太平洋边界层的 Ekman 辐散,低层的辐散能抑制对流、从而在西北侧激发反气旋异常,而反气旋进一步抑制对流发展也进一步加强低层反气旋的发展。这样,由印度洋激发的开尔文波动触发的局地对流—大尺度环流相互作用,导致了西北太平洋低层反气旋异常的形成和维持(图 4)。

3.2　对夏季南亚高压的影响

热带印度洋海盆模对南亚高压有显著的直接影响,ENSO 对南亚高压的直接影响不显著[17,41],南亚高压指数与超前 0～9 个月的 IOB 相关显著。印度洋海盆模态影响南亚高压的物理过程为:通过亚洲夏季风输送异常偏多的水汽到南亚区域,在阿拉伯海东部—印度西部的南亚地区形成异常水汽的辐合,引起降水异常偏多,从而在该区域形成一新的热源中心。大气对这种新热源的响应,使得高原西侧对流层高层高度场出现正异常变化,使得夏季南亚高压偏强、偏西、偏北。南亚高压指数与超前0～2个月的Nino3

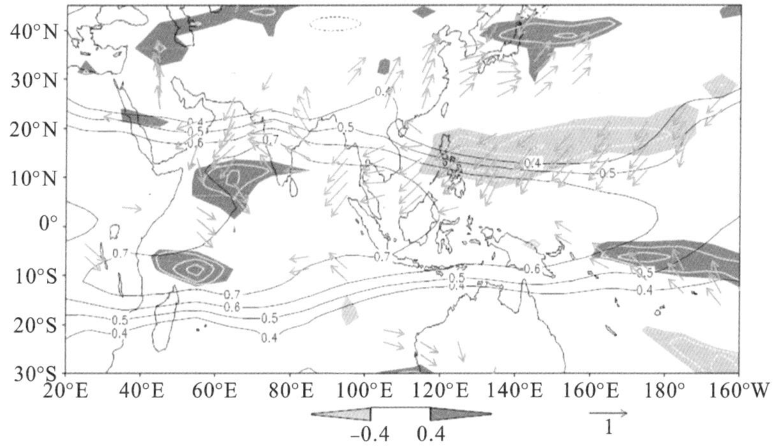

图 4 夏季降水场(阴影,间隔 0.1)、850 hPa 风场(矢量)和对流层整层温度场(等值线)与冬季(12 月至次年 2 月)Nino3.4 指数的相关系数分布(引自参考文献[18])

指数相关不显著,说明 ENSO 对南亚高压的直接影响不显著,与超前 3 个月以上的 Nino3 指数的显著相关性是由热带印度洋海盆模的"电容器效应"引起的[17,42]。

3.3 北半球绕球遥相关波列

北半球夏季在年际尺度上存在一绕球遥相关(Circumglobal Teleconnection, CGT)[43],表现为北半球纬向 5 波的遥相关型,包含 6 个主要活动中心,分别位于西欧、欧洲俄罗斯、中西亚、东亚、北太平洋和北美,且 CGT 遥相关型代表了对流层上层高度场 EOF 的第二主模态。Ding 和 Wang[43]指出,前人研究的遥相关波列如印度—东亚遥相关、"丝绸之路"遥相关以及 Tokyo-Chicago Express,都是北半球夏季周期发生的 CGT 的局地表现。

观测分析和耦合模式初值试验都表明,IOB 在北半球夏季确实可以引起 CGT 的发生[19]。其机理是 IOB 引起大气"Matsuno-Gill"型响应,使得青藏高原西侧异常高压加强,同时还通过夏季平均西南季风向西南亚地区输送异常多的水汽,引起阿拉伯海东部-印度西部的降水异常偏多,在该处形成一新的热源。该热源可以引起大气 Rossby 波响应,从而进一步加强了青藏高原西侧异常高压的强度,而且使得其向西北方向偏移。该异常高压再通过夏季亚洲中纬度的急流波导向下游输送能量,从而引起 CGT 的发生。

另外,近年来的研究发现,在全球变暖背景下热带印度洋海盆模"电容器"效应存在增强趋势,尤其是在 20 世纪 70 年代中后期增强显著。对西北平洋反气旋[44]、东亚夏季气候[45]、南亚高压[46]的影响,以及对西北地区东部降水等区域气候[26]都存在增强趋势。

4 热带印度洋-西太平洋跨海盆区域耦合模态

位于热带西北太平洋的异常反气旋是厄尔尼诺衰退年重要的海气异常信号之一。该反气旋于厄尔尼诺发展年的秋冬季在菲律宾以东地区形成并快速发展，并伴随着局地对流的减弱[47]。一般认为，风-蒸发-SST(Wind-Evaporation-SST, WES)正反馈机制对于反气旋从冬季到次年春夏的维持起了重要作用[48]。反气旋中心以南的东风异常能够加强背景东北信风，增强蒸发，使海洋失热，引起SST负异常。SST负异常则能够抑制局地对流从而进一步加强反气旋。而夏季，原本盛行于西北太平洋的背景东北信风东撤，不利于WES正反馈的维持，此时，热带印度洋SST暖异常则通过“电容器”效应，进一步维持西北太平洋反气旋。同时，西北太平洋反气旋也可反作用于热带印度洋：反气旋中心南侧的异常东风可以延伸到北印度洋，减弱当地背景西南季风，降低海洋蒸发和潜热释放，从而维持北印度洋SST暖异常[49]，而北印度洋SST暖异常则进一步通过海洋“电容器”效应维持异常反气旋。因此，西北太平洋反气旋和热带印度洋SST形成了一个跨海盆的正反馈过程[21,50]。

Xie等[22]总结了前人关于西北太平洋异常反气旋维持的局地WES理论和印度洋海盆模态的“海洋电容器”理论，认为西北太平洋反气旋和印度洋、太平洋SST相互耦合，异常信号能在局地和跨海盆的正反馈作用下相互加强，在这一区域形成一个异常信号衰减速率最低的区域海气耦合模态[22,51]。而ENSO作为气候系统中最显著的年际变化信号，能够在西北太平洋和印度洋分别激发大气和海洋异常信号，从而激发该固有模态，进一步影响印度洋-西太平洋地区夏季气候(图5)。

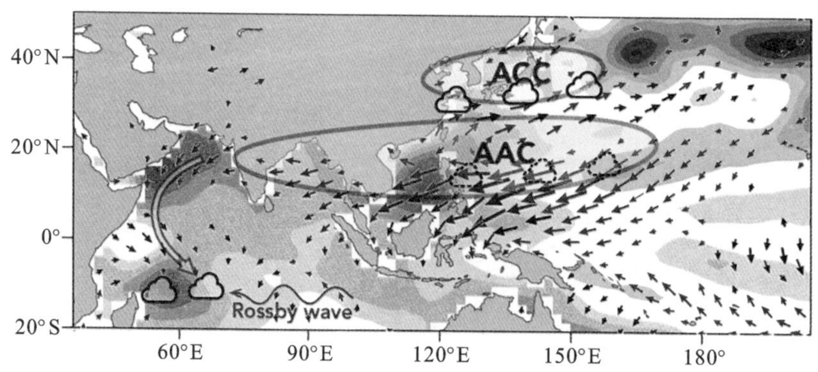

图5 厄尔尼诺衰退年夏季印度洋-西太平洋区域海气耦合模态示意图。西北太平洋异常反气旋引起的东风异常增强热带西北太平洋背景风场(红色箭头)、引起SST负异常(填色)；减弱北印度洋背景风场(红色箭头)、引起SST正异常(填色)。热带西北太平洋SST通过WES机制，热带印度洋SST通过“电容器”效应加强西北太平洋反气旋。图中AAC和ACC分别表示低层异常反气旋和气旋环流(引自参考文献[22])

从上述论证可以看出，维持该区域海气耦合模态的 WES 机制和跨海盆的正反馈机制均不需要 ENSO 直接参与，在 ENSO 信号被抑制的部分海气耦合模式中，夏季印度洋-西太平洋地区气候年际变率的最主要模态便是该区域海气耦合模态[21]。观测中有证据表明，热带大西洋 SST 异常和 IOD 等非 ENSO 因素也能够激发该区域海气耦合模态[52,53]。

5 热带印度洋海盆模态对中国气候异常的影响及预测业务应用

近几年来，关于热带印度洋海盆模对中国区域气温、降水等异常气候事件重要影响的研究，进一步揭示了热带印度洋海盆模在影响区域极端异常气候事件中的“电容器”效应。当印度洋偏暖时，我国夏季华南气温偏高、东北气温偏低、长江流域降水偏多[23]，并且晚夏江南区域容易出现极端高温灾害[24,25]。Ding 等[30]研究了 2020 年历史极端梅雨降水的成因，发现持续异常的海盆模在 2020 年极端梅雨降水中发挥了关键作用(图 6)。我们也发现，1977 年以来热带印度洋海盆模对西北地区东部 5 月降水有显著影响[26-28]。

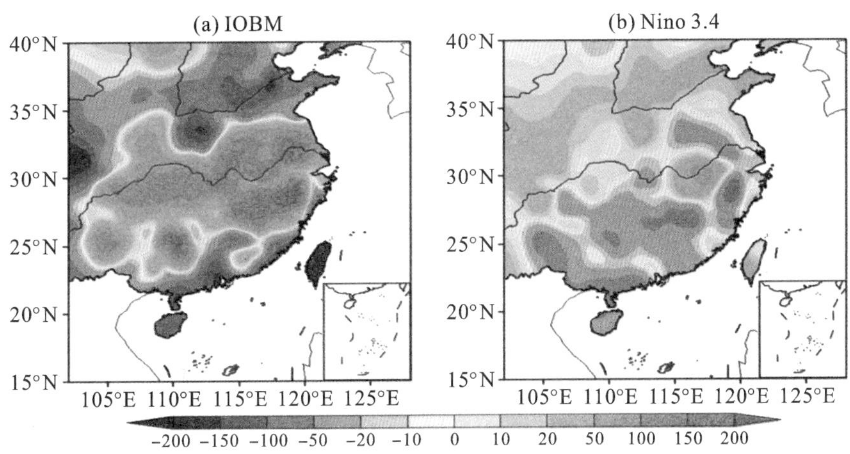

图 6 使用扣除趋势的 IOB 指数(a)和 Nino3.4 指数(b)基于线性回归重建的 2020 年 6—7 月降水异常(mm)(引自参考文献[30])

随着热带印度洋海盆模“电容器”效应研究的不断深入，以及海盆模对气候的影响及其机理认识的不断提高，近年来 IOB 在中国气候预测业务中得到了很好的应用，如 2015、2016、2018、2020 年的中国汛期预测[31-34]，正是考虑了热带印度洋海盆模的气候效应，为准确预测提供了很好的预测指标。当然也有例外，如利用 2018—2019 年 El Nino 事件以及热带印度洋海温持续偏暖对 2019 年汛期长江中下游降水的预测的指示意义失败[54]。实际的气候异常是由多尺度、多因子共同影响的结果，因此，在实际预测或异常成因诊断分析中一定要考虑多因子的共同影响。

近年来有许多研究关注了多因子协同影响气候，热带印度洋海盆模在多因子协同影响中发挥了重要作用[53,55-57]。Li等[55]研究指出中国南方初夏(5～6月)降水的年际变率主模态是三大洋海温年际变率协同影响的结果。李维京等[56]研究揭示了印度洋海温距平、北太平洋海温距平和北大西洋海温距平协同影响中国南方地区东西反相型降水的机制,揭示出三者可以通过协同影响东亚地区的环流异常,从而有利于中国南方地区东西反位相型降水异常。综合考虑三大洋,以及从海温、积雪、海冰等多因子,多尺度地研究我国极端天气和气候事件的变化,有助于掌握我国极端天气和气候事件的变化成因,具有很强的科学意义和应用价值。

6 结论和讨论

热带印度洋位于东亚夏季风的上游区域,海盆模作为其海温年际异常第一主模态,在全球变暖背景下,对气候异常的影响显著增强。近10年来,热带印度洋海盆模在ENSO峰值位相后的春季和夏季对大气环流和气候的影响及其机理得到了深入研究,海盆模在ENSO影响亚洲气候的过程中发挥了重要的“电容器”效应,并在实际预测业务中得到了很好的应用。本文通过回顾有以下几个方面的重要认识。

6.1 海盆模“电容器”效应的主导作用

热带印度洋海盆模作为热带印度洋SSTA年际异常第一主模态,在与亚洲季风区大气环流的耦合模态中占主导地位,其重要气候效应被揭示,改变了学术界早期认为“热带印度洋海盆模态只是对ENSO的响应模态”的传统认识。热带印度洋海盆模受ENSO影响完成“充电”后,在ENSO峰值位相后的春季ENSO迅速消亡,而海盆模有很好的持续性,可以一直持续到夏季,持续的海盆模对春季、夏季的大气环流和气候都有显著影响,延续了ENSO的影响信号,发挥了其“电容器”效应。

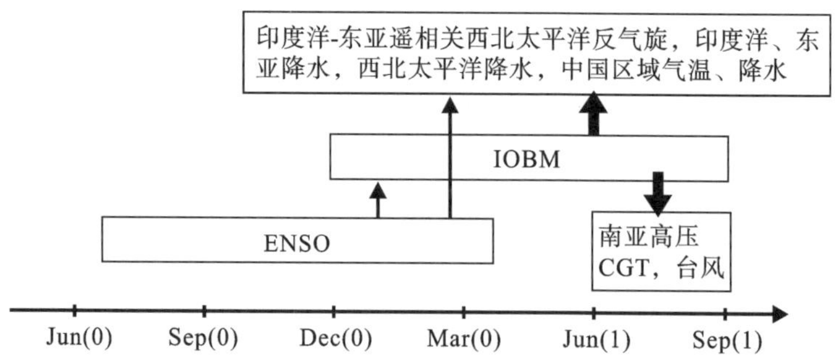

图7 热带印度洋海盆模“电容器”效应的季节性演变,细箭头表示因果关系,粗箭头强调海盆模“放电”效应,即对大气环流和气候的影响(引自参考文献[18])

6.2　海盆模对亚洲季风区春、夏季大气环流和重要气候系统的影响

热带印度洋海盆模对亚洲季风区春季和夏季高、中、低层大气环流和系统，以及降水异常有显著的影响，亚洲夏季风背景环流对热带印度洋海盆模的影响有放大作用。海盆模对西北太平洋反气旋、南亚高压等亚洲季风系统主要成员有显著影响，并通过中低层的西北太平洋异常反气旋、高层的异常波列2条路经影响中国区域气温、降水异常，且通过引起夏季半球中纬度绕球遥相关波列CGT，影响北半球的气候异常。热带印度洋海盆模对亚洲季风区春、夏季大气环流和降水，亚洲季风子系统等影响的“电容器”效应过程归纳如图8所示。

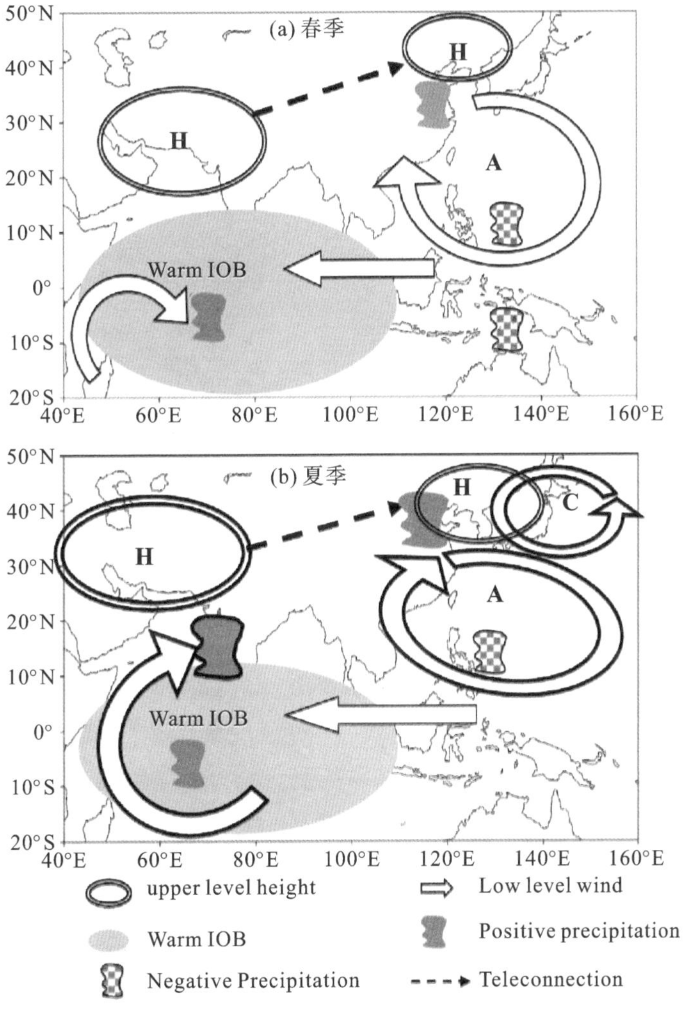

图8　热带印度洋SSTA主模态影响亚洲季风区大气环流的示意图。(a)春季；(b)夏季。“A”和“C”分别表示低层异常反气旋和气旋环流，“H”表示高层高度场正异常。夏季图(b)中带黑粗线的图标表示的异常变化表示与春季图(a)中的不同(引自参考文献[42])

随着全球变暖热带印度洋海盆模“电容器”效应的增强，其对东亚气温、降水异常的预测指示意义也随之增强，因此，对于海盆模的气候效应的持续研究很有必要。根据郭飞燕等[58]的研究结果，海盆模可分为三种不同的发展类型，每种类型对应的大气响应有很大差异，对气候异常的影响必然不同。例如，对应北太平年代际涛动和北大西洋年代际涛动年代际信号不同位相背景的配置，不同类型的海盆模模态一方面与热带其他海温模态，如太平洋中部型和东部型不同类型的 ENSO 事件、热带大西洋海温模态存在相互耦合和协同作用，另一方面在中纬度激发的波列与北大西洋三极子激发的波列，甚至与北极海冰、欧亚积雪等激发的波列也存在相互作用及协同作用。因此，深入研究不同年代际气候背景下这些热带和中纬度的协同作用及其对中国不同区域、不同季节的气温、降水等气候异常的影响及其机理，对于获得更可靠的理论依据、提高气候预测的准确性非常有意义。

在区域气候预测中如何做到预测时准确判断哪个因子将起主导作用，具有重要意义。最新研究暗示，未来因子筛选和模型构建方案可以针对不同的情景精准选择不同建模[59,60]。这种更为精细的建模预报思路，是对传统“粗放式”线性回归建模的改进，有望进一步提升预测技巧、相关技术并值得进一步深入研究。

致谢

本文是在中国气象局创新发展专项“西北东部夏季降水异常的多尺度、多因子协同影响及智能预测技术研究”(24-CXFZ2021J024)项目资助下完成的。

参考文献

[1] 罗绍华，金祖辉，陈烈庭. 印度洋和南海海温与长江中下游夏季 降水的相关分析[J]. 大气科学，1985，9 (3)：314-320.

[2] 金祖辉，罗绍华.长江中下游梅雨期旱涝与南海海温异常关系的初步分析[J]. 气象学报，1986，44 (3)：368-372.

[3] 陈烈庭. 阿拉伯海南海海温距平纬向差异对长江中下游降水的影响[J].大气科学，1991，15 (1)：33- 41.

[4] 吴国雄，刘平，刘屹岷，等. 印度洋海温异常对西太平洋副热带高压的影响——大气中的两级热力适应[J]. 气象学报，2000，58 (5)：513-522.

[5] 晏红明，肖子牛. 印度洋海温异常对亚洲季风区天气气候影响的数值模拟研究[J].热带气象学报，2000，16：18-27.

[6] 周天军，宇如聪，李薇，等. 20 世纪印度洋气候变率特征分析[J]. 气象学报，2001，59(3)：257-271.

[7] 张琼，刘平，吴国雄. 印度洋和南海海温与长江中下游旱涝[J]. 大气科学，2003，127(16)：992-

1006.

[8] Saji N H, Goswami B N, Vinayachandran P N, et al. A dipole mode in the tropical Indian Ocean [J]. Nature, 1999, 401(6751):360-363.

[9] Webster P J, Moore A M, Loschnigg J P, et al. Coupled ocean-atmosphere dynamics in the Indian Ocean during 1997-98[J]. Nature, 1999, 401(6751):356-360.

[10] 李崇银,穆明权. 赤道印度洋海温偶极子型振荡及其气候影响[J]. 大气科学,2001, 25(4):433-4431.

[11] 肖子牛,晏红明. El Nino 位相期间印度洋海温异常对中国南部初夏降水及初夏亚洲季风影响的数值模拟研究[J]. 大气科学,2001, 25(2):461-469.

[12] Guan Z, Ashok K, Yamagata T. Summertime response of the tropical atmosphere to the Indian Ocean Dipole Sea surface temperature anomalies[J].Journal of the Meteorological Society of Japan, 2003, 81(3):533-561.

[13] Behera S K, Yamagata T. Influence of the Indian Ocean dipole on the Southern Oscillation[J]. Journal of the Meteorological Society of Japan.ser.ii, 2003, 81(1):169-177.

[14] Yamagata T, Swadhin K, Behera, et al.Coupled ocean-atmosphere variability in the tropical Indian Ocean, The ocean-atmosphere interaction[J]. Geophysical Monograph, 2004,147:189-211.

[15] 贾小龙, 李崇银. 南印度洋海温偶极子型振荡及其气候影响[J]. 地球物理学报, 2005, 48(6): 1238-1249.

[16] Yang J L, Liu Q, Xie S P, et al. Impact of the Indian Ocean SST basin mode on the Asian summer monsoon[J]. Geophysical Research Letters, 2007, 34, L02708.

[17] 杨建玲,刘秦玉. 热带印度洋 SST 海盆模态的"充电/放电"作用——对夏季南亚高压的影响.海洋学报[J]. 2008, 30(2):12-19.

[18] Xie S P, Hu K, Hafner J, et al. Indian Ocean Capacitor Effect on Indo-Western Pacific Climate during the Summer following El Nio[J]. Journal of Climate, 2009, 22(3):730-747.

[19] Yand J L, Liu Q, Liu Z Y, et al. Basin mode of Indian Ocean sea surface temperature and Northern Hemisphere circumglobal teleconnection[J]. Geophysical Research Letters, 2009, 36(19).

[20] Yang J L, Liu Q, Liu Z Y. Linking observations of the Asian Monsoon to the Indian Ocean SST: Possible roles of Indian Ocean Basin Mode and Dipole Mode[J]. Journal of Climate, 2010, 23(21): 5889-5902.

[21] Kosaka Y, Xie S P, Lau N C, et al. Origin of seasonal predictability for summer climate over the Northwestern Pacific.[J]. Proc Natl Acad Sci USA, 2013, 110(19):7574-7579.

[22] Xie S P, Kosaka Y, Du Y, et al. Indo-western Pacific Ocean Capacitor and coherent climate anomalies in post-ENSO summer: A Review[J]. Advances in Atmospheric Sciences, 2016, 33(4):411-432.

[23] Hu K, Huang G, Huang R. The impact of tropical Indian Ocean variability on summer surface

air temperature in China[J]. Journal of Climate, 2011, 24(20):5365-5377.

[24] Hu K M, Huang G, Qu X, et al. The impact of Indian Ocean variability on high temperature extremes across the southern of Yangtze River valley in late summer [J]. Advances in Atmospheric Sciences, 2012, 29(001): 91-100.

[25] Hu K, Huang G, Wu R. A strengthened influence of ENSO on August high temperature extremes over the Southern Yangtze River valley since the late 1980s[J]. Journal of Climate, 2013, 26 (7):2205-2221.

[26] 杨建玲,李艳春,穆建华,等. 热带印度洋海温与西北地区东部降水关系研究[J]. 高原气象, 2015, 34(3):690-699.

[27] 杨建玲,郑广芬,王素艳,等. 热带印度洋海温影响西北地区东部降水的大气环流分析[J]. 高原气象,2015, 34(3):700-705.

[28] 杨建玲,胡海波,穆建华,等.印度洋海盆模态影响西北东部 5 月降水的数值模拟研究[J]. 高原气象,2017, 36(2):510-516.

[29] Tao L. Influence of tropical India Ocean Warming and ENSO on tropical cyclone activity over the Western North Pacific[J]. Journal of the Meteorological Society of Japan Ser II, 2012, 90(1):127-144.

[30] Ding Y, Liu Y, Hu Z Z. The Record-breaking Meiyu in 2020 and associated atmospheric circulation and tropical SST anomalies[J]. Advances in Atmospheric Sciences, 2021, 38(12): 1980-1993.

[31] 陈丽娟,顾薇,丁婷,等. 2015 年汛期气候预测先兆信号的综合分析[J].气象,2016,42(4):496-506.

[32] 陈丽娟,顾薇,龚振淞,等.影响 2018 年汛期气候,的先兆信号及预测效果评估[J]. 气象, 2019, 45(4): 553-564.

[33] 高辉,袁媛,洪洁莉,等. 2016 年汛期气候预测效果评述及主要先兆信号与应用[J]. 气象, 2017, 43(4):9.

[34] 刘芸芸,王永光,龚振淞,等.2020 汛期气候预测效果评述及先兆信号分析[J].气象, 2021, 47 (4):488-498.

[35] 黄刚,胡开明,屈侠,等. 热带印度洋海温海盆一致模的变化规律及其对东亚夏季气候影响的回顾[J]. 大气科学, 2016, 40 (1): 121-130.

[36] Klein S A, Soden B J, Lau N C. Remote sea surface temperature variations during ENSO: Evidence for a Tropical Atmospheric Bridge[J]. Journal of Climate, 1999, 12(4):917-932.

[37] Xie S P, Annamalai H, Schott F A, et al. Structure and mechanisms of South Indian Ocean climate variability[J]. Journal of Climate, 2002, 15:864-878.

[38] Hang B, Kinter Ⅲ J L. Interannual variability in the tropical Indian Ocean[J]. Journal of Geophysical Research Oceans, 2002, 107(C11), 3199.

[39] Gill A E. Some simple solutions for heat-induced tropical circulation[J]. Quart J Roy Meteor

Soc, 1980, 106:447-462.

[40] 黄刚，胡开明. 夏季北印度洋海温异常对西北太平洋低层反气旋异常的影响[J]. 南京气象学院学报,2008,31 (6):749-757.

[41] Huang G, Xia Q, Hu K. The impact of the tropical Indian Ocean on South Asian High in boreal summer[J].Advances in Atmospheric Sciences, 2011, 28(2):421-432.

[42] 杨建玲. 热带印度洋海表面温度年际变化主模态对亚洲季风区大气环流的影响[D]. 中国海洋大学博士学位论文，2007.

[43] Ding Q, Wang B. Circumglobal teleconnection in the Northern Hemisphere Summer[J]. Journal of Climate, 2005, 18(17):3483-3505.

[44] Huang G, Hu K, Xie S P. Strengthening of Tropical Indian Ocean Teleconnection to the Northwest Pacific since the Mid-1970s: An atmospheric GCM study[J]. Journal of Climate, 2010, 23 (19):5294-5304.

[45] Hu K, Huang G, Zheng X T, et al. Interdecadal variations in ENSO influences on Northwest Pacific-East Asian Early Summertime climate simulated in CMIP5 models[J]. Journal of Climate, 2014, 27(15):5982-5998.

[46] Qu X, Huang G. An enhanced influence of Tropical Indian Ocean on the South Asia High after the late 1970s[J]. Journal of Climate, 2012, 25(20):6930-6941.

[47] Zhang R, Sumi A, Kimoto M. Impact of El Nino on the East Asian monsoon : A diagnostic study of the '86/87 and '91/92 events[J]. Journal of the Meteorological Society of Japan, 1996, 74(1): 49-62.

[48] Wamg B, Wu R, Fu X. Pacific-East Asian teleconnection: How does ENSO affect east Asian climate? [J].Journal of Climate, 2000, 13(9):1517-1536.

[49] Du Y, Xie S P, Huang G, et al. Role of air-sea interaction in the long persistence of El Nino-induced North Indian Ocean warming[J].Journal of Climate,2009, 22:2023-2038.

[50] Wang B, Xiang B, Lee J Y. Subtropical high predictability establishes a promising way for monsoon and tropical storm predictions[J].Proc Natl AcadSci U S A, 2013, 110(8):2718-2722.

[51] Xie S P, Zhou Z Q. Seasonal modulations of El Nino-related atmospheric variability: Indo-Western Pacific Ocean feedback[J]. Journal of Climate, 2017, 30:3461-3472.

[52] Zheng J, Wang C. Influences of three oceans on record-breaking rainfall over the Yangtze River Valley in June 2020[J]. Science China Earth Sciences, 2021, 64:1607-1618.

[53] Zhou Z Q, Xie S P, Zhang R. Historic Yangtze flooding of 2020 tied to extreme Indian Ocean conditions Proc[J].Proc Natl AcadSci USA, 2021, 118 (12):e2022255118.

[54] 丁婷,韩荣青,高辉. 2019 年汛期气候预测效果评述及降水预测先兆信号分析[J]. 气象,2020, 46(4):556-565.

[55] Li W, Ren H C, Zuo J, et al. Early summer southern China rainfall variability and its oceanic

drivers[J]. Climate Dynamics，2017，8:1-15.

[56] 李维京，刘景鹏，任宏利，等. 中国南方夏季降水的年代际变率主模态特征及机理研究[J]. 大气科学，2018，42(4):859-876.

[57] Li J P，Zheng F，Sun C，et al. Pathways of influence of the Northern Hemisphere Mid-high Latitudes on East Asian Climate：A review[J].Advances in Atmospheric Sciences，2019，036 (009)：902-921.

[58] Guo F，Liu Q，Yang J L，et al. Three types of Indian Ocean Basin modes[J]. Climate Dynamics，2017(16):1-14.

[59] Fan L. Extracting robust predictors from a factor field：An empirically optimal screening method[J].Geophysical Research Letters，2019，46(14):8355-8362.

[60] Yu S Y，Fan L，Zhang Y，et al. Reexamining the Indian Summer Monsoon Rainfall-ENSO relationship from its recovery in the 21st century：Role of the Indian Ocean SST anomaly associated with types of ENSO evolution[J]. Geophysical Research Letters，2021，48(12):e2021GL092873.

热带印度洋-西太平洋降水异常对东亚冬季风的影响机制

郑　建[1]　王　海[2*]　刘秦玉[3]

(1. 中国科学院海洋环流与波动重点实验室，中国科学院海洋研究所，山东青岛，266071)

(2. 中国海洋大学海洋与大气学院，山东青岛，266100)

(3. 中国海洋大学物理海洋教育部重点实验室/海洋与大气学院，山东青岛，266100)

(* 通讯作者：wanghai@ouc.edu.cn)

摘要　20 世纪 80 年代科学家发现，热带中太平洋降水异常能通过加热大气激发太平洋-北美波列影响北美等热带外地区大气环流异常。热带印度洋-西太平洋是全球降水最强的海域之一。本文回顾了关于该海域冬季降水的年际变化及其对东亚大气影响的一系列研究工作。研究发现，在北半球冬季热带印度洋-西太平洋海域也存在一个较显著的降水年际变化，其主模态是一个东西偶极子型的模态，其强度仅次于 ENSO 对应的热带中太平洋降水异常；揭示了该降水模态形成是 ENSO 和前期秋季印度洋的偶极子模态共同作用的结果；证实了该对流加热异常可以激发一个从热带到东亚/西北太平洋的遥相关波列，可以显著地影响东亚冬季风环流和局地气候。在长期气候变化趋势中，也发现了相似的波列，它是导致华南降水增多的重要机制之一。本文还指出了目前相关研究尚存在的问题。

关键词　热带印度洋-西太平洋；冬季；降水；东亚季风；遥相关波列

1　序言

热带印度洋-西太平洋(40°E～160°E，20°N～20S°)(Indo-Western Pacific，IWP)海域在全球气候系统中有非常重要的作用，是全球大气水汽含量最多、对流活动最强的地区之一，也是全球最大的“暖池”的一部分(图 1)。从气候平均意义上讲，这里释放的对流加热驱动了大气中纬向的 Walker 环流和经向的 Hadley 环流，相应的风场又驱动了印度洋和太平洋在热带和副热带的海洋上层环流。所以说，该海域为地球气候系统的运行提供了重要的能源。从变化上讲，由于饱和水汽压是海表面温度(Sea Surface Temperature, SST)的指数函数[1]，所以，深对流活动对暖池区的SST变化非常敏感。即使是暖池区SST微小的变化，也能引起大气对流很大的变化，从而影响局地的大气辐合辐散运动，进而影响行星尺度的波动和全球的大气加热[2,3]。暖池区对流强、降水多，这里每年有1～2 m净的淡水输入到海洋中[4,5]。通过影响海洋的盐度和海气间的热通量，淡水输入带来的质量和浮力通量可以显著地影响暖池的动力和热力过程[5,6]。

印太暖池地区地处亚印太交汇区，也是南亚季风、澳洲季风和东亚季风交汇的地方，是影响我国短期气候的关键区。许多研究都表明，印太暖池对夏季风、副热带高压、我国夏季降水、台风等都有显著影响[7-11]。暖池地区的异常对流活动还可以通过激发遥相关波列影响东亚中纬度地区的大气环流和天气、气候异常。在夏季(6—8月；June-July-August, JJA)，西太平洋地区的降水有很强的年际变化(图1(b)中填色)。当热带西太平洋SST偏暖时，菲律宾附近降水增多、对流增强，可以激发向北的位势高度异常“负—正—负”的波列。该波列可以传播到日本上空，被称为东亚-太平洋(East-Asia-Pacific, EAP)型[12]或太平洋-日本(Pacific-Japan, PJ)型[13]。受它的影响，西北太平洋副热带高压比正常年份偏北，使我国的江淮流域、日本和朝鲜半岛降水偏少，发生干旱[13-17]。进一步的研究工作表明，PJ波列和印度洋的SST可以互相影响，形成一个耦合模态，这种与海洋的耦合增强了PJ波列的振幅、延长了在时间上的持续性[18-20]。

以上这些研究主要关注热带西太平洋的加热异常对亚洲夏季气候的影响。那么在冬季，IWP上空的对流加热异常是如何分布的、会产生什么影响呢？冬季IWP的降水变化产生的大气加热异常能够影响东亚冬季气候吗？冬季是最强的年际变化信号ENSO的成熟季节，ENSO期间赤道中太平洋的降水异常引起的非绝热加热异常可以激发一个静止的正压罗斯贝波列，这个波列可以传播到热带以外的地区。这种遥相关在北半球被称作太平洋-北美型(Pacific-North-America, PNA)[21]，在南半球被称作太平洋-南美型(Pacific-South-America, PSA)[22]。Li[23,24]指出，El Nino时Ferrell环流和中纬度西风带增强，引起东亚锋区的向北推移，冷空气难以向南爆发，从而导致东亚冬季风减弱。Zhang等[25]指出，在El Nino成熟期的北半球冬季，海洋大陆上空会有异常的下沉运动，在热带西北太平洋地区形成一个异常反气旋[26]，在中国东部沿岸产生异常南风。Wang等[27]发现，El Nino时对流层低层菲律宾附近会有一个异常反气旋，他们将这种环流变化定义为太平洋-东亚遥相关(Pacific-East Asian teleconnection)，并认为这个遥相关是把El Nino和偏弱的冬季风联系起来的关键过程。由此看来，热带西太平洋似乎是ENSO影响东亚气候的关键地区。

从观测资料的分析中可以发现，在冬季，赤道中太平洋和 IWP 海区都有较强的降水年际变化异常，当然，以 180°E 为中心的赤道中太平洋降水异常强度大于 IWP 海区(图 1(a))，这些降水的年际变化必将对应对流加热场的年际变化。在冬季，虽然 IWP 海区降水年际变化的强度比赤道中太平洋降水变化的强度弱，但是，它与该地区在夏季的变化强度比较相近。既然冬季的赤道中太平洋和夏季 IWP 地区的对流异常都能激发遥相关波列，那么，冬季 IWP 地区的对流加热异常能引起什么气候异常呢？本文将回顾和总结冬季 IWP 的降水变化能否并如何影响东亚中高纬度地区大气环流，以及这种影响与热带印度洋-太平洋海温的关系。

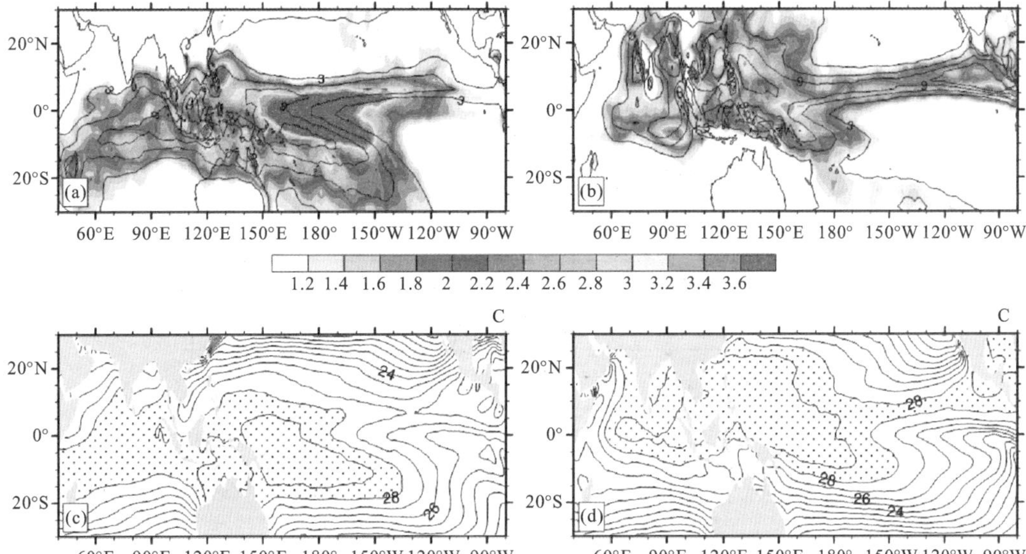

图 1　(a)CMAP 降水在冬季的平均态(等值线，间隔为 3 mm/d)和标准差(填色)；(b)同(a)但是为夏季(JJA)；(c)冬季(December-January-February, DJF)SST 的气候态(等值线间隔为 1℃，黑点填充区为 SST>28℃)；(d)同(c)但是为夏季(JJA)(引自参考文献[28])

2　IWP 地区降水异常及其影响

依据历史观测资料，Zheng 等[29]首次发现 IWP 海区冬季降水年际变化的主模态表现为一个东西偶极子型，称其为印度洋-西太平洋偶极子(Indo-Western Pacific Dipole, IWPD)。它对应的对流加热异常激发了一个从 IWP 到东亚/西北太平洋的遥相关波列，称之为 IWP-EA 型波列。在 IWPD 正(负)位相时，热带西印度洋(Western Indian Ocean, WIO)降水增多(减少)，而热带东印度洋和西太平洋(Eastern Indian Western Pacific, EIWP)降水减少(增多)。在热带印度洋上，IWPD 的空间分布与印度洋偶极子模态(Indian Ocean Dipole, IOD)发生时降水异常的分布[30]类似。

从 IWPD 模态的时间序列中可以看到,IWPD 正异常事件一般发生在 El Nino 年,比如 1982 年和 1997 年(图 2(b))。PC1 和 Nino3.4 指数的同时相关系数为 0.87(超过 99% 的信度检验)。冬季 IWPD 时间序列与之前 9—11 月的 IOD 指数的相关系数为 0.68,也超过了 0.01 的统计显著性检验。因此,IWPD 既受太平洋 ENSO 的影响,也受到印度洋 IOD 的影响。

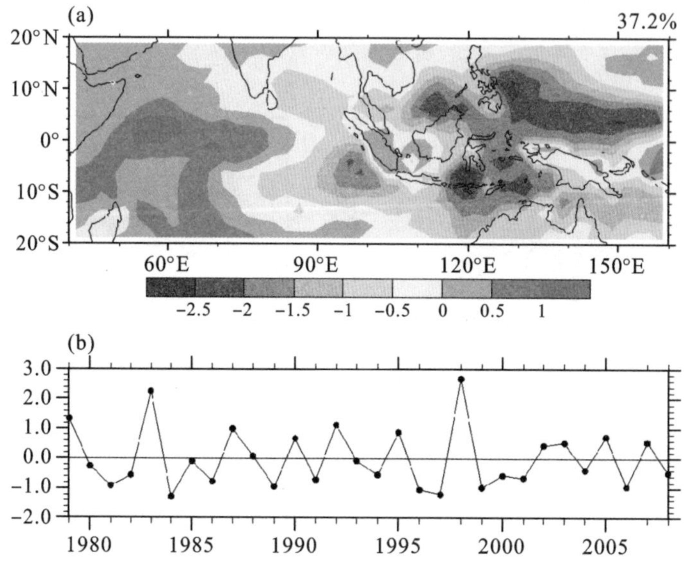

图 2 1979—2008 年冬季热带印度洋-西太平洋降水异常经验正交分解第一模态的(a)空间分布及(b)时间序列(PC1)(引自参考文献[28])

在 IWPD 正位相期间,200 hPa 位势高度场有两个反气旋跨坐在赤道中东太平洋上空(图 3(a))。这两个反气旋是一对 Rossby 波,与赤道中东太平洋的暖海表面温度异常对应,是大气对赤道中太平洋加热异常的 Matsuno-Gill 响应[31,32]。在 IWP 地区,200 hPa 位势高度异常表现为楔形,这是由热带印度洋 SST 异常导致的 Kelvin 波响应[33,34]。在热带外地区,200 hPa 位势高度异常场上有两个遥相关波列。一个是 PNA 遥相关波列,它是由赤道东太平洋的暖海温产生的加热异常激发的。另一个遥相关波列在 IWP 和东亚地区上空,位势高度异常呈现"正-负-正"分布,即在 IWPD 正位相时,该波列在中国东南部上空位势高度降低(约以 30°N,110°E 为中心),在中国东北部、朝鲜半岛、日本上空位势高度升高(约以 45°N,140°E 为中心)。这个遥相关波列就是"IWP-EA"波列。IWP-EA 型在对流层上层最明显。在对流层中下层(500 hPa 和 850 hPa),中国东部上空的负异常中心很弱,但是,日本附近上空的高压中心依然比较明显(图 3(b),(c))。IWP-EA 波列与 PNA 波列相似,其垂直结构也是相当正压的[35]。后来,Zheng 等[29]发现这个遥相关波列是冬季东亚地区大气环流年际变化的主要特征。不论是从空间分布还是从时间演变特征上，IWP-EA 波列都与 200 hPa 位势高度异常的主模态非常相似。因此，IWPD 激发的这个遥相关波列代表了冬季东亚大气环流年际变化的主要特征。

利用 IWP 海域上空大气加热异常驱动的简单大气模式所做的数值试验结果也证实了：IWP-EA 遥相关波列就是大气对热带印度洋-西太平洋对流加热异常的响应。IWPD 模态中的正、负加热异常都可以激发该遥相关波列。它们的联合效应的结果更接近于观测结果；模式结果还表明，赤道中太平洋的加热对 IWP-EA 遥相关波列的直接影响非常弱。Wang 和 Liu[36]分析了 CMIP5 的 AMIP 试验发现，模式能较好地模拟 IWP-EA 波列，并且模拟的波列强度与印太暖池区降水异常的强度密切相关。

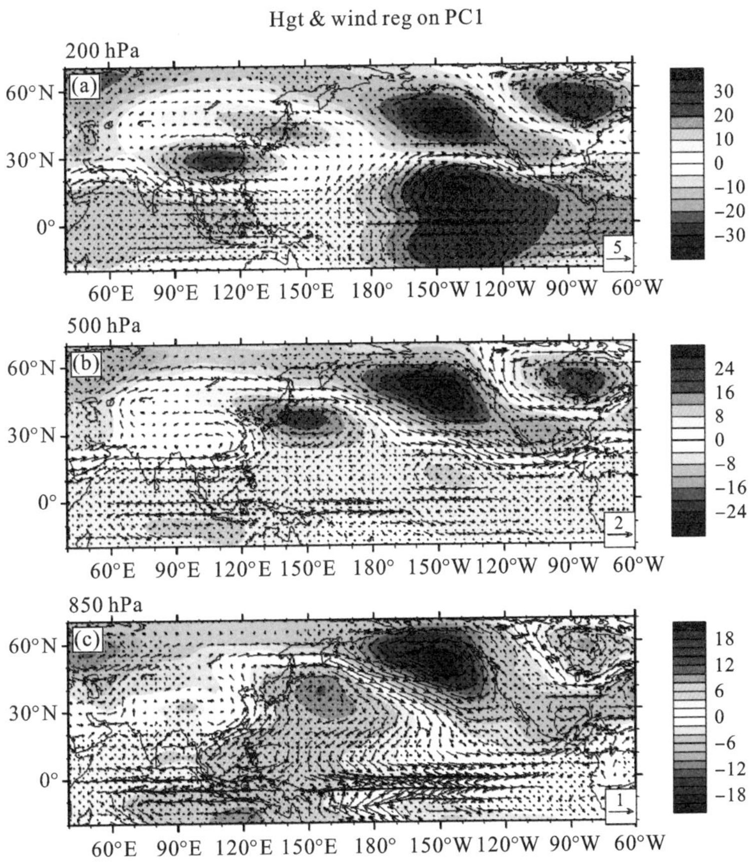

图 3　冬季(DJF)位势高度异常(填色)和风场异常(箭头)对降水 PC1 的回归系数：(a)200 hPa；(b)500 hPa；(c)850 hPa。点状阴影区代表位势高度异常回归系数超过 0.1 显著性检验(引自参考文献[28])

3　IWP-EA 波列对东亚冬季气候的影响

大气环流的异常必然会引起天气和气候系统的变异，IWP-EA 波列在日本附近上空的正异常中心的位置在冬季东亚大槽附近，东亚大槽是东亚冬季风非常重要的天气系统，IWP-EA 波列可以通过东亚大槽影响东亚地区冬季的气温和降水[37]。在该遥相关波列正位相时，中国东部上空是异常气旋式环流，这样在中国东部沿海有南风异常，在华北、西北地区有东风异常。这样的异常风场会减弱平均态下来自西伯利亚地区的冷空气，因此，中国大部分地区(除西南地区以外)、朝鲜半岛、日本、南海附近地区的气温都是偏暖的(图 4(a))。这与 El Nino 时东亚冬季风减弱的结论是一致的[23]。东部沿岸的南风异常也会从海上输送更多的水汽，导致东南地区和华北地区降水增多(图 4(b))。

Guo 等[38]研究发现，热带太平洋的降水异常对冬季东亚地区的西风急流有重要影响。冬季热带太平洋的降水异常有两个变化中心，一个在西北太平洋(Western North Pacific, WNP)/海洋大陆地区，另一个位于赤道中太平洋(Central Pacific, CP)。WNP 的降水异常引起的对流加热会在东亚地区对流层上层激发一个向北的 Rossby 波列，它会引起 30°N～45°N 的西风增强，从而导致西风急流北移。而在 CP 地区的降水异常主要影响的是西风急流的强度，而不是位置的南北移动。另一方面，Jia 等[39]发现，当冬季 WNP 降水增多、CP 降水减少时，对应亚洲中高纬度地区气温偏高；其主要影响机制也是通过一个从热带西被太平洋到高纬度地区的 Rossby 波列。在长期变化趋势方面，Wu 等[40]的研究认为，热带印度洋自 1960 年以来的长期增暖可以引起一个从印太暖池到西伯利亚的遥相关波列，该波列是华南地区冬季降水增多的主要机制。

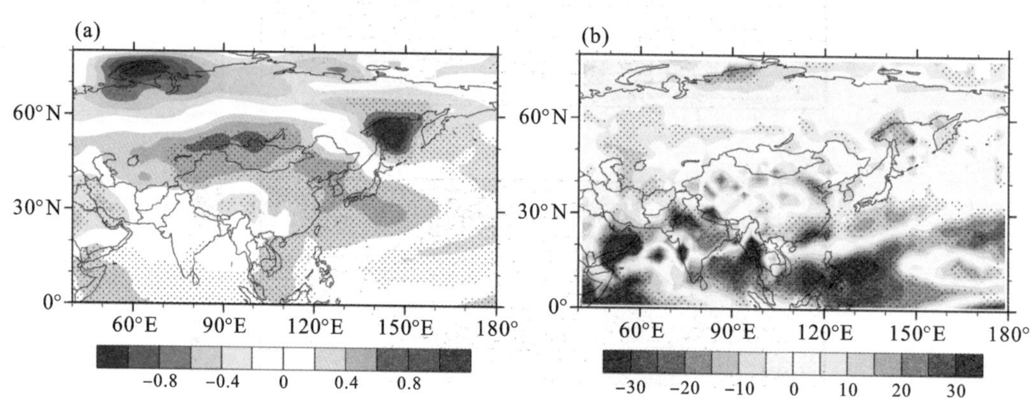

图 4 (a)冬季表面气温异常和(b)相对于 1979—2008 年平均的降水百分比异常(单位：%)对 200 hPa 位势高度异常 PC1 的回归系数。点状阴影代表回归系数超过 0.1 显著性检验(引自参考文献[28])

4 结论与讨论

本文简单回顾了冬季印太暖池区降水的年际变化，以及它激发的大气遥相关波列对东亚冬季大气环流和气候的影响。虽然在冬季，最强的年际变化信号还是 ENSO 及其引起赤道中太平洋的对流和对应的 PNA/PSA 遥相关波列。但是，本文总结发现，IWP 海域的对流异常也能激发遥相关波列，将热带与东亚地区的气候异常联系起来。

冬季 IWP 海域的对流异常及其激发的遥相关波列主要受到 ENSO 和前期秋季 IOD 的影响。Zheng 等[41]发现，虽然 1997/1998 和 2015/2016 冬季都发生了极端 El Nino，但东亚地区大气环流异常并不相同：前者有 IWP-EA 波列出现，而后者没有。产生这种差异的原因是 2015 年秋季没有 IOD 发生，导致 2015/2016 冬季印太暖池区降水异常 IWPD 模态没有出现。该结果证实了 IOD 在东亚冬季风异常中的重要作用。在全球变暖背景下，印太暖池区海温升高、暖池范围变大[42]。这些变异如何影响对流及遥相关波列还不清楚，有待进一步开展相关研究工作。另一方面，北极是全球增暖最明显的地区[43]，北极增暖对东亚冬季风的影响是否会改变 IWP-EA 波列的分布，北大西洋大气环流异常是否也会影响东亚冬季风，也都需要进一步明确。

致谢

本文受山东省自然科学基金项目(ZR2021MD024)资助。

参考文献

[1] Graham N E, Barnett T P. Sea surface temperature, surface wind divergence, and convection over tropical oceans[J]. Science, 1987, 238(4827): 657-659.

[2] Sardeshmukh P D, Hoskins B J. The Generation of global rotational flow by steady idealized tropical divergence[J]. Journal of Atmospheric Sciences, 1988, 45(7): 1228-1251.

[3] Neale R, Slingo J. The maritime continent and its role in the global climate: A GCM study[J]. J Climate, 2003, 16(5): 834-848.

[4] Chen G, Fang C, Zhang C, et al. Observing the coupling effect between warm pool and "rain pool" in the Pacific Ocean[J]. Remote Sensing of Environment, 2004, 91(2): 153-159.

[5] Huang B, Mehta V M. Response of the Indo-Pacific warm pool to interannual variations in net atmospheric freshwater[J]. Journal of Geophysical Research: Oceans, 2004, 109, c06022.

[6] Lukas R, Lindstrom E. The mixed layer of the western equatorial Pacific Ocean[J]. Journal of Geophysical Research: Oceans, 1991, 96(S01): 3343-3357.

[7] 李万彪，周春平. 热带西太平洋暖池和副热带高压之间的关系[J]. 气象学报，1998，56：619-626.

[8] 李万彪，周春平. 热带西太平洋暖池对中国降水和沿海自然灾害的影响[J]. 北京大学学报，1999，35：675-681.

[9] Li C, Mu M, Zhou G. The variation of warm pool in the equatorial western pacific and its

impacts on climate[J]. Advances in Atmospheric Sciences, 1999, 16(3): 378-394.

[10] Chen Y, Hu D. Influence of heat content anomaly in the tropical western Pacific warm pool region on onset of south China Sea summer monsoon[J]. Acta Meteorologica Sinica, 2003, 17: 213-225.

[11] Chen G, Huang R. The effect of warm pool thermal states on tropical cyclones in the western north Pacific[J]. Journal of Tropical Meteorology, 2007, 13: 53-56.

[12] 黄荣辉，李维京. 夏季热带西太平洋上空的热源异常对东亚上空副热带高压的影响及其物理机制[J]. 大气科学，1988，12：107-116.

[13] Nitta T. Convective activities in the tropical western Pacific and their impact on the northern hemisphere summer circulation[J]. Journal of the Meteorological Society of Japan Ser II, 1987, 65(3): 373-390.

[14] Huang R. The East Asia/Pacific pattern teleconnection of summer circulation and climate anomaly in East Asia[J]. Journal of Meteorological Research, 1992, 6: 25-37.

[15] Huang R, Sun F. Impacts of the tropical western Pacific on the east Asian summer monsoon [J]. Journal of the Meteorological Society of Japan Ser II, 1992, 70(1B): 243-256.

[16] 黄荣辉，孙凤英. 热带西太平洋暖池的热状况及其上空对流活动对东亚夏季气候异常的影响[J]. 大气科学，1994，2：141-151.

[17] Nitta T, Hu Z Z. Summer climate variability in China and its association with 500 hPa height and tropical convection[J]. Journal of the Meteorological Society of Japan Ser II, 1996, 74(4): 425-445.

[18] Kosaka Y, Nakamura H. Structure and dynamics of the summertime Pacific-Japan teleconnection pattern[J]. Quarterly Journal of the Royal Meteorological Society, 2006, 132(619): 2009-2030.

[19] Kosaka Y, Nakamura H. Mechanisms of meridional teleconnection observed between a summer monsoon system and a subtropical anticyclone. Part I: The Pacific-Japan Pattern[J]. J Climate, 2010, 23 (19): 5085-5108.

[20] Kosaka Y, Xie S-P, Lau N-C, et al. Origin of seasonal predictability for summer climate over the Northwestern Pacific[J]. Proceedings of the National Academy of Sciences, 2013, 110(19): 7574-7579.

[21] Wallace J M, Gutzler D S. Teleconnections in the geopotential height field during the northern hemisphere winter[J]. Mon Wea Rev, 1981, 109(4): 784-812.

[22] Mo K C, Higgins R W. The Pacific-South American modes and tropical convection during the southern hemisphere winter[J]. Mon Wea Rev, 1998, 126(6): 1581-1596.

[23] Li C. Interaction between anomalous winter monsoon in East Asia and El Nino events[J]. Advances in Atmospheric Sciences, 1990, 7(1): 36-46.

[24] Li C. Frequent activities of stronger aerotroughs in East Asia in wintertime and the occurrence of the El Nino event[J]. Sci China, 1988, 31B: 976-985.

[25] Zhang R，Sumi A，Kimoto M. Impact of El Nino on the East Asian monsoon：A diagnostic study of the 86/87 and 91/92 events[J]. Journal of the Meteorological Society of Japan Ser II，1996，74(1)：49-62.

[26] Wang C，Weisberg R H，Virmani J I. Western Pacific interannual variability associated with the El Nino-Southern Oscillation[J]. Journal of Geophysical Research：Oceans，1999，104(C3)：5131-5149.

[27] Wang B，Wu R，Fu X. Pacific-East Asian teleconnection：How does ENSO affect east Asian climate? [J]. J Climate，2000，13(9)：1517-1536.

[28] 郑建. 印-太暖池区降水异常对东亚大气环流年际变化的影响机制[D]. 中国海洋大学博士学位论文，2014.

[29] Zheng J，Liu Q，Wang C，et al. Impact of heating anomalies associated with rainfall variations over the Indo-Western Pacific on Asian atmospheric circulation in winter[J]. Climate Dyn，2013，40(7-8)：2023-2033.

[30] Saji N H，Goswami B N，Vinayachandran P N，et al. A dipole mode in the tropical Indian Ocean[J]. Nature，1999，401(6751)：360-363.

[31] Matsuno T. Quasi-Geostrophic motions in the equatorial area[J]. Journal of the Meteorological Society of Japan Ser II，1966，44(1)：25-43.

[32] Gill A E. Some simple solutions for heat-induced tropical circulation[J]. Quarterly journal of the royal meteorological society，1980，106(449)：447-462.

[33] Yang J，Liu Q，Xie S P，et al. Impact of the Indian Ocean SST basin mode on the Asian summer monsoon[J]. Geophys Res Lett，2007，34，L02708.

[34] Xie S P，Hu K，Hafner J，et al. Indian ocean capacitor effect on Indo-Western Pacific Climate during the Summer following El Nino[J]. J Climate，2009，22(3)：730-747.

[35] Hoskins B J，Karoly D J. The steady linear response of a spherical atmosphere to thermal and orographic forcing[J]. J Atmos Sci，1981，38(6)：1179-1196.

[36] Wang H，Liu Q. Boreal winter rainfall anomaly over the tropical indo-pacific and its effect on northern hemisphere atmospheric circulation in CMIP5 models[J]. Advances in Atmospheric Sciences，2014，31(4)：916-925.

[37] Leung M Y-T，Cheung H H N，Zhou W. Meridional displacement of the East Asian trough and its response to the ENSO forcing[J]. Climate Dyn，2017，48(1)：335-352.

[38] Guo Y，Wen Z，Wu R，et al. Impact of tropical Pacific precipitation anomaly on the east Asian upper-tropospheric westerly jet during the boreal winter[J]. J Climate，2015，28(16)：6457-6474.

[39] Jia X，Wang S，Lin H，et al. A connection between the tropical Pacific Ocean and the winter climate in the Asian-Pacific region[J]. Journal of Geophysical Research：Atmospheres，2015，120(2)：430-448.

[40] Wu Q，Yao Y，Liu S，et al. Tropical Indian Ocean warming contributions to China winter

climate trends since 1960[J]. Climate Dyn，2018，51(7-8)：2965-2987.

[41] Zheng J，Liu Q，Chen Z. Contrasting the impacts of the 1997-1998 and 2015-2016 extreme El Nino events on the East Asian winter atmospheric circulation[J]. Theoretical and Applied Climatology，2018，136(3-4)：813-820.

[42] Roxy M K，Dasgupta P，Mcphaden M J，et al. Twofold expansion of the Indo-Pacific warm pool warps the MJO life cycle[J]. Nature，2019，575(7784)：647-651.

[43] Previdi M，Smith K L，Polvani L M. Arctic amplification of climate change：a review of underlying mechanisms[J]. Environ Res Lett，2021，16，093003.

热带印度洋两个主要海气耦合模态与 ENSO 的关系和分类

刘秦玉[1]　郭飞燕[*2,1]　范　磊[1]

(1. 中国海洋大学物理海洋教育部重点实验室，山东青岛，266100)

(2. 青岛市气象灾害防御工程技术研究中心，青岛市气象局，山东青岛，266003)

(*通讯作者：guofeiyan01@163.com)

摘要　印度洋海盆(IOB)模态和偶极子(IOD)模态是热带印度洋上最主要的两个海气耦合模态，它们的形成机制以及与热带太平洋 ENSO 之间的关系一直是众多科学家关注的重点。本文回顾了有关 IOB 和 IOD 模态的形成机制及其与 ENSO 的关系的研究进展，讨论了对这两个模态进行了分类的研究成果，指出北半球春季开始发展的 El Nino(La Nina)事件会更有利于 IOD 的形成，并推测 ENSO 的正负位相转换的季节可能对热带印度洋 IOB 模态的持续时间有重要影响。本文的讨论为提高热带印度洋表温度年际变化的气候预测水平提供了新的思路。

关键词　热带印度洋；海表面温度；印度洋海盆模态；印度洋偶极子模态；气候预测

1　序言

发生在热带太平洋的 El Nino-Southern Oscillation(ENSO)是全球气候系统中最强的年际变化信号。从 20 世纪 70 年代开始至今，对 ENSO 自身的形成机制及其气候影响已经有了较为全面和深入的认知，预报 ENSO 的水平也在逐年提高。印度洋作为世界第三大洋，其海表面温度(Sea Surface Temperature，SST)的年际变化，在近十几年才备受关注。热带印度洋 SST 年际变化的第一主模态为印度洋海盆一致变化(Indian Ocean Basin-wide，IOB)模态[1,2]，该模态的方差贡献约为 29%[3]。第二模态为东西部 SST 异常符号相反的印度洋偶极子(Indian Ocean Dipole，IOD)模态[4,5]，方差贡献约为 12%[3]。

IOB和IOD模态均具有很强的季节锁相特征。依据历史观测资料发现，IOB在ENSO发展年生成，在ENSO达到峰值之后的春季最强[2,6-9]，一直持续到ENSO次年的夏季[10]。Chowdary等[11]指出，当ENSO正(负)位相持续时间长会直接影响印度半岛的降水异常。Du等[12]发现，1983年和2013年IOB并没有持续到夏季，这表明并非所有的IOB的正(负)位相都能够持续到夏季。究竟IOB的正(负)位相的持续性是否完全由ENSO的位相转变决定，这一直是IOB预测中遇到的问题。而IOD模态通常出现在北半球夏季并在秋季达到峰值，在冬季迅速消亡且不会跨年[13-15]，究竟IOD是否独立于ENSO也一直是困扰着IOD预测的问题。本文将首先对有关IOB和IOD模态的形成机制及其与ENSO关系的研究成果进行回顾，并重点针对这两个模态的形成是否与ENSO有关的问题开展研讨，在此基础上重新审视我们对IOB和IOD模态的分类研究结果，得到新的认识。本文的回顾和分析不仅增进了我们对热带印度洋年际变化与ENSO关系的理解，而且提出了IOB模态与IOD模态之间可以相互转化的可能性，为热带印度洋SST年际变化的气候预测提供了新的思路。

2　热带印度洋两个海气耦合模态的形成机制

2.1　印度洋海盆(IOB)模态的形成机制

前人的研究表明：ENSO影响热带印度洋SST变化可通过热力作用和动力作用来实现。其中，热力机制主要有两种：①当El Nino发生时，热带东太平洋增暖，赤道印度洋-西太平洋的沃克环流上升支减弱并向东移动，从而使得印度洋上空对流减弱，云量也相应地减少，进入海洋的太阳辐射就会增加，通过改变短波辐射通量来使得热带印度洋增暖[2]。另外，减弱的风速通过改变潜热通量，也会使得热带南印度洋SST上升[15]；②在El Nino期间，赤道东太平洋SST正异常会激发向东传播的大气赤道开尔文波，从而加热热带大西洋和热带印度洋对流层大气[16]，海洋上混合层增暖。上述热力作用是可以通过大气桥马上实现的，但是IOB模态的时间序列却滞后于Nino3的时间序列[15]，这说明上述热力效应并不是IOB模态最主要的形成机制。

Xie等在2002年发现，在热带西南印度洋，以8°S为中心，5°S～10°S海区气候平均的温跃层较浅(深度不到100 m)，温跃层向上拱起呈现穹窿(dome)结构并伴随着较强的上翻运动(upwelling)，因此，该海区的SST受温跃层影响极大[17,18]。当太平洋发生El Nino时，印度洋-太平洋沃克环流减弱，赤道印度洋会产生东风异常，东风异常引起赤道以南反气旋风应力旋度的形成，从而激发下沉的暖Rossby波向西传播[19,20]，几个月之后到达西南印度洋，使得温跃层下凹，SST 变暖[17]。这表明了热带西南印度洋 SST 的变化在很大程度上受到局地海洋动力过程的影响。值得注意的是，在大多数海洋大气耦合模式模拟结果中，IOB 都滞后 ENSO 约 3 个月出现，这些模式也都能成功地模拟出引起穹窿区增暖的海洋 Rossby 波[21]。Kawamura 等于 2002 年就发现 ENSO 次年春季南北印度洋之间的温度梯度会造成同期反对称的大气环流异常[22]。该现象在 2008 年被 Wu 等用海面风-蒸发- SST(wind-evaporation-SST，WES)正反馈机制做了很好的解释：这是由于西南印度洋穹窿区增暖幅度大于北印度洋，风场向暖区辐合，从而产生越赤道的北风，在科氏力的作用下，北半球的北风向右偏转从而形成东北风，而南半球则向左偏转从而形成西北风，形成反对称异常风场。在北半球冬、春季，北印度洋盛行东北季风，此时东北风异常叠加在气候态东北季风上，蒸发增强潜热释放增加，使得北印度洋变冷。而在南半球，西北风异常在一定程度上削弱了气候态的东南风，蒸发减弱潜热释放减少，所以有利于西南印度洋暖异常的维持，北半球增暖的减弱和南半球持续增暖使得南北温度梯度加大，有利于反对称异常风场继续保持，这样就形成了一个正反馈机制[13,23]。这种关于赤道印度洋反对称的异常风场形态如果能持续到 El Nino 第二年的夏季，当夏季风爆发后，北印度洋上空背景风场为西南季风，异常的东北风在一定程度上抵消背景风，减弱了蒸发，使得北印度洋和南海在夏季出现 SST 的第二次增暖[24]。Du 等[24]揭示了这个第二次增暖，并指出了这是 IOB 模态可能持续到北半球夏季的物理本质。

2.2　印度洋偶极子(IOD)模态的形成机制

印度洋偶极子(IOD)是峰值出现在北半球秋季的一个年际变化模态[4,5,25]，呈现东西向 SST 异常符号相反的形态，并且伴随着印度洋纬向风和降水的异常，因此，IOD 模态也被称为印度洋纬向模态。众所周知，赤道太平洋和大西洋 Bjerknes 反馈机制得以发挥作用的一个重要原因是赤道太平洋、大西洋年平均风场为东风。而赤道印度洋与另外两大洋不同，年平均风场是弱西风，但实际上，由于季风存在强烈的季节性变化，北半球夏季和秋季赤道附近出现的气候平均东风很适合 Bjerknes 正反馈机制维持的赤道纬向偶极子形成，从而会在夏季 IOD 形成并发展，也决定了 IOD 在秋季的锁相现象[4]。此外，东印度洋的东(西)风异常出现也会激发向西传播的 Rossby 波，从而加深(减小)了西印度洋穹窿区的温跃层深度，进而导致西印度洋的 SST 正(负)异常，加强了东西印度洋 SST 的差异。因此，海洋 Rossby 波调整机制在 IOD 的形成过程中也起到一定的作用。北半球秋季之后，随着赤道附近背景东南风的减弱，IOD 事件也开始逐渐衰减[27]。

依据目前的观测事实：正 IOD 事件要比负 IOD 事件强，因此，IOD 具有很强的不对称性(偏态)。在正 IOD 事件中苏门答腊-爪哇岛沿岸的冷 SST 异常要比负 IOD 事件中暖异常更强。这是因为东印度洋年平均的温跃层较深，因此，在正 IOD 形成过程中，变浅的温跃层异常通过风-温跃层- SST 反馈机制能够更有效地改变表层 SST。然而在负 IOD 事件发展过程中，加深的温跃层叠加在气候态较深的温跃层之上，使得温跃层- SST 反馈机制的效应不显著，所以，负 IOD 事件中东印度洋的 SST 异常振幅要比正 IOD 事件小。振幅的不对称性代表 IOD 反馈过程及其导致的效应在正 IOD 中偏强，因为信号能够更好地从随机噪音中凸显出来[27]。

综上所述，依据目前对两个印度洋海气耦合模态形成机制的认识，我们认为，IOB 模态的形成不仅仅是 ENSO 影响的结果，也与热带印度洋局地的海洋-大气相互作用过程有关；局地的海洋-大气相互作用和海洋动力过程使得 ENSO 异常信号能在印度洋保存下来，特别是 IOB 模态持续到北半球夏季与印度洋的夏季风还有密切的联系。相对 IOB 模态较复杂的物理过程来说，IOD 模态的形成似乎主要依靠热带印度洋自身的 Bjerknes 反馈机制，但是其锁相特征与印度洋季风有关。

3 热带印度洋海气耦合模态的分类

Du 等于 2013 年按照生命周期将 IOD 分为三类：夏季型、传统型和持久型[12]。其中，夏季型 IOD 比较特殊，它的成熟期锁相于北半球夏季，比传统型 IOD 提前一个季节，生命历程最短，到了秋季便会消亡，同时，赤道太平洋也没有 SST 异常信号。其气候影响与传统 IOD 也不完全相同。夏季型 IOD 在 20 世纪 70 年代中期以后才出现，这可能与全球气候变化背景下印太区域的 Walker 环流减弱有关。

从前人研究工作中已经得到 ENSO 与热带印度洋 SST 年际变化之间可能存在两种关系：①El Nino（La Nina）发展期会导致热带西印度洋 SST 正（负）异常和东印度洋的 SST 负（正）异常正（负）IOD 模态；②从 El Nino（La Nina）峰值期的冬末到第二年夏季，热带印度洋出现滞后正（负）相关，此时热带印度洋 SST 异常表现为海盆一致变化（IOB）模态。但是，也有独立于 ENSO 的 IOD，例如，夏季型 IOD 发生时，太平洋并没有显著的 SST 距平变化[12]。自 20 世纪 80 年代开始，人们致力于 ENSO 的预报研究，目前已经能提前 3 个月以上对 ENSO 做业务预报。但是，能否通过对 ENSO 的预报来预测 IOB 和 IOD 模态？究竟哪种类型的 IOB 和 IOD 模态可以用 ENSO 指数来预报？这是业务预报中常遇到的难题。

为了解决这一难题，我们依据观测资料，并利用气候模式控制试验长达 500 年的大样本优势，按照与 ENSO 的关系对 IOB 模态与 IOD 模态进行了分类[14,28]，得到了以下对预测 IOB 和 IOD 有参考价值的成果。

3.1　三类 IOB 模态

依据气候模式 CESM 的长达 500 年的控制试验大样本资料，几乎所有的 IOB 模态都在 ENSO 达到峰值后的北半球春季达到峰值（表 1）。根据春季以后 IOB 的演化去向可以将 IOB 分为三类：第一类 IOB 春季达到峰值并持续到夏季，并在秋季逐渐消失（图 1(a)），通常伴随着强的 El Nino（La Nina）在北半球夏初消失并转成弱的 La Nina（El Nino）（图 1(b)）；第二类是对应于热带太平较弱的 El Nino（La Nina）在北半球春季转成 La Nina（El Nino），导致正（负）IOB 在夏季转成负（正）IOD（图 1(d)，(e)，(f)），称为反位相转化型 IOB；第三类是随着 ENSO 异常信号夏季在太平洋消失，正（负）IOB 模态转成正（负）IOD 模态（图 1(g)，(h)，(i)），称为同位相转化型 IOB。在模式中三类 IOB 分别占 52%、28%和 20%。其中，第一类 IOB 最多，第二类次之[28]。

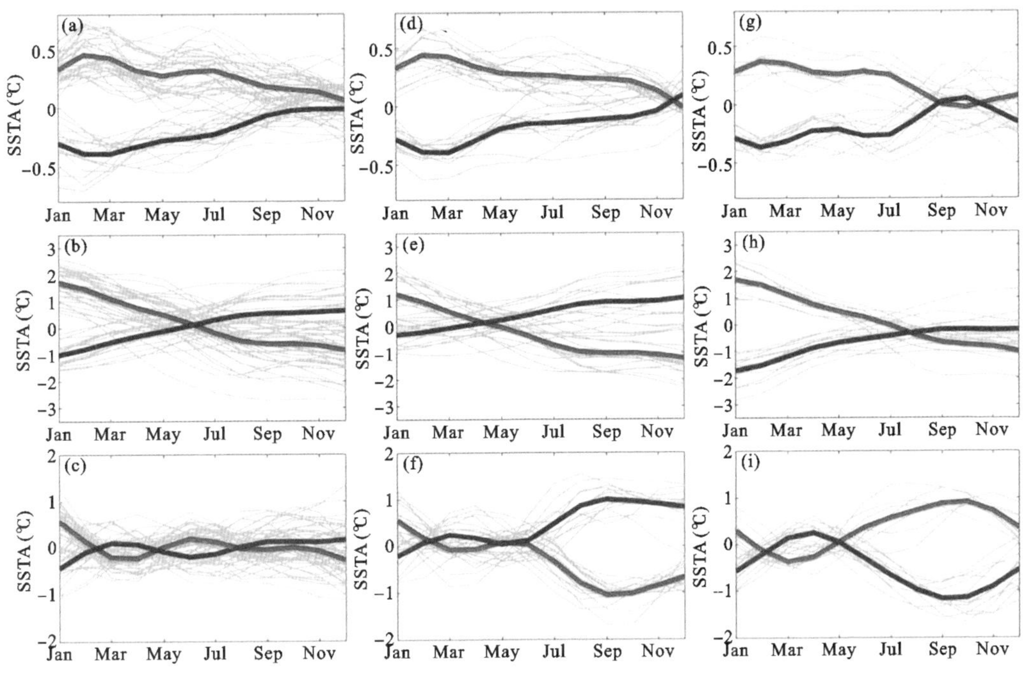

图 1　气候模式控制实验中第一类((a)，(b)，(c))、第二类((d)，(e)，(f))和第三类((g)，(h)，(i))IOB 模态分别对应的 IOB 指数((a)，(d)，(g))，ENSO((b)，(e)，(h))指数以及 IOD((c)，(f)，(i))指数，灰线代表单个个例，红(蓝)线代表年初为正(负)IOB(引自参考文献[28])

对于第一类正 IOB，伴随着较强 El Nino（La Nina）在北半球夏季转成较弱的 La Nina（El Nino）热带印度洋海温异常从夏季出现第二个峰值后开始逐渐减弱，整个海盆增暖现象一直存在，直到夏末秋初热带印度洋的海温异常以及表面风场异常基本减弱消失[28]；对于第二类正 IOB，由于 El Nino（La Nina）在北半球春季就转成较强的 La Nina（El Nino），从夏初开始东南印度洋西（东）风异常，SST 正（负）异常逐渐增强，而西印度洋原先的 SST 正(负)异常则逐渐减弱并被负(正)的 SST 异常所取代,于是到夏末正 IOB 就转化为负 IOD(图 1(f)),并在秋季达到峰值[28];对于第三类正 IOB,El Nino(La Nina)在夏季才消失(图 1(h)),从夏初开始澳大利亚以北东印度洋出现 SST 正(负)异常,之后 SST 异常开始向北向西扩展,从而转化为正 IOD,并在北半球秋季达到峰值[28]。

模式中存在的三类 IOB,在观测中也同样存在[28]。1951—2013 年的 63 年间共发生了 13 次正 IOB 和 11 次负 IOB(表 1),除 1969 年第一类 IOB 发生在 El Nino 当年外,其他 IOB 事件均分别发生在 El Nino 次年或 La Nina 次年。第一类正(负)IOB 共发生 5(4)次,占总 IOB 的 38%;第二类正(负)IOB 共发生 6(2)次,占总 IOB 的 33%;第三类正(负)IOB 共发生 2(5)次,占总 IOB 的 29%。三类 IOB 中,第一类即持续型 IOB 是发生次数最多的 IOB,这与模式结果一致,但模式中第一类 IOB 占比远高于观测[28]。

表 1　观测中三类 IOB(引自参考文献[28])

类型	正 IOB(年份)	负 IOB(年份)
第一类 IOB	1953,1969,1970,1988,2013	1951,1968,2000,2011
第二类 IOB	1954,1958,1964,1973,1998,2010	1976,1986
第三类 IOB	1983,2003	1971,1974,1984,1989,2001

综上所述,三类 IOB 几乎都是出现在 El Nino 或 La Nina 次年,在春末时均为海盆一致异常,但从夏初开始,三类 IOB 开始向着不同的方向发展。关于持续型 IOB,前文中已做了详细的介绍,这里不再赘述。对于第二类 IOB,则是由于 ENSO 位相在春季的转变,从而没有机会让热带印度洋完成第二次增暖,被迫跟着 ENSO 的转相实现了热带印度洋两个主要海气耦合模态间的转化。对于第三类正 IOB 来说,澳大利亚高压异常一直维持到夏季而且不断向西北方向扩展,从而使得热带东南印度洋东南风异常不断增强并向西北方向扩展。在印度洋海洋-大气相互作用机制的作用下,使得东南印度洋原先正 SST 异常消失并被冷 SST 异常取代,从而在夏季正 IOB 即转化为正 IOD,反之亦然。

3.2　三类 IOD 模态

在秋季达到峰值的 IOD 也可以分为三种类型[14]:第一类为热带印度洋-太平洋沃克环流异常导致的 IOD。该类 IOD 与 ENSO 同时出现并同时发展(图 2(a),(b)),约占总 IOD 的 40%;第二类 IOD 发生在 ENSO 次年,由春季热带印度洋 IOB 模态正(负)位相转变为秋季达到峰值的 IOD 模态正(负)位相(图 2(c),(d)),热带印度洋春季纬向 SST 梯度是其激发机制,约占 IOD 总数的 40%;第三类,由越赤道气流异常激发出来的纯 IOD,不伴随明显的太平洋海温异常(图 2(e),(f)),约占 IOD 总数的 10%。在观测中,

1951—2013 年间三类 IOD 事件分别发生了 13 次、10 次和 2 次，分别约占 IOD 总数的 45%、35%和 10%(表 2)。在模式和观测中有极个别特殊的 IOD 事件不符合本文对 IOD 的分类，因此，对这些 IOD 不做介绍[14]。通过图 1 和图 2 的对比，第二类 IOD 与第三类 IOB 对应，第二类 IOD 并不对应于 ENSO 的发生、发展，而是直接由 IOB 对应的热带印度洋自身海洋-大气相互作用演变过来。

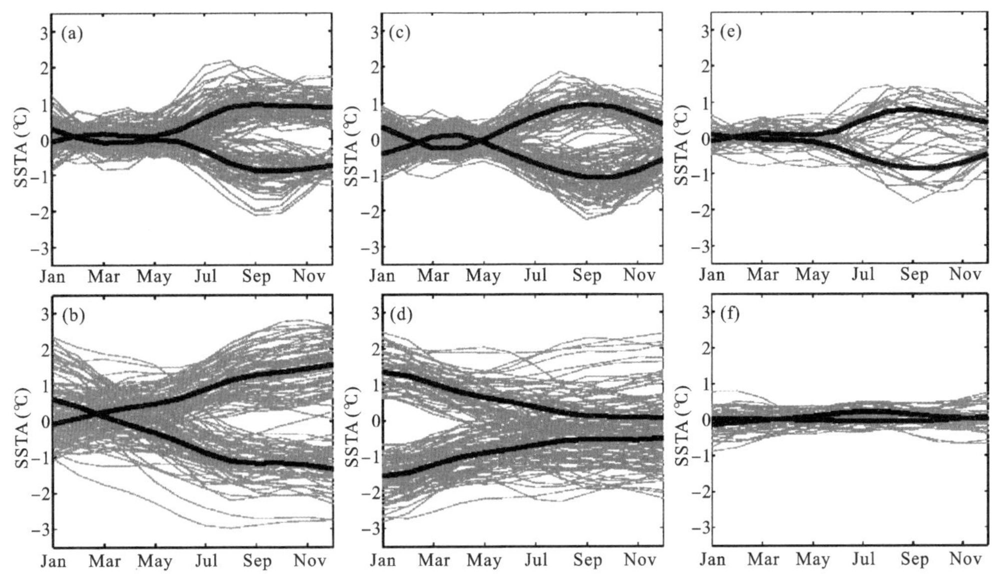

图 2 气候模式控制试验中第一类((a),(b))、第二类((c),(d))和第三类((e),(f))IOD 模态分别对应的 IOD 指数((a),(c),(e))、ENSO((b),(d),(f))指数。细线表示单次事件的指数；粗线表示所有事件的平均(取自参考文献[14])

表 2 观测中三类 IOD(引自参考文献[14])

类型	正 IOD(年份)	负 IOD(年份)
第一类 IOD	1957,1963,1972,1982,1994,1997,2006	1954,1964,1975,1998,2005,2010
第二类 IOD	1977,1983,2003,2007	1974,1981,1984,1989,1996,2001
第三类 IOD	1961	1960

IOD 的形成过程与海面风场息息相关，特别是赤道印度洋和东印度洋异常纬向风的出现对 IOD 的发生至关重要。第一类 IOD 表面风场异常是由 ENSO 引起的沃克环流异常激发。Fan 等[29]指出，ENSO 爆发时间的早晚对于这类 IOD 的发展具有重要作用。爆发较早(如春季或初夏)的 El Nino 在背景风场作用下更易产生西印度洋的暖 SST 异常。一旦表面风异常在赤道及东印度洋建立起来，之后三类 IOD 的发展过程就会非常相近，因为 IOD 的发展过程依赖于热带印度洋局地风-温跃层- SST 反馈机制。当 6 月份背景风场由冬季风转变为夏季风时，东(西)风通过蒸发改变海表热通量，从而有利于苏

门答腊-爪哇岛沿岸的冷却(变暖)。同时异常的东风(西风)将会引起东南印度洋出现风应力旋度场异常,进而激发下沉(上升)Rossby 波向西传播,通过改变温跃层深度、使得西南印度洋增暖(冷却),最终形成 IOD。三类 IOD 都是在夏季形成并在秋季达到峰值。

综上所述,按照 ENSO 对热带印度洋年际变化模态影响进行的分类研究结果[14,28],进一步确认可以依据 El Nino(La Nina)的形成和发展的季节来预测 IOD 是否出现,可以预测在 El Nino(La Nina)的衰退阶段 IOB 出现。在讨论和回顾的同时还意外发现,IOB 模态可以转化为同位相或者反位相的 IOD。该问题有待进一步深入研究。

4 结论与讨论

以上回顾了有关 IOB 和 IOD 模态的形成机制及其与 ENSO 的关系的研究进程,介绍了我们依据印度洋这两个模态与 ENSO 的关系进行了分类的研究结果。依据分类研究,指出北半球春季开始发展的 El Nino(La Nina)事件会更有利于当年夏季 IOD 的形成和发展,ENSO 的正负位相转换的季节可能对 IOB 模态的持续时间有影响;在 El Nino (La Nina)衰减年的春季都会出现 IOB 的峰值。如果 El Nino(La Nina)衰减后热带太平洋不再出现 SST 异常,热带印度洋会通过局地的海洋-大气相互作用实现 IOB 转变为同位相的 IOD。本文的上述讨论提出的结果和推测为提高热带印度洋 SST 年际变化的气候预测水平提供了新的思路。

目前,有关热带印度洋的气候预测还是个难题。毕竟第三类 IOD 的出现与 ENSO 没有任何关系,这需要我们进一步研究。另外,位于热带西北太平洋的异常反气旋是 El Nino 衰退年重要的海气异常信号之一,该反气旋的存在会对热带印度洋有重要影响[30]。热带印度洋在 ENSO 预测中究竟扮演什么角色的问题有待于进一步研究。

致谢

本文受国家自然科学基金(41975089)、山东省自然科学基金青年基金(ZR2021QD028)资助。

参考文献

[1] Latif M, Barnett T P. Interactions of the tropical Ocean[J]. Journal of Climate, 2013, 8:952-964.

[2] Klein S A, Soden B J, Lau N C. Remote sea surface temperature variations during ENSO: Evidence for a tropical atmospheric bridge[J].Journal of Climate,1999,12:917-932.

[3] 刘秦玉,谢尚平,郑小童.热带海洋—大气相互作用[M]. 北京:高等教育出版社,2013.

[4] Saji N H, Goswami B N, Vinayachandran P N, Yamagata T. A dipole mode in the tropical

Indian Ocean[J].Nature,1999,401:360-363.

[5] Webster P J, Moore A M, Loschnigg J P, Leben R R. Coupled ocean-atmosphere dynamics in the Indian Ocean during 1997—98[J].Nature, 1999, 401: 356-360.

[6] Nigam T, Shen H S. Structure of oceanic and atmospheric low-frequency variability over the tropical Pacific and Indian Ocean. Part I: COADS observations[J].Journal of Climate, 1993,6: 657-676.

[7] Liu Z, Alexander M. Atmospheric bridge, oceanic tunnel, and global climatic teleconnections[J]. Reviews of Geophysics, 2007,45, R62005.

[8] Du Y, Xie S P, Huang G, Hu K M. Role of air-sea interaction in the long persistence of El Nino-induced north Indian Ocean warming[J].Journal of Climate, 2009, 22:2023-2038.

[9] Huang G, Hu K M, Xie S P. Strengthening of tropical Indian Ocean teleconnection to the Northwest Pacific since the mid-1970s: An atmospheric GCM study[J].Journal of Climate, 2010, 23: 5294-5304.

[10] Xie S P, Hu K, Hafner J, Tokinaga H, Du Y, Huang G, Sampe T. Indian Ocean capacitor effect on Indo-western Pacific climate during the summer following El Nino[J].Journal of Climate, 2009, 22: 730-747.

[11] Chowdary J S, Harsha H S, Gnanaseelan C, et al. Indian summer monsoon rainfall variability in response to differences in the decay phase of El Nino[J].Climate Dynamics, 2017, 48:2707-2727.

[12] Du Y, Cai W J, Wu Y. A new type of the Indian Ocean dipole since the mid-1970s[J].Journal of Climate, 2013, 26: 959-972.

[13] Zheng X T, Xie S P, Vecchi G A, Liu Q Y, Hafner J. Indian Ocean dipole response to global warming: Analysis of ocean-atmospheric feedbacks in a coupled model[J].Journal of Climate, 2010, 23: 1240-1253.

[14] Guo F Y, Liu Q Y, Sun S, Yang J L. Three types of Indian Ocean Dipoles[J].Journal of Climate, 2015,28:3073-3092.

[15] Yang J L, Liu Q Y, Xie S P, Liu Z Y, Wu L. Impact of the Indian Ocean SST basin mode on the Asian summer monsoon[J].Geophysical Research Letters, 2007, 34, L02708.

[16] Yulaeva E, Wallace J M. Sensitivity of seasonal climate forecasts to persisted SST anomalies [J]. Journal of Climate, 1994,7:1719-1736.

[17] Xie S P, Annamalai H, Schott F A, McCreary J P. Structure and mechanisms of south Indian Ocean climate variability[J].Journal of Climate, 2002,15:867-878.

[18] Huang B, Kinter III J L. Interannual variability in the tropical Indian Ocean[J].Journal of Geophysical Research, 2002,107(C11): 3199.

[19] Perigaud C, Delecluse P. Interannual sea level variations in the tropical Indian Ocean from Geosat and shallow-water simulations[J].Journal of Physical Oceanography, 1993, 23: 1916-1934.

[20] Masumoto Y, Meyers G. Forced Rossby waves in the southern tropical Indian Ocean[J].Journal

of Geophysical Research，1998，103：27589-27602.

[21] Saji N H，Xie S P，Yamagata T. Tropical Indian Ocean variability in the IPCC twentieth-century climate simulations[J].Journal of Climate，2006，19：4397-4417.

[22] Kawamura R，Matsumura T，Iizuka S. Role of equatorially asymmetric sea surface temperature anomalies in the Indian Ocean in the Asian summer monsoon and El Nino-Southern Oscillation coupling [J].Journal of Geophysical Research，2001，106：4681-4693.

[23] Wu R G，Kirtman B P，Krishnamurthy V. An asymmetric mode of tropical Indian Ocean rainfall variability in boreal spring[J].Journal of Geophysical Research，2008，113，D05104.

[24] Du Y，Xie S P，Huang G，Hu K M. Role of air-sea interaction in the long persistence of El Nino-induced north Indian Ocean warming[J]. Journal of Climate，2009，22：2023-2038.

[25] Murtugudde R，McCreary Jr J P，Busalacchi A J. Oceanic processes associated with anomalous events in the Indian Ocean with relevance to 1997—1998[J].Journal of Geophysical Researc，2000，105：3295-3306.

[26] Tokinaga H，Tanimoto Y. Seasonal transition of SST anomalies in the tropical Indian Ocean during El Nino and Indian Ocean Dipole years[J]. Journal of the Meteorological Society of Japan，2004，82(4)：1007-1018.

[27] Cai W J，Zheng X T，Weller E，et al. Projected response of the Indian Ocean Dipole to greenhouse warming[J] .Natature Geosciemce，2013，6：999-1007.

[28] Guo F Y，Liu Q Y，Yang J L，Fan L. Three types of Indian Ocean Basin modes[J].Climate Dynamics，2018，51：4357-4370.

[29] Fan L，Liu Q Y，Wang C Z，Guo F Y. Indian Ocean dipole modes associated with different types of ENSO development[J].Journal of Climate，2017，30：2233-2249.

[30] Xie S P，Kosaka Y，Du Y，Hu K M，Chowdary J，Huang G. Indo-western Pacific Ocean capacitor and coherent climate anomalies in Post-ENSO summer：A Review[J]. Advances in Atmospheric Sciences，2016，33：411-432.

印度季风降水与ENSO关系变化的原因

范　磊[1,2*]　于诗赟[1,2]

(1. 中国海洋大学物理海洋教育部重点实验室,山东青岛,266100)

(2. 中国海洋大学海洋与大气学院,山东青岛,266100)

(*通讯作者:fanlei@ouc.edu.cn)

摘要　自1999年发现1980年之后的印度夏季风降水(ISMR)与厄尔尼诺南方涛动(ENSO)的同期负关系减弱开始,关于二者关系为何减弱的问题便成为研究热点,涌现出了多种对该现象的解释。然而最近的研究发现ISMR-ENSO关系早在21世纪初就已恢复增强,并提出了新的解释机制。本文通过对关于ISMR-ENSO关系变化影响因素研究进展的回顾,指出二者关系的年代际变化并不显著,建议从年际尺度来考察二者关系的影响因素,其中热带印度洋海温可作为表征ISMR-ENSO关系强弱的有力指标,暖/冷的热带印度洋指示偏强/偏弱的ISMR-ENSO关系,而印度洋海温异常则取决于不同的ENSO的时间演化类型,相同的ENSO海温在不同的演化背景下可产生迥异的气候影响。因此,ENSO时间演化类型的变化是理解ISMR-ENSO关系低频变化的最终钥匙。

关键词　印度季风降水;ENSO;相关系数;年代际;海表温度;印度洋;大西洋

1　引言

南亚地区作为全球最显著的季风区,印度夏季风的变率及其影响机理在季风研究中居于非常重要的地位。印度夏季风的强度通常用6—9月夏季风期间(June-July-August-September, JJAS)印度全国行政区观测的降水来表示[1](Indian Summer Monsoon Rainfall, ISMR)。影响印度夏季降水年际变化的最主要因素是厄尔尼诺与南方涛动(El

Nino-Southern Oscillation，ENSO）。在厄尔尼诺/拉尼娜发展年的夏季，由于 Walker 环流的调整导致印度半岛降水偏少/偏多，因此，ISMR 与 ENSO 呈现同期负相关关系，这是印度季风降水预测的主要依据[2]，预报员可通过对 ENSO 的预报来实现对 ISMR 的预报。然而，1999 年，Krishna Kumar 等[3]通过对过去 100 多年 ENSO 与 ISMR 数据的滑动相关分析，首次指出二者关系自 1980 年后呈现史无前例的减弱（图 1），其 21 年滑动相关已低于 0.05 的显著性水平。此后，ENSO 与 ISMR 关系减弱的原因吸引了学术界的众多关注，成为近 20 年来热带海洋-大气相互作用与季风研究领域中的热门课题。然而，就在学术界对于 ISMR-ENSO 关系减弱的机制尚处于争论之中未有共识之际，最近有研究指出二者的关系自 21 世纪以来其实一直处于较密切的状态[4,5]并提出了新的解释。二者关系发生强弱变化的机制到底是什么？为此，本文对 1999 年以来学术界关于 ISMR-ENSO 关系变化的研究进展进行回顾，对目前有待于解决的问题进行梳理，以便增进我们对 ISMR-ENSO 关系动力学机制的理解。

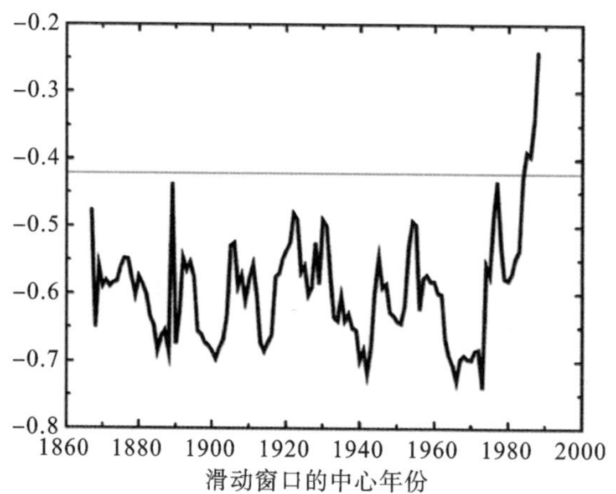

图 1　Nino3 指数与 ISMR 的 21 年滑动相关系数，横轴代表滑动窗口的中心年份，水平灰线代表 0.05 的显著性水平（引自参考文献[3]）

2　ISMR-ENSO 关系在 1980 年后减弱的可能机制

关于 1980 年后 ISMR-ENSO 关系减弱的原因，前人大多从年代际变化的角度试图解释其物理机制的变异。在年代际变化的根源上，我们自然会想到气候系统主要存在的两种年代际变率：太平洋年代际振荡（Pacific Decadal Oscillation，PDO）和大西洋多年代际振荡（Atlantic Multidecadal Oscillation，AMO）。其中，PDO 的位相转变与 ISMR-ENSO 关系强度的转变在时间结点上保持一致，因此，PDO 对 ISMR-ENSO 关系的影响必然得到重点关注。Krishnamurthy 和 Krishnamurthy[6]研究了 PDO 冷暖位相分别对 ENSO-ISMR 的调节作用发现，在 PDO 暖位相期间，El Nino 对 ISMR 的抑制作用加强、而 La Nina 对 ISMR 的增强作用减弱，而 PDO 冷位相期间则反之。然而，历史观测资料表明，当 ISMR-ENSO 关系减弱时无论 El Nino 还是 La Nina，其与 ISMR 的关系是同时减弱的，因此，PDO 无法解释 ENSO 与 ISMR 整体关系的减弱。另外，Chen 等[7]研究了 AMO 对 ISMR-ENSO 关系的影响，发现 AMO 可以通过大气桥调节 ENSO 振幅来调制 ISMR-ENSO 关系，然而，两者的位相转变时间结点并不对应，因此，AMO 难以解释观测到的 ISMR-ENSO 关系的变化。

既然 PDO 与 AMO 都无法直接对 ISMR-ENSO 关系的强弱产生影响，一些学者从其他干扰作用的角度去寻找影响二者关系强弱的因素。例如，印度洋偶极子（Indian Ocean Dipole，IOD）与热带大西洋海温。还有学者从 ENSO 本身海温空间型的转变（从东太型 ENSO 到中太型 ENSO）去解释 ISMR-ENSO 关系的变化。此外，还有观点认为，ISMR-ENSO 相关系数所呈现出的 1980 年后二者关系的减弱属于正常的气候系统随机现象，并无显著的统计学意义，不足以表明 ENSO-季风系统发生了年代际变异。下面将逐一介绍这些观点。

2.1　印度洋 IOD 的影响

IOD[8]是夏、秋季印度洋海表面温度（Sea Surface Temperature，SST）的常见模态。Ashok 等[9]发现，IOD 自 1980 年代以后与 ISMR 的正相关显著增强（图 2(a)）。这一转变的时间结点恰好对应于 ISMR-ENSO 关系的由强变弱，并且，他们发现正的 IOD 事件可以产生 ISMR 正异常，而正 IOD 经常伴随着可产生 ISMR 负异常的 El Nino 事件，因此，IOD 对于 ISMR-ENSO 的负相关关系起到了抵消作用。随后的一系列研究进一步证实了该观点[10,11]。

然而，IOD 对于 ISMR-ENSO 关系的影响仍是表面的，如果向更深处追究，IOD 为何在 1980 年代之后对 ISMR 的影响增强，其背后是否存在一定的物理机制，以及 IOD 与 ENSO 关系的变化受到什么机制的影响，仍是未解决的问题。

2.2　热带大西洋海温的影响

与 IOD 的作用类似，来自大西洋的干扰也被认为是导致 1980 年后 ISMR-ENSO 关系减弱的因素。最初 Chang 等[12]指出，与强 ENSO 发展事件相关联的北大西洋涛动可通过影响欧洲表面气温从而改变导致 ISMR-ENSO 关系的减弱。随后 Kucharski 等人[13,14]的研究表明，热带南大西洋海温冷异常独自对 ISMR 的影响是使其产生正降水异常(图 3),而 1980 年前后,El Nino 更容易伴随热带南大西洋的冷海温异常(图 4),因此,冷的大西洋海温抵消了 El Nino 对 ISMR 的抑制作用。该机制无论是从观测还是数值试验中都得到了证实。然而,若要进一步理解 ISMR-ENSO 关系减弱的根源,还需从更深层角度解释为何 ENSO 与大西洋海温的关系自 1980 前年后发生年代际变化,这是目前尚未解决的问题。

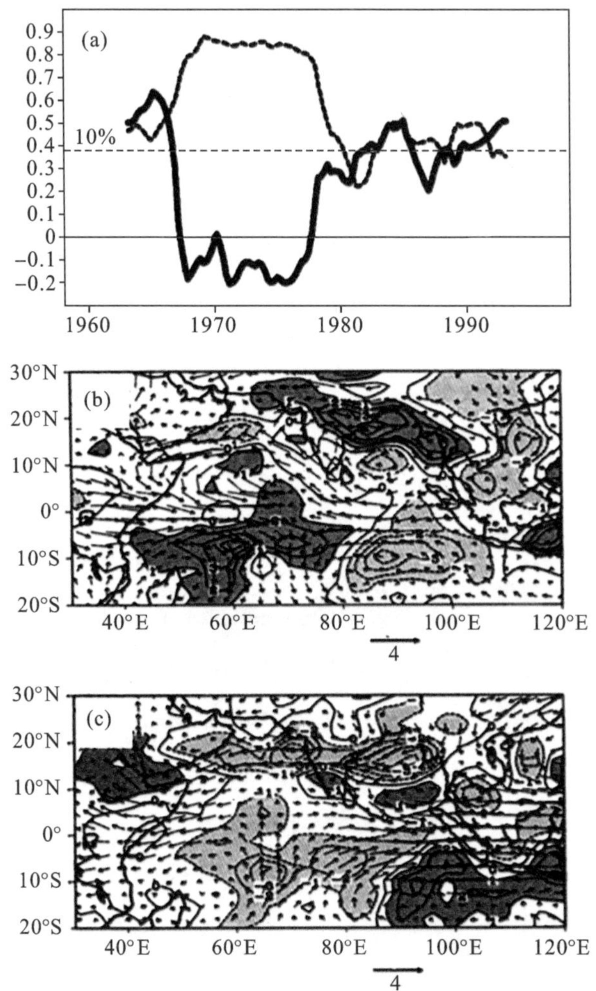

图 2 (a)ISMR 指数与 IOD 指数的 41 个月滑动相关系数(实线),ISMR 指数与 Nino3 指数的 41 个月滑动相关系数(虚线,已乘以−1),水平虚线表示 0.1 的显著性水平。(b)与(c)分别为数值试验结果中正 IOD(b)与负 IOD(c)对 JJAS 降水(mm/d)和 850 hPa 风场(m/s)的影响(引自参考文献[9])

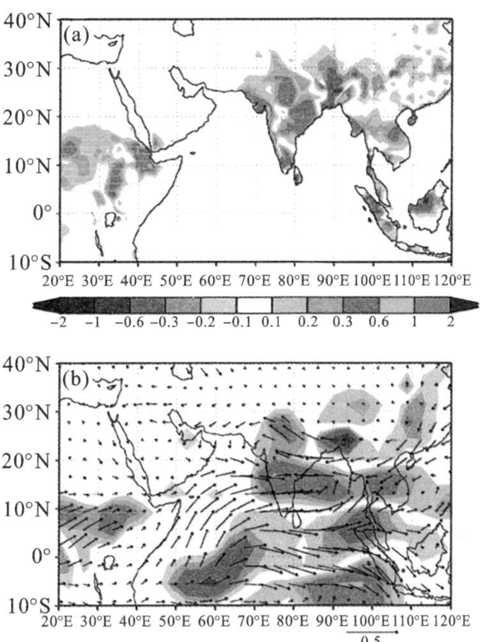

图 3　(a)观测的降水和(b)数值试验中的降水(mm/d)与 925 hPa 风(m/s)对热带大西洋指数的回归系数分布(引自参考文献[14])

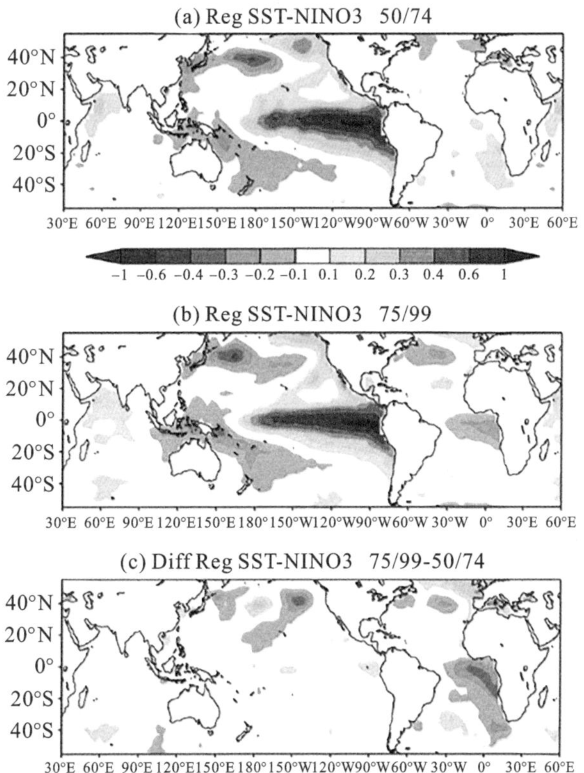

图 4　SST 对 Nino3 指数的回归系数分布(℃)。(a)针对 1950—1974 年的数据计算；(b)针对 1975—1999 年的数据计算；(c)表示(b)与(a)之差(引自参考文献[13])

2.3 ENSO 海温空间型的转变

ENSO 期间中东太平洋海温异常分布型的变异对 ISMR-ENSO 关系的影响近年得到了学术界的关注[15]。中东太平洋海温异常空间分布型的不同会影响到 Walker 环流异常支位置的变动，进而可能对 ISMR 有不同的影响。Fan 等[16,17]发现强迫 ISMR 的 ENSO 类型在 1980 年前后经历了从东太型 ENSO 到中太型 ENSO 的转变，1980 年后东太型 ENSO 对 ISMR 的影响减弱而中太型 ENSO 的影响有所增强(图 5)。Wang 等[18]也指出中太平洋海温异常可以替代东太平洋成为预测 ISMR 的新的重要因子。尽管中太型 ENSO 为何在近年明显增多目前尚不清楚，但有研究指出，无论是历史观测还是未来模拟的中太型 ENSO 事件的发生频率都随着气候暖化而逐步增加[18-20]。

尽管 ENSO 空间形态从东太型到中太型的偏移可从一定程度上部分解释当初 Krishna Kumar 等人[3]基于 Nino3 指数所提出的 ISMR-ENSO 关系减弱问题，然而，即便 1980 年后采用中太型 ENSO 指数，仍然面临着 ISMR-ENSO 关系减弱所带来的 ISMR 可预报性降低[18]。

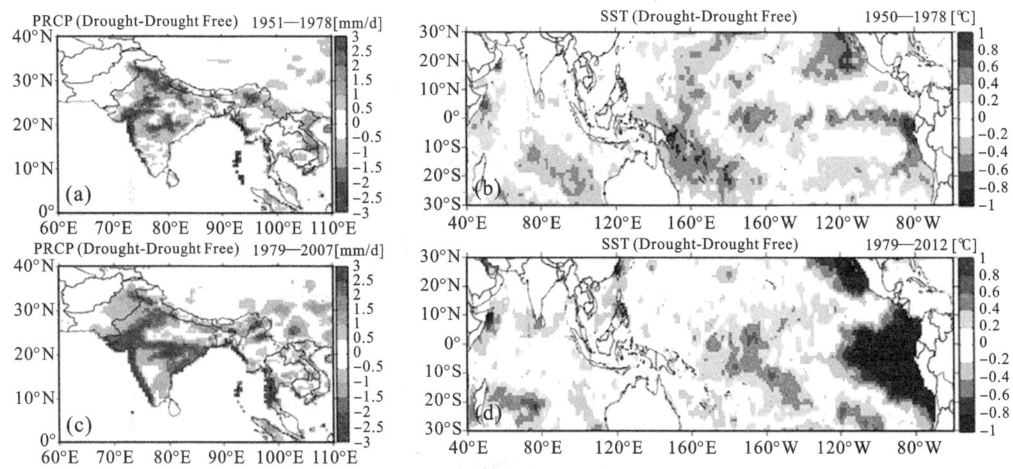

图 5 印度干旱年与无干旱年降水资料率距平(a，c)(mm/d)以及海温距平(b，d)(℃)的合成结果之差。(a)和(b)为 1950—1978 时段的分析结果，(c)和(d)为 1979—2012 时段的分析结果(引自参考文献[16])

2.4 气候系统的随机性

以上研究都是从年代际变化的角度来理解 1980 年后 ISMR-ENSO 的减弱。然而，由于气候系统本身的随机性，相关系数这一统计指标在不同时段必然会存在样本差异，而这种样本的差异是否显著，则取决于差异的大小以及两时间段的长度。Gershunov

等[21]设计了大量的统计模型白噪声试验后发现:对于与ISMR-ENSO关系具有同等相关程度的白噪声序列,其滑动相关系数的低频变化振幅要大于观测的ISMR-ENSO关系变化的幅度,因此,观测的ISMR-ENSO关系变化在统计上并不显著。不仅统计模型的显著性检验表明该结论,Cash等[22]基于数值模型的大量试验也表明ISMR-ENSO关系自1980年后的减弱幅度是不显著的。Yun和Timmermann[23]设计了不同于Gershunov等人[21]的新的统计模型试验,依然得到相同的结论。总之,所有此类研究都指向同样的结论,即本质上无年代际变化的气候系统信号依然会表现出不同时段的样本相关系数的差异,这属于气候系统正常的随机现象,然而,观测的ISMR-ENSO关系强弱变化幅度与随机系统相比并无显著区别。如果这一观点属实,则暗示观测的ISMR-ENSO关系的减弱只是暂时的,在不久的未来会恢复增强。

3 2000年后ISMR-ENSO关系的增强

3.1 观测事实

自1999年Krishna Kumar[3]提出ISMR-ENSO关系的减弱现象至今已有20余年,这20年中学术界一直在争论二者关系为何减弱。然而,最近的研究发现,事实上,自2000年后ISMR-ENSO关系一直处于较密切的状态[4,5]。如图6所示,过去60年的ISMR和海温的相关(以1980年和2000年为界划分成三个时段考察)[5],其中,ISMR-ENSO关系偏弱的时段仅限于1981—2000年。从图6(d)可知,自2001年开始,ISMR与Nino3.4指数的反位相关系一直处于很密切的状态,绝大多数ISMR正/负异常年份都对应于负/正的Nino3.4指数。因此,由于前人使用滑动窗口相关系数并未注意到该现象,以往关于1980年代后ISMR-ENSO关系减弱机制的研究中常把2001年后的年份也作为关系偏弱时段来处理,这可能会对研究结论造成一定影响。

3.2 大西洋的影响

关于2000年前后ISMR-ENSO关系增强的原因,Yang和Huang[4]采用Kucharski等[13,14]的热带大西洋机制来解释2000年前后的这一转变。他们发现,2000年后的El Nino虽然仍关联着热带南大西洋的冷海温,但相关图(图7(c),(d))上显示此冷海温有所减弱且热带北大西洋海温变冷,他们认为是ENSO-大西洋海温遥相关在2000年前后的这一变化导致了ISMR-ENSO关系的恢复。至于为何ENSO关联的大西洋海温异常会存在年代际差异,他们发现,这可能与ENSO的时间演化的类型有关。如图8所示,对

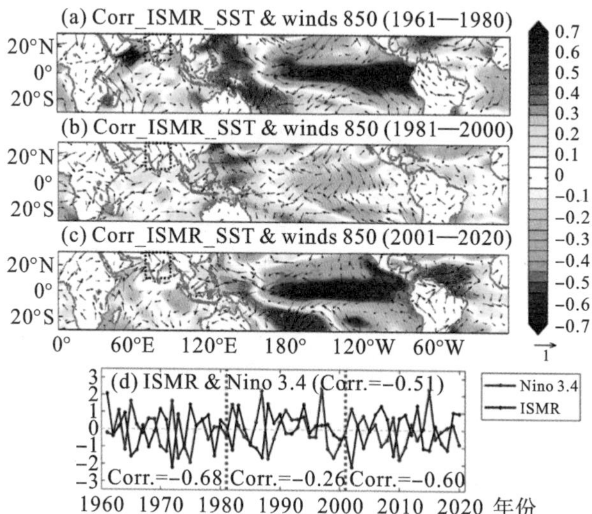

图 6　三个不同时段(1961—1980(a),1981—2000(b),2001—2020(c))ISMR 与 SST 场(填色)、850 hPa 风场(矢量)的相关系数空间分布,图(d)为标准化的 Nino3.4 指数与 ISMR 指数(JJAS 同期)的时间序列图,三个时段的相关系数已标在图(d)中(引自参考文献[5])

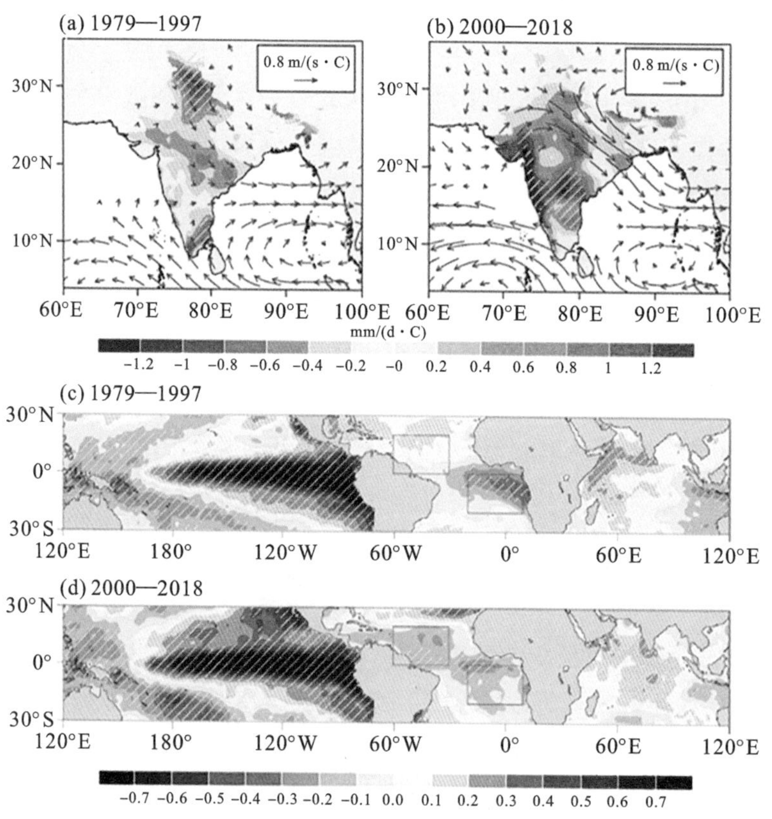

图 7　印度半岛降水场(填色)以及 850 hPa 风场(矢量)对 Nino3 指数的回归系数分布图((a)1979—1997;(b)2000—2018),以及海温场对 Nino3 指数的回归系数分布图((c)1979—1997;(d)2000—2018)。黄色斜线表示通过 0.05 显著性水平检验的区域(引自文献[4])

JJAS季节平均的Nino3.4指数与赤道太平洋和大西洋海温做超前滞后相关分析后可以看出，2000年前（图8（a））的El Nino/La Nina大多是从年初到年尾的持续型(continuing) ENSO并伴随夏季赤道大西洋的冷/暖异常状态，相比而言，2000年后的ENSO对应的热带太平洋海温异常则是从4—5月才开始浮现（emerging），与之伴随的赤道大西洋海温异常则偏弱。

Yang和Huang[4]使用大西洋机制解释2000年前后的由弱变强，在一定程度上可与1980年前后ISMR-ENSO关系的由强变弱统一起来，然而，还有一些需进一步论证和明确的问题。例如：基于观测资料统计的热带大西洋与ENSO海温的关系在2000年前后的差异是否显著、数值模式能否验证？为何ENSO关联的热带大西洋海温异常型在2000年前后的变化与1980年前后的变化并不一致？ENSO相关联的大西洋海温在1980年前后变化的机理是什么？ENSO演化类型对热带大西洋海温影响的机理是什么？单纯的热带北大西洋海温异常对ISMR有何影响？以上都是有待进一步解答的问题。

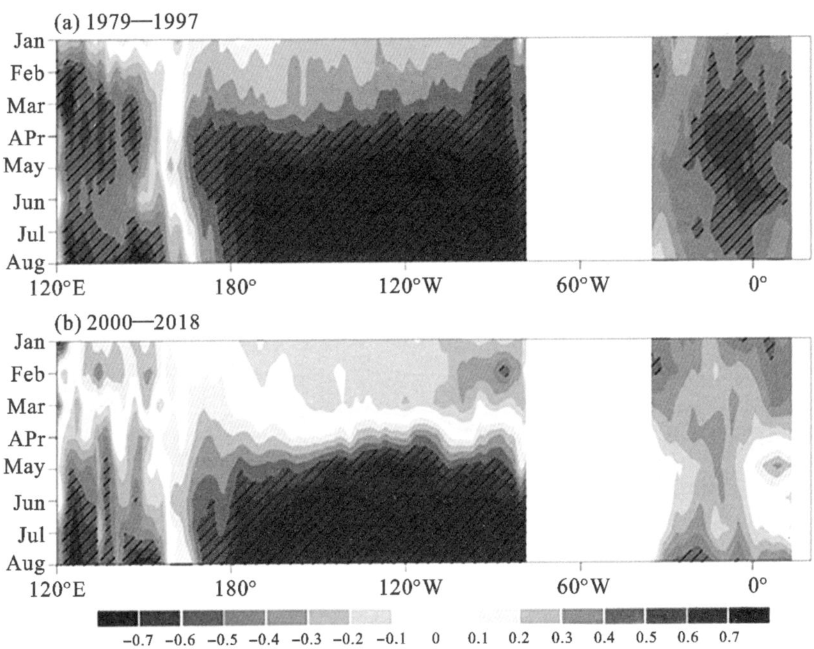

图8 两个时段的Nino3指数(JJAS)与赤道太平洋海温SST(2.5°S～2.5°N，120°E～60°W)以及大西洋海温(5°S～10°S，60°W～20°E)的超前滞后相关系数(引自文献参考[4])

3.3 年际尺度上ENSO的演化类型对ISMR-ENSO关系的影响

前人关于ISMR-ENSO关系变化的研究都是关注不同时段相关系数的差异，然而，有关统计显著性的研究已表明这种年代际的差异是不显著的[21-23]。因此，有必要跳脱年代际变化的思维模式去搞清楚影响ISMR-ENSO关系强弱的因素。基于这一思想，我们从年际尺度的瞬时相关这一新角度来理解 ISMR-ENSO 关系的强弱变化，并能推广至低频年代际尺度，获得了一些新发现，可对过去 ISMR-ENSO 关系变化做出很好的解释。以下做简要介绍[5]。

统计学中的“相关系数”可以理解为两个标准化变量的乘积在某段时间内的平均值，即

$$r(x,y)=\frac{\frac{1}{n}\sum_{i=1}^{n}(x_i-\bar{x})(y_i-\bar{y})}{s_x s_y}=\frac{1}{n}\sum_{i=1}^{n}\frac{(x_i-\bar{x})}{s_x}\frac{(y_i-\bar{y})}{s_y}=\frac{1}{n}\sum_{i=1}^{n}x_i^s y_i^s \quad (1)$$

式中，s_x 和 s_y 分别代表 x 和 y 的标准差，而 x_i^s 和 y_i^s 分别代表第 i 时刻 x 和 y 的标准化距平值。基于这一概念，我们把 ENSO 指数（Nino3.4）与 ISMR 两个标准化变量在某时次的乘积作为表征 ISMR-ENSO 关系在该年强弱的指标，称为“瞬时相关”或者“匹配指数”（matching index，MI）[5]

$$\mathrm{MI}=\mathrm{ISMR}_{\mathrm{std}}\cdot \mathrm{Nino3.4}_{\mathrm{std}} \quad (2)$$

该指数从年际变化这一新角度来理解 ISMR 与 ENSO 的关系。1960—2020 年的 MI 指数如图 9 所示，MI 的均值为－0.51，即该时段 ISMR 与 ENSO 的相关系数，MI 的滑动平均值即为 ISMR 与 ENSO 的滑动相关系数。图中可见，MI 指数具有较强的偏态特征，某一时段 ISMR-ENSO 滑动相关系数的高低取决于该时段内极端负值出现的频次，而这些极端负值通常对应于强的 ENSO 事件。例如，1990 年代 ISMR-ENSO 关系最弱是因为在这期间一次极端负值都未出现，其原因是 1997 年的强 ENSO 事件未对应负的 ISMR 异常，如果把 1997 年的 ISMR 数据替换为基于 ISMR 和 ENSO 回归关系的估计值，将会明显改变滑动相关曲线（图 9 红虚线）。此时，如果对 1980—2020 时段检测与其他时段的相关系数差异（表 1），显著性仅为 0.23。事实上，即使不把 1997 年数据替换，1980—2000 年的相关系数与其他时段的差异也达不到 0.05 的显著性水平（$p=0.06$，表 1）。可见，仅仅一次极端 ENSO 与 ISMR 的失配事件即可对 ISMR-ENSO 滑动相关系数造成巨大影响。通过以上分析，我们进一步理解了在年代际尺度上 ISMR-ENSO 关系的变化为何是不显著的，也指出在年际尺度上关注 ISMR-ENSO 关系变化的影响因素更有意义。关于 1997 年强 ENSO—ISMR 的对应关系较差的原因，Slingo 和 Annamalai[24] 已指出是由于该年强 IOD 事件在赤道印度洋上空造成的局地经圈环流异常造成的。我们整体考察 1980 年后的 ISMR-ENSO 关系变化的影响因素后发现，热带印度洋（Tropical Indian Ocean，TIO）海温是一个非常重要的指标[5]。

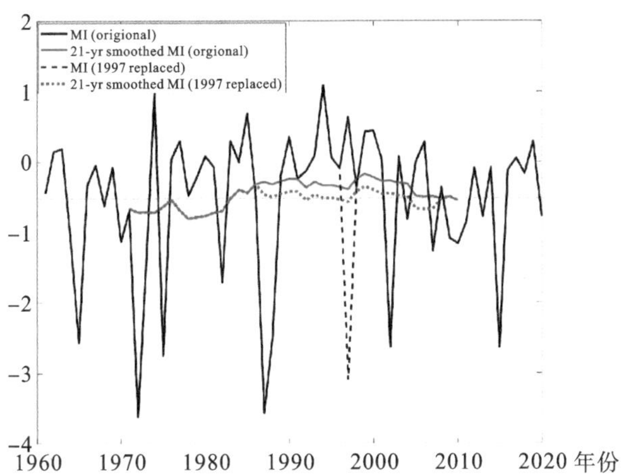

图 9　ISMR 与 Nino3.4 的匹配指数(MI)的时间序列(黑色实线)及其 21 年滑动平均(红色实线)。灰色水平虚线表示 MI 的均值−0.51。黑色虚线表示把 1997 年的 ISMR 替换为回归估计值(基于 ISMR-Nino3.4 关系)之后的 MI。红色虚线表示把 1997 年 MI 指数替换后的 21 年滑动平均。

表 1　关于 ISMR-ENSO 相关系数在 1980—2000 时段与剩余时段(1961—1979,2001—2020)的差异的显著性检验(针对 1997 年的 ISMR 数据被回归估计值替换前和替换后分别进行检验)

待检测的两时段	样本容量(n)	1997 被替换前		1997 被替换后	
		相关系数(r)	相关差异的显著性水平(p)	相关系数(r)	相关差异的显著性水平(p)
[1980—2000]	$n=21$	$r=-0.24$	$p=0.06$	$r=-0.42$	$p=0.23$
[1961—1979,2001—2020]	$n=39$	$r=-0.66$	$r=-0.66$		

热带印度洋海温(TIO)对 ISMR-ENSO 关系强弱的影响如图 10(a)所示(MI 指数与海温场的相关系数分布图),可见,热带印度洋海温与 MI 的相关高达−0.61(图 10(b))。当热带印度洋整体偏冷时,MI 偏大,意味着 ISMR 与 ENSO 的负关系减弱,即无论对于 El Nino 还是 La Nina,其与 ISMR 的联系都偏弱。滑动平均之后在年代际尺度上 TIO 依然可以解释 ISMR-ENSO 关系的变化(图 10(b)虚线),据此可知 1990 年代 ISMR-ENSO 关系整体偏弱可归结于印度洋的偏冷状态(即印度洋海温增暖趋缓)。印度洋海温通常以增暖趋势为主,其年代际变化机制还有待于进一步研究。此处,我们更倾向于从年际尺度来考察该问题。如果针对 TIO>0 和 TIO<0 划分样本分别考察 ISMR-ENSO 关系(图 10(c),(d))会发现,人们传统所认知的 ISMR-ENSO 负相关主要都是对应于 TIO>0 的情景,该情景的 ISMR-ENSO 相关系数达−0.89,而对 TIO<0 的情景来

说，相关系数仅为 0.06。如以 TIO 海表温度异常的符号划分样本考察 ISMR 与海温的相关系数分布，可发现 TIO<0 时的 ISMR 更多地受到南大西洋冷海温的影响[5]，这可由 Kucharski 等人所提出的机制解释[13,14]。“用印度洋海温来解释 ISMR-ENSO 关系强弱”这一发现[5]刷新了我们以往对于印度洋海温在 ISMR-ENSO 相互作用过程中所扮演角色的认识，对于理解 ISMR-ENSO 关系的不稳定性成因以及 ISMR 的预报具有重要意义。预报员可以通过预判 TIO 的海温异常来决定是否选择 ENSO 作为 ISMR 的预报指标，当 TIO<0 时选择其他优于 ENSO 的预测因子，进而从整体上提高 ISMR 的预测水平。

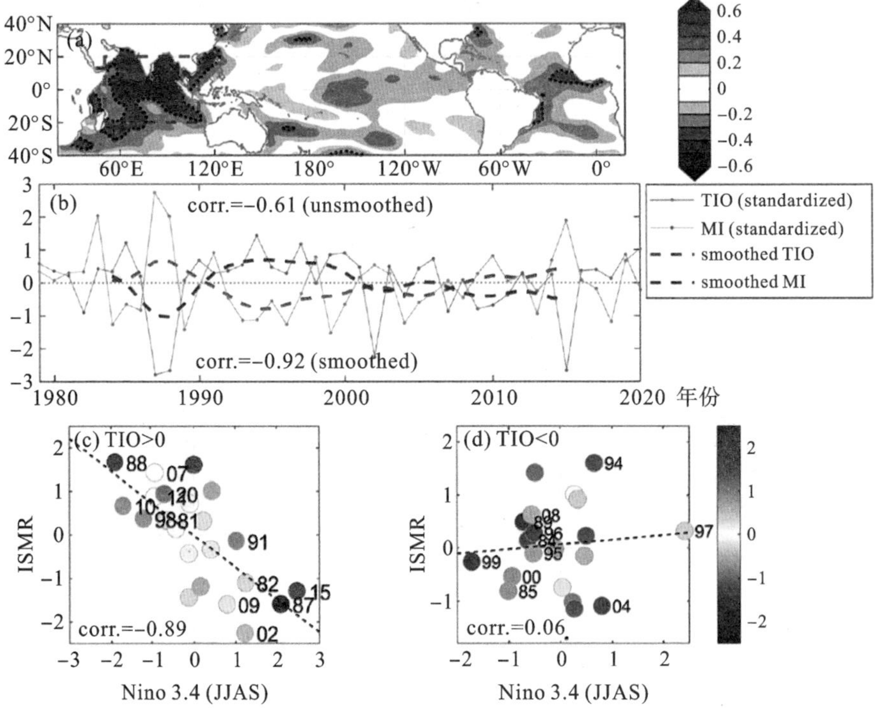

图 10 (a)MI 指数与海温的相关系数分布(黑虚线表示 0.05 显著性水平，红色虚线框标识热带印度洋海温指数(TIO)的区域)；(b)热带印度洋指数(TIO，红色实线)与 MI 指数(蓝色实线)，红色和蓝色虚线分别表示二者的 11 年滑动平均；(c)针对所有印度洋海温正异常(TIO>0)的样本统计 ISMR-ENSO 相关系数为−0.89；(d)针对所有印度洋海温负异常(TIO<0)的样本统计 ISMR-ENSO 相关系数为 0.06；(c)和(d)图中散点的颜色表示印度洋海温异常的程度，散点旁标注相应的年份(引自参考文献[5])

印度洋海盆范围的海温异常为何会影响 ISMR-ENSO 关系？图 11 给出基于 TIO 和 Nino.4 两个指数不同符号的 4 种组合情景的合成分析结果。这 4 种情景分别是：TIO 偏暖时的 El Nino 和 La Nina，以及 TIO 偏冷时的 El Nino 和 La Nina。图 11 表明，在相同的太平洋 El Nino 海温异常情景下(图 11(a),(c),(e),(g)),印度洋海温的偏冷和偏暖表征着印度洋上空截然不同的环流异常、辐散辐合中心以及印度半岛降水异常,究其根源可能是由于印度洋-西太海温梯度的不同所致。当印度洋偏暖时(图 11(a),(e))低空辐散中心位于印尼群岛上空且非常强大,致使较强的降水负异常扩展到印度半岛,而当印度洋偏冷时(图 11(c),(g))对流抑制中心位于赤道西印度洋上空,因而印度半岛的降水负异常偏弱,因此造成两种情景下 El Nino 与 ISRM 负异常关系强弱的差异。如何理解各情景下 TIO 海温异常的来源? 前期的 ENSO 强迫是最可能的因素,因此,图 12 给出历年 Nino3.4 指数演化序列,图 12(a)表明印度夏季风期间暖的 TIO 多与 El Nino 事件的发展有关,而较强的 El Nino 则具有较强的 ISMR-ENSO 关系(图 12(a)实线),因而这体现出 ENSO 的振幅对 ISMR-ENSO 关系的影响。与之相反,冷的 TIO 异常则多起源于前期的 La Nina 事件(图 12(c)),因此,这一情景多为从 La Nina 到弱 El Nino 的转换年。

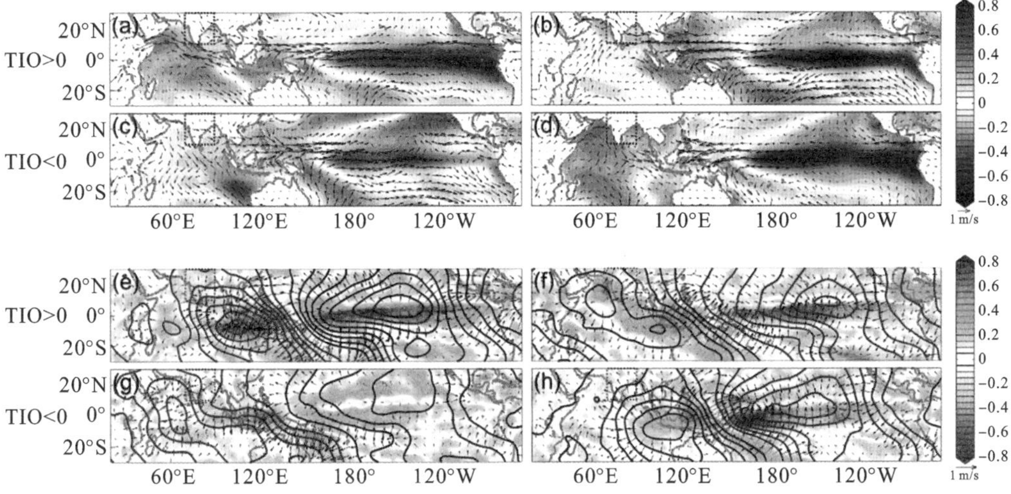

图 11 对 TIO 和 Nino3.4(季节均为 JJAS)指数不同正负符号的 4 种组合的情景进行合成分析,分别是 TIO>0 时的 El Nino ((a),(e))和 La Nina ((b),(f)),TIO<0 时的 El Nino ((c),(g))和 La Nina ((d),(h))。合成分析的变量有((a)～(d))海表面温度(填色,℃)和 850 hPa 风场(矢量,m/s),((e)～(h))降水(填色,mm/d),200 hPa 速度势(等值线,间隔为 3×10^5 m^2/s,红色为正蓝色为负,零线省略)以及散度风(矢量,m/s)(引自参考文献[5])

印度洋海温对 La Nina-ISMR 关系的影响(图 11(b),(d),(f),(h)),并不与 El Nino 时的情景对称。当 La Nina 伴随印度洋偏暖时,多为从 El Nino 至 La Nina 的转换年(图 12(b)),且转换发生得越早,La Nina 就越强,相应的 ISMR-ENSO 关系也越强。El Nino 次年夏季局地海洋-大气相互作用使得印度洋暖海温移至北印度洋上空[25,26],于是,北印度洋的暖海温导致了印度半岛附近的低空辐合中心(图 11(f)),从而带来 ISMR 较强的正异常[5]。辐合中心东侧的东风异常还促进了 La Nina 的发展[27]，因此，这种 El Nino-La Nina 位相转换年夏季的 ISMR 增多是受到前期 El Nino 衰退和后期 La Nina 发展的共同影响，造成 ISMR 与同期 La Nina 的关系偏强[28]。当 La Nina 伴随偏冷的 TIO 时，低空辐合中心只存在于印尼群岛(图 11(h))，而印度半岛西侧阿拉伯海上空存在弱的反气旋式环流中心(图 11(d))。受这两个系统影响，印度半岛处于西侧降水负异常区和东侧降水正异常区的中间地带，因而印度半岛整体的降水异常不够显著，因此，造成 ISMR-ENSO 关系偏弱，图 12(d)清晰表明此种情景多为 La Nina 持续年，因此，印度洋整体偏冷的海温异常可从春季持续至夏季。

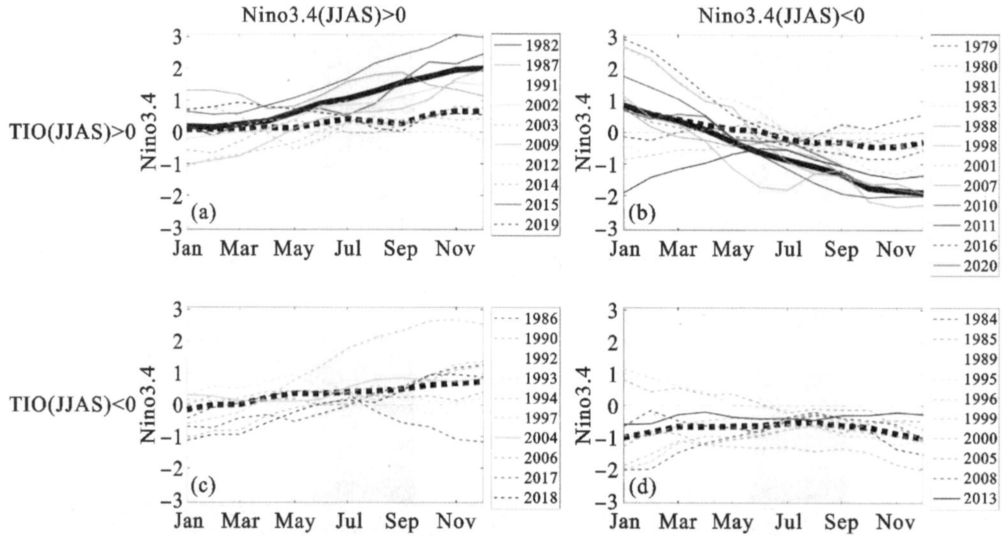

图 12　1979—2020 年各年份的 Nino3.4 指数在一年中的演化序列，针对 4 种情景进行归类，每一类的年份在每张子图的右侧标出。实线代表 ISMR-ENSO 关系偏强年(MI 小于其均值)，虚线代表 ISMR-ENSO 关系偏弱年(MI 大于其均值)，它们的平均值分别用黑色粗实线/虚线表示(引自文献[5])

综上所述，TIO 海温异常是一个影响 ISMR-ENSO 关系强弱的非常有效的指标，无论是在年际还是年代际尺度上 TIO 海温都与 ISMR-ENSO 关系的变化具有很密切的关联，而 ISMR 与 ENSO 关系的强弱最终可归结为不同的 ENSO 时间演化类型的影响，El Nino 和 La Nina 演化及其对 ISMR 的影响存在不对称性。关于 TIO 的影响机理仍有待进一步理解。例如，TIO 海温异常对于 ISMR-ENSO 关系的调节发挥的是主动影响抑或仅仅是 ENSO 的被动响应。若为后者，则印度洋海温只能作为 ISMR-ENSO 关系的一种指标。或许在 4 种情景下印度洋所担当的角色并不完全相同，具体有待于通过数值试验进一步分析验证。

4 总结与讨论

自从 1999 年 Krishna Kumar 等[3]发现 1980 年后的 ISMR 与 ENSO 的相关减弱以来，关于二者关系减弱的机理便成为 20 年来学术界研究的热点，存在多种不同的观点。本文对前人的研究工作进行了系统地梳理，其中 IOD、大西洋以及 ENSO 的空间型转变这三种机制都从气候系统年代际变化的角度部分解释了 ISMR-ENSO 关系减弱的表面原因。除此之外，学术界一直存在另一种观点认为 ISMR-ENSO 关系强弱的浮动属于正常的气候系统随机噪声。因为当“窗口滑动相关系数”这一指标被用来研究两变量年际关系的低频变化时，由于窗口长度的存在，该指标相当于对 MI 指数的一种滑动平均(低通滤波)，可使任何随机信号表面上都呈现低频缓慢变化的特征，因此，当我们利用滑动相关研究两变量关系的年代际变化时，需提高谨慎度，不宜仅从两时段样本相关的差异就判断气候系统发生了年代际变化，而是应注重两时段样本相关系数差异的显著性检验，这一点是被以往大多数研究所忽视的。我们基于 MI 指数的分析发现，某时段 ISMR 与 ENSO 的相关系数对于少数极端值(对应于强 ENSO 事件)出现的频次是非常敏感的。例如，1997 年一次 ISMR-ENSO 严重不匹配事件即可对 1980—2000 年的 ISMR-ENSO 相关系数产生显著影响。即便我们检验 1980—2000 这一 ISMR-ENSO 关系最弱时段，相对于其他时段 ISMR-ENSO 相关的差异也是不显著的。而最近的研究发现，ISMR-ENSO 关系早在 21 世纪初就已恢复至很高的水平，至今已有 20 余年。这一发现在一定程度上支持了随机噪声观点。此时，如果依然从气候系统年代际变化的角度去解释 2000 年后二者关系为何增强，会捉襟见肘，牵涉进更多复杂的未解问题。因此，我们建议有必要从年际变化的角度关注 ISMR 与 ENSO 的联结强度，更有利于抓住问题的本质。

从年际变化角度重新关注 ISMR 与 ENSO 之间的联系，发现了热带印度洋海温异常对 ISMR-ENSO 关联程度具有很强的指示作用，无论是对于年际尺度还是滑动平均后的年代际尺度。暖/冷的 TIO 异常对应于强/弱的 ISMR-ENSO 联结，在同样的太平洋 El Nino 或 La Nina 情景下，TIO 冷异常与暖异常对应着印度洋上近乎相反的环流进而形成印度半岛降水的显著差异。这一发现刷新了以往我们对印度洋在 ISMR-ENSO 相互作用过程中的角色的认识，学术界传统认知的 ISMR-ENSO 负相关关系事实上主要适用于暖 TIO 的背景下，而在冷 TIO 背景下几乎不存在。因此，对于 ISMR 的预报，可根据 TIO 的冷暖情况来决定是否采用 ENSO 作为预报因子，当 TIO 偏冷时改用其他因子(如南大西洋)，可以从整体上提高 ISMR 的预测水平。

TIO 海温这一 ISMR-ENSO 关系的机制与前人所提出的 IOD 和大西洋机制看似都

属于“第三方变量影响”的类型，但 TIO 海温机制在性质上有所不同，这是因为 IOD 和大西洋海温机制都牵涉到它们与 ENSO 的关联。例如，当热带南大西洋冷海温（或正 IOD 事件）与 El Nino 伴随出现时才会减弱 ENSO 与 ISMR 的联结，而印度洋海温机制则是直接根据印度洋海温冷暖异常即可估计 ISMR-ENSO 关系的强度，因此，这一指标更为简单直接和实用。

至于海盆范围的 TIO 海温异常的来源，目前学术界通常将其归结于对 ENSO 的响应[26]。因此，如果追究夏季 TIO 海温异常的根源，则归因于 ENSO 的演化类型。因此，对于较早爆发的强 El Nino 发展年以及从 El Nino 到 La Nina 的位相转换年，夏季印度洋易偏暖，这时 ISMR 与 ENSO 具有较强的联结。而对于绝大多数 La Nina 持续年或者 La Nina 衰退年，夏季 TIO 易偏冷，ISMR 与 ENSO 的联结偏弱。最近的两篇研究都把 ISMR-ENSO 关系的强弱指向了 ENSO 演化类型的差异。这启发我们：对于相同的 ENSO 海温，如果处于不同的 ENSO 演化类型背景下，它将产生不同的气候影响。因此，ENSO 演化类型的低频变化可能是理解“ISMR-ENSO”关系低频变化的最终钥匙。

当前研究表明，TIO 海温至少可作为表征 ISMR-ENSO 关系强度的很好的指标，然而，TIO 海温是否存在调节二者关系的强弱的物理机制，在不同的 TIO 和 ENSO 的组合情景下，TIO 对于大气是发挥着主动作用抑或仅仅是对大气的被动响应，还需进一步确认。另外，至于 ISMR-ENSO 关系的根源——ENSO 的时间演化类型是否存在年代际变化，这是一个更难回答的问题，依据目前观测资料尚无法判断，其中，所牵涉的物理机制也需要未来进一步研究和揭示。

致谢

本文受国家自然科学基金（41975089）资助，感谢中国海洋大学刘秦玉教授对本文的指导。

参考文献

[1] Parthasarathy B, Kumar R R, Kothawale D R. Indian Summer Monsoon rainfall indices, 1871-1990[J].Meteorological Magazine, 1992, 121: 174-186

[2] Rasmusson E M, Carpenter T H. Therelationship between Eastern Equatorial Pacific Sea Surface Temperatures and rainfall over India and Sri Lanka[J]. Monthly Weather Review, 1983, 111: 517-528.

[3] Krishna K K, Rajagopalan B, Cane M A. On the weakening relationship between the Indian monsoon and ENSO[J]. Science, 1999, 284: 2156-2159.

[4] YangX, Huang P. Restored relationship between ENSO and Indidan summer monsoon rainfall around 1999/2000[J]. The Innovation, 2021, 2(2): 100102.

[5] Yu S Y, Fan L, Zhang Y, Zheng X T, Li Z. Reexamining the Indian Summer Monsoon Rainfall-

ENSO relationship from its recovery in the 21st century: Role of the Indian Ocean SST anomaly associated with types of ENSO evolution[J]. Geophysical Research Letters, 2021, 48: e2021GL092873.

[6] Krishnamurthy L, Krishnamurthy V. Influence of PDO on South Asian summer monsoon and monsoon-ENSO relation[J]. Climate Dynamics, 2014, 42: 2397-2410.

[7] Chen W, Dong B, Lu R. Impact of the Atlantic Ocean on the multidecadal fluctuation of El Nino-Southern Oscillation-South Asian monsoon relationship in a Coupled General Circulation Model[J]. Journal of Geophysical Research, 2010, 115: D17109.

[8] Saji N H, Goswami B N, Vinayachandran P N, Yamagata T. A dipole mode in the tropical Indian Ocean[J]. Nature, 1999, 401: 360-363

[9] Ashok K, Guan Z, Yamagata T. Impact of the Indian Ocean dipole on the relationship between the Indian monsoon rainfall and ENSO[J]. Geophysical Research Letters, 2001, 28(23): 4499-4502.

[10] Guan Z, Yamagata T. The unusual summer of 1994 in East Asia: IOD teleconnections[J]. Geophysical Research Letters, 2003, 30(10), L016831.

[11] Gadgil S, Vinayachandran P N, Francis P A, Gadgil S. Extremes of the Indian summer monsoon rainfall, ENSO and equatorial Indian Ocean oscillation[J]. Geophysical Research Letters, 2004, 31(12): L12213.

[12] Chang C P, Harr P, Ju J. Possible roles of Atlantic circulations on the weakening Indian Monsoon Rainfall-ENSO relationship[J]. Journal of Climate, 2000, 14: 2376-2380.

[13] Kucharski F, Bracco A, Yoo J H, Molteni F. Low-frequency variability of the Indian monsoon-ENSO relationship and the tropical Atlantic: The 'weakening' of the 1980s and 1990s[J]. Journal of Climate, 2007, 20: 4255- 4266.

[14] Kucharski F, Bracco A, Yoo J H, Molteni F. Atlantic forced component of the Indian monsoon interannual variability[J]. Geophys. Res. Lett., 2008, 35: L04706.

[15] Krishna K K, Rajagopalan B, Horeling M, Bates G, Cane M. Unraveling the mystery of Indian monsooon failure during El Nino[J]. Science, 2006, 314: 115-119.

[16] Fan F, Dong X, Fang X, Xue F, Zeng F, Zhu J. Revisiting the relationship between the South Asian summer monsono drought and El Nino warming pattern[J]. Atmospheric Science Letters, 2017, 18: 175-182.

[17] Fan F, Lin R P, Fang X H, Xue F, Zheng F, Zhu J: Influence of the eastern Pacific and central Pacific types of ENSO on the South Asian summer monsoon[J]. Advances in Atmospheric Sciences, 2021, 38(1): 12-28.

[18] Wang B et al. Rethinking Indian monsoon rainfall prediction in the context of recent global warming[J]. Nature Communications, 2015, 6: 7154.

[19] Yeh S W, Kug J S, Dewitte B, Kwon M H, Kirtman B P, Jin F F. El Nino in a changing climate[J]. Nature, 2009, 461: 511-514.

[20] Liu Y, et al. Recent enhancement of central Pacific El Nino variability relative to last eight centuries[J]. Nature Communications, 2017, 8:15386.

[21] Gershunov A, Schneider N, Barnett T. Low-frequency modulation of the ENSO-Indian monsoon rainfall relationship: Signal or noise[J]. Journal of Climate, 2001, 14: 2486-2492.

[22] Cash B A, et al. Sampling variability and the changing ENSO-monsoon relationship[J]. Climate Dynamics, 2017, 48: 4071-4079.

[23] Yun K S, Timmermann A. Decadal Monsoon-ENSO relationships reexamined[J]. Geophysical Research Letters, 2018, 45: 2014-2021.

[24] Slingo J M, Annamalai H. 1997: The El Nino of the century and the response of the Indian Summer Monsoon[J]. Monthly weather review, 2000, 128(6): 1778-1797.

[25] Du Y, Xie S P, Huang G, Hu K. Role of air-sea interaction in the long persistence of El Nino-induced North Indian Ocean warming[J]. Journal of Climate, 2009, 22(8): 2023-2038.

[26] Klein S A, Soden B J, Lau N. Remote sea surface temperature variations during ENSO: Evidence for a tropical atmospheric bridge[J]. Journal of Climate, 1999, 12(4): 917-932.

[27] Annamalai H, Xie S P, McCreary J P, Murtugudde R. Impact of Indian Ocean sea surface temperature on developing El Nino[J]. Journal of Climate, 2005, 18(2): 302-319.

[28] Wu R, Chen J, Chen W. Different types of ENSO influences on the Indian summer monsoon variability[J]. Journal of Climate, 2012, 25(3): 903-920.

季风驱动下的南海环流及其气候效应

刘秦玉[1]　姜　霞[*2]

(1. 中国海洋大学深海圈层与地球系统前沿科学中心,物理海洋教育部重点实验室,山东青岛,266100)

(2. 中国海洋大学海洋与大气学院,山东青岛,266100)

(* 通讯作者:jiangxia@ouc.edu.cn)

摘要　本文通过对已经发表的一系列有关论文的回顾,系统地阐明了季风驱动下南海上层海洋环流气候变化的物理机制,并给出了海洋环流与南海海表温度空间分布和气候变化之间的关联,阐明了冬季南海冷舌、夏季南海冷丝和春季南海高温暖水这些海表温度的特有现象是海洋动力学导致的产物,也揭示了热带太平洋的年际变化通过影响南海季风进一步影响南海海表温度的物理本质,指出了南海的年际变化与临近的西太平洋有差异的原因。本文还提出了目前南海海洋-大气相互作用领域还没有解决的科学问题,为今后南海海洋环境和气候变化研究指出了方向。

关键词　季风;南海环流;海表温度;季节变化;年际变化

1　序言

南中国海(以下简称南海)是地处热带具有深水特性的世界上最大的边缘海之一。它东起中国台湾省、菲律宾群岛和巴拉望岛一线,南临加里曼丹岛北岸及加里曼丹岛与苏门答腊岛之间的隆起地带(巽他陆架),西接中南半岛和马来西亚东岸,北界为我国台湾南端的鹅銮鼻与广东南澳岛之间的连线以及两广沿岸。其水平跨度大约为0°～23°N、99°E～121°E,面积约为350万平方千米,其平均水深为1 200多米,最深达5 420 m[1]。

南海是一个半封闭的深水海盆,它通过台湾海峡、吕宋海峡(巴士海峡、巴林塘海峡和巴布延海峡的总称)、民都洛海峡、巴拉巴克海峡、卡里马塔海峡、加斯帕海峡、邦加海峡以及马六甲海峡分别与中国东海、西太平洋、苏禄海、爪哇海及印度洋相连。

南海地处东亚季风区，稳定而强大的季风是南海上层风生环流的主要驱动力。1月是东北季风盛行期(图1(a))，南海北部以台湾海峡和吕宋海峡附近海域风力为最大，风速由东北向西南逐渐递减，在北部湾口越南一侧风力最小，约为东北部海域风速的一半。若沿平分南海的东北—西南轴线来看，东南部风应力旋度为正，西北部为负，正负旋度中心分别位于吕宋岛西北侧海域和越南近海[2]。夏半年南海地区主要受夏季风环流系统控制，其水平流场的基本特点是低空为西南季风，高空为东北气流并伴随有东风急流。7月是西南季风盛行期，17°N以南海域风力较大，多吹西南风，且夏季风应力旋度出现南北偶极子分布：南(北)是负(正)的风应力旋度(图1(c))。

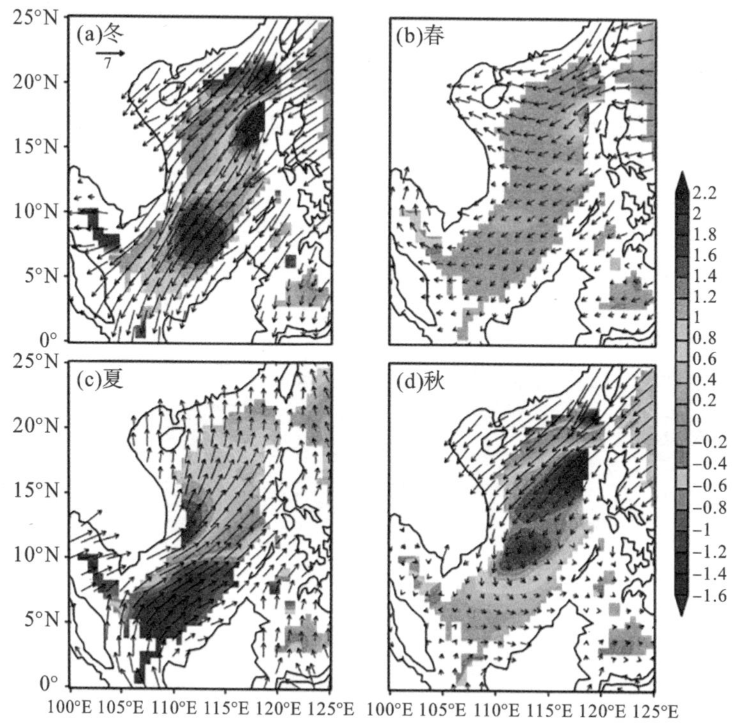

图1　使用QuikSCAT资料得到的南海季节平均的海面风速(单位：m/s，矢量箭头)与风应力旋度(单位：10^{-7} N/m^3，填色等值线)(引自参考文献[2])

依据水平分辨率达到9 km的卫星观测资料，南海海表温度(SST)的年平均分布具有以下特征[1]：7°N以北、117°E以东及17°N以南的深海海域等温线主要呈东北—西南向倾斜分布，温度由西北向东南逐渐升高，巴拉望岛至加里曼丹岛西海岸附近SST高于28.5℃；而17°N以北、117°E以西的等温线几近东—西向分布，温度由南向北逐渐降低，至我国华南沿岸SST已低于25℃。南海北部陆架区、吕宋海峡至吕宋岛西北沿岸以及越南东岸的等温线较为密集(温度梯度大于0.6℃/100 km)。值得注意的是，在南海的西海岸，自 17.5°N 以南，等温线沿中南半岛东部海岸密集分布，至 104°E～109°E 的巽他陆架上呈现向南延伸的冷舌，冷舌中心位于越南南部湄公河口附近，温度低于 27.5℃，比同纬度的泰国湾以及巴拉望岛西岸海域的 SST 低 1℃以上。此外，南海北部吕宋岛西北沿海(119.5°E～120.5°E，15°N～19°N)则存在由南向北发展的暖脊，温度比其西侧高 1℃以上[1]。南海 SST 年振幅分布特征的分析反映出南海西边界流海域 SST 较其同纬度带邻近海域季节变化幅度大，吕宋岛西北海域和吕宋海峡处 SST 年振幅较其东、西侧同纬度海域 SST 季节变化幅度小[3]。早在 1999 年 Wang 等[4]的研究指出，南海海表温度(SST)的年际变化与赤道东太平洋 SST 的年际变化存在显著的关联，推测南海与太平洋的 ENSO 在年际变化上很可能属于一个系统。

为什么南海 SST 空间分布与临近的西太平洋不同，且在季节变化方面比临近的太平洋和印度洋更明显？该变化与南海海洋环流有关吗？为什么南海 SST 的年际变化与赤道东太平洋有关？这些科学问题，是典型的南海海盆尺度及全球尺度的海洋与大气相互作用问题，在此将我们了解的有关该问题的主要研究成果加以总结。

2　季风驱动下海盆尺度的南海上层海洋环流

依据历史观测资料，徐锡桢等[5]首次给出了南海海洋环流的季节平均状况，指出了大部分海域海洋环流的方向表现为季节反转的特点。后来，越来越多的海洋观测研究证实了南海 18°N 以南深水上层海盆尺度环流在冬季是气旋式的，而夏季在南部转变为反气旋式[6]。依据卫星高度计资料所计算的地转流也证明了南海上层海洋环流的季节差异。为什么南海环流存在季节反转，而同样在季风强迫下南海以东的西太平洋环流却不存在季节反转的现象？2000 年刘秦玉等[7]首次在国际上提出有关南海上层海洋环流建立的理论框架：由于海洋 Rossby 波速为 10～40 cm/s，该波横穿南海(约为 1 000 km)只需 1～3 个月，如此短的温跃层调整时间意味着南海海平面变化在 3 个月内就能完成对风强迫场的动力调整(而同纬度的热带太平洋则需约 3 年)。而季风的变化周期是一年，因此，气候平均意义下(3 个月以上的平均)的海盆尺度海洋环流应基本上满足上层海洋 Sverdrup 平衡。也就是说，季风导致的南海海盆尺度环流应取决于 18°N 以南深水海域的风应力旋度，正是由于冬季风与夏季风的旋度完全不同：冬季风应力旋度是气旋式，而夏季以 10°N～13°N 为界，东南(西北)侧是反气旋(气旋)式的风应力旋度(图 1)，所以，南海风驱动的上层海洋环流出现明显的季节反转现象[7-9]。

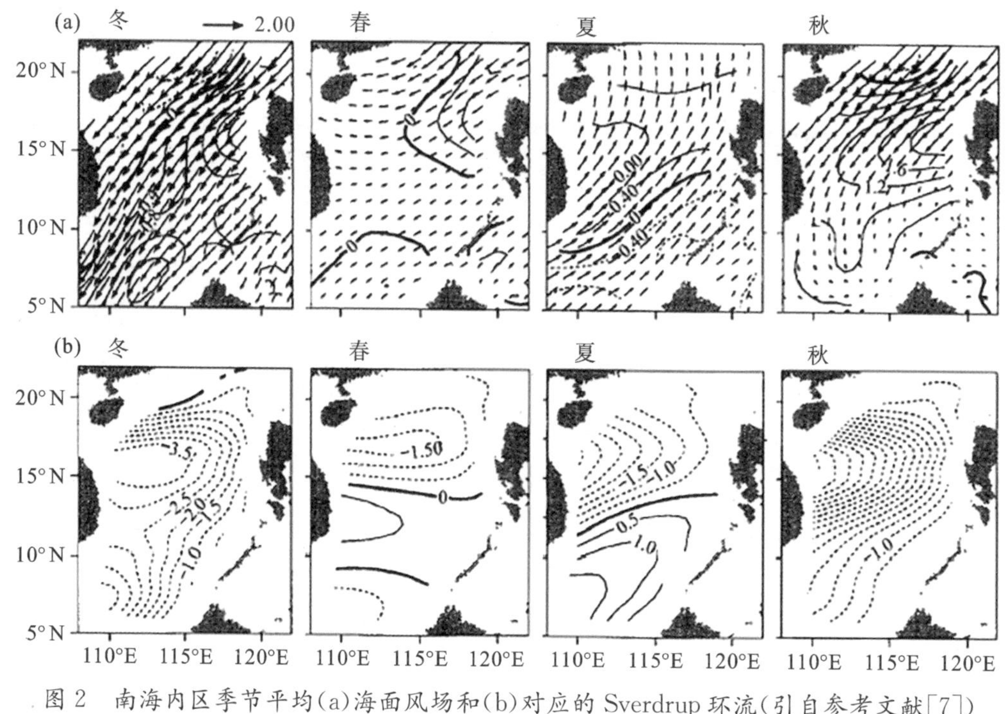

图 2　南海内区季节平均(a)海面风场和(b)对应的 Sverdrup 环流(引自参考文献[7])

依据海表风场计算的冬季 Sverdrup 环流为一海盆尺度的气旋式环流。春季，风场减弱，气旋式环流大为减弱，由于冬季风在南海南部减弱最多，南部气旋式环流已经消失；到了夏季，由于安南山脉地形的作用，西南风的风应力在 10°N～13°N 达到最大值，约是其周围的两倍[10]。西南风的急流轴将南海分成两部分：西南季风在南部呈现出反气旋式切变，而北部是气旋式切变。依据 Sverdrup 平衡关系则对应以 10°N～13°N 为界的北(南)部的反气旋(气旋)式的风生环流。通过对比发现，依据已经调整好的海洋环流 Sverdrup 平衡关系可以基本上得到南海 18°N 以南上层海洋地转流季节平均的主要特征[7]。南海海平面高度(Sea Surface Height, SSH)的季节变率主要反映了温跃层的变率，Ekman 抽吸是 SSH 季节循环的最重要的强迫，海表面热通量强迫是驱动上层海洋环流的次要因素[8]。该动力调整过程也被其他研究所证实。例如：南海南部西沙群岛附近的一个反气旋的海洋涡旋从形成后向西移动到在西边界消失，整个过程大约 50 天[11]；沿岸地形拦截波和地形 Rossby 波在动力调整过程中扮演了重要的角色[12]。这种快速调整过程主要是因为南海的纬向海盆尺度较小，使南海风生环流的调整时间远小于同纬度纬向海盆尺度更宽的大洋，而季风的年循环信号非常明显，这导致南海环流季节变化较同纬度大洋更明显。

南海上层海洋水平环流基本上是由同期的平均风应力旋度决定的，那么，海洋水平环流及与之相关的上升流的热“平流”效应能否影响 SST，进而影响南海天气和气候？下面将介绍依据上述的南海上层环流季节变化的动力框架，发现在南海中出现的两个典型的上层海洋环流直接影响 SST 的例子。

3 北半球夏季的南海冷丝

印度洋-太平洋暖池区是全球最强的大气对流中心之一，海表温度 28℃等温线通常被用来刻画暖池的边界。南海位于热带北印度洋和西太平洋之间，因此，南海理应成为印度洋-太平洋暖池的一部分。在北半球夏季西南风盛行时，南海中部会出现最低温度在 26℃以下的冷丝[10]，该冷丝的存在让南海中部成为北半球夏季印度洋-太平洋暖池中低于 28℃的冷海域（图 3）。

Wyrtki[13]曾指出，南海存在季节性上升流，认为夏季越南离岸处的 SST 要降低 1℃以上。前人观测也发现了南海夏季在越南沿岸存在上升流和越南冷涡。但是，由于缺乏在南海中部的观测，夏季南海中部的冷却现象在 20 世纪并没有被发现。Xie 等[10]利用高分辨率的卫星观测资料（TRMM）发现，在南海北半球夏季会出现离岸向东的急流产生的冷丝。这是由于安南山脉地形的作用，夏季西南风的急流轴将南海分成两部分，北部为正的风应力旋度，南部为负的风应力旋度（图 1(c)）。依据南海上层环流季节变化的动力框架可知：这南北两部分之间有强的上升流和离岸自西向东的急流，正是由于上升流最强的沿岸冷却发生在西贡东部，于是，在西南季风强盛的年份，例如，1999 年南海冷丝 6 月初始在西贡东部出现以后，7～8 月向东扩展至南海中部的大部分地区，8 月东北向的冷丝达到最大强度（即温度最低）。到 8 月份，除了广东沿岸，南海大部分地区的 SST 比 6 月低 0.5℃以上（图 3）。

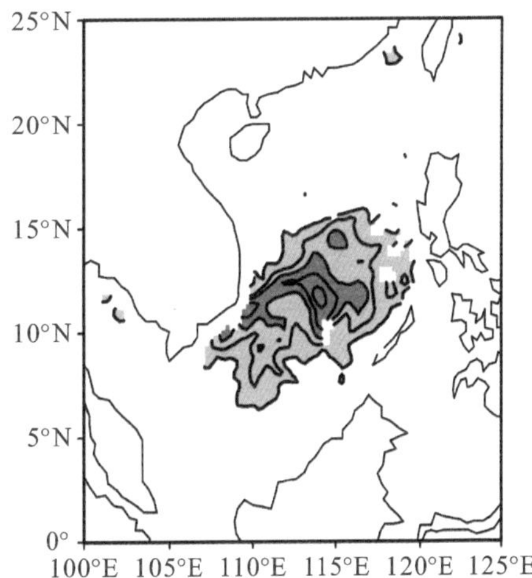

图 3 夏季南海冷丝。1999 年 8 月 3—5 日 TRMM 资料刻画的 SST，等值线间隔是 0.5℃浅灰色和深灰色分别表示 SST 小于 28℃和 27℃的海域（引自参考文献[10]）

由于西南季风导致的强的上升流和离岸自西向东的急流的冷平流效应导致了冷丝，也是南海中部夏季 SST 比其他海域冷的主要原因。冷丝所在处 SST 却形成显著的半年循环（每年冬季和夏季最冷），海洋动力学通过影响上升流及东向离岸流在南海 SST 的半年循环中发挥了重要作用。类似的现象也在海南岛（琼）东部的上升流区出现，只是琼东上升流影响降温的范围要比南海南部的冷丝范围小，但是，由于夏季风驱动的海南岛以东海区是我国夏季最低的表层水温区，形成一年中出现两个“冬天”的独特生态环境[14]。

将正常年份气候平均态和异常年份的 SST 及风速做比较，可以发现冷丝并不一定每年都出现，其年际变化与夏季风的年际变化有关。例如，1998 年夏季，沿 112°E 经线的 SST 比气候态高了 2℃以上，这是由于 1998 年南海夏季风速减弱，冷丝没有出现的结果[10]。因此，南海 18°N 以南夏季 SST 的年际变化主要受夏季风的年际变化所调制。

4　北半球冬季印度洋-太平洋暖池的“豁口”

除了夏季南海南部 SST 可能会出现低于 28℃的冷丝之外，北半球冬季风盛行时，南海的温度也会低于同纬度的孟加拉湾和西太平洋，该现象在观测资料稀疏的时代，没有被发现(那时印度洋-太平洋暖池也没有明确的界定)，直到时空高分辨率的卫星遥感资料出现，人们才看到该现象。Liu 等[15]利用高分辨率的卫星观测资料(Tropical Rainfall Measuring Mission，TRMM)发现，冬季南海比其西侧的印度洋和东侧的太平洋冷 2℃左右(图 4(a))，当 28℃的 SST 等温线在印度洋位于 5°N 附近以及在太平洋位于 10°N 附近的时候，整个南海 SST 都低于 28℃，在南海南部 105°E～110°E 之间冷舌向南伸入，5°N 附近，在南海冷舌处仅有 26℃。这样一来，北半球的冬季南海就成为印度洋-太平洋暖池的一个明显的“豁口”。可以看出，该“豁口”的存在对大气有很强的影响，在“豁口”所在的南海成为北半球冬季近赤道大气降水的一个低值区(图 4(b))。

依据南海上层环流季节变化的动力框架：北半球冬季 18°N 以南的南海在气候平均意义下风应力旋度为正值，应该对应自北向南的西边界流。基于卫星观测的 SSHA 和模式模拟的气候平均态 SSH 可以计算出冬季平均地转流场，海盆尺度气旋式环流对应的西边界流大致沿着 200 m 地形巽他陆架东缘的陆坡向南流，季节平均最大流速达到 0.5 m/s[15]。强的西边界流向南输送北部冷的沿岸水，按 SST 经向梯度 1℃/500 km 估算得到的向南流的平流作用引起的冷却率达到每月 1.3℃，这占 11～12 月冷舌 SST 总减少量(1.5℃)的 85%。对于年平均混合层深度约为 40 m[6]的海区来说，这种平流冷却率相当于 80 W/m^{2}的表层净热通量，这要比冬季南海南部气候平均态局地净热通量(25 W/m^2)大得多。因此，冬季向南的西边界流对 SST 的冷平流效应是冷舌形成的最主要机制[15]。

冬季风受 ENSO 影响有明显的年际变化，因此，南海冬季的冷舌指数与 ENSO 的年际变化之间存在很好的相关关系，这种相关关系存在的物理解释如下：在厄尔尼诺事件的成熟阶段(冬季)，反气旋式大气环流异常跨骑在印度-西北太平洋区域之上，使南海东北季风减弱。在拉尼娜盛期，相反的现象发生。冬季风的年际变化又导致了南海西边界流的年际变化和冷舌的年际变化，正是由于这种变化，使得北半球冬季印度洋-太平洋暖池区的“豁口”也有明显的年际变化。

最近的研究发现,南海冬季 SST 年际变化滞后于 ENSO 指数,该现象证实了南海冷舌的形成在一定程度上是与混合层水平平流和垂直夹卷这些海洋动力过程有关。如果 ENSO 只通过大气桥影响南海,就不会存在这种滞后相关系数大于同期相关的现象[16]。因此,南海 18°N 以南冬季 SST 的年际变化主要受 ENSO 导致冬季风的年际变化所调制。上述南海季风驱动下海洋环流会影响夏季和冬季 SST 空间分布的非均匀性现象的发现,不仅揭示了海洋动力学在南海 SST 年际变化中所起的关键作用,而且进一步证实了南海上层环流季节变化动力框架的正确性。

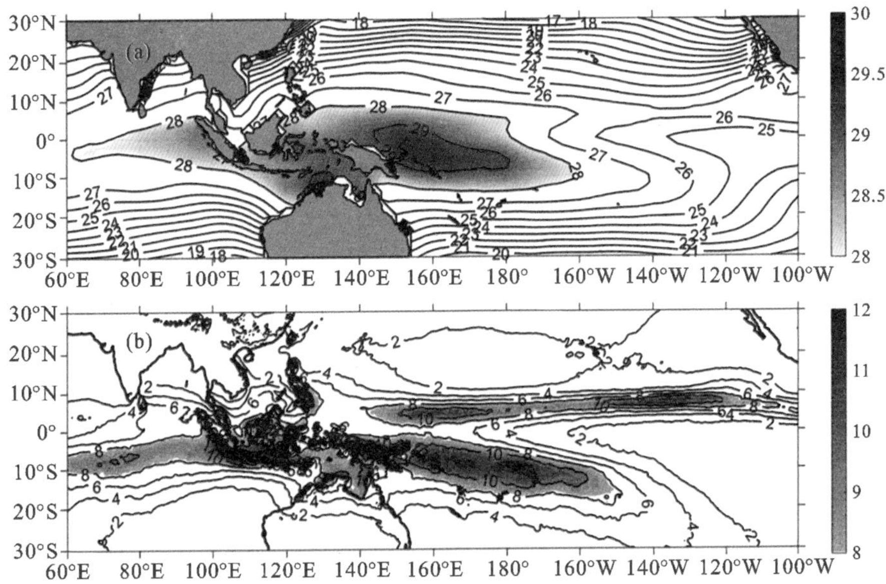

图 4 北半球冬季(DJF)气候平均的(a)SST(等值线,单位为℃,温度在 28℃以上的区域用红色阴影表示);(b)降水率(单位:mm/d)(数据来自 ERSST5.0 数据集)

5 春季南海高温暖水及南海夏季风爆发

季风驱动的海洋环流形成的南海冬季冷舌,使得几乎整个南海在冬季变成印度洋-太平洋暖池的一个“豁口”(SST 都小于 28℃),并出现 SST 等值线呈现出东北—西南向倾斜分布的特征。除了冬季 SST 的空间分布具备这种特征外,Chu 和 Chang[17] 与李立[18]则分别发现 1966 年和 1998 年,位于菲律宾以西海域 30℃以上的高温暖水在南海夏季风爆发前出现,但在季风爆发后消失。Wang 和 Wang[19]也研究了春季南海中部高于 29℃的高温暖水形成机制,指出了海面热通量和海洋动力过程在高温暖水形成中所起的不同作用。为什么春季高温暖水在南海中部出现?该现象与冬季 SST 的空间分布是否有关系?

为了回答上述问题，Liu 等[20]研究指出，冬季风时段（10 月至次年 4 月）由于台湾岛和吕宋岛上的地形对冬季风的阻挡，在台湾海峡和吕宋海峡均出现了风速>10 m/s 的风速大值区，形成了一个沿南海东北—西南轴线走向的风速急流区；与此同时，在菲律宾西南海域（8°N～18°N，115°E～120°E）Ekman 平流与地转平流对热收支的影响大小相当，符号相反。因此，冬季海洋平流（Ekman 暖平流和地转冷平流）的总体影响就接近于零。但是，由于吕宋岛上的地形对冬季风的阻挡，海面风在该海域较小，表面湍流热通量（海洋放热）与其他同纬度海域相比要小得多，这一差异使得在夏季风爆发前菲律宾群岛的东部比西部海面损失更多的潜热，而群岛两侧海区的短波辐射却强度相当。对照 1～5 月南海东部与同纬度海区的表面净热通量变化，不难得出：冬季风的尾迹效应减少了潜热通量的损失是菲律宾群岛西南部海区春季迅速变暖的重要原因。因此，群岛的西部尤其是靠近菲律宾群岛西海岸的海区 SST 可以在 4 月底或 5 月初达到 30.5℃，比群岛东部海区的 SST 要高出 1.5℃。

30℃以上的高温暖水从菲律宾西部沿岸向西南方向扩展开来[21]，能够引发局地的大气对流和低层的气流辐合，有助于南海夏季风的爆发。夏季风爆发后，西南季风首先覆盖了 20°N 以南的南海海区，随着夏季风的进一步增强，在 105°E 附近形成了一条由南向北的低层大气的越赤道急流。随着菲律宾群岛西部海面夏季风的风速的不断增大，南海中的潜热释放超过了群岛东部的西太平洋热带海区，并且由于局地对流使得南海上空云层覆盖增多进而减弱了短波辐射；另一方面，由于夏季西南季风爆发后，向东南的 Ekman 冷平流输送也加速了南海高温暖水的消失[19]。这一系列的原因使得菲律宾群岛西南部的高温暖水在夏季风爆发后迅速消失。气候平均意义下 30℃以上的高温暖水的生命期仅有 45 天。

简言之，台湾岛和菲律宾群岛对冬季风的阻挡有两个产物：一是冬季的冷舌；二是春季 30℃以上的高温暖水。冬季风尾迹效应引起的潜热通量的减少是春季菲律宾西南部海水迅速增暖扩展的决定性因素。

6 结论与讨论

位于热带北印度洋和热带北太平洋之间的南海是一个半封闭的深水海盆，上述研究成果基本上解决了在季风驱动下南海的上层海洋环流如何影响南海的 SST 及其变化问题。阐明了在季风的驱动下，纬向跨度只有十二个经度的南海深水海盆，对季风强迫的调整很快，在冬季为气旋式环流，夏季南海南部为反气旋式环流；南海在冬、夏两季对应的强西边界流和离岸上升流分别导致的冬季冷舌和夏季冷丝，改变了大气环流的对流场空间分布。冬季风在菲律宾岛的阻挡下，为春季南海菲律宾西南部高于 30℃的高温暖水和夏季风的爆发创造了条件。南海的季风会受热带太平洋和热带印度洋海洋-大气相互作用的影响，存在明显的年际变化。因此，证实了南海也是全球热带海洋-大气耦合系统中的重要成员之一。

但是，究竟南海海洋动力学在整个热带海洋-大气系统中起什么作用并不是完全清楚。特别需要回答的问题是南海上述 SST 的特征究竟在多大程度上能影响局地大气加热场，继而影响全球大气。作为亚澳季风的成员，为什么南海夏季风的爆发晚于孟加拉湾，但早于南亚季风，南海北部春季的强对流中心在整个东亚气候中起什么作用等一系列问题亟待我们解决。另一方面，从多尺度海洋-大气相互作用的角度来看，海洋中等尺度涡旋是否会影响南海的天气和气候，也是目前尚未引起足够重视的科学问题，有待进一步开展研究工作。

致谢

感谢刘征宇教授、谢尚平教授多年的指导。

参考文献

[1] 刘秦玉，谢尚平，郑小童. 热带海洋-大气相互作用[M]. 北京：高等教育出版社，2013：101-120.

[2] 杨海军. 南海海洋环流的时空结构及其形成机制的研究[D]. 青岛：青岛海洋大学，2000.

[3] 姜霞. 海洋动力过程对南海海面温度的影响[D]. 青岛：中国海洋大学，2006.

[4] Wang Q, Liu Q, Qing Z. An ENSO-like Oscillation System[J]. CHIN J Oceanol Limnol, 1999, 17(4):331-337.

[5] 徐锡祯，邱章，陈惠昌. 南海水平环流概述[C]. //中国海洋湖沼学会水文气象学会学术会议论文集. 北京：科学出版社，1980：137-145.

[6] Qu T. Role of ocean dynamics in determining the mean seasonal cycle of the South China surface temperature[J]. Journal of Geophysical Research, 2001, 106:6943-6955.

[7] 刘秦玉，杨海军，刘征宇. 南海 Sverdrup 环流的季节变化特征[J]. 自然科学进展，2000，10(11)：1035-1039.

[8] Liu Z, Yang H, Liu Q. Regional dynamics of seasonal variability in the South China Sea[J]. Journal of Physical Oceanography, 2001, 31:272-284.

[9] Liu Q, Yang H, Liu Z. Seasonal features of the Sverdrup circulation in the South China Sea[J]. Progress in Natural Science, 2001, 11:202-206.

[10] Xie S, Xie Q, Wang D, et al. Summer upwelling in the South China Sea and its role in regional climate variations[J]. Journal of Geophysical Research, 2003, 108:3261.

[11] Cai S, Su J, Gan Z, et al. The numerical study of the South China Sea upper circulation

characteristics and its dynamic mechanism, in winter[J]. Continental Shelf Research, 2002, 22(15): 2247-2264.

[12] Wang D, Wang W, Shi P, et al. Establishment and adjustment of monsoon-driven circulation in the South China Sea[J]. Science in China (Series D), 2003, 46(2):173-181.

[13] Wyrtki K. Physical oceanography of the Southeast Asian Waters[M]. La Jolla, California: Scripps Institute of Oceanography, 1961:1-195.

[14] 韩舞鹰，王明彪，马克美. 我国夏季最低表层水温海区——琼东沿岸上升流区的研究[J]. 海洋与湖沼，1990，21(3):267-275.

[15] Liu Q, Jiang X, Xie S, et al. A gap in the Indo-Pacific warm pool over the South China Sea in boreal winter: Seasonal development and interannual variability[J]. Journal of Geophysical Research, 2004, 109:C07012.

[16] 王冠楠，钟贻森，周朦，等. 运用CSEOF方法分析南海表面温度季节与年际变化[J]. 中国海洋大学学报，2019，49(6):7-19.

[17] Chu P C, Chang C P. South China Sea warm pool in boreal spring[J]. Adva Atmos Sci, 1997, 14:195-206.

[18] 李立. SCSMEX海洋学观测的若干初步结果:季风爆发前海面状态及其响应[C]. //南海季风爆发和演变及其与海洋的相互作用. 北京:气象出版社，1999.

[19] Wang W, Wang C. Formation and decay of the spring warm pool in the South China Sea[J]. Geophys Res Lett, 2006, 33:L02615.

[20] Liu Q, Sun C, Jiang X. Formation of spring warm water southwest of the Philippine Islands: Winter monsoon wake effects[J]. Dynamics of Atmospheres and Oceans, 2009, 47:154-164.

[21] 姜霞，刘秦玉，王启. 菲律宾以西海域的高温暖水与南海夏季风爆发[J]. 中国海洋大学学报，2006，36(3):349-354.

第四章
不同辐射强迫作用下的海洋-大气相互作用

人类活动导致温室气体增加和气溶胶非均匀排放，不仅能改变地球表面的温度，也会导致大气、海洋、冰冻圈和生物圈都发生变化。近几十年，温室气体增加导致的暖信号，绝大部分都被海洋吸收并储存，一方面延缓了全球平均温度的增长，增加了海洋整体的热含量，另一方面改变了大气、海洋的层结和海表温度。因此，理解全球变暖背景下上述变化如何影响海洋-大气相互作用，认识年际变化的热带海气耦合模态在未来是否会改变，是目前气候变化研究中的关键科学问题之一。尽管人们已经认识到气溶胶的时空非均匀排放会起到降温的作用，但人为气溶胶的排放聚集于北半球中纬度地区，并具有时间上的不连续性，全球海表面温度对人为气溶胶强迫的响应更为复杂。在全球变暖背景下，深海储存的热量会在什么地方以什么形式释放出来重新加热大气，这也是一个气候变化研究中的难题。本章通过回顾这方面的研究，厘清目前对上述问题的认识，抓住机会探索海洋快、慢响应的动力学过程，为全球气候变化研究和决策制定提供理论基础。

热带海洋-大气耦合模态对全球变暖响应的研究

郑小童*

(中国海洋大学物理海洋教育部重点实验室/海洋与大气学院,山东青岛,266100;青岛海洋科学与技术试点国家实验室,山东青岛,266237)

(*通讯作者:zhengxt@ouc.edu.cn)

摘要 理解全球变暖背景下的以热带海气耦合模态为主的气候年际变化在未来是否会改变,是预测未来气候变化的关键问题,本文回顾了近年来热带印度洋-太平洋海盆主要海洋-大气耦合模态对全球变暖响应的研究工作。这些研究发现了热带印-太海区耦合模态对全球变暖显著的响应特征,并揭示了这些响应特征与热带海洋-大气平均态的长期变化及年代际的自然变化紧密联系。目前气候模式模拟的海洋-大气平均态的长期变化及年代际的自然变化都存在模式之间的差异,所以,不同的数值模式模拟的热带海气耦合模态对全球变暖的响应也存在差异。目前可依靠大样本的多成员集合试验,来尽量提高热带海气耦合模态未来预估的准确性,并分离出对外部强迫的响应信号。

关键词 全球变暖;海洋-大气耦合模态;厄尔尼诺-南方涛动;印度洋偶极子

1 引言

众所周知,热带印度洋-太平洋(简称印-太)海盆对全球气候有重要的影响。特别是在年际时间尺度上,这一海区存在若干重要的海洋-大气耦合模态。其中最为人们熟知的就是厄尔尼诺-南方涛动(El Nino-Southern Oscillation,ENSO)。ENSO是全球热带海洋海温年际变化的第一主模态,该模态通过经典的温跃层-SST-海面风之间的正反馈机制(即所谓的Bjerknes反馈[1])发展,并通过大气和海洋的遥相关过程影响全球气候系统,造成极端气候事件,引起巨大的环境、经济和社会影响[2,3]。在印太海盆另一端的热带印度洋,也存在两个SST年际变化主模态,分别为印度洋海盆(IndianOceanBasin,

IOB)模态和偶极子(IndianOceanDipole,IOD)模态。这两个模态也对印度洋周边气候,特别是对亚洲季风系统及其影响下的数十亿人口有重要的影响[4-7]。

太平洋的ENSO和印度洋的IOB、IOD之间存在千丝万缕的联系。前人一般认为,IOB模态主要是ENSO强迫所导致的信号:通过大气桥强迫,厄尔尼诺会在次年春季导致热带印度洋出现滞后3~4个月的海盆增暖信号[8,9]。而IOD模态尽管通过热带印度洋内部的Bjerknes反馈发展[10,11],但ENSO依然是其最重要的触发因素之一[12]。图1描述了ENSO、IOD和IOB模态的时空演化特征。在发展年的夏、秋季,厄尔尼诺海温异常逐渐通过Bjerknes反馈发展起来,同时改变Walker环流,在赤道印度洋产生东风异常(或印度洋独立产生东风异常),触发IOD模态的发展,并达到成熟(图1(a))。在北半球冬季(图1(b)),ENSO逐渐达到峰值,而在印度洋产生的赤道东风会在南印度洋产生温跃层下沉信号,并西传到西南印度洋温跃层较浅处(也被称为温跃层穹窿区[13])。在次年春季造成西南印度洋SST增暖,以及跨赤道的反对称风场异常(图1(c))。该反对称风场在夏季又会进一步导致北半球西南季风的减弱,造成北印度洋出现ENSO之后的夏季的第二次增暖现象[14]。

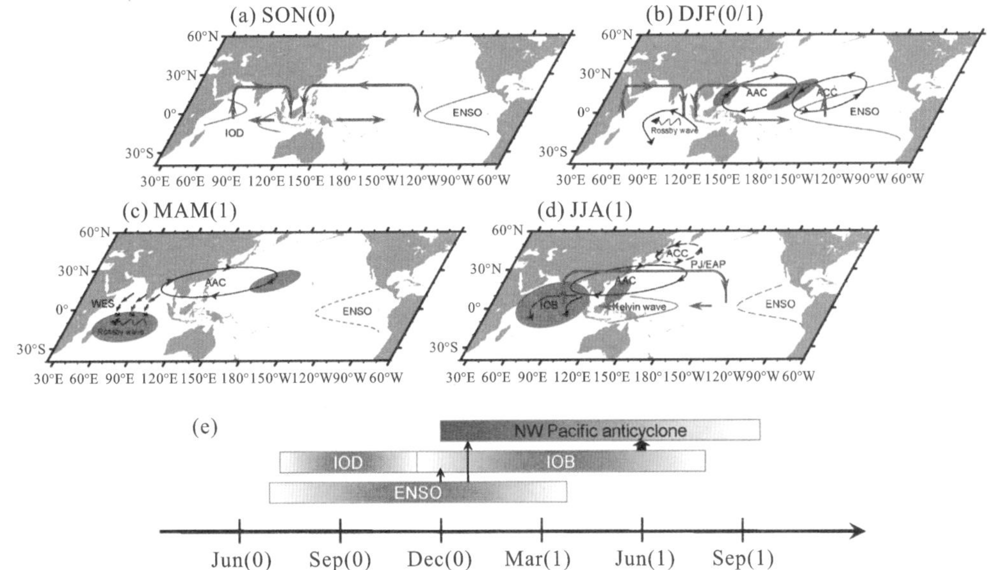

图1 ENSO发展过程中印度洋-太平洋海区SST异常及其对东亚大气遥相关影响的概念图(修改自参考文献[18])。(a)ENSO发展期(9—11月)与IOD的相互作用;(b)ENSO达到峰值时(12月至次年2月)与前期IOD一起激发南印度洋海洋Rossby波;(c)春季(3—5月)印度洋海洋Rossby波引起的西南印度洋增暖以及反对称风场异常,同时ENSO强迫下引起西北太平洋反气旋异常;(d)夏季(6—8月)北印度洋二次增暖以及海盆模态导致的“电容器效应”,进一步加强西北太平洋异常反气旋;(e)印度洋-太平洋主要海气耦合模态的季节演化图

以上的ENSO和热带印度洋耦合模态的相互作用，对于亚洲季风系统有重要的影响。前人研究发现，当厄尔尼诺成熟之后，在副热带西北太平洋上空会通过局地海洋-大气相互作用产生一个异常的大气低层反气旋环流[15]。这一反气旋环流在厄尔尼诺次年夏天衰退后并未消失，而是能够维持下去，这其中热带印度洋能够维持到夏季的IOB模态起到了至关重要的作用。前人发现，IOB可以通过对大气热源加热，形成典型的"Matsuno-Gill"型空间分布(图1(d))，引起东传的大气Kelvin波，并通过摩擦强迫作用使得西北太平洋反气旋得以维持[4,5]。该异常反气旋又能够通过激发东亚-太平洋(EAP)(或太平洋-日本，PJ)波列的方式影响东亚气气候，造成了如1998和2020年夏季的长江流域极端降水事件。最近的研究发现，西北太平洋的反气旋有时也可以独立于ENSO，而通过热带印度洋-西太平洋的局地海洋-大气相互作用产生[16]。例如，2020年夏季造成严重长江中下游降水的西北太平洋反气旋，就被认为是受2019年秋季极端IOD事件所引起[17]。因此，现在也有研究将西北太平洋反气旋与热带印度洋和西太平洋局地海温的耦合变化看作一个固有的海气耦合模态，被称为印度洋-西太平洋海洋电容器(IPOC)[18]。

上述印太海区的海气耦合模态是短期气候的重要预测指标。然而在观测中，这些模态的特征、相互关系以及气候影响存在显著的长期变化。例如，ENSO在20世纪出现了显著的加强现象[19,20]，而IOB和IOD模态也在观测和代用资料中出现加强的现象[21,22]，这些气候模态长期变化的原因还未被完全认识。考虑到由于温室气体增加所造成的全球变暖已经持续了100多年，目前尚不清楚上述耦合模态的长期变化有多大部分是全球变暖引起的。理解这些耦合模态对全球变暖的响应特征及机理，称为当前气候变化研究中的一个关键问题。

此外，研究耦合模态对全球变暖的研究当前主要依赖于气候模式的模拟。但数值模式的模拟能力存在很大的差异，对这些耦合模态在全球变暖下变化的模拟也有很大不确定性。近年来，有大量研究基于最新的第五次、第六次耦合模式比较计划(CMIP)来探索耦合模式对未来变暖气候的响应状况，发现了一系列模式的一致性响应特征，并探讨了一系列模式间的差异及导致这些差异的原因。本文基于这些研究，回顾总结前人研究热带太平洋-印度洋主要海气耦合模态对全球变暖响应的主要进展，梳理人们发现的一致性结论并探讨模式间模拟差异产生的来源。我们发现，大多数的耦合模态变化与热带海洋-大气平均态变化有关，而气候系统自然的年代际变化也会影响耦合模态未来的变化，从而成为重要的不确定性。在文章的最后，我们将进一步探讨减小模式对未来耦合模态变化预估不确定性的一些方法和建议。

2 热带海洋-大气耦合系统平均态的变化

热带海洋-大气平均态决定了海气耦合模态的主要特征和发展规律。因此理解耦合模态对全球变暖如何响应，主要研究思路是通过考察热带海气系统气候平均态在全球变暖下的变化，进而理解海气耦合模态如何被平均态变化所调制。关于热带海洋气候平均态的变化已有大量研究，发现了一系列模式间较为一致的响应特征。这里我们使用CMIP5 全部 34 个耦合模式的全球变暖试验结果（RCP8.5），绘制了一张平均态变化图（图 2）来综合描述热带海洋和大气平均态的变化特征。

考虑到全球变暖首要带来的是辐射强迫增加带来的热力学响应，我们首先来看一下热带海洋和大气场的热力学结构变化。对于对流层大气，由于水汽增加导致的非绝热调整，热带大气对流层高层的增暖要大于低层（图 2(a)），这会增加对流层的干静力稳定性[23]。类似的海洋表层吸收了大量热量表现出显著增暖，进而导致了上层海洋的热力层结加强以及温跃层的变浅（图 2(d)）。我们在后面的讨论中会发现这些热力学的响应特征，对于耦合模态有显著的影响。

除了热力响应，全球变暖还会引起热带气候平均态的动力学响应，从而形成了海洋增暖空间分布不均匀性以及大气环流的改变（图 2(b)，(c)）。这些变化也对耦合模态有重要的影响。由于全球变暖下 Walker 环流的减弱，在热带太平洋形成一个赤道东太平洋加强的类厄尔尼诺增暖型[24,25]。同时 Walker 环流减弱产生的西风趋势会造成温跃层的变平（图 2(d)），进一步削弱赤道东太平洋的海洋上升运动，对应赤道太平洋 SST 纬向梯度的减弱。与此同时，热带降水也会在全球变暖下发生改变。特别是热带海温增暖空间分布不均匀性会通过“暖者更湿”机制调控热带降水[25]。值得注意的是，动力学主导的海温增暖不均匀性及其降水变化的响应还存在争议，在一些模式中就出现截然相反的变化：热带太平洋表现出东太平洋增暖减弱的类拉尼娜型增暖，并伴随着 Walker 环流的加强[26,27]。一般认为，类厄尔尼诺增暖型更符合大气静力稳定性增加和环流减弱的特征。而在观测中由于存在多年代际的自然变化信号，不同资料或不同时间的海温增暖特征均有不同的特征，仍然没有一个定论[28]。

无独有偶，在热带印度洋也存在着类似的海洋-大气耦合平均态的动力学响应（图 2(c)）。例如，与减弱的 Walker 环流以及赤道东风趋势相对应，赤道印度洋在东（西）侧增暖较多（少），同时温跃层抬升（加深）。这一海温增暖空间分布型和正 IOD 事件极为相似，因此也被称为“类 IOD”增暖型[29,30]。同样降水在热带印度洋也遵循“暖者更湿”理论，表现为在东太平洋减少而在西太平洋增多。

这种热带气候平均态的变化通过调控海气耦合过程，对热带印太海区耦合模态（如ENSO、IOD 和 IOB 等）的特征、动力过程和气候影响有重要调控作用。下面我们就对这些模态的变化响应逐一进行探讨。

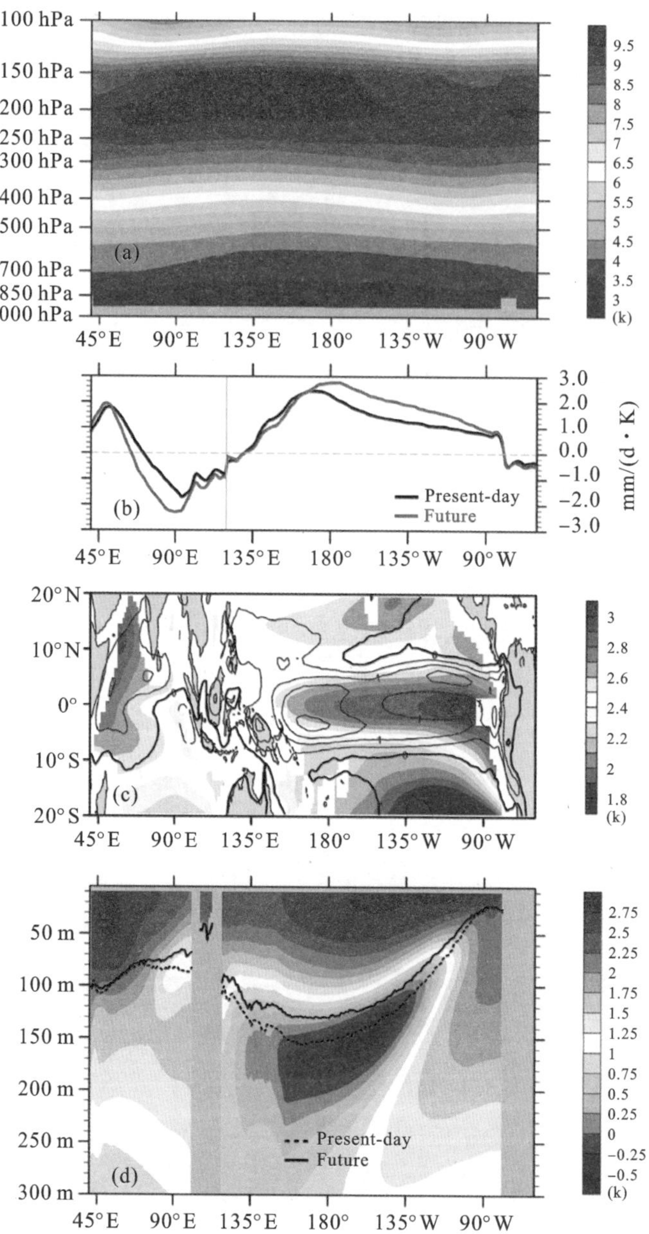

图 2　依据 34 个 CMIP5 耦合模式的集合平均结果中的当前气候(1950—1999)和未来(2046—2095)之差绘制的热带印太海区主要海洋-大气平均态变化以及对耦合模态的潜在影响。(a)沿赤道的大气对流层温度变化;(b)当前气候(黑线)和未来气候(红线)中 IOD 降水异常(左侧,9—11 月的平均)和 ENSO 降水异常(右侧,11 月、12 月和次年 1 月的平均);(c)全球变暖前后年平均的 SST(填色)和降水(等值线)变化;(d)全球变暖前后沿赤道的上层海洋温度变化,其中黑线为当前气候(虚线)和未来气候(实线)的温跃层所在深度

3　印太海盆主要耦合模态对全球变暖的响应

3.1　全球变暖背景下 ENSO 的变化特征及机理

ENSO 在全球变暖背景下如何响应是气候变化研究中的热点问题之一。前人应用观测资料和气候模式对这一问题开展了大量的研究。但由于海气耦合过程的复杂性，其中的过程对全球变暖的响应可能存在相反的变化，这就会造成 ENSO 振幅或者频率的变化在磨时间存在很大的差异[31]。

尽管存在的诸多模式间不一致结果造成 ENSO 对全球变暖响应这一问题的答案晦暗不清，但近年来一系列的研究还是通过认识平均态变化对 ENSO 的影响给出了一致性的模式预估结果。首先，ENSO 的降水在多模式预估结果中体现出了较为显著的一致响应。Power 等人[32]发现，尽管 ENSO 的海温变化在模式全球变暖模拟中的变化不大，但其降水异常信号都有显著的加强和东移现象。这是因为模式中的平均海温增暖在热带太平洋表现为“类厄尔尼诺”型，这就会造成在东太平洋冷舌区的海温更容易超过对流阈值，从而产生更大的降水异常。无独有偶，Cai 等人[33]也从超过 5 mm/d 极端降水的角度证实了在全球变暖模拟中对应的厄尔尼诺事件发生频率会显著上升。依据类似的原理，极端拉尼娜事件的发生频率也会同步上升[34]。最近一些研究定量诊断 ENSO 降水对全球变暖的响应，发现平均态增暖的空间不均匀性和 ENSO 本身海温异常的空间形态变化都对其有重要贡献[35]。ENSO 降水异常的变化会进一步调制 ENSO 对热带外的遥相关作用，这与全球变暖下大气湿静力能的显著上升有关[36,37]。具体来说，ENSO 在东太平洋的降水加强会造成 ENSO 引起的太平洋-北美(PNA)遥相关波列在全球变暖下显著的加强和东移[38]。进一步研究发现，中太平洋厄尔尼诺引起的 PNA 加强和东移的现象较东太平洋厄尔尼诺更为明显[39]。

值得注意的是，由于 ENSO 存在显著的非线性特征，ENSO 降水在厄尔尼诺和拉尼娜之间存在显著的不对称[40]。厄尔尼诺产生的降水会达到赤道东太平洋，而拉尼娜造成的降水减少更加集中于中太平洋海区。这种非对称的海温和降水特征在全球变暖下也会有所变化，造成更加差异化的降水异常和减弱的海温非对称性[34,41]。

ENSO 的多样性(或复杂性)是 ENSO 的另一重要特性。前人研究认为，在观测和模式中至少存在两类厄尔尼诺事件，即典型的发生在东赤道太平洋的东太平洋厄尔尼诺，以及一类发生在海盆中部的中太平洋厄尔尼诺[42,43]。进入 21 世纪，中太平洋厄尔尼诺事件频发，这一显现被认为和全球变暖有关。Yeh 等人[36]分析了多模式的全球变暖耦合试验结果发现，全球变暖后在 Nino4 区为中心的中部型厄尔尼诺事件的频率相较于在 Nino3 区为中心的东太平洋厄尔尼诺显著增加。他们认为，这与赤道太平洋的西风异常，以及所造成的温跃层在中西太平洋显著抬升有关(图 2(d))，此处显著抬升的温跃层会增加当地 SST 的变化幅度，进而导致更频繁的中太平洋厄尔尼诺事件发生。但这一观点还存在争议，不同的模式中会有不同的表现[44]。Cai 等人[45]就指出，由于不同模式对 ENSO 的空间形态模拟有很大差异，因此，使用固定区域的指数(如 Nino3 和 Nino4)无法确切地表征模式中两类厄尔尼诺事件。因此，他们使用 EOF 分析的客观方法来提取 ENSO 的非对称性特征以及中太平洋厄尔尼诺和东太平洋厄尔尼诺事件的位置。在他们修正的分类方法下，发现全球变暖中大多数模式表现出东太平洋厄尔尼诺增强的趋势。他们将该现象归结于全球变暖后海洋层结的加强(图 2)，以及导致更强的、在东太平洋体现出的海气耦合现象。

需要指出，ENSO 最重要的特征海温振幅的变化在模式中并不显著，并体现出很大的模式间差异。然而，有研究发现，ENSO 的振幅变化存在很显著的事件演变规律，即在全球变暖背景下出现先增加后减弱的特点[46]。这种非单向的响应宇赤道太平洋温跃层对海面纬向风的响应变化有关，而进一步的分析发现，热带太平洋和印度洋增暖的非同步性，是造成这种非单向 ENSO 振幅变化的关键。

除了上述的 ENSO 动力学响应之外，ENSO 的热力学衰减作用对全球变暖的响应也是需要考虑的因素。特别是在热带中东太平洋存在复杂的云-辐射反馈过程，对于 ENSO 的强度和频率有重要影响[47,48]。目前关于这方面的探讨还很欠缺，是需要进一步研究的内容。

3.2 全球变暖背景下印度洋耦合模态的变化特征及机理

在观测中热带印度洋的耦合模态，不论是 IOB 还是 IOD 都有所加强。对于 IOD 模态，在过去 150 年间其发生频率都有所上升[21]。这一 IOD 的增强现象被认为与全球变暖下的 Walker 环流减弱以及赤道东风加强有关(图 2)。加强的东风会抬升赤道东印度洋的温跃层，引起更强的温跃层反馈信号[29,30,49]。然而，在多数气候模式的全球变暖模拟中，却没有表现出 IOD 振幅加强的特征[29,30]。进一步研究发现，IOD 发展过程中大气的反馈过程起到了相反的效果，由于大气静力稳定性的增加，赤道纬向风对 IOD 的 SST 异常的响应会显著减弱，这就抵消了温跃层反馈加强的效果[29,49]。因此，观测中看到的正 IOD 事件频率增加的现象更多地是反映印度洋平均态海温的“类 IOD”增暖分布型。当去掉长期趋势变化之后，IOD 在观测和模式中的发生频率相对稳定[30]。

与 ENSO 类似，尽管 IOD 的本身振幅变化不显著，但其降水异常在全球变暖过程中有显著的变化。Cai 等人[50]发现，在一部分强 IOD 事件中，东印度洋的干旱能够延伸到赤道印度洋中部，而大气对流中心可以被推到印度洋西侧，从而造成更显著的极端气候和天气现象。他们将这一类 IOD 事件定义为极端 IOD 事件。在全球变暖下，热带印度洋的“类 IOD”增暖型以及赤道的东风趋势导致 IOD 事件在东侧的变冷加强并向西延伸（图 2(b)和(c)），引起更加频繁的极端 IOD 事件。基于 CMIP5 模式的高排放情景，未来极端 IOD 事件会增加几乎三倍。这将会大大地提升未来变暖气候下 IOD 的气候影响。

此外，IOD 还存在与 ENSO 类似的非对称性，其正事件的强度要明显大于负事件。ENSO 非对称性与赤道东太平洋偏深的温跃层以及海洋反馈的非线性特征有关[49]：在正（负）IOD 事件中温跃层的抬升（加深）会造成更强（弱）的温跃层- SST 反馈，进而加强（减弱）正（负）事件的振幅。在全球变暖下，由于东赤道印度洋的温跃层整体抬升，削弱了温跃层- SST 反馈的非线性，导致了气候模式中 IOD 振幅的非对称性减弱，并会进一步减弱降水的非对称性。这里需要指出的是，IOD 非对称性的减弱并不与上文中所述的极端正 IOD 事件相矛盾，这是因为极端的 IOD 事件是指中太平洋的降水异常现象，因此也不会通过 Bjerknes 反馈加强 IOD 海温的非对称性。恰恰相反，二者都反映了 IOD 导致的降水向西偏移的特征（图 2(b)）。

对于 IOB 模态及其“电容器”效应，其全球变暖下也有一些显著的特征，尽管其强迫源——ENSO 的振幅变化不大。由于热带印度洋在全球热带海洋中的增暖较为显著，其上空的水汽含量增加明显，这会有效地提升 ENSO 的大气对流层加热效果，以及局地海洋-大气相互作用过程，进而加强 IOB 的强度。同时增强的 IOB 模态还会进一步通过其电容器效应，延长西北太平洋反气旋的持续时间[51,52]。特别是在厄尔尼诺快速衰退并转为拉尼娜的事件中，西北太平洋异常反气旋的加强更为明显，因为拉尼娜导致的降水异常同时也会在全球变暖下加强，并继续维持反气旋[53]。同时还有一些研究持相反的观点，他们认为，西北太平洋的异常反气旋会在全球变暖下减弱。这些研究指出，大气稳定度的增加会削弱 IOB 导致的大气 Kelvin 波信号，同时减弱 ENSO 衰退期北印度洋和西北太平洋的海温梯度，进而不利于印度洋和西北太平洋之间的正反馈过程[54]。总之，关于 IOB 及其电容器效应对全球变暖的响应仍不清楚，需要进一步研究。

3.3 跨海盆相互作用在耦合模态变化中的角色

前面回顾的大部分研究都聚焦于局地的气候平均态变化（如 SST 增暖空间不均匀性、大气环流变化、海洋大气层结变化、降水变化等）对全球变暖下耦合模态变化的作用。需要指出的是，热带海洋的海盆间相互作用也是气候年际变化的重要一环，对耦合模态的发生发展有重要影响[55]。例如，热带太平洋和印度洋的耦合模态之间就存在着显著的相互作用[12,56]。同时热带大西洋-太平洋的遥相关也是 ENSO 的重要触发因素[57]。然而，这些海盆间相互作用对温室气体增加的响应及其对耦合模态的影响仍未完全认识清楚。现在一般认为，增强的大气对流层稳定度会减弱海盆间相互作用。例如，热带大西洋-太平洋的遥相关过程就在多数模式中表现出衰减的特征[58]。此外，在不同海盆之间还存在年代际以及更低频的海盆间相互作用，对热带海气耦合模态有潜在影响。例如，热带大西洋多年代际振荡，就会通过调制赤道太平洋纬向风和经向风来影响 ENSO 的强度和类型[59]。在变暖气候背景下这些因素如何改变，也是需要进一步分析的问题。

以上我们通过不同海盆及其相互作用分别回顾了前人开展的有关印太海区耦合模态对全球变暖响应的有关工作。这些工作绝大部分都是基于中高排放情景的全球变暖数值试验得到的结果。但考虑到《巴黎协定》提出的更具有挑战的温室气体减排路线图，即在 21 世纪末将全球平均温度控制在 2℃甚至 1.5℃内，这就需要实际的温室气体排放经历“达峰”并逐渐“中和”的这样一个低排放情景的路径。因此，理解低排放情景下耦合模态未来的变化，也是我们需要重点理解的问题。这方面前人做了一点初步的尝试，发现在低排放情景下即使全球平均温度达到稳定，极端厄尔尼诺降水事件的发生频率仍然会出人意料地继续上升。进一步研究发现，这种 ENSO 降水的长期加强现象与海洋对全球变暖的慢反应有关[60]。这些结果也提醒人们，为了减少极端厄尔尼诺事件及其气候灾害，未来控制温室气体排放的紧迫性和必要性。

4 不同气候模式对全球变暖背景下印太海气耦合模态模拟的差异

4.1 模式间差异及其主要原因

尽管前人大量的研究取得了一系列关于印太耦合模态对全球变暖响应的一致性结论，但模式模拟中依然存在巨大的差异[31,32]，这依然是对该问题理解的重大挑战。最近一些研究致力于探索该问题，大部分尝试都是沿着印太耦合模态未来变异的差异性可能是源于平均态变化差异性，因为平均态的差异会有效地改变印太耦合模态在全球变暖下的特征。

在不同的平均态变化中，SST 增暖的空间分布不均匀性扮演着一个至关重要的角色。研究发现，ENSO 振幅的模式间差异与热带太平洋的海温增暖空间形态紧密联系[61]。在东太平洋增暖较强的“类厄尔尼诺”增暖型的模式中，赤道 SST 的增暖减小了局地对流阈值的差距，造成更强的对流反馈过程，从而加强 ENSO 的海温振幅。反之亦然，“类拉尼娜”增暖型的模式 ENSO 的振幅趋于减弱。也有一些研究将 ENSO 振幅变化的模式间差异归咎于热带太平洋的平均降水变化[62]。考虑到平均降水与海温增暖型的变化紧密联系[63]，这与前一种观点事实上描述了同样的物理过程。此外，SST 增暖的空间分布不均匀性也在一定程度上反映了海洋动力学的变化（如副热带浅层经向环流，STC），也会在一定程度上调控 ENSO 振幅的变化[64]。

基于 37 个 CMIP5 模式，Zheng[60]讨论了热带太平洋平均态增暖空间型和 ENSO 振幅变化的关系（图 3(a)），得到两者之间存在显著的正相关关系（相关系数为 0.51）的结论。这里使用 Nino3 区海温相对于热带平均海温（即相对海温）的变化来表征平均海温的空间分布特征（正值代表“类厄尔尼诺”增暖，负值代表“类拉尼娜”增暖），用 Nino3 海温年际标准差代表和 ENSO 振幅。这说明了赤道 SST 平均态增暖空间分布对 ENSO 振幅变化有调控作用。

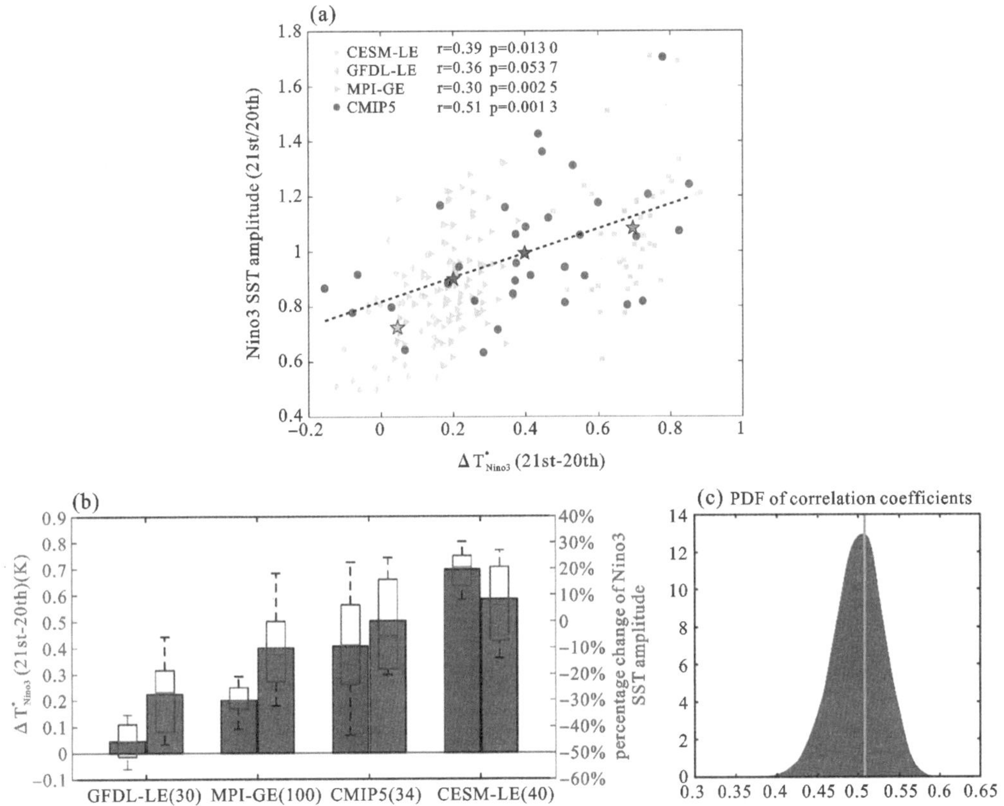

图 3　(a)CMIP5 多模式间的 Nino3 的平均相对海温的变化（横轴）和 Nino3 海温标准差变化之间的散点图（红点）。同时还显示了 CESM-LE（绿色方块）、GFDL-LE（黄色菱形）和 MPI-GE（蓝色三角形）等三个大集合试验的结果。其中，红色、绿色、黄色、蓝色五星分别代表 CMIP5 和 3 组大集合试验的集合平均结果，虚线代表横纵轴之间的回归结果。(b)多模式（成员）平均的 Nino3 的平均相对海温的变化和 Nino3 海温标准差的百分比变化。其中，盒须图代表 10%、25%、50%、75%和 90%的百分比线。(c)模式间的 Nino3 的平均相对海温的变化和 Nino3 海温标准差变化的相关系数概率分布（其中，三个大集合试验结果随机选取成员做 10 000次计算），红线代表使用大集合试验集合平均结果（引自参考文献[60]）

无独有偶,IOD 变化的模式间差异也与热带印度洋的平均海温增暖空间分布特征有紧密联系。在那些赤道东印度洋温跃层抬升更多、赤道东风趋势更强、类 IOD 增暖型更显著的模式中,也会在全球变暖后表现出更大的 IOD 振幅加强以及更弱的 IOD 不对称性,反之亦然[29]。尽管 IOD 和 ENSO 之间存在相互作用,但分析发现,两个模态之间的振幅变化却关系不大,说明二者的模式间差异分别受到各自海盆的平均态变化影响[29]。相较而言,关于 IOB 及其电容器效应的模式间差异及其原因的研究则较少,也没有发现局地海洋-大气相互作用能够引起模式间差异的证据[54]。

4.2 气候年代际变化对热带海气耦合模态变化的影响

除了不同模式模拟气候平均态的存在差异,气候系统内部的年代际变化不但可以对全球平均温度有所调节,还能够在年代际尺度上调节热带海气耦合模态的特征。在观测中前人研究均发现了印太海区的耦合模态存在显著的低频振荡[65,66]。在模式中 ENSO 和 IOD 这样的耦合模态也表现出显著的年代际变化。特别是在无外部强迫的控制试验中,热带太平洋一个东西偶极型的年代际变化与 ENSO 振幅的年代际振荡有显著联系[67]。

由于前人研究对耦合模态未来变化研究的多模式分析中,每个模式往往只选取一个集合成员。在这种情况下模式间的差异就不仅仅来自模式间气候背景场模拟能力的不同,还包含着各个模式中年代际变化信号的不同[68]。这就需要我们去评估气候年代际变化对耦合模态未来预估的影响。最近有一些研究通过分析大集合试验模拟来评估未来气候年代际变化对未来 ENSO 变化的影响[69,70]。使用同样的模式以及同样的外强迫信号,对于每个成员而言仅在初值上给一个微小的扰动。这种试验设计保证成员间的差异仅来自气候内部自然变率的影响。如图 4 所示,基于 CESM1 模式的 40 个成员的大集合试验结果,Zheng 等[69]评估了内部变率对 ENSO 振幅变化不确定性的影响,发现 ENSO 振幅在全球变暖下的变化存在很大的差异,从上升 80%到下降 40%均有所出现。因此,目前基于耦合模式单一成员的 CMIP 模式间比较分析,很难将内部自然变率的影响和模式响应的差异区分开来。而对于单一模式,至少需要 15 个成员的集合平均结果才能够表征该模式中 ENSO 振幅变化的响应信号。

为了进一步评估内部变率对 ENSO 未来变化的印象,我们分析了三组大集合试验的结果,包括 40 个成员的 CESM-LE、30 个成员的 GFDL-LE 以及 100 个成员的 MPI-ESM-GE。这些试验都使用相同的外强迫(到 2005 年之前为历史强迫,2006—2100 年使用 RCP 8.5 情景试验的强迫)。我们发现这三组大集合试验中 ENSO 振幅变化的成员间变化幅度都与CMIP5的多模式间结果相当(图3(b))。相较而言,在集合成员间的平均态

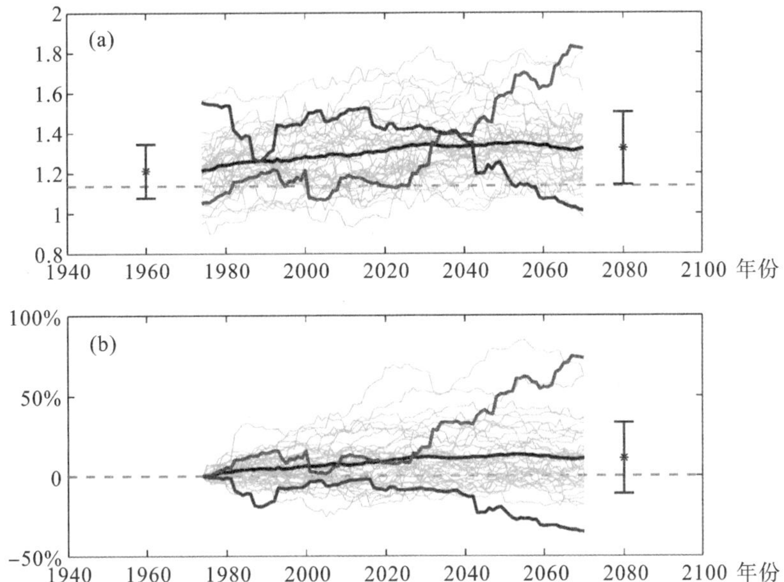

图 4　CESM-LE 中的(a)50 年滑动时间序列的 Nino-3 海温标准差以及(b)50 年滑动的 Nino-3 海温基于 1950—1999 年窗口的百分比变化。其中，黑色粗线代表集合平均结果，红线和蓝线分别代表 ENSO 增强最大(成员 5)和减弱最大(成员 20)的 ENSO 振幅。误差线为 1950—1999 年和 2046—2095 年两个窗口的成员间标准差(引自参考文献[69])

变化，特别是海温增暖空间分布型的差异则相对较小。这说明内部变率对于 ENSO 变化的影响要大于对平均态变化的影响。我们进一步将三组集合平均结果代表该模式的响应信号，发现他们也遵循 ENSO 振幅随厄尔尼诺增暖型的增强而增强的规律(图 3(b))。如果我们将某一个成员代替集合平均来代表该模式，那么，平均态增暖空间形态和 ENSO 振幅变化的关系就会受内部变率的影响发生变化，二者的相关系数在 0.35～0.6 之间变化(图 3(c))。

最近的研究发现，内部变率造成的 ENSO 振幅变化又会进一步影响平均态的增暖情况，进而引起平均态和 ENSO 振幅变化之间的正反馈。这种正反馈过程就像天气过程中的蝴蝶效应一样，最后会在热带海洋平均态增暖上留下 ENSO 振幅的印记[70]。

内部自然年代际变率对 IOD 的未来变化也有类似的调控作用。最近的一个研究发现，对于 IOD 来说内部变率造成的 IOD 变化不确定性大概占模式间差异的 40%[71]。在大集合试验中，IOD 振幅变化与 ENSO 振幅变化显著相关，这说明 ENSO 和 IOD 相互作用的重要性。印度洋的内部自然变率也会同时改变东赤道印度洋的温跃层深度和 IOD 的振幅以及非对称性[72]。同时，ENSO 振幅变化的内部变率因素也会调控 IOB 及其“电容器”效应，关于这方面研究还未深入开展。

5 总结和讨论

热带太平洋-印度洋的海气耦合模态对全球和区域气候有重要影响，本文大致上梳理了最近关于这些耦合模态对全球变暖响应的研究进展。基于最新的数值模式预估结果，当前的研究已经揭示了一系列关于ENSO、IOB、IOD等耦合模态对全球变暖的显著的响应特征。对于ENSO而言，尽管其振幅的变化具有很大的不确定性，但受平均态的"类厄尔尼诺"增暖型调控，其大气响应具有一定的一致性。具体而言就是降水和遥相关特征的显著东移和加强。此外，平均态的变化还会影响ENSO的其他特性，诸如多样性和非对称性的变化。印度洋偶极子模态的降水、非对称性等特征也在平均态变化的调控下出现了类似的改变。对印度洋海盆模态及其"电容器"效应，有研究指出，海盆增暖的现象会在全球变暖后加剧，但对西北太平洋异常反气旋的影响依然存在很大争议。

尽管有上述的一致性表现，在耦合模态的变化气候模式模拟中存在很大的模式间差异，而这些差异与平均态变化的差异紧密联系。在这其中不同模式对热带海洋增暖的空间分布型模拟的差异是模式间对ENSO和IOD振幅变化模拟的不一致的来源。而不同模式对年代际振荡模拟的差异则是另一个重要的来源，其中两种来源的贡献相当。减少对热带海气耦合模态未来预估的差异，就成为一个亟待解决的问题。

我们知道，由模式模拟差异导致的不确定性主要是由于模式间物理和动力过程的差异所引起的。而大多数气候模式目前仍然存在很多严重的模拟偏差，例如"双ITCZ"现象，太平洋冷舌模拟偏强，以及赤道印度洋东风偏强等明显与观测不一致的现象[73,74]。这些模拟偏差本身就会影响气候模式对当前气候下耦合模态的模拟状况，同时也会影响未来气候态的变化[26,27]。因此，要缩小耦合模态未来预估的模式间差异，需要改进模式，以期减小模式对耦合模态模拟的差异。近年来一种所谓"涌现约束"(emergent constraint，EC)方法被用于气候变化研究，来减小模式中未来气候变化预估的不确定性。这种方法的思路是基于动力解释，寻找模式对当前气候的模拟和未来预估之间的关系。然后通过考察模式对现在气候的模拟偏差，来矫正未来气候变化的结果，以减小模式间响应的差异。而采用EC方法，前人已经成功地订正了热带印太海区的平均态变化[26,27,75]。Li等人[75]进一步使用EC方法订正了IOD未来的变化，并指出前人发现的未来极端IOD增加的现象主要源于模式对热带印度洋的模拟偏差。但EC方法应用在不同模式偏差之后，对耦合模态的未来变化可能会有相反的影响。例如，前人使用EC方法去除掉冷舌模拟偏差之后，会得到一个"类厄尔尼诺"增暖型[27]，这会有利于ENSO振幅的增加[61]。反之，还有研究考虑上层海洋层结模拟的偏差后，会校正得到一个"类拉尼娜"的增暖型，而这又有利于ENSO振幅的减弱。综上所述，如何使用EC方法对耦合模态未来变化的模式结果进行订正仍需要进一步研究。

要减小耦合模态未来预估不确定性的另一个问题是要剔除气候系统内部自然变率的影响。使用大集合试验的集合平均结果可以较好地排出这一干扰因素，但当前只有很少一部分模式提供这种集合试验结果。因此，在未来的气候变化研究中，需要使用更多的大集合试验来代替单一成员试验，以其获得模式中耦合模态变化的响应。尽管这样会需要庞大的计算资源，但这样可以得到实际的模式响应信号。在此基础上，再使用EC方法，我们可能会对耦合模态未来变化得到更好的订正效果。总而言之，更好的模式模拟能力加上大的模拟样本，是准确预估耦合模态在全球变暖背景下变化的关键。

致谢

感谢刘秦玉教授和谢尚平教授对相关工作的指导和帮助。感谢惠畅同学对图2的绘制。

参考文献

[1] Philander S G. El Nino, La Nina and the Southern Oscillation[M]. San Diego, Academic Press, 1990.

[2] Bjerknes J. Monthly Weather Reyiew Atmospheric Teleconnections From the Equatorial Pacific [J]. Monthly Weather Review, 1969, 97(3): 163-172.

[3] Mcphaden M J, Zebiak S E, Glantz M H. ENSO as an integrating concept in earth science[J]. Science, 2006, 314(5806): 1740-1745.

[4] Yang J, Liu Q, Xie S P, et al. Impact of the Indian Ocean SST basin mode on the Asian summer monsoon[J]. Geophysical Research Letters, 2007, 34(2): 1-5.

[5] Xie S P, Hu K, Hafner J, et al. Indian Ocean capacitor effect on Indo-Western pacific climate during the summer following El Nino[J]. Journal of Climate, 2009, 22(3): 730-747.

[6] Guan Z, Yamgata T. The unusual summer of 1994 in East Asia: IOD teleconnections[J]. Geophysical Research Letters, 2003, 30(10): 4-7.

[7] Ashok K, Guan Z, Saji N H, et al. Individual and combined influences of ENSO and the Indian Ocean Dipole on the Indian summer monsoon[J]. Journal of Climate, 2004, 17(16): 3141-3155.

[8] Klein S A, Soden B J, Lau N C. Remote sea surface temperature variations during ENSO: Evidence for a tropical atmospheric bridge[J]. Journal of Climate, 1999, 12(4): 917-932.

[9] Alexander M A, Blade I, Newman M, et al. The atmospheric bridge: The influence of ENSO teleconnections on air-sea interaction over the global oceans[J]. Journal of Climate, 2002, 15(16): 2205-2231.

[10] Saji N H, Goswami B N, Vinayachandran P N, et al. A dipole mode in the tropical Indian Ocean[J]. Nature, 1999, 401(6751): 360-363.

[11] Webster P J, Moore A M, Loschnigg J P, et al. Coupled ocean-atmosphere dynamics in the Indian Ocean during 1997-98[J]. Nature, 1999, 401(6751): 356-360.

[12] Schott F A, Xie S P, Mccreary J P. Indian ocean circulation and climate variability[J]. Reviews of Geophysics, 2009, 47(1): 1-46.

[13] Xie S P, Annamalai H, Schott F A, et al. Structure and Mechanisms of South Indian Ocean Climate Variability[J]. Journal of Climate, 2002, 15(8): 864-878.

[14] Du Y, Xie S P, Huang G, et al. Role of Air-Sea Interaction in the Long Persistence of El Nino-Induced North Indian Ocean Warming[J]. Journal of Climate, 2009, 22(8): 2023-2038.

[15] Wang B, Wu R, Fu X. Pacific-East Asian teleconnection: How does ENSO affect East Asian climate? [J]. Journal of Climate, 2000, 13(9): 1517-1536.

[16] Kosaka Y, Xie S P, Lau N C, et al. Origin of seasonal predictability for summer climate over the Northwestern Pacific[J]. Proceedings of the National Academy of Sciences of the United States of America, 2013, 110(19): 7574-7579.

[17] Zhou Z Q, Xie S P, Zhang R. Historic Yangtze flooding of 2020 tied to extreme Indian Ocean conditions[J]. Proceedings of the National Academy of Sciences of the United States of America, 2021, 118(12): 1-7.

[18] Xie S P, Kosaka Y, Du Y, et al. Indo-western Pacific ocean capacitor and coherent climate anomalies in post-ENSO summer: A review[J]. Advances in Atmospheric Sciences, 2016, 33(4): 411-432.

[19] An S Il, Wang B. Interdecadal change of the structure of the ENSO mode and its impact on the ENSO frequency[J]. Journal of Climate, 2000, 13(12): 2044-2055.

[20] Xie S P, Du Y, Huang G, et al. Decadal Shift in El Nino Influences on Indo-Western Pacific and East Asian Climate in the 1970s[J]. Journal of Climate, 2010, 23(12): 3352-3368.

[21] Abram N J, Gagan M K, Cole J E, et al. Recent intensification of tropical climate variability in the Indian Ocean[J]. Nature Geoscience, 2008, 1(12): 849-853.

[22] Chowdary J S, Xie S P, Tokinaga H, et al. Interdecadal Variations in ENSO Teleconnection to the Indo-Western Pacific for 1870-2007[J]. Journal of Climate, 2012, 25(5): 1722-1744.

[23] Held I M, Soden B J. Robust responses of the hydrological cycle to global warming[J]. Journal of Climate, 2006, 19(21): 5686-5699.

[24] Liu Z, Vavrus S, He F, et al. Rethinking tropical ocean response to global warming: The enhanced equatorial warming[J]. Journal of Climate, 2005, 18(22): 4684-4700.

[25] Xie S P, Deser C, Vecchi G A, et al. Global Warming Pattern Formation: Sea Surface Temperature and Rainfall[J]. Journal of Climate, 2010, 23(4): 966-986.

[26] Huang P, Ying J. A multimodel ensemble pattern regression method to correct the tropical pacific SST change patterns under global warming[J]. Journal of Climate, 2015, 28(12): 4706-4723.

[27] Li G, Xie S P, Du Y, et al. Effects of excessive equatorial cold tongue bias on the projections of

tropical Pacific climate change. Part I: the warming pattern in CMIP5 multi-model ensemble[J]. Climate Dynamics, 2016, 47(12): 3817-3831.

[28] Vecchi G A, Clement A, SODEN B J. Examining the tropical Pacific's response to global warming[J]. Eos, 2008, 89(9).

[29] Zheng X T, Xie S P, Du Y, et al. Indian ocean dipole response to global warming in the CMIP5 multimodel ensemble[J]. Journal of Climate, 2013, 26(16): 6067-6080.

[30] Cai W, Zheng X T, Weller E, et al. Projected response of the Indian Ocean Dipole to greenhouse warming[J]. Nature Geoscience, 2013, 6(12): 999-1007.

[31] Collins M, An S Il, Cai W, et al. The impact of global warming on the tropical Pacific Ocean and El Nino[J]. Nature Geoscience, 2010, 3(6): 391-397.

[32] Power S, Delage F, Chung C, et al. Robust twenty-first-century projections of El Nino and related precipitation variability[J]. Nature, 2013, 502(7472): 541-545.

[33] Cai W, Borlace S, Lengaigne M, et al. Increasing frequency of extreme El Nino events due to greenhouse warming[J]. Nature Climate Change, 2014, 4(2): 111-116.

[34] Cai W, Santoso A, Wang G, et al. ENSO and greenhouse warming[J]. Nature Climate Change, 2015, 5(9): 849-859.

[35] Huang P, Xie S P. Mechanisms of change in ENSO-induced tropical Pacific rainfall variability in a warming climate[J]. Nature Geoscience, 2015, 8(12): 922-926.

[36] Yeh S W, Kug J S, Dewitte B, et al. El Nino in a changing climate[J]. Nature, 2009, 461(7263): 511-514.

[37] Hu K, Huang G, Huang P, et al. Intensification of El Nino-induced atmospheric anomalies under greenhouse warming[J]. Nature Geoscience, 2021, 14(6): 377-382.

[38] Zhou Z Q, Xie S P, Zheng X T, et al. Global warming-induced changes in El Nino teleconnections over the North Pacific and North America[J]. Journal of Climate, 2014, 27(24): 9050-9064.

[39] Chen Z, Gan B, Wu L, et al. Pacific-North American teleconnection and North Pacific Oscillation: historical simulation and future projection in CMIP5 models[J]. Climate Dynamics, 2018, 50(11-12): 4379-4403.

[40] An S I, Jin F F. Nonlinearity and Asymmetry of ENSO[J]. Journal of Climate, 2004, 17(12): 2399-2412.

[41] Ham Y G. A reduction in the asymmetry of ENSO amplitude due to global warming: The role of atmospheric feedback[J]. Geophysical Research Letters, 2017, 44(16): 8576-8584.

[42] Timmermann A, An S Il, Kug J S, et al. El Nino-Southern Oscillation complexity[J]. Nature, 2018, 559(7715): 535-545.

[43] Kao H Y, Yu J Y. Contrasting Eastern-Pacific and Central-Pacific types of ENSO[J]. Journal of Climate, 2009, 22(3): 615-632.

[44] Tascetto A S, Gupta A Sen, Jourdain N C, et al. Cold tongue and warm pool ENSO Events in CMIP5: Mean state and future projections[J]. Journal of Climate, 2014, 27(8): 2861-2885.

[45] Cai W, Wang G, Dewitte B, et al. Increased variability of eastern Pacific El Nino under greenhouse warming[J]. Nature, 2018, 564(7735): 201-206.

[46] Kim S T, Cai W, Jin F F, et al. Response of El Nino sea surface temperature variability to greenhouse warming[J]. Nature Climate Change, 2014, 4(9): 786-790.

[47] Radel G, Mauritsen T, Stevens B, et al. Amplification of El Nino by cloud longwave coupling to atmospheric circulation[J]. Nature Geoscience, 2016, 9(2): 106-110.

[48] Middlemas E A, Clement A C, Medeiros B, et al. Cloud radiative feedbacks and El Nino-Southern Oscillation[J]. Journal of Climate, 2019, 32(15): 4661-4680.

[49] Zheng X T, Xie S P, Vecchi G A, et al. Indian ocean dipole response to global warming: Analysis of ocean-atmospheric feedbacks in a coupled model[J]. Journal of Climate, 2010, 23(5): 1240-1253.

[50] Cai W, Santoso A, Wang G, et al. Increased frequency of extreme Indian ocean dipole events due to greenhouse warming[J]. Nature, 2014, 510(7504): 254-258.

[51] Zheng X T, Xie S P, Liu Q. Response of the Indian Ocean basin mode and its capacitor effect to global warming[J]. Journal of Climate, 2011, 24(23): 6146-6164.

[52] Hu K, Huang G, Zheng X T, et al. Interdecadal variations in ENSO influences on northwest Pacific-East Asian early summertime climate simulated in CMIP5 models[J]. Journal of Climate, 2014, 27(15): 5982-5998.

[53] Chen W, Lee J Y, Ha K J, et al. Intensification of the western north pacific anticyclone response to the short decaying El Nino event due to greenhouse warming[J]. Journal of Climate, 2016, 29(10): 3607-3627.

[54] Jiang W, Huang G, Huang P, et al. Weakening of northwest Pacific anticyclone anomalies during Post-El Nino summers under global warming[J]. Journal of Climate, 2018, 31(9): 3539-3555.

[55] Cai W, Wu L, Lenggaigne M, et al. Pantropical climate interactions[J]. Science, 2019, 363(6430).

[56] Izumo T, Vialard J, Lengaigne M, et al. Influence of the state of the Indian Ocean Dipole on the following years El Nino[J]. Nature Geoscience, 2010, 3(3): 168-172.

[57] Ham Y G, Kug J S, Park J Y, et al. Sea surface temperature in the north tropical Atlantic as a trigger for El Nino/Southern Oscillation events[J]. Nature Geoscience, 2013, 6(2): 112-116.

[58] Jia F, Cai W, Wu L, et al. Weakening Atlantic Nino-Pacific connection under greenhouse warming[J]. Science Advances, 2019, 5(8): 1-10.

[59] Hu S, Fedorov A V. Cross-equatorial winds control El Nino diversity and change[J]. Nature Climate Change, 2018, 8(9): 798-802.

[60] Zheng X T. Indo-Pacific Climate Modes in Warming Climate：Consensus and Uncertainty Across Model Projections[J]. Current Climate Change Reports，2019，5(4)：308-321.

[61] Zheng X T，XIE S P，LV L H，et al. Intermodel uncertainty in ENSO amplitude change tied to Pacific Ocean warming pattern[J]. Journal of Climate，2016，29(20)：7265-7279.

[62] Watanabe M，Kug J S，Jin F F，et al. Uncertainty in the ENSO amplitude change from the past to the future[J]. Geophysical Research Letters，2012，39(20)：1-6.

[63] Ma J，Xie S P. Regional Patterns of Sea Surface Temperature Change：A Source of Uncertainty in Future Projections of Precipitation and Atmospheric Circulation[J]. Journal of Climate，2013，26(8)：2482-2501.

[64] Chen L.，Li T，Yu Y，Behera S K. A possible explanation for the divergent projection of ENSO amplitude change under global warming[J]. Climate Dynamics，2017，49，3799-3811.

[65] Li J，Xie S P，Cook E R，et al. El Nino modulations over the past seven centuries[J]. Nature Climate Change，2013，3(9)：822-826.

[66] Han W，Vialrd J，Mcphaden M J，et al. Indian ocean decadal variability：A review[J]. Bulletin of the American Meteorological Society，2014，95(11)：1679-1703.

[67] Ogata T，Xie S P，Wittenberg A，et al. Interdecadal amplitude modulation of El nino-southern oscillation and its impact on tropical pacific decadal variability[J]. Journal of Climate，2013，26(18)：7280-7297.

[68] Kay J E，Deser C，Phillips A，et al. The community earth system model（CESM）large ensemble project：A community resource for studying climate change in the presence of internal climate variability[J]. Bulletin of the American Meteorological Society，2015，96(8)：1333-1349.

[69] Zheng X T，Hui C，Yeh S W. Response of ENSO amplitude to global warming in CESM large ensemble：uncertainty due to internal variability[J]. Climate Dynamics，2018，50(11-12)：4019-4035.

[70] Cai W，Ng B，Geng T，et al. Butterfly effect and a self-modulating El Nino response to global warming[J]. Nature，2020，585(7823)：68-73.

[71] Hui C，Zheng X T. Uncertainty in Indian Ocean Dipole response to global warming：the role of internal variability[J]. Climate Dynamics，2018，51(9-10)：3597-3611.

[72] Ng B，Cai W，Cowan T，et al. Influence of internal climate variability on Indian Ocean Dipole properties[J]. Scientific Reports，2018，8(1)：1-8.

[73] Li G，Xie S P. Tropical biases in CMIP5 multimodel ensemble：The excessive equatorial pacific cold tongue and double ITCZ problems[J]. Journal of Climate，2014，27(4)：1765-1780.

[74] Cai W，Cowan T. Why is the amplitude of the Indian ocean dipole overly large in CMIP3 and CMIP5 climate models? [J]. Geophysical Research Letters，2013，40(6)：1200-1205.

[75] Li G，Xie S P，Du Y. A robust but spurious pattern of climate change in model projections over the tropical Indian Ocean[J]. Journal of Climate，2016，29(15)：5589-5608.

气候变暖背景下海温增暖的空间不均匀性对降水的调制作用

郑小童*

(中国海洋大学物理海洋教育部重点实验室/海洋与大气学院,山东青岛,266100;青岛海洋科学与技术试点国家实验室,山东青岛,266237)

(*通讯作者:zhengxt@ouc.edu.cn)

摘要 全球变暖过程中,除了地球表面温度上升外,降水和大气环流也会有显著的响应,特别是热带降水,其变化对未来区域气候变化至关重要。本文不仅梳理了前人关于热带降水对全球变暖响应的主要机制,对"wet-get-wetter(湿者更湿)"理论和"warmer-get-wetter(暖者更湿)"理论的提出进行了回顾,而且从气候平均和季节变化的不同视角审视了海温增暖的空间不均匀性对降水的调制作用。分析指出,正是由于"暖者更湿"和"湿者更湿"这两种机制共同调控了热带降水的季节变化,才导致了热带降水变化在季节上随气候态雨带南北摆动,但又由于赤道增暖出现峰值而向赤道收拢的特征;气候模式间对热带降水变化模拟的差异也主要依赖于海表温度增暖的模拟差异。本文还对存在的问题进行了总结和展望。

关键词 热带降水;全球变暖;海温增暖;空间不均匀性

1 引言

海洋占据全球表面积的70%以上,在地球气候系统当中占据重要的地位。特别的是,海洋是全球水循环过程中最大的源和汇。我们知道,大气中的水汽含量及其变化是气候变化的表征之一,空气中的水汽凝结加热又是产生大气运动的主要因素。大气中水汽量的绝大部分由海洋供给,尤其热带海洋,是大气中水汽的主要源地,同时也是驱动大气环流及其变化的主要因素,该海域的水汽变化会直接影响其他区域的气候。

随着人类工业化的不断发展，地球大气的二氧化碳浓度已经上升了约 50%，从工业革命前的 280×10^{-6} 增加到大约 410×10^{-6}。由温室气体增加带来的辐射效应，导致全球平均温度在过去 150 年间已经上升了 1℃以上。根据联合国政府间应对气候变化专门委员会(IPCC)第 5 次(AR5)和第 6 次(AR6)报告预测，如果按照当前的排放水平，地球平均表面温度到 21 世纪末仍将会上升 3℃～5℃。理解全球变暖以及造成的一系列气候变化现象，是目前气候变化研究的重要方向。

目前人们衡量全球变暖的指标主要是全球平均温度的变化，而 2015 年的巴黎协议，也是将控制全球平均温度作为应对气候变化的主要目标。但对于人类社会的影响而言，区域气候的变化更为重要。尽管表面温度在全球变暖下表现为一致增暖的特征，但降水变化表现出相当的空间分布差异性，有些地区的降水会增加，而另一些地区的降水则会减少。理解降水变化的空间差异性以及对应的大气环流变化对于我们认识未来气候变化的格局以及对环境和社会的影响，就称为认识和预测气候变化的重要问题之一[1]。

此外，全球表面温度变化也表现出一定的空间分布不均匀性。例如，由于蒸发冷却和热容量的差异，陆地增暖远大于海洋[2]；极地地区特别是北极受到表面冰雪-反照率反馈的作用出现显著的增暖放大效应[3]；而受制于深层经向翻转环流的变化和深混合层结构，在北大西洋和南大洋的增暖显著更弱[3,4]。但在热带海区的海温增暖空间分布不均匀性的特征如何，这些特征对热带降水及大气环流有何影响，是影响全球气候变化的重要问题，值得深入研究探讨。

为了进一步理解变暖气候中热带降水的热力学和动力学响应机制及其对未来降水变化的相对贡献，本文从全球变暖背景下热带降水变化的两个主要物理机制出发，围绕在全球变暖背景下，全球降水总量是增加还是减少，热带降水空间分布有何特征，其背后调控的机理是什么，气候模式对未来热带降水变化的模拟存在差异的主要原因是什么，如何改进未来气候预估的降水变化这几个科学问题，通过回顾前人的研究成果，提出目前的一些新的观点和科学问题。

2 全球变暖下降水的响应

众所周知，大气中含有水汽这一重要的温室气体，并且水汽的含量是随着温度的增加而增加的。因此，水汽的效应会放大表面的增暖，这也就是所谓的水汽-辐射反馈效应。另一方面考虑了水汽的辐射-对流大气中，对流层温度在湿绝热过程中在对流层高层的增暖会放大。这种向上的加热放大现象会造成比平均增暖更大的向外长波辐射，从而使得大气层顶的辐射平衡。这一全球变暖的衰减作用也被称成为温度递减率反馈。

根据气候模式的全球变暖模拟结果发现，大气的相对湿度在全球变暖过程中是几乎保持不变的。因此，大气比湿(q)就会根据克劳修斯-克拉珀龙(C-C)方程上升：

$$\frac{1}{q}\frac{dq}{dT}=\frac{L}{RT^2}=\alpha(T) \tag{1}$$

式中，a 对于对流层温度而言是一个约等于 $0.07K^{-1}$ 的常数。根据以上公式，模式模拟的全球大气水汽含量大致按照 C-C 关系随着表面温度上升，即每上升 1 K 增加约 7%的水汽。但在气候模式的未来预测中，人们发现全球平均的降水速率要远低于表面温度上升带来的水汽变化，表面温度增加 1 K，降水会增加大约 2%[5]。有研究认为，这是受上述的大气辐射冷却的约束所致，降水引起的潜热释放不需要与水汽增加的速率相同，就能达到大气层顶的辐射平衡状态[6]。

进一步来说，全球降水的这种缓慢增加对大气环流的变化有重要的指征作用。Held 和 Soden[5]采用一个水循环平衡模型，将降水分解为水汽和质量通量垂向运动的乘积。地球表面温度每升高 1 K，水汽上升 7%而降水只增加 2%，因此，可以得出对流的质量通量垂直运动会在表面增暖 1 K 的情况下减少约 5%。由于绝大部分对流降水发生在热带海区，因此，上升质量通量主要发生在固定的对流区。例如，热带辐合带(ITCZ)以及印太暖池区。在这些对流区，向上的质量通量变化与向上的垂直速度几乎成正比，所以向上质量通量的减少也就意味着热带垂向大气环流的减缓。在全球变暖背景下，前人研究确实从观测和模式模拟中发现了对流层的环流减弱现象。在主要对流区的对流层上层出现了辐合，在东太平洋下沉区的上层出现了辐散。进一步的研究发现这种减弱主要出现在 Walker 环流的变化上[7,8]，而对于经向的 Hadley 环流变化则不显著[9]。

综上所述，全球变暖下降水并没有随大气水汽含量的上升而增加，更多体现出了空间分布的不均匀性特征，即有的地方增加，有的地方减少。因此，理解全球降水的空间分布特征，就成为理解全球变暖背景下气候变化的主要问题之一。近年来，前人通过研究发现未来降水变化的空间特征，与当前气候的降水分布，以及海温增暖的空间不均匀性这两个因素有紧密的联系，并围绕这个问题取得了一系列研究成果。

3 热带海温空间不均匀性对降水的调制作用

前面我们提到，在相对均匀的温室气体增加导致的温室气体强迫下，热带海洋表面温度(SST)的上升大致是均匀的，至少符号是一致的。而热带降水则有很大的空间差异。降水变化的空间不均匀性，特别是热带降水变化的空间分布特征，又会通过改变大气环流影响全球的区域气候。我们经常用全球平均表面温度的变化来表征全球变暖的幅度。但对降水而言，全球或热带平均变化很小(至少远小于水汽含量的增加)，不能很好地近似代表区域降水变化的指标。因此，预测热带降水未来变化，关键是理解其空间分布的不均匀性成因。那么，热带降水对全球变暖遵循怎样的规律呢？前人研究发现，海温增暖空间不均匀性对热带降水有重要影响。本节我们首先回顾有关热带海温增暖空间不均匀性的研究结果，再讨论这种非均匀性对降水影响的主要机理。

3.1　热带海温增暖空间分布不均匀性的特征及机制

相对于陆地，尽管海洋增暖的空间不均匀性差异较小，但能够通过调控海洋上空大气对流的变化有效调控降水和大气环流对全球变暖的响应。因此，理解全球变暖下热带海温增暖的空间分布特征，成为预测未来热带降水长期变化的关键。由于海温增暖不仅受到辐射强迫的影响，还受到海洋动力和海气耦合过程的调控。在不同海区，调控的海温变化的机制有所不同，造成海温增暖的空间分布特征也有所差异。

在热带太平洋，大多数气候模式的全球变暖模拟中表现出赤道中东太平洋增暖加强的“类厄尔尼诺”增暖型。这一增暖型的产生主要有两个物理机制调控。在南北方向上，热带海温增暖在赤道上会出现峰值，这是因为热带地区是气候系统的对流辐合区，此处的表面风速较小，这就会导致这里在全球变暖下的蒸发作用较弱，造成赤道附近的增暖加强现象[10]。在东西方向上，由于全球变暖下 Walker 环流减弱[5]，会削弱东太平洋的海洋上升运动以及表层的西向流，造成东暖西冷的海温增暖梯度变化[8]。因此，综合起来热带太平洋就会产生一个“类厄尔尼诺”的增暖空间特征。但值得注意的是，还有一种观点认为，考虑海洋动力学的作用，赤道东太平洋的存在显著的海洋上升运动，海洋次表层冷水会在此处显著减缓全球增暖的信号，即海洋扮演了一个恒温器的作用，因此，热带太平洋在全球变暖下会表现出西高东低的“类拉尼娜”增暖型[11]。目前关于热带太平洋海温增暖的空间分布特征，尤其是东西方向上的海温梯度变化还存在很大争议。此外，热带太平洋的海温增暖还存在显著的南北不对称，在热带东北太平洋增暖较大，而在热带东南太平洋增暖出现极小值。这种南北的增暖不对称，会通过“风—蒸发—海温（WES）”反馈机制得以维持，使得 ITCZ 在未来气候会维持在赤道以北[12]。

与热带太平洋相似，热带印度洋海区也存在海温增暖的东西梯度。伴随着 Walker 环流减弱以及东风趋势，全球变暖下热带印度洋一般出现西高东低的“类 IOD”增暖空间型[12,13]。这一空间特征与海洋动力学的调整有关，在东风趋势的驱动下，西（东）赤道印度洋的温跃层会加深（抬升），造成海温较强（较弱）的增暖。与海温增暖类似，热带降水也会表现为西多东少的变化特征。但有研究指出，热带印度洋在全球变暖下的“类 IOD”增暖型和赤道东风趋势与气候态下赤道东风过强的模拟偏差有关，弱扣除气候模式模拟偏差的影响，该增暖型在大多数模式中将不再显著[14]。

相较于太平洋和印度洋，大西洋（特别是北大西洋）的海温增暖呈现为东北—西南走向的倾斜条带状结构，并通过“暖者更湿”理论影响局地的降水变化。这种条带状结构分布与全球变暖造成的异常海洋环流有关：东北（西南）向的海洋环流变化把低（高）纬度的暖（冷）水输运到高（低）纬度海区，增暖（冷却）局地海温。反之，热通量作用在其中起到衰减作用。海洋动力过程对海温的影响不仅限于表层的平流作用，前人研究还发现，全球变暖导致的水团变化会通过模态水潜沉作用对海温的条带状变化有所贡献[12,15]。事实上，模式结果在副热带北太平洋也出现了这种条带状海温增暖分布特征，该特征也与局地的模态水变化有关[16]。

近年来，有研究基于大气的能量框架平衡理论，提出热带外气候系统可以通过加热（冷却）大气造成南北半球的能量不对称，进而引起跨赤道的能量输运和热带雨带的南北移动[17,18]。确实中高纬度海温变化具有显著的空间分布不均匀特征，例如，北极的增暖放大效应[3]，北大西洋和南极分别由于经向翻转环流减缓和气候态的深混合层结构出现增暖减弱[3,4]。这些现象都会引起海气界面的热通量变化，并引起热带雨带的南北移动。Hwang 等[19]使用一个混合层海洋-大气耦合模式，人为构造了南大洋的深混合层结构，就可以模拟出南大洋的增暖减缓，引起局地海洋向大气的放热减少，进而造成热带 ITCZ 的显著北移。但在动力学海洋的气候模式中，中高纬对海温变化的南北半球不对称、对热带降水的影响要小得多。研究发现，其原因是在热带雨带发生南北移动的同时，跨赤道风会强迫热带海洋的浅层经向翻转环流变化，从而通过海洋动力过程平衡气候系统跨赤道的能量不对称，造成降水和大气环流的变化大大减弱[20]。目前热带外的海温变化非均匀性能在多大程度上影响热带降水变化仍不清楚，是需要进一步研究的问题。

尽管热带降水的海温增暖存在显著的空间不均匀性，但在全球变暖研究的初期，人们却没有重视这种不均匀性的作用，而是简化了该问题，采用均匀的海温增暖信号来检验降水对全球变暖的响应。并得到了热带降水变化的第一个主要调控机制——“湿者更湿”理论。该理论虽然后面证实无法在耦合模式模拟中再现，但依然有其重要的理论价值，并会对热带降水的季节循环有重要的调控作用。

3.2 “湿者更湿”(wet-get-wetter)理论

在全球变暖下，水汽含量遵循 C-C 关系随表面温度上升显著增加，这已经是观测和模式中共识。全球变暖下，对流层底层的水汽增加显著高于上层，在这种情况下，增加的水汽会在热带大气气候态的对流上升区更显著地抬升，而在原有的下沉区这部分水汽的上升则受到抑制，这就会导致当前气候状态下的降雨（干旱）带的降水会增加（减少），因此未来热带降水变化的空间形态与当前气候下的雨带空间分布具有很高的相似性(图1(a)),这就是所谓的"湿者更湿"(wet-get-wetter)理论[5,21],也被称为降水的"富者更富"(rich-get-richer)理论[22]。基于该理论,可以根据现在热带气候特征预估未来气候变化的信号,成为IPCC第四和第五次报告的重要结论。

"湿者更湿"理论模型是基于海洋的均匀增暖得到的结论,并未考虑海温增暖的不均匀性对热带降水的调控作用。尽管热带降水的空间差异性相对于海陆分布较小,但对于海洋气候而言,海温变化的空间不均匀性会通过改变大气对流不稳定性带来降水和大气环流的显著变化,这在气候系统内部的海气耦合模态中得到很好的体现[23,24]。那么,在全球变暖的背景下,海温增暖不均匀性是否对热带降水的变化有显著影响?

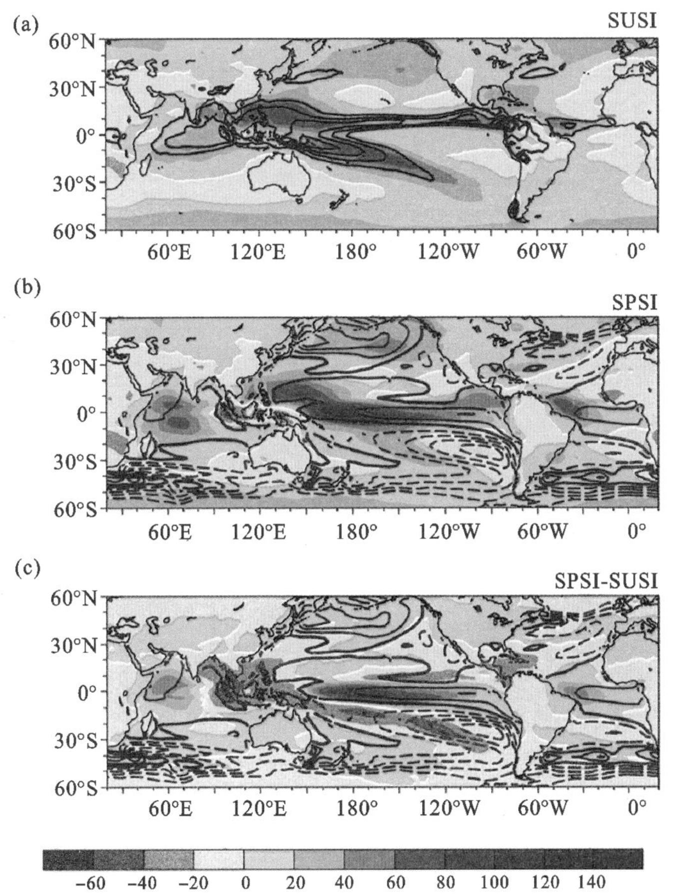

图1　(a)均匀(SUSI)和(b)非均匀(SPSI)海温增暖强迫下的大气模式中的热带降水变化以及(c)二者的差异(填色)。其中,SUSI为全球海温均匀增加4 K后的降水响应,SPSI为CMIP3的1%二氧化碳增加到4倍试验结果中的降水响应。图(a)中的等值线为气候态降水分布,图(b)和(c)等值线为海温增暖相对于热带平均的非均匀性特征(引自参考文献[1])

3.3 “暖者更湿”(warmer-get-wetter)理论

考虑了热带海温增暖空间分布特征的作用，Xie 等人[12]提出了热带海洋降水变化的新理论——“暖者更湿”（warmer-get-wetter）理论，即热带海洋增暖较大处的降水会更多，反之，在增暖较小处降水会减少（图 1(b)～(c)）。这一理论可以从大气对流层的湿稳定性来理解：在全球变暖下，考虑水汽的大气层结稳定性由对流层湿净力能的垂直梯度决定[25]。其中，高层大气由于水汽较少，湿净力能主要考虑温度变化；而低层大气水汽含量随温度变化，因此，湿净力能主要由下垫面海温决定。在全球变暖背景下，热带上层大气的增暖在大气波动和平流作用下快速调整[26]，表现出均匀的空间分布特征（图 2(a)），而底层大气的温度变化则主要由 SST 的空间分布不均匀性决定（图 2(b)）。这里可以近似把对流层上层增暖用热带平均海温变化来表示，因此，对于表层增暖大于（小于）热带平均值的海区，大气湿不稳定性就会减弱（加强）。由于大气不稳定性是决定降水多寡的关键因素，因此，热带降水在全球变暖下的变化就会受热带海温增暖的空间分布不均匀性调控，在增暖较大（较小）海区降水增加（减少），也就是所谓的“暖者更湿”理论。

基于“暖者更湿”理论，对未来热带气候变化（如降水、大气环流等）更重要的不是海温增暖的绝对值，而是相对于热带平均升温多寡的相对海温（relative SST）变化（即局地海温增暖减去热带平均增暖的量值）。前人研究也发现，相对海温变化对热带气候的其他特征也有重要的指征意义。例如，在观测和气候模式中发现，相对海温变化对热带气旋的生成有重要调控作用[8,27]。此外，研究发现，热带对流阈值也会随全球变暖上升。尽管热带海温都有所上升，但由于大气对流不稳定性取决于对流层湿净力能的垂直梯度，只有增暖大于热带平均增暖（即相对海温变化为正）的海区对流才会加强。因此，在变化的气候背景下，固定海温不宜再作为对流阈值，而热带平均海温则更为合适[28]。

“湿者更湿”和“暖者更湿”两套理论分别考虑了热带降水对全球变暖响应的不同过程。在大多数海气耦合模式全球变暖模拟中，年平均的热带降水变化与热带海温变化的空间分布特征更加吻合，说明“暖者更湿”理论对热带降水的调控作用更显著。为了进一步理解两种机制对热带降水的作用，Chadwick 等人[29]采用动力诊断方法，将降水变化分解为水汽变化的热力项和环流变化的动力项，分别评估了两种机制对热带降水的作用。他们的研究发现“湿者更湿”理论主要考虑全球变暖下降水的热力学响应，即水汽增多导致热带降水在原有降水区增多。而降水的动力学响应则可以分为两部分，其中一部分来源是全球水循环的减弱[5]，这一部分造成原有降水区的降水减少，基本可以与由“湿者更湿”理论调控的热力项抵消。动力项变化还有一部分则由海温增暖空间不均匀性决定，所以最终在气候模式中的热带降水变化基本遵循“暖者更湿”理论。

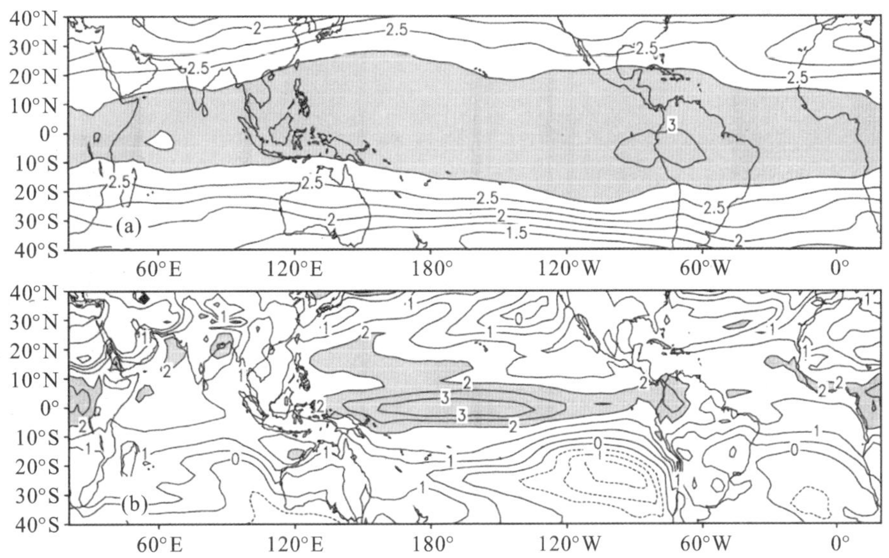

图 2　GFDLCM2.1 模式中全球变暖试验的(a)300 hPa 大气温度(阴影大于 2.75 K);(b)表面对流不稳定性(阴影大于 2 K)的年平均变化(引自参考文献[12])

3.4　热带降水对全球变暖响应的季节变化

需要指出的是,上述针对热带降水对全球变暖响应的研究仅仅针对年平均的降水。众所周知,热带降水存在显著的季节变化,其中,ITCZ 受太阳辐射变化影响存在显著的季节上的南北移动,在北半球春季(秋季)最接近(远离)赤道。那么,热带降水季节变化对全球变暖的响应又受什么机制调控呢?前人也针对这个问题开展了系统的研究工作,发现"湿者更湿"理论会在降水季节循环变化中扮演更重要的角色。

利用 CMIP5 多耦合模式的结果,研究发现热带降水变化随季节出现南北半球的摆动[30],而这一季节变化和气候平均降水的季节变化很相似(图 3)。这说明热带降水变化的季节特征遵循"湿者更湿"的理论。但需要注意的是,降水变化和平均降水的季节变化存在一定差异:降水变化的南北摆动范围更小(即更靠近赤道),且最大降水变化处于北半球春季。这些降水变化和平均降水的差异主要是由海温变化引起的。这说明"暖者更湿"理论在热带降水变化的季节特征中也会起作用。

为了进一步分离气候模式中海温变化和气候态降水(即"暖者更湿"和"湿者更湿"机制)对降水变化的影响,前人又通过分析均匀(SUSI)和非均匀(SPSI)海温增暖强迫下的大气模式中的热带降水变化,发现在均匀海温变化的 SUSI 试验中,降水变化和降水气候态几乎完全一致,降水变化的季节差异完全由气候态降水决定(即完全由"湿者更湿"理论调控);而 SPSI 试验中的降水和 SUSI 明显不同,但和耦合模式中的降水变化特征相似。SPSI 和 SUSI 中降水变化的差表现为很弱的季节变化且主要集中在赤道上,这表示了海温分布型的作用，说明在降水变化的季节性上，“暖者更湿”和“湿者更湿”理论都会起到重要作用。

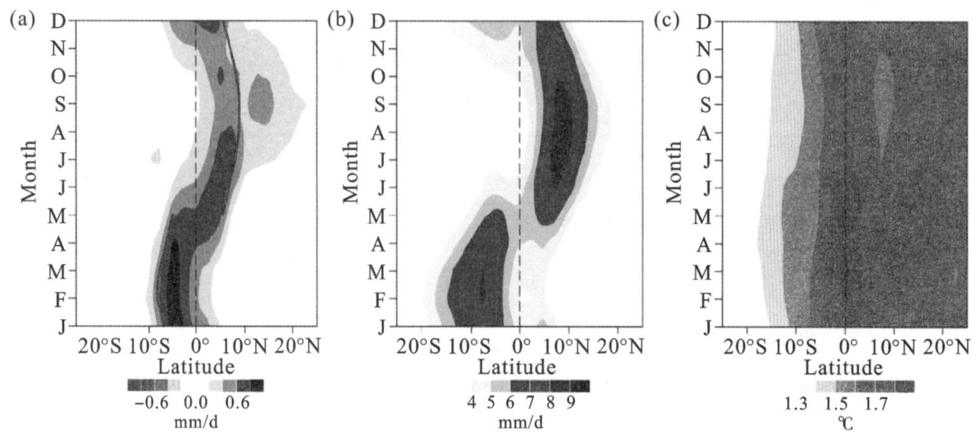

图 3 热带降水和海表面温度(SST)变化的季节循环。(a)降水的变化；(b)降水的气候态；(c)SST 的变化。(a)中的红线表示最大的气候态降水所处的纬度(引自参考文献[30])

考虑到热带海温的增暖也有一定的季节变化特征，我们最近的研究又将非均匀海温增暖(SPSI)试验进行了细化。在全球变暖试验中加入了年平均的空间非均匀的海温增暖以及具有季节变化的空间非均匀海温增暖，研究这两种情况下热带降水的响应异同[31]，进一步说明降水对全球变暖响应的季节变化受“暖者更湿”和“湿者更湿”理论共同调控。我们发现，海温对全球变暖的响应的季节变化对降水的影响很小。在数值试验中，即使在每个月都使用年平均的海温增暖场，其降水的季节变化也和使用逐月变化的海温增暖场造成的变化几乎一致，这凸显了“湿者更湿”理论在调控降水季节变化中的重要性。热带降水的气候态季节变化(“湿者更湿”)和年平均的海温增暖(“暖者更湿”)对降水变化的季节差异有重要影响。而前者又主要由热带海温的季节循环决定，即海温季节循环的分布，以及海温增暖的空间不均匀性是引起降水季节变化的关键。以赤道东太平洋为例，当北半球春季(3—5 月)海温最高时，气候态雨带位于赤道附近，此时当地加强的海温增暖(即“类厄尔尼诺”增暖型)，才会有效加强热带降水，形成显著的降水增加。

此外，全球变暖下热带降水的变化还出现季节延迟的特征，即热带雨带的年循环的周期随着全球变暖向后推迟[32,33]。这是因为随着全球变暖的加剧，根据 C-C 关系大气中的水汽含量会增加，这会导致大气水循环对太阳辐射的调整时间延长，进而造成热带雨带季节循环的延迟。该过程在热带不同海区产生的影响有所差异，是否对未来季风气候的预测有重要影响还需要进一步研究[34]。

需要指出的是，上述讨论都是针对热带气候海温和降水的气候态变化。事实上，热带海温增暖的空间不均匀性对热带主要气候模态导致的降水也有显著影响[35]，引起极端厄尔尼诺和IOD的发生频率显著上升[36,37]，并造成ENSO引起的PNA遥相关加强并东移[38]。关于这一问题我们在另文中有详细介绍，在此不再赘述。此外，以上关于热带海温变化的主要特征都是针对温室气体增加的瞬态响应过程，事实上，随着海洋动力的调整，海洋增暖在瞬态响应基础上还会出现更慢的自身调节过程[39]，这一过程造成的增暖空间分布不均匀性与上述特征有显著的差别，并会显著影响长期的降水变化。

4 气候模式对全球变暖背景下热带降水和大气环流变化模拟的差异及原因

通过上面的讨论，我们梳理了全球变暖下热带降水变化的主要特征和调控机理。值得注意的是，这些大多数的研究都是根据气候模式的全球变暖模拟所得到的。但由于数值模式的物理框架和参数化方案有所差异，因此，不同气候数值模式对气候平均态的模拟以及气候模式的未来预估结果存在一定的差异。理解气候模式中全球变暖响应的模拟差异的成因，是全面认识并与预测未来热带降水变化的重要方面。

由于热带降水的变化主要受“暖者更湿”的机制调控，因此，热带海温增暖不均匀性的模式差异就成为热带降水和大气环流变化模式间差异的重要潜在因素。基于CMIP3多耦合模式的全球变暖试验结果的分析，Ma和Xie[9]分析了模式中热带降水和大气环流对全球变暖响应的模式间差异来源，他们的分析结果表明海温增暖的空间不均匀性对于模式平均和模式间的差异同样重要，都受到“暖者更湿”的理论调控。同样海温增暖不均匀性的模式间差异能够解释大约80%的大气环流变化。他们把模式的海温变化分解为海温空间均匀（SUSI）和不均匀增暖两部分，并发现SUSI部分会导致Walker环流和Hadley环流均有减弱的现象。而不均匀性的作用会造成Walker环流变化的减弱，但对Hadley变化的作用则存在很大的模式间差异，而没有一致的响应。

前人使用降水收支诊断方法，进一步分析了造成降水变化模式间差异的主要来源[30,40]。在热带地区，可以利用对流层中层的环流变化和底层的水汽变化将降水变化分解为以下两个部分：

$$\Delta P \sim \Delta\omega \cdot \bar{q} + \bar{\omega} \cdot \Delta q \tag{2}$$

式中，q 为海表面绝对湿度，ω 为500百帕垂直速度，Δ 代表变量的变化，上画线代表气候平均态；右边第一项和第二项分别代表了环流变化和水汽变化的作用，分别称为降水变化的“动力项”和“热力项”。根据前面的回顾可知，“动力项”的变化主要受“暖者更湿”的机制调控，海温增暖的空间分布不均匀性调控局地大气对流强度的变化，进而影响降水分布。而“热力项”的作用主要受“湿者更湿”机制的调控，这是因为随着海洋的整体增温，海面湿度在整个热带都有所上升，其空间不均匀性不显著，因此，这一项主要受平均环流变化的影响，即原来对流上升(下沉)海区该项为正(负)。

根据上述诊断方法，Long 等[40]使用 CMIP5 的全球变暖试验(RCP4.5)的多模式结果，计算了模式间降水变化差异的主要来源。根据水汽收支分析表明，热带降水未来变化的大部分模式不确定性源于大气环流变化导致的"动力项"贡献的模式间差异(图 4)，也就是与海温增暖的空间分布不均匀性有关。Long 等[40]进一步采用间奇异值分解(SVD)分析研究了海温增暖不均匀性的模型间差异与热带环流变化之间的紧密耦合关系。纬向平均的 SVD 第一模态表现为半球间 Hadley 环流变化为特征的跨赤道非对称模态，而第二个模式在赤道附近显示出海温增暖峰值。其中，非对称模式伴随着热带地区风-蒸发- SST 反馈的耦合，并且与大气能量的南北半球差异有关。

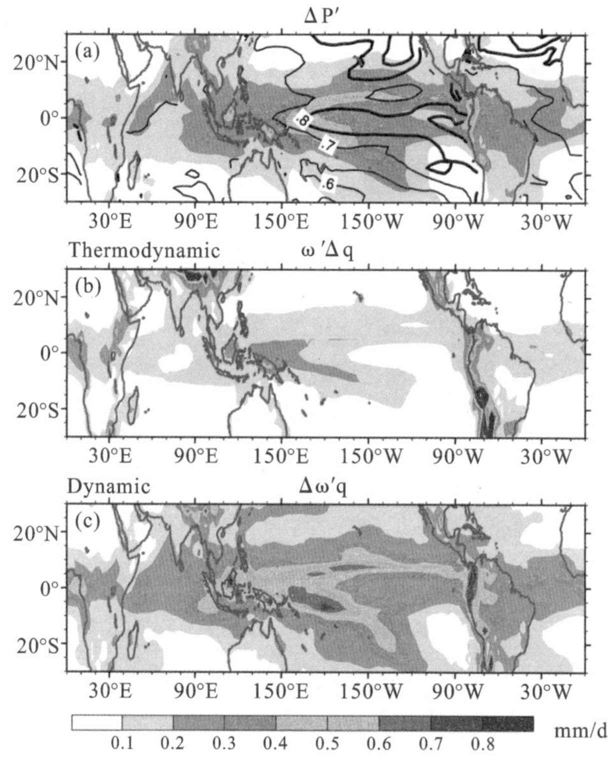

图 4 CMIP6 模式间变暖响应的标准差。(a)降水变化；(b)热力项；(c)动力项。其中，(a)中的等值线为海温增暖的标准差(引自参考文献[41])

最近我们基于 CMIP6 的全球变暖试验的各个不同模式的模拟结果，探讨了跨赤道非对称海温和降水的模式间差异的大气强迫能量的主要来源[41]，发现该模态的模式间差异与异常的跨赤道 Hadley 环流变化有关。而 Hadley 环流的大气能量异常输送可以理解为进入大气的净能量通量的半球间差异。热带半球间不对称模式不确定性的主要来源是热带外地区，特别是中高纬度地区。其中，北大西洋经向翻转环流和南大洋海冰面积的变化，分别被认为是北半球和南半球间不对称模态的热带外的主要来源。此外，云-辐射反馈对半球间不对称模式有正向影响，特别是东南太平洋副热带海洋 TOA 短波通量变化有显著影响。相反，受到 WES 机制调控的热带浅层经向翻转环流的变化对热带非对称性具有负反馈作用，即通过海洋动力过程补偿南北半球的大气能量不对称，削弱热带 SST 的南北不对称响应，进而影响降水的南北不对称响应。

5　总结和展望

根据对前人研究工作的梳理，本文分析了热带降水对全球变暖响应的主要特征和物理机制。这些研究成果大致勾勒出了全球变暖背景下热带降水的变化规律。总体而言，可以总结以下几点主要结论。

1. 与全球海温的一致性增暖不同，热带降水对全球变暖的响应主要表现为空间分布不均匀性，有的地区降水增加，而有的地区降水减少。全球变暖下水循环出现了显著的减弱特征，其中，热带低层大气的水汽含量变化遵循 C-C 关系，在表面温度上升 1℃的情况下水汽含量大致增加 7%，但全球平均降水只增加 2%左右。这意味着大气环流在全球变暖下有明显减弱的趋势，同时微弱的平均降水变化说明降水对全球变暖的响应特征以空间分布不均匀性为主。

2. 目前调控热带降水变化的机制主要有两个——“湿者更湿”机制和“暖者更湿机制”。前者强调气候态大气环流对全球水汽增加的调控作用，即未来降水在当前气候的大气对流上升区（即降水区）增加，在下沉区减少，体现了全球变暖下热带降水的热力学响应；后者前调海温增暖不均匀性对降水的强迫作用，在海温增暖较大（较小）的海区，大气对流不稳定性增加（减少），进而加强（减弱）局地对流，该机制主要从动力学角度解释热带降水对全球变暖的响应。

3. 在年平均意义下，气候模式中的降水响应大致遵循“暖者更湿”机制的调控，热带海温的空间分布不均匀性是调控降水未来变化的主要因素。但在降水响应的季节变化中，“暖者更湿”和“湿者更湿”理论共同调控了热带降水的变化规律。海温增暖的空间分布不均匀性由全球变暖下的海洋动力和海气耦合机制调控，不同海区有其自身的过程和机理。

4. 热带降水变化存在很大的模式间差异。通过水汽收支诊断，发现这些差异大部分是由海温增暖空间不均匀性的模式间差异通过“暖者更湿”的理论导致的。而热带外中高纬度的气候变化信号的模式间差异在其中可能起到了重要作用。

尽管前人的研究对热带降水未来变化的预估有了一定的理解，但仍有很多问题尚未有明确的答案，仍然亟须理解和回答。首先，当前对降水变化的理解大多局限于热带海区。我们知道热带气候变化信号在年际尺度上可以通过遥相关波列影响热带外气候，那么，全球变暖下热带海区的降水变化，如何驱动整个大气和海洋环流，进而影响热带外的气候变化，是需要进一步认识的问题。

其次，目前的一些研究已经发现，热带地区和极地地区的气候变化存在广泛联系。北极和南大洋作为全球气候增暖和吸热显著的海区，与热带气候之间的反馈和耦合过程目前仍不明确，特别是高纬度地区的气候变化（如 AMOC、南极海冰等）对热带气候的影响值得深入研究。

最后，热带海温增暖的非均匀性对热带降水有重要调控作用，能够解释大部分气候模式中对未来热带降水预估的差异。如何理解这些模式间差异，并考虑模式模拟偏差，通过观测约束的方法来缩减模式之间的差异，是目前需要解决的问题。前人对这一问题的模式校正已经有一些尝试，但考虑不同的模拟偏差会得到截然不同的校正结果。因此，该问题还没有完全解决。

致谢

感谢审稿人对本文的细致审稿和提出的宝贵意见。感谢恩师刘秦玉教授及谢尚平教授对相关研究工作的指导。感谢耿煜凡同学对图 4 的绘制。

参考文献

[1] Xie S P, Deser C, Vecchi G A, et al. Towards predictive understanding of regional climate change[J]. Nature Climate Change, 2015, 5(10): 921-930.

[2] Sutton R T, Dong B, Gregory J M. Land/sea warming ratio in response to climate change: IPCC AR4 model results and comparison with observations[J]. Geophysical Research Letters, 2007, 34(2): 2-6.

[3] Manabe S, Bryan K, Spelman M J. Transient response of a Global Ocean-Atmosphere Model to a doubling of atmospheric carbon dioxide[J]. Journal of Physical Oceanography, 1990, 20(5): 722-749.

[4] Armour K C, Marshall J, Scott J R, et al. Southern Ocean warming delayed by circumpolar upwelling and equatorward transport[J]. Nature Geoscience, 2016, 9(7): 549-554.

[5] Held I M, Soden B J. Robust responses of the hydrological cycle to global warming[J]. Journal of Climate, 2006, 19(21): 5686-5699.

[6] O'gorman P A, Allan R P, Byrne M P, et al. Energetic constraints on precipitation under climate change[J]. Surveys in Geophysics, 2012, 33(3-4): 585-608.

[7] Vecchi G A, Soden B J, Wittenberg A T, et al. Weakening of tropical Pacific atmospheric circulation due to anthropogenic forcing[J]. Nature, 2006, 441(1): 73-76.

[8] Vecchi G A, Soden B J. Global warming and the weakening of the tropical circulation[J]. Journal

of Climate, 2007, 20(17): 4316-4340.

[9] Ma J, Xie S P. Regional patterns of sea surface temperature change: A source of uncertainty in future projections of precipitation and atmospheric circulation[J]. Journal of Climate, 2013, 26(8): 2482-2501.

[10] Liu Z, Vavrus S, He F, et al. Rethinking tropical ocean response to global warming: The enhanced equatorial warming[J]. Journal of Climate, 2005, 18(22): 4684-4700.

[11] Clement A C, Seager R, Cane M A, et al. An ocean dynamical thermostat[J]. Journal of Climate, 1996, 9(9): 2190-2196.

[12] Xie S P, Deser C, Vecchi G A, et al. Global Warming Pattern Formation: Sea Surface Temperature and Rainfall[J]. Journal of Climate, 2010, 23(4): 966-986.

[13] Zheng X T, Xie S P, Du Y, et al. Indian ocean dipole response to global warming in the CMIP5 multimodel ensemble[J]. Journal of Climate, 2013, 26(16): 6067-6080.

[14] Li G, Xie S P, Du Y. A robust but spurious pattern of climate change in model projections over the tropical Indian Ocean[J]. Journal of Climate, 2016, 29(15): 5589-5608.

[15] Gnanadesikan A, Dixon K W, Griffies S M, et al. GFDL's CM2 global coupled climate models. Part II: The baseline ocean simulation[J]. Journal of Climate, 2006, 19(5): 675-697.

[16] Xu L, Xie S P, Liu Q. Mode water ventilation and subtropical countercurrent over the North Pacific in CMIP5 simulations and future projections[J]. Journal of Geophysical Research: Oceans, 2012, 117, C12009.

[17] Kang S M, Held I M, Frieson D M W, et al. The response of the ITCZ to extratropical thermal forcing: Idealized slab-ocean experiments with a GCM[J]. Journal of Climate, 2008, 21(14): 3521-3532.

[18] Kang S M, Frierson D M W, Held I M. The tropical response to extratropical thermal forcing in an idealized GCM: The importance of radiative feedbacks and convective parameterization[J]. Journal of the Atmospheric Sciences, 2009, 66(9): 2812-2827.

[19] Hwang Y T, Xie S P, Deser C, et al. Connecting tropical climate change with Southern Ocean heat uptake[J]. Geophysical Research Letters, 2017, 44(18): 9449-9457.

[20] Green B, Marshall J. Coupling of trade winds with ocean circulation damps itcz shifts[J]. Journal of Climate, 2017, 30(12): 4395-4411.

[21] Chou C, Neelin J D. Mechanisms of global warming impacts on regional tropical precipitation [J]. Journal of Climate, 2004, 17(13): 2688-2701.

[22] Chou C, Neelin J D, Chen C A, et al. Evaluating the "rich-get-richer" mechanism in tropical precipitation change under global warming[J]. Journal of Climate, 2009, 22(8): 1982-2005.

[23] Philander S G. El Nino, La Nina and the Southern Oscillation. (San Diego) Academic Press, 1990.

[24] Saji N H, Goswami B N, Vinayachandran P N, et al. A dipole mode in the tropical Indian Ocean[J]. Nature, 1999, 401(6751): 360-363.

[25] Neelin J D, Held I M. Modeling tropical convergence based on the moist static energy budget [J]. Monthly Weather Review, 1987, 115(1): 3-12.

[26] Sobel A H, Nilsson J, Polvani L M. The weak temperature gradient approximation and balanced tropical moisture waves[J]. Journal of the Atmospheric Sciences, 2001, 58(23): 3650-3665.

[27] Knutson T R, Sirutis J J, Garner S T, et al. Simulated reduction in Atlantic hurricane frequency under twenty-first-century warming conditions[J]. Nature Geoscience, 2008, 1(6): 359-364.

[28] Johnson N C, Xie S P. Changes in the sea surface temperature threshold for tropical convection [J]. Nature Geoscience, 2010, 3(12): 842-845.

[29] Chadwick R, Boutle I, Martin G. Spatial patterns of precipitation change in CMIP5: Why the rich do not get richer in the tropics[J]. Journal of Climate, 2013, 26(11): 3803-3822.

[30] Huang P, Xie S P, Hu K, et al. Patterns of the seasonal response of tropical rainfall to global warming[J]. Nature Geoscience, 2013, 6(5): 357-361.

[31] Geng Y F, Xie S P, Zheng X T, et al. Seasonal dependency of tropical precipitation change under global warming[J]. Journal of Climate, 2020, 33(18): 7897-7908.

[32] Song F, Leung L R, Lu J, et al. Seasonally dependent responses of subtropical highs and tropical rainfall to anthropogenic warming[J]. Nature Climate Change, 2018, 8(9): 787-792.

[33] Song F, Leung L R, Lu J, et al. Emergence of seasonal delay of tropical rainfall during 1979—2019[J]. Nature Climate Change, 2021, 11(7): 605-612.

[34] Song F, Lu J, Leung L R, et al. Contrasting phase changes of precipitation annual cycle between land and ocean under global warming[J]. Geophysical Research Letters, 2020, 47(20): 1-14.

[35] Zheng X T. Indo-Pacific climate modes in warming climate: Consensus and uncertainty across model projections[J]. Current Climate Change Reports, 2019, 5(4): 308-321.

[36] Cai W, Borlace S, Lengaigne M, et al. Increasing frequency of extreme El Nino events due to greenhouse warming[J]. Nature Climate Change, 2014, 4(2): 111-116.

[37] Cai W, Santoso A, Wang G, et al. Increased frequency of extreme Indian ocean dipole events due to greenhouse warming[J]. Nature, 2014, 510(7504): 254-258.

[38] Zhou Z Q, Xie S P, Zheng X T, et al. Global warming-induced changes in El Nino teleconnections over the North Pacific and North America[J]. Journal of Climate, 2014, 27(24): 9050-9064.

[39] Long S M, Xie S P, Zheng X T, et al. Fast and slow responses to global warming: Sea surface temperature and precipitation patterns[J]. Journal of Climate, 2014, 27(1): 285-299.

[40] Long S M, Xie S P, Liu W. Uncertainty in tropical rainfall projections: Atmospheric circulation effect and the Ocean Coupling[J]. Journal of Climate, 2016, 29(7): 2671-2687.

[41] Geng Y-F, Xie S-P, Zheng X-T, et al. CMIP6 Intermodel Spread in Interhemispheric Asymmetry of Tropical Climate Response to Greenhouse Warming: Extratropical Ocean Effects[J]. Journal of Climate, 2022, 35(14): 4869-4882.

海洋对全球变暖的快、慢响应过程及气候效应

龙上敏*
(河海大学海洋学院，江苏南京，210098)
(*通讯作者：smlong@hhu.edu.cn)

摘要　全球变暖是近百年来最显著的气候变化现象，在此状态下海洋吸收了大部分由温室效应加强而带来的额外热量，全面认识与此相关的海洋响应过程是理解和预估全球和区域气候变化的关键。本文从海洋对外强迫不同时间尺度响应的角度系统回顾了该方面的研究进展并探讨了其气候效应。在外强迫的变化下，海洋的响应表现出显著的时间尺度差异：混合层海洋会在3～5年内快速变化(海洋快响应)，而深层海洋则在几十到上百年尺度上缓慢变化(海洋慢响应)。海洋在快、慢时间尺度的调整会共同存在于全球变暖的各个阶段中，并会伴随海洋层结、海洋环流等的一系列变化。在外强迫快速增长阶段，海洋快响应主导了气候系统(特别是地表温度)的变化；而在外强迫停止增长阶段(如保持稳定或下降)，海洋的慢响应过程会对地表温度、降水等变化产生显著的反馈作用。因此，在外强迫不同变化阶段，海洋和大气的变化会有显著不同，这会导致“碳中和”情景下区域气候的不同演变特征。本文为此进一步分析了低增温情景(即温室气体浓度先上升、达到峰值后稳定或下降)下海洋快、慢响应的作用，这对于制定与“碳中和”相关的气候应对及气候适应政策也有借鉴意义。

关键词　全球变暖；海洋快；慢响应；区域气候变化；碳中和

1　序言

夏威夷莫纳罗亚山观测记录显示，大气中二氧化碳(CO_2)浓度在2021年已经超过415×10^{-6}(图1绿线)，相比工业革命前(280×10^{-6})已增长近50%。由此带来的温室效应加强使更多的热量被保留在气候系统中，造成了100多年来全球平均表面温度

(Global-Mean Surface Temperature, GMST)的增长(图 1 黑线)。政府间气候变化专门委员会(Intergovernmental Panel on Climate Change, IPCC)第五次报告第一次指出,近百年来人类活动对气候系统的作用是明确无疑的[1];最新的 IPCC 第六次报告也进一步肯定了该结论[2]。IPCC 报告通过大量观测及数值模式模拟的结果指出,全球变暖已经对气候系统产生了广泛影响,如温度增长、海洋酸化、海平面上升等。

海洋在全球和区域气候变化中起着重要的作用。近几十年,气候系统由于温室效应增强而增加的热量中,超过 90%的部分都被海洋吸收并储存[3-5],从而极大地延缓了全球平均温度的增长。如果没有海洋的热吸收和热存储作用,当前 GMST 的上升程度将无法让人类忍受。全球变暖中的这部分巨大热量是如何被海洋吸收并分配、各海区各深度海温会如何变化、海洋环流会如何调整,这些是全球变暖背景下海洋的具体响应过程,也是目前科学界关心的前沿热点问题。

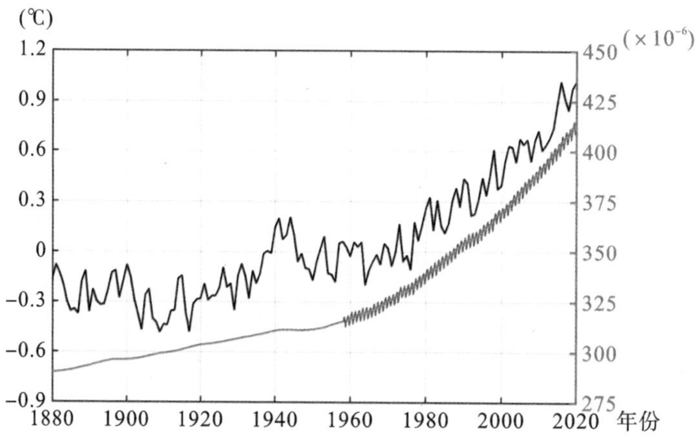

图 1　大气中 CO_2 浓度(绿线为基于南极冰芯的反演结果,蓝线为夏威夷莫纳罗亚山月平均数据)及全球平均温度(基于 GISSTEMPv4 数据)随时间演变图

谈及海洋的响应,全球海温会如何变化是被重点关注的问题。首先,从全球平均而言,海洋可以被简单地分成两层:混合层海洋和深层海洋。混合层海洋较浅,一般在几十米到几百米,因此可以快速地响应大气的变化并直接影响大气。而深层海洋的厚度一般在千米以上,具有巨大的热惯性作用,导致深层海温对外强迫的响应要远慢于混合层。前人大量研究指出[6-9],全球表面温度存在 3~5 年的快速变化和几十年到上千年的缓慢变化两个过程,分别与海洋混合层的快速响应和深层海洋的缓慢调整相对应,前者被称为海洋快响应,后者被称为海洋慢响应。海洋快响应涉及混合层海洋与大气和深层海洋之间的热量传递过程,海洋慢响应依赖于深层海洋与混合层海洋之间的热量传递过程。值得注意的是,海洋的快、慢响应过程与大气对外强迫变化的快速(几天或几周时间尺度)、慢速(几年时间尺度)响应是截然不同的,因为海洋的响应要远慢于大气[10],大气慢

响应的时间尺度对应的是海洋快响应时间尺度。

其次，从局地海温而言，其变化过程则更为复杂。基于热收支方程可知，局地海洋在海表吸收的热量会通过海洋内部过程（如风生、热盐等过程）在水平和垂直方向上进行再分配，表面吸热和海洋热量再分配这二者的净效应才会导致局地海温发生变化。反之，若海表放热，那就对应着海洋内部动力过程在水平方向和垂直方向的热输运提供热量来源。由于全球海表并非均匀吸热/放热，不同海区海洋动力环境也存在显著差异。因此，全球海表面温度（Sea Surface Temperature，SST）在全球变暖背景下的变化也存在很强的空间差异性（即空间非均匀性）[11]。SST 是海洋与大气相互作用的核心纽带，其变化具有重要的气候效应，可以影响大气环流、降水等变化[11-16]。已有研究表明，海洋快、慢响应带来的 SST 增暖空间结构也有显著差异[9,13,17]。此外，海洋快、慢响应过程中海洋层结、水团的形成、环流等热力状态和动力过程也会随之调整[18-22]。海洋在当前的气候变化背景下吸收了大量热量，但这些由海洋快响应主导而吸收到的热量并不会凭空消失，而会因为海洋慢响应的存在而在百年到千年的长时间尺度上反馈于表面气候的变化[9,23,24]。这一问题早已得到注意，但有关海洋慢响应具体影响过程和机制的研究仍相对匮乏。因此，有必要从海洋存在不同时间尺度的变化这一角度去认识全球变暖下海洋的具体响应过程及其气候效应。本文为此对该方面的研究进展进行了系统性回顾，以方便人们准确认识海洋在全球及区域气候演变不同阶段中的作用。

近年来，人们日益认识到全球变暖带来的严峻问题并开始采取控制措施，如 2015 年通过的《巴黎协定》制定了将 21 世纪内 GMST 升温幅度控制在 2℃水平（相对于工业革命前），并尽可能低于 1.5℃的低温升水平的目标。未来如实现 GMST 低温升目标（相应情景被称为低增温情景），大气中 CO_2浓度会存在两个变化阶段，一个是我们现在正在经历并且将继续经历一段时间的 CO_2浓度快速增长阶段，另一个是 CO_2浓度停止增长后的稳定或者减少阶段[25,26]。海洋在这两个阶段（特别是后一个阶段）究竟如何吸收/释放热量并进行内部热量分配目前是科学界重点关注的问题，涉及全球“碳中和”目标的实现，也是制定气候应对及气候适应政策的重要参考。为此，本文还进一步回顾了有关 CO_2浓度停止增长后的稳定或者减少阶段下海洋快、慢响应在全球和区域气候变化中的作用。

本文第 2 部分介绍了数据和方法，第 3 部分回顾了有关全球变暖下海洋在不同时间尺度响应过程的研究进展，第 4 部分介绍了海洋快、慢响应气候效应的相关工作，第 5 部分是总结和展望。

2 数据和方法

2.1 数据资料介绍

本文中使用的观测数据包括大气 CO_2浓度(1959 年以前为南极冰穹冰盖的冰芯数据反演所得,1959 年以后为夏威夷莫纳罗亚山观测结果)和全球表面温度(GISSTEMPv4 数据)。而气候模式的试验数据主要来源于世界气候研究计划组织的耦合模式间比较计划(Coupled Model Intercomparison Project,CMIP)。本文使用了参与第五期和第六期 CMIP 计划(CMIP5 和 CMIP6)的多个气候模式(表 1)作为研究对象[27,28]。不同气候模式进行数值模拟的空间分辨率存在差异。为了方便分析,一般将模式输出的数据都统一差值到 1°分辨率的网格上。

本文中使用的 CMIP5 和 CMIP6 中的数值模拟试验包括历史试验(historical run)、4 倍 CO_2突增理想试验(abrupt-4xCO_2 run)和未来情景试验(RCP4.5 run,RCP2.6 run 等,图 2)。其中,CMIP5 未来情景试验中的 RCP(Representative Concentration Pathway)是"代表性浓度路径"的含义,而在 CMIP6 中相应的情景名称为"共享型社会经济路径"(Shared Socio-economic Pathway,SSP)。

表 1 本文使用的 CMIP5 和 CMIP6 模式一览表

	CMIP5 模式	CMIP6 模式
1	ACCESS1.0	ACCESS-CM2
2	ACCESS1.3	ACCESS-ESM1-5
3	BCC-CSM1.1	BCC-CSM2-MR
4	BCC-CSM1.1(m)	BCC-ESM1
5	BNU-ESM	CAMS-CSM1-0
6	CanESM2	CanESM5
7	CCSM4	CanESM5-CanOE
8	CESM1-BGC	CESM2-WACCM
9	CESM1-CAM5	CESM2
10	CMCC-CM	FGOALS-f3-L
11	CMCC-CMS	CNRM-ESM2-1
12	CNRM-CM5	CNRM-CM6-1
13	GFDL-CM3	GISS-E2-1-G

(续表)

	CMIP5 模式	CMIP6 模式
14	GFDL-ESM2G	GFDL-ESM4
15	GFDL-ESM2M	HadGEM3-GC31-MM
16	HadGEM2-ES	HadGEM3-GC31-LL
17	IPSL-CM5A-LR	IPSL-CM6A-LR
18	IPSL-CM5A-MR	EC-Earth3-Veg
19	IPSL-CM5B-LR	KACE-1-0-G
20	MIROC-ESM	MCM-UA-10-
21	MIROC-ESM-CHEM	MIROC-ES2L
22	MIROC5	MIROC6
23	MPI-ESM-LR	MPI-ESM1-2-LR
24	MPI-ESM-MR	MPI-ESM1-2-HR
25	MRI-CGCM3	MRI-ESM2-0
26	NorESM1-M	NorESM2-LM

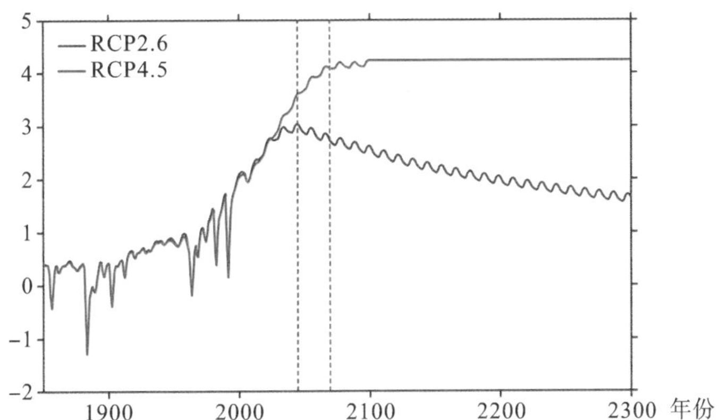

图 2　两种不同未来情景(RCP2.6 和 RCP4.5)下辐射强迫随时间的变化图(蓝色和红色虚线分别表示 2045 和 2070 年的位置)

在未来情景试验中,RCP8.5 高排放情景在以往气候研究中被分析得较多,因为该情景下气候变化信号显著,自然变率的影响小。而近些年,随着低增温目标的提出及人类社会限制碳排放共识的达成,高排放情景可能难以在未来出现,更多的分析和研究开始投入到中等排放乃至低排放情景。其中,RCP4.5 为中等排放路径(图 2 红线),部分模式的积分时间扩展到了 2300 年左右,在 2100 年后的强迫场只有太阳常数的变化,其他强迫场均保持稳定[29]。实际上,在 2070 年前后,RCP4.5 的辐射强度就基本达到了 4.5 W/m^2。RCP2.6 为低排放路径,其辐射强迫在 2100 年之前达到大约 3 W/m^{2}的峰值然后下降(图

2 蓝线)，该情景下多模式集合平均的 GMST 温升幅度在 2100 年低于 2℃[1,21]，因此，也可以称为低增温情景。

2.2 海洋快、慢时间尺度响应及其分离方法

海洋在全球变暖下的响应特征可以首先利用一个简单的两盒模型[9,30]来分析和理解 SST 的变化因素。该模型分为两部分：混合层海温、深层海温的变化。其中，混合层海温的变化与外强迫、混合层与大气和深层海洋之间的热交换有关，而深层海温则仅依赖于混合层和深层海洋之间的热交换。在外辐射强迫发生后，当混合层快速调整完后就可以基本达到准平衡态，从而产生 SST 的快速变化，我们称为 SST 的快响应部分；而深层海温的变化则远滞后于混合层海温的变化，由深层海温缓慢变化而带来的 SST 慢速变化，我们称为 SST 的慢响应部分。

Held 等[9]利用数值模式研究了全球快、慢两种响应的时间尺度，发现快响应的时间尺度为 3～5 年，而慢响应的时间尺度为几十到上千年。该研究还设计试验分离了全球表面温度的快、慢响应空间分布型。数值试验分离快、慢响应的方法虽然能够准确地分离不同时刻海洋快、慢响应带来的变化，但存在模拟计算量大且耗时长的特点，难以应用到多模式的分析中。为此，Long 等[17]提出了一种分离全球变暖快、慢响应的诊断方法，利用外强迫变化不同阶段主导 SST 变化过程的不同，来分离 SST 变化的快、慢响应部分。该方法可基于两盒模型来理解，假设一种简单且理想化的外强迫变化路径(图 3)，即 CO_2浓度的变化分成两个阶段：第一阶段 CO_2浓度以每年 1%不断增长；然后在某一时刻 t_c(简称拐点)CO_2浓度达到 2 倍于工业革命前的水平，之后保持稳定或下降，即第二阶段。图 3 显示的是基于方程(1)和(2)得到的全球平均 SST 及其快、慢响应部分在该理想情景下的结果。由图 3 可以明显看到在 $t<t_c$(拐点前)，全球平均 SST 的变化主要由快响应部分主导，慢响应部分的贡献很小，因此，将该阶段近似当成海洋快响应主导的阶段。而在 $t>t_c$(拐点后)，因为 CO_2浓度保持不变(图 3(a))，快响应部分也保持稳定不再变化，慢响应部分则主导了 SST 的进一步变化，也意味着该阶段由海洋慢响应主导了全球平均 SST 变化的阶段。因此，可以将辐射强迫快速变化阶段近似成快响应阶段，而将辐射强迫保持稳定时作为慢响应阶段，从而可以诊断分离快、慢响应对应的变化。如在 RCP4.5 情景试验下(图 2)，海洋快响应的影响可以由 1950—2100 年期间的变化得到(如利用 2050—2099 年的平均减去 1950—1999 年的平均)，而海洋慢响应的影响则可以由 2100 年后的进一步变化(如 2250—2299 年的平均减去 2100—2149 年的平均)来估计的。这类特殊的情景试验可以用于分离快、慢响应对应的气候变化，其时间段的选择都是基于试验情景的变化路径拐点的位置。

该诊断方法虽然只能诊断性地近似分离快、慢响应的方法，但基于该方法得到的结果[17]与 Held 等[9]利用数值试验方法分离得到的结果非常类似，因此，可以普遍地应用到多模式的分析当中去。基于该诊断方法，也可以进一步分析与 RCP4.5（CO_2浓度先上升，后保持不变）或低增温情景（CO_2浓度先上升，后下降）下的 SST 快、慢响应部分的效应[21,22,31]。由图 3(b)可以看出，随着 CO_2浓度的下降，海洋快响应部分也随之下降，但海洋慢响应部分会持续增长，这说明海洋对温室气体的响应具有延时性。相比于 CO_2浓度快速上升的时期，海洋慢响应的贡献会显著提高。在与"碳中和"相关的未来情景下，深层海洋的慢响应对全球和区域气候变化的影响尤其值得关注，因为即使"碳中和"目标可以达成，但海洋变暖、海平面上升等变化可能仍会持续[32,33]，这对未来适应和减缓气候变化提出了更高的要求[34]。

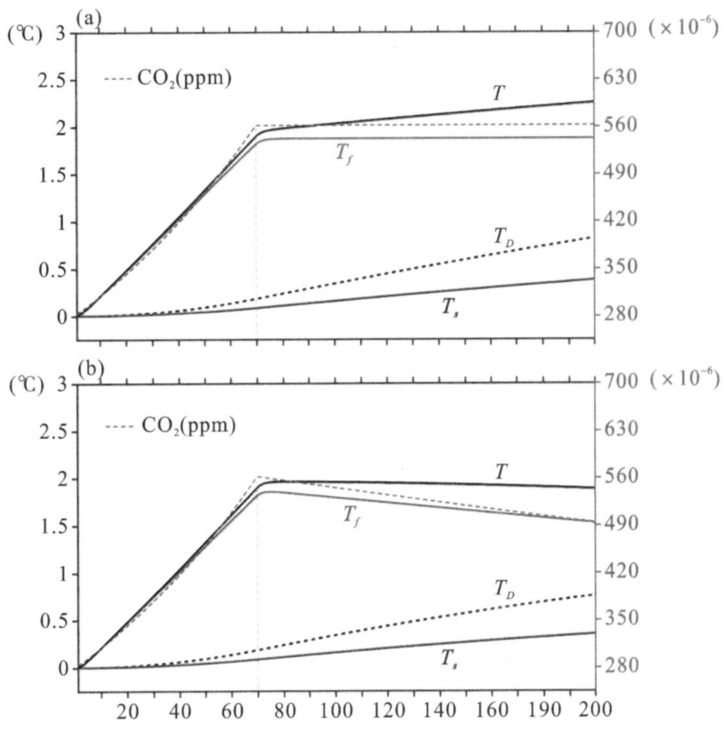

图 3　大气中 CO_2浓度（绿色虚线）不同变化情景下，全球平均 SST 变化（黑色实线）、深层海温变化（黑色虚线）及 SST 变化的快响应部分（红线）和慢响应部分（蓝线）。该结果基于一维两盒模型，其中，混合层与大气和深层海洋的热交换系数分别设定为 1.45 和 1.25 W/(m^2·K)

3　海洋在不同时间尺度对全球变暖的响应过程

全球变暖下海洋的响应，一方面可以狭义地理解为全球海温的响应，而广义的海洋响应则应包含海洋热力环境变化、动力过程调整等方面，这些都与海温的变化密切耦合在一起。下面将从海温和海洋环流的响应两方面介绍海洋在不同时间尺度对全球变暖的响应过程。

3.1 全球 SST 的响应

在 CO_2浓度先突增到 4 倍再保持稳定的试验（abrupt-4xCO_2）中，可以明显看到全球平均 SST（图 4 黑线）在 CO_2浓度突增后的前 10 年呈现 e 指数类型的快速增长，而在之后缓慢持续增长。全球平均 SST 这一先快后慢的变化特征，在早期的研究中就已经得到大量揭示[7-9,35,36]。而印度洋、太平洋、大西洋和南大洋平均的 SST 也同样呈现先快后慢的增长特征（图 4 彩线），说明这一快、慢不同时间尺度的响应具有普遍性。

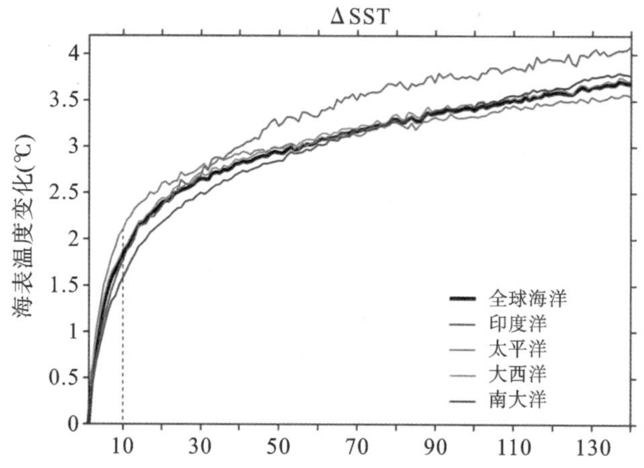

图 4　CMIP6 多模式集合平均的全球及各海盆平均的 SST 在 4 倍 CO_2 突增试验（abrupt-4xCO_2）中的变化

但不同洋盆 SST 的变化幅度存在一定差异性，在前 10 年，太平洋 SST 增长最快（紫色线），南大洋 SST 增长最慢（蓝色线），其他两个洋盆 SST 与全球平均 SST 接近。而第 20 年后，南大洋 SST 逐渐追上其他洋盆 SST 的增长幅度，并在第 110 年后超过全球平均 SST 增暖，同时印度洋 SST 在 30 年后的增暖显著大于其他洋盆。在图 5 展示的 SST 变化的快、慢响应部分中也可以看出这种明显的区域差异性。快响应中北半球增暖显著大于南半球、赤道太平洋和大西洋增暖的强化、热带印度洋西强东弱的增暖结构、北（南）半球副热带海区斜带状增暖增强（减弱）等。SST 变化慢响应部分整体呈现与快响应部分相反的空间结构，如南半球增暖大于北半球，南（北）半球副热带海区的斜带状增暖增强（减弱）、南大洋由增温滞后变成增温最强区域等。

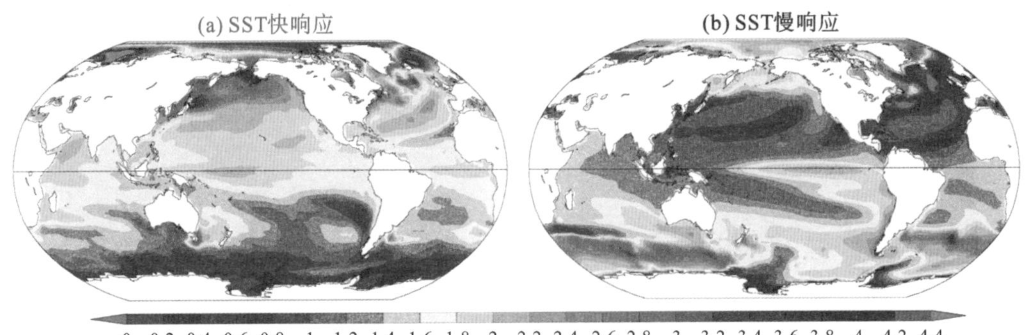

图 5 CMIP6 多模式集合平均 abrupt-4xCO_2 试验中 SST 的快、慢响应部分的空间分布

SST 快、慢响应部分这一显著差别在 Held 等[9]、Chadwidck 等[37]和 Long 等[17]的研究中都已得到揭示。当我们广泛对比前人有关全球变暖下 SST 增暖空间分布型的研究[1,7,11,38-40]可以发现，在外强迫增长情况下的 SST 变化与 SST 快响应部分具有非常类似的空间分布型，说明 SST 快响应部分主导了外强迫持续增长阶段海洋增温空间分布型。Held 等[9]也指出，在外强迫持续增长的情景下，海洋慢响应对全球增温的贡献比例相对较小，因此 SST 的变化主要由快响应部分主导。实际上，当前大量关于 SST 增暖的空间分布型的研究都属于对 SST 快响应的研究，SST 慢响应部分空间分布型则尚未在观测资料中得到揭示。

3.1.1 SST 快响应空间分布型

前人关于 SST 快响应空间分布型的研究表明，赤道上弱的蒸发抑制作用会造成赤道 SST 增暖相对赤道外地区更强，形成赤道增暖峰值[38]，而南北信风的变化可以通过风-蒸发- SST(Wind-Evaporation-SST，WES)正反馈机制[41]导致副热带地区 SST 的增暖在北半球大于南半球[11]。而在中纬度地区 SST 的纬向带状增暖结构则主要与海洋热输送作用密切相关，即海洋过程(如模态水的变化造成的环流调整)导致了 SST 增暖[11,18]。

在深层水形成的副极地北大西洋海区，虽然局地海表大量吸热，但由于强深对流过程的存在，导致海表吸收的热量更多地进入了深层，从而严重抑制了海表温度的增长。此外，南大洋 SST 的增长远滞后于全球平均，仅在 40°S 附近有较为显著的增暖。这是因为快响应中西风带增强并导致上升流加强，由此带来上升流冷却作用的加强也大大抑制了 SST 增暖[42]。此外，SST 增暖的滞后使得南大洋上升流区向大气的感热释放减少，海表同样大量吸热，但这部分热量会通过向赤道的 Ekman 输运被带离上升流区，并在 40°S 附近辐聚，从而引起该纬度 SST 增暖的加强[19,21,43]。

此外，热带大西洋和北印度洋 SST 增暖被认为主要与风速的减小有关[11,17]。同时值得注意的是，热带海区的 SST 增暖有可能会由热带外海区的 SST 变化所激发，如被抑制的南大洋 SST 增暖可能会通过 WES 机制等海洋-大气相互作用过程传递到南半球副热带海区，从而影响低纬度 SST 的增暖[11,44]。总体而言，风场的变化在热带地区 SST 增暖的空间结构中起着重要作用并涉及一系列海洋-大气相互作用过程；而在副热带和中纬度地区，海洋动力过程相关的海洋热输运作用是 SST 增暖空间型的主要形成机制[11,17-19]。

3.1.2 SST 慢响应的空间分布型

而在 SST 慢响应中，海洋热输送效应不仅与大多数中纬度海区的 SST 增暖结构有关，也对热带太平洋和大西洋 SST 变化空间结构的形成做出重要贡献[17]。这表明相对于 SST 快响应过程，SST 慢响应中海洋内部热输送过程(包括水平和垂直两个方向)的贡献得到了提升。这可能与慢响应中深层海温增暖的反馈作用逐渐显现有关，但具体的海洋动力学过程有待深入研究。SST 慢响应中，相应的大气环流(以表面风场作为代表)变化在大部分海区存在较大的不确定性[31]，其对 SST 变化的作用也有待厘清，并可能同时受 SST 慢响应的反馈作用。相对于 SST 快响应空间分布型的形成机制，SST 慢响应空间结构的形成机制尚未得到系统研究，这是因为后者的强度和对 SST 变化的贡献在器测时期和短期的未来情景试验(时间少于 100 年)中相对较小，难以被很好地分离和量化，因此未得到重视。

3.2 不同层次海温的响应

在外强迫先增长后保持稳定的 RCP 4.5 情景下，上 200 m 海洋在外强迫增长阶段(2070 年以前)快速增温(图 6(a))，而 200 m 以下的中深层海温增长则远远滞后于上层海温，造成上层海洋层结在该阶段不断加强，全球混合层在这一时期也基本是变浅的。而在外强迫基本保持稳定阶段(2070 年后)，深层海温的增长速率逐渐超过上层海温，使得上、下层温差有所下降，这也意味着上层海洋层结的减弱。如果将后一个阶段的海温减去外强迫变化拐点时(2070 年)的海温(图 6(b))，可以明显看出中深层增温大于上层。这说明在外强迫增长期和稳定期，海洋温度垂直结构的变化是截然相反的，这是因为在这两个阶段海洋增暖较快的位置分别发生混合层和深层。

当我们具体比较各个洋盆海温的变化时可以发现，在外强迫变化时，快响应中(CO_2 突增试验前 10 年)上层增暖远快于中深层、慢响应中(CO_2 突增试验 10 年后的变化)深层增暖大于上层海洋的变化特征普遍存在于各个洋盆(图 7)，但其显著增暖的深度和纬度分布有所差别。在海洋快响应中(图 7(a)～(c))，上层增暖显著(大于 0.8℃)，但主要集中在上 200 m，部分纬度仅在上 100 m 存在较强的增温。在混合层较深的西边界流区、南极中层水形成区、海洋动力过程较强海区所在纬度等地，显著增暖的深度可以超过 500 m，进一步说明了海洋快响应主要是混合层海洋的快速调整过程。

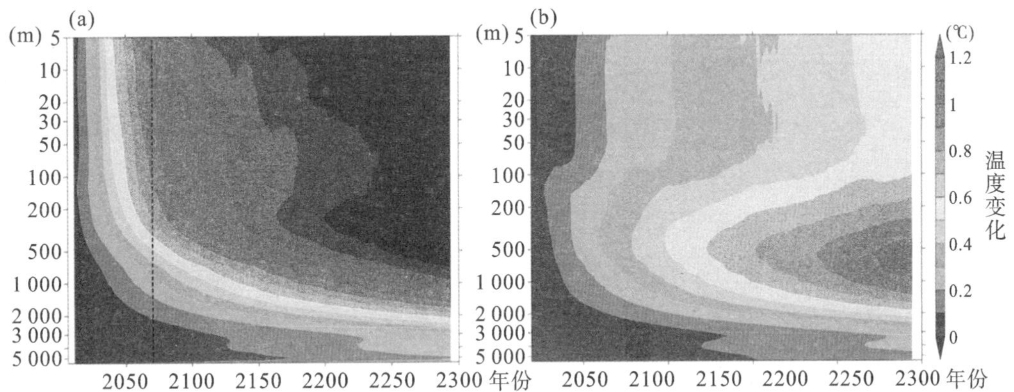

图 6　多模式集合平均的 RCP4.5 情景下全球平均不同深度海温相对 2006 年(a)和相对 2070 年(b)的增加随时间演变图

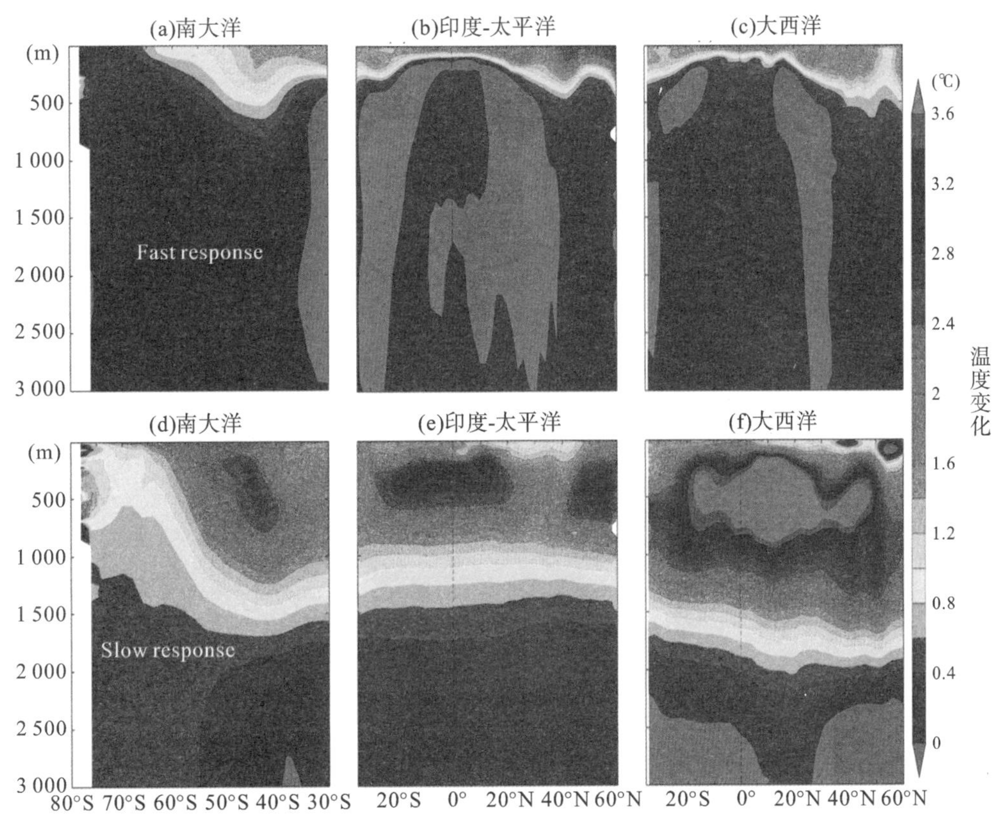

图 7　CMIP6 多模式集合平均的海洋快、慢响应中各洋盆海温的变化

而在慢响应中(图 7(d)～(f)),全球 200 m 以下中深层海温增暖均显著大于上层,但不同洋盆显著增暖的深度也存在较大差别。在南大洋,虽然显著增暖的深度扩展到了 1 500 m 以下,但上层海洋在 60°S～40°S 也增暖较大,说明南大洋局地海洋过程和深层海温的反馈作用可能为上层海温提供了进一步增长的热量来源。印度洋-太平洋中深层海温显著增暖的强度和深度要远小于大西洋,前者在 1 300 m 以浅,后者可达 2 000 m 左

右，这是因为印度洋和太平洋缺乏类似北大西洋经向翻转环流（Atlantic Overturnning Circularion，AMOC）的强劲热盐环流，热量难以有效传递到深层。而在大西洋，由于全球变暖下AMOC的减弱，北大西洋海表向外释放的热量会大量减少或从大气吸收大量热量，并可以通过强烈的深对流及热盐环流将额外增加的热量传递到深层。Sun等认为[45]，海洋慢响应在印度洋和太平洋次表层的显著增暖现象与AMOC的减弱有直接关联，垂直热扩散起着次要的作用。具体而言，AMOC的减弱导致印度洋和太平洋产生异常的顺时针经圈环流作为补偿，并伴随由高纬度大西洋向印度洋-太平洋的洋盆间热量输运过程。同时造成印度洋-太平洋海水辐聚[46]，由此产生的等密面下压带来印度洋-太平洋次表层的显著增暖并在接近500 m的深度达到峰值，这一绝热过程对印度洋和太平洋海洋热容量和海平面的增长起到一半左右的贡献。此外，海洋涡旋也可能在深层海温的变化中起到重要作用[19]，但相关过程尚无研究，有待后续的深入分析[22]。

3.3 海平面及海洋环流的变化

全球变暖下，全球平均海平面的变化既受海温增长引起的海水热膨胀影响，也与陆地冰架、极地冰盖的融化引起的海水体积增加有关。如果仅考虑海水的热膨胀效应（即比容海平面的变化），可以预见只要海洋在不断吸热（即海表净热通量一直为正），比容海平面将不断上升（图8）。在外强迫保持稳定阶段，海洋吸热仍持续进行但其强度逐渐减弱（即海表净热通量不断下降），比容海平面的增速会因此放缓，但仍保持持续上升的趋势。这意味着海平面的上升不会因为“碳中和”目标的实现而逆转，因此，其长远影响更为值得关注。前人大量研究也表明，在CO_2浓度停止增长后的几百到上千年，海温持续增长引起的热膨胀效应会让海平面不断上升[21,23,24]。目前缺乏有关海洋慢响应对陆地冰架和极地冰盖影响的研究，由此产生的海平面高度的变化尚不清楚。

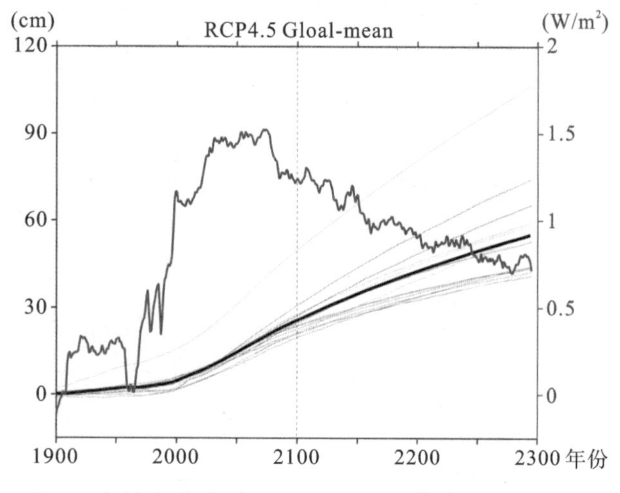

图8　多模式集合平均的RCP4.5情景下全球平均比容海平面和海表净热通量的变化图。紫红线为海表净热通量，黑线为多模式集合平均结果，彩线为各模式结果

区域海平面的变化往往与海洋环流的调整相匹配，因为海平面的空间分布对应着风

生过程或风生环流系统，也与热盐环流过程息息相关。前人研究表明，在外强迫增长的未来情景下，黑潮会加强，并对应着北太平洋副热带(副极地)环流圈海平面高度的显著升高(降低)；而湾流则会减弱，并对应着北大西洋副热带(副极地)环流圈海平面高度的显著降低(升高)[47,48]。研究表明，黑潮的减弱实际上对应的是北太平洋副热带风生环流在上层加强、下层减弱的总体特征。该特征解释为由于快过程对应的SST增暖引起的海洋层结增强[49]使得上层风生环流更容易受风场影响，而下层风生环流则相对更难被风驱动。而全球变暖背景下AMOC减弱可以造成湾流的减弱，该现象主要与深层水形成区浮力通量(热通量及淡水通量)的变化有关[47,50,51]。在RCP4.5情景下，随着外强迫保持稳定，AMOC的减弱在2100年后基本停止甚至有所恢复。而在RCP2.6情景下，随着外强迫在2045年后逐渐下降，AMOC在2080年前后开始进入逐步恢复的状态。这说明在海洋快、慢响应中，AMOC的变化规律与GMST的变化规律截然不同，其中的物理机制及区域海平面的变化也有待继续探讨。

全球变暖背景下，模态水的变化被认为会对北太平洋副热带逆流的响应有重要作用，如副热带模态水潜沉率下降、核心密度变小及厚度降低，导致副热带逆流的减弱[18]，并同样表现出快、慢两种时间尺度的响应特征[52]。Ju等[53]分析CESM模式1.5℃低增温目标集合实验数据的结果表明，由于海洋层结在低增温情景中的变化要远小于中等或高排放情景下的变化，因此，风场会对外强迫下降期的北太平洋副热带环流变化起主导作用，层结变化的作用次之。而在南半球，随着西风带在外强迫增长时的南移及加强，中纬度超级流涡被认为也会随之南移[54]，南极绕极流会有所加强，并造成向赤道Ekman输运和上升流的加强；而慢响应阶段南半球海洋环流(包括其经圈环流)的变化尚不清楚。相对于湾流及AMOC而言，其他海区海洋环流在全球变暖下的变化较少得到研究。而相比较于快响应而言，慢响应阶段海洋环流的响应特征及机理更是匮乏，这也是亟须开展研究和分析的方向。

4 海洋快、慢响应的气候效应

4.1 海表温度增暖的不均匀性

海洋增暖的不均匀性首先指的是SST增温的空间不均匀性，它会直接影响大气环流及相应降水变化的空间变化，并影响海气耦合模态及区域气候。上节介绍了利用诊断方法分离得到SST快、慢响应部分的空间分布型，二者存在明显的区域性差异。SST慢响应部分在外强迫增长阶段对SST总变化的贡献比例较弱，但会在CO_2浓度保持不变或下降后发挥重要贡献[13,20,21]。特别是在低增温情景下，大气中温室气体的浓度可能会在几十年内随着“碳中和”目标的实现而达到峰值然后并保持不变或下降，因此，SST 海洋慢响应部分就会在几十年后成为影响 SST 继续变化的主要因素。SST 的持续增长会直接决定未来变暖情景下 GMST 的演变特征，并可能会导致 SST 增暖的空间不均匀性逐渐被抑制甚至有所减弱。具体而言，低增温情景下 GMST 并不会随着外强迫的下降而降低，而是在 2050—2100 年期间基本保持不变或变化趋势很弱，这在 CMIP5 和 CMIP6 两代模式中都有体现。通过一维两盒模型模拟的结果(图 3)或诊断方法分离辐射强迫下降期海洋快、慢响应对 GMST 的贡献发现，2050 年后海洋慢响应的贡献比例持续上升。在 RCP2.6 情景下，2100 年可对 GMST 产生约 0.2℃ 的增温贡献[21]。考虑到 2020 年 GMST 已上升超过 1℃，这一幅度对 1.5℃或 2℃低增温目标的实现会有重要影响。

而从区域表面温度的变化可以看出(图 9(a))，外强迫上升阶段(1850—2050 年)表面温度的变化在海洋上与图 5 中的 SST 快响应部分在空间分布非常类似，说明海洋快响应过程主导了该时期表面温度的变化。而在外强迫下降阶段(2050—2100 年)表面温度的变化则与 SST 慢响应部分的空间分布非常类似，该阶段既存在对于外强迫下降负的快响应(相对于 2050 年而言)，也存在持续增长的慢响应，二者存在叠加的效应，使得辐射强迫下降后陆地表面虽然大多降温，但在海洋上，尤其是南半球呈现显著的增温趋势(图 9(b))。因此，低增温情景下海洋增温的不均匀性则会随着 GMST 的稳定而有所减弱。

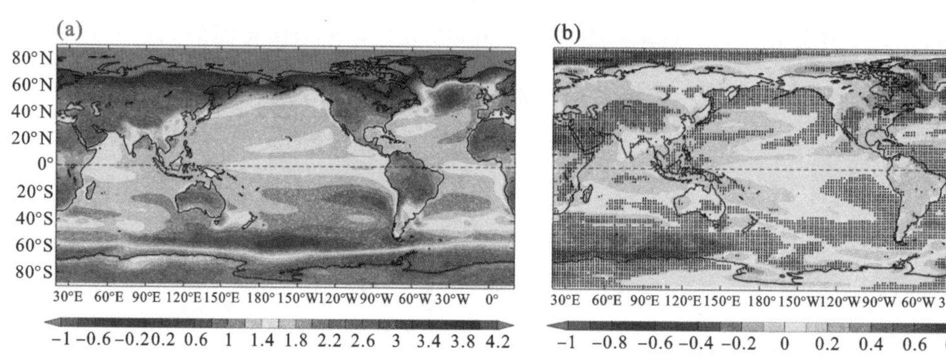

图 9　CMIP5 和 CMIP6 多模式集合平均的(a)外强迫上升(1850—2050 年)和(b)下降阶段(2050—2100 年)表面气温(TS)的变化趋势

海洋快、慢响应可以通过海表温度变化的空间不均匀性而影响降水、风场等方面。如慢响应中与 SST 变化密切相关的表面风场有两个相对比较确定的变化，一个是赤道东风及南半球副热带海区东南信风的减弱[17]，二是南大洋西风带的减弱[21,55]。也有研究表明，由海洋慢响应引起的海温演变及相应的大气环流调整，会导致加利福尼亚、智利和地中海三个地区降雨的不同演变特征，并且这种变化不能通过用高排放情景下 GMST 变化进行等比例缩放(Scaling)得到[55]。

4.2　对实现“碳中和”目标的影响

在符合全球“碳中和”(即人为碳排放和自然固碳达到平衡,大气中 CO_2浓度不再增加)要求的低增温情景下(该情景下接近于 2050 年前后达到全球“碳中和”),全球平均海温仍在持续增温,仅在 2100 年前后才开始逐渐降温,并且在 200 m 以下持续性地增温[21]。从海洋整体的变化情况来看:一方面,海水增暖后其固碳效率和储碳能力会下降,这可能将削弱海洋碳汇的固碳能力[1];另一方面,在实现“碳中和”后可能出现上层海洋层结减弱、中深层海洋层结继续加强的趋势,进而影响海洋吸收 CO_2的“生物泵”和“物理泵”。但这对海洋储碳的能力会造成何种影响尚不明确。

从区域的角度来说,南大洋和北大西洋是影响全球海洋通过“物理泵”储碳的两个关键海区,其中,南大洋模态水和中层水潜沉、底层水形成及大西洋经向翻转环流等关键海洋动力过程的变化对海洋碳收支有很大影响。近几十年及未来外强迫持续增长情景下,南大洋海表面温度虽然相对其他海盆增长较为缓慢[42],但南大洋海表吸热和内部海洋热含量的增长却十分显著[19]。而这些吸收的热量会在外强迫保持稳定或下降后显著地反馈到海表温度和上层碳吸收过程[22],从而可能在未来减弱南大洋海表的碳吸收和内部储碳能力。在全球变暖不断发展的情况下,气候模式预估 AMOC 会不断减弱,这可能会削弱北大西洋深对流过程的固碳能力。随着“碳中和”目标达成后外强迫稳定或下降,AMOC 不会继续减弱并可能逐渐恢复,也就意味着其固碳作用不会继续减弱,但由于海洋内部已经变暖,二者的综合效应会对海洋碳汇产生何种影响,碳汇的变化又会如何反馈到气候变化中尚有待研究[34]。

5　总结和展望

本文介绍了海洋快、慢时间尺度的响应特征,并基于此回顾了海洋在全球变暖下的响应过程及气候效应。在温室气体浓度上升时,上层海洋增暖迅速而中深层海洋增暖远远滞后,造成上层海洋层结加强、海平面高度快速上升、海洋环流如副热带逆流减弱、黑潮加强、AMOC 减弱、南极绕极流加强等相应调整。该阶段气候系统的响应(如 GMST、SST 不均匀性的形成,西风带加强等)主要由混合层海洋的快响应过程主导,称为快过程响应。而在温室气体浓度保持稳定或下降时,中深层海洋增暖速度开始超过上层海洋,造成上层海洋层结减弱、海平面的上升速率减缓、北太平洋副热带逆流逐渐加强、AMOC 也不再继续减弱反而可能会逐渐恢复等,而其他海洋环流如何变化的研究则较少,这是海洋对温室气体强迫的慢响应过程,有待进一步开展。该阶段气候系统的响应(如

GMST的持续增长、SST变化空间分布型的演变、西风带减弱等)与中深层海洋缓慢增暖的效应密切相关。海洋慢响应过程的存在也导致外强迫下降时不会是外强迫上升时期气候变化状况的简单反向逆转。因此,即使"碳中和"目标达成,当前海洋吸收的巨大热量仍会在相当长的时间内影响气候系统。

此外,中深层海洋的缓慢但持续的变化造成气候系统在外强迫保持稳定或下降后并不会简单地随外强迫线性变化,这增加了未来气候预估的复杂性。同时也需要注意,在进行1.5℃或2℃低增温目标下气候变化研究的时候,不能简单利用高排放情景中温度上升时达到1.5℃或2℃的气候变化状态来类比低增温目标下的气候响应情况,这是因为高排放情景中到达1.5℃或2℃的时间远早于实际的低增温目标达成的时间,而在较短时间内中深层海洋慢响应过程的作用尚未体现。因此,将高排放情景按GMST的变化线性降尺度来推断低增温目标下的气候响应会产生较大偏离[55],可行的做法是直接研究符合低增温目标的低排放/低增温情景下的气候变化情况。

从全球平均的响应而言,SST的变化涉及混合层和大气及深层海洋之间的热交换,而热交换的强度则取决于全球海洋-大气相互作用过程以及海洋内部的动力过程。而区域海洋的响应来看,大气和海洋动力环境的不同造成海表吸热能力、海洋内部热量再分配等也有极大的区域差异性,这也是海洋增温在不同海区产生差异(即空间不均匀性)的重要原因之一。海洋内部不同过程在外辐射强迫下对海温产生显著作用的时间尺度也有差别,如风生环流变化引起的海温响应很快(几年左右),而热盐环流热输运变化引起的海温响应则可以持续几十到几百年。从快、慢时间尺度的角度来研究全球海洋在全球变暖下的响应,可以细致地了解海洋的具体变化过程,这比仅关注海洋的最终响应状态更能增加对其变化规律和机理的认识,从而为准确预估未来海洋及气候变化的情况,并服务于气候变化和气候适应政策的制定提供重要基础。因此,未来我们需要针对不同海盆的快速响应和缓慢调整过程进行细致研究,同时也需要考虑模式模拟偏差、模式分辨率对海洋快、慢响应的影响,以全面且充分地了解海洋对气候系统的调节作用及机理。

对于当前科学界和社会普遍关注的"碳中和"目标,我们需要全面认识海洋快、慢时间尺度下关键海区内部状态和重要海洋动力过程的演变过程,以海洋快、慢时间尺度的响应及其对表面气候和碳循环的反馈作用为基础,建立低增温/低排放情景下的气候动力学,从而为准确地评估"碳中和"下的气候相关问题及碳排放政策提供理论参考。

致谢

本文得到国家自然科学基金面上项目"南大洋对外辐射强迫不同时间尺度的响应及其气候效应"(编号:42076208)、国家自然科学基金重点项目"全球变暖背景下海洋的快慢响应过程及对东亚气候的影响"(编号:41831175)、国家重点研发计划项目"海洋-海冰参数和物理过程的观测数据集构建与模式评估”(编号:2017YFA0604600)及中央高校业务费项目“低增温情景下长江流域降水和径流变化”(编号:B210202135)资助。

参考文献

[1] IPCC. Climate Change 2013:The Physical Science Basis[R]. Cambridge: Cambridge University Press, 2013.

[2] IPCC. Summary for Policymakers. In: Climate change 2021: The physical basis[R]. Cambridge: Cambridge University Press, 2021.

[3] Rhein M, Rintoul S. R., Aoki S, et al. 2013: Observations: Ocean. Climate Change 2013: The Physical Science Basis[R]. Cambridge: Cambridge University Press, 255-316.

[4] Trenberth K E, Fasullo J T, Balmaseda M A. Earth's energy imbalance[J]. Journal of Climate, 2014, 27(9): 3129-3144.

[5] Cheng L, Trenberth K E, Fasullo J, et al. Improved estimates of ocean heat content from 1960 to 2015[J]. Science Advances, 2017, 3(3), e1601545.

[6] Dickinson R E. Convergence rate and stability of ocean-atmosphere coupling schemes with a zero-dimensional climate model[J]. Journal of the Atmospheric Sciences, 1981, 38(10): 2112-2120.

[7] Manabe S, Stouffer R J, Spelman M J, et al. Transient responses of a coupled ocean-atmosphere model to gradual changes of atmospheric CO_2. Part I. Annual mean response[J]. Journal of Climate, 1991, 4(8): 785-818.

[8] Stouffer R J. Time scales of climate response[J]. Journal of Climate, 2004, 17(1): 209-217.

[9] Held I M, Winton M, Takahashi K, et al. Probing the fast and slow components of global warming by returning abruptly to preindustrial forcing[J]. Journal of Climate, 2010, 23(9): 2418-2427.

[10] Andrews T, Forster P M, Boucher O, et al. Precipitation, radiative forcing and global temperature change[J]. Geophysical Research Letters, 2010, 27: L14701.

[11] Xie S P, Deser C, Vecchi G A, et al. Global warming pattern formation: Sea surface temperature and rainfall[J]. Journal of Climate, 2010, 23(4): 966-986.

[12] Ma J, Xie S P, Kosaka Y. Mechanisms for tropical tropospheric circulation change in response to global warming[J]. Journal of Climate, 2012, 25(8): 2979-2994.

[13] Chadwick R, Wu P, Good P, et al. Asymmetries in tropical rainfall and circulation patterns in idealised CO_2 removal experiments[J]. Climate Dynamics, 2013, 40: 295-316.

[14] Chadwick R, Boutle I, Martin G. Spatial patterns of precipitation change in CMIP5: Why the rich do not get richer in the tropics[J]. Journal of Climate, 2013, 26(11): 3803-3822.

[15] Long S M, Xie S P. Intermodel variations in projected precipitation change over the North Atlantic: Sea surface temperature effect[J]. Geophysical Research Letters, 2015, 42(10): 4158-4165.

[16] Long S M, Xie S P, Liu W. Uncertainty in tropical rainfall projections: Atmospheric circulation

effect and the Ocean Coupling[J]. Journal of Climate, 2016, 29(7): 2671-2687.

[17] Long S M, Xie S P, Zheng X T, et al. Fast and slow responses to global warming: Sea surface temperature and precipitation patterns[J]. Journal of Climate, 2014, 27(1): 285-299.

[18] Xu L, Xie S P, Liu Q. Mode water ventilation and subtropical countercurrent over the North Pacific in CMIP5 simulations and future projections[J]. Journal of Geophysical Research: Oceans, 2012, 117(12): 1-34.

[19] Liu W, Lu J, Xie S P, et al. Southern Ocean heat uptake, redistribution, and storage in a warming climate: The role of meridional overturning circulation[J]. Journal of Climate, 2018, 31(12): 4727-4743.

[20] 龙上敏，谢尚平，刘秦玉，等. 海洋对全球变暖的快慢响应与低温升目标[J]. 科学通报，2018，63(5-6)，558-570

[21] Long S M, Xie S P, Du Y, et al. Effects of ocean slow response under low warming targets[J]. Journal of Climate, 2020, 33(2): 477-496.

[22] 龙上敏，刘秦玉，郑小童，等. 南大洋海温长期变化研究进展[J]. 地球科学进展，2020，35(9)：962-977.

[23] Frölicher T L, Winton M, Sarmiento J L. Continued global warming after CO_2 emissions stoppage[J]. Nature Climate Change, 2014, 4(1): 40-44.

[24] Zickfeld K, Solomon S, Gilford D M. Centuries of thermal sea-level rise due to anthropogenic emissions of short-lived greenhouse gases[J]. Proceedings of the National Academy of Sciences, 2017, 114(4): 657-662.

[25] Sanderson B M, O'Neill B C, Tebaldi C. What would it take to achieve the Paris temperature targets? [J]. Geophysical Research Letters, 2016, 43(13): 7133-7142.

[26] Tanaka K, O'Neill B C. The Paris Agreement zero-emissions goal is not always consistent with the 1.5℃ and 2℃ temperature targets[J]. Nature Communications, 2018, 8: 319-324.

[27] Taylor K E, Stouffer R J, Meehl G A. An overview of CMIP5 and the experiment design[J]. Bulletin of the American Meteorological Society, 2012, 35(10): 485-498.

[28] Eyring V, Bony S, Meehl G A, et al. Overview of the Coupled Model Intercomparison Project Phase 6 (CMIP6) experimental design and organization[J]. Geoscientific Model Development, 2016, 9(5): 1937-1958.

[29] Meinshausen M, Smith S J, Calvin K, et al. The RCP greenhouse gas concentrations and their extensions from 1765 to 2300[J]. Climatic Change, 2011, 109: 213-241.

[30] Gregory J M. Vertical heat transports in the ocean and their effect on time-dependent climate change[J]. Climate Dynamics, 2000, 16(7): 501-515.

[31] Zappa G, Ceppi P, Shepherd T G. Time-evolving sea-surface warming patterns modulate the climate change response of subtropical precipitation over land[J]. Proceedings of the National Academy of

Sciences, 2020, 117(9): 4539-4545.

[32] Cheng L, Trenberth K E, Fasullo J T, et al. Evolution of ocean heat content related to ENSO [J]. Journal of Climate, 2019, 32(12): 3529-3556.

[33] IPCC. Special Report: The Ocean and Cryosphere in a Changing Climate[R]. Cambridge: Cambridge University Press, 2019.

[34] 蔡兆男，成里京，李婷婷，等. 碳中和目标下的若干地球系统科学和技术问题分析[J]. 中国科学院院刊，2021，36(5)：602-613.

[35] Cubasch U, Hasselmann K, Höck H, et al. Time-dependent greenhouse warming computations with a coupled ocean-atmosphere model[J]. Climate Dynamics, 1992, 8(2): 55-69.

[36] Hansen J, Nazarenko L, Ruedy R, et al. Climate Change: Earth's energy imbalance: Confirmation and implications[J]. Science, 2005, 308(5727): 1431-1435.

[37] Chadwick R, Wu P, Good P, et al. Asymmetries in tropical rainfall and circulation patterns in idealised CO_2 removal experiments[J]. Climate Dynamics, 2013, 40(1-2): 295-316.

[38] Liu Z, Vavrus S, He F, et al. Rethinking tropical ocean response to global warming: The enhanced equatorial warming[J]. Journal of Climate, 2005, 18(22): 4684-4700.

[39] Lu J, Zhao B. The role of oceanic feedback in the climate response to doubling CO_2[J]. Journal of Climate, 2012, 25(21): 7544-7563.

[40] Luo Y, Lu J, Liu F, et al. The positive Indian Ocean Dipole-like response in the tropical Indian Ocean to global warming[J]. Advances in Atmospheric Sciences, 2016, 33(4): 476-488.

[41] Xie S, Philander S G H. A coupled ocean-atmosphere model of relevance to the ITCZ in the eastern Pacific[J]. Tellus A, 1994, 46(4): 340-350.

[42] Armour K C, Marshall J, Scott J R, et al. Southern Ocean warming delayed by circumpolar upwelling and equatorward transport[J]. Nature Geoscience, 2016, 9(7): 549-554.

[43] Shi J R, Xie S P, Talley L D. Evolving relative importance of the Southern Ocean and North Atlantic in anthropogenic ocean heat uptake[J]. Journal of Climate, 2018, 31(18): 7459-7479.

[44] Hwang Y T, Xie S P, Deser C, et al. Connecting tropical climate change with Southern Ocean heat uptake[J]. Geophysical Research Letters, 2017, 44(18): 9449-9457.

[45] Sun S, Thompson A F, Xie S P, et al. Indo-Pacific warming induced by a weakening of the Atlantic meridional overturning circulation[J]. Journal of Climate, 2022, 35(2): 815-832.

[46] Sun S, Thompson A F. Centennial changes in the Indonesian throughflow connected to the Atlantic meridional overturning circulation: the ocean's transient conveyor belt[J]. Geophysical Research Letters, 2020, 47(21), e2020GL090615.

[47] Chen C, Wang G, Xie S P, et al. Why does global warming weaken the gulf stream but intensify the kuroshio? [J]. Journal of Climate, 2019, 32(21): 7437-7451.

[48] Chen C, Liu W, Wang G. Understanding the uncertainty in the 21st century dynamic sea level

projections：The role of the AMOC[J]. Geophysical Research Letters，2019，46(1)：210-217.

[49] Wang G，Xie S P，Huang R X，et al. Robust warming pattern of global subtropical oceans and its mechanism[J]. Journal of Climate，2015，28(21)：8574-8584.

[50] Liu W，Xie S P，Liu Z，et al. Overlooked possibility of a collapsed Atlantic meridional overturning circulation in warming climate[J]. Science Advances，2017，3(1)：1-8.

[51] Wen Q，Yao J，Döös K，et al. Decoding hosing and heating effects on global temperature and meridional circulations in a warming climate[J]. Journal of Climate，2018，31(23)：9605-9623.

[52] Xu L，Xie S P，McClean J L，et al. Mesoscale eddy effects on the subduction of North Pacific mode waters[J]. Journal of Geophysical Research：Oceans，2014，119(8)：4867-4886.

[53] Ju W S，Long S M，Xie S P，et al. Changes in the North Pacific subtropical gyre under 1.5℃ low warming scenario[J]. Climate Dynamics，2020，55：3117-3131.

[54] Cai W，Cowan T，Godfrey S，et al. Simulations of processes associated with the fast warming rate of the southern midlatitude ocean[J]. Journal of Climate，2010，23(1)：197-206.

[55] Ceppi P，Zappa G，Shepherd T G，et al. Fast and slow components of the extratropical atmospheric circulation response to CO_2 forcing[J]. Journal of Climate，2018，31(3)：1091-1105.

人为气溶胶强迫对气候变化的调控特征与机理

王 海*

（中国海洋大学海洋与大气学院，山东青岛，266100）

（*通讯作者：wanghai@ouc.edu.cn）

摘要 对于地球气候系统而言，人类活动产生的气溶胶是仅次于温室气体的第二大外强迫源。理解人为气溶胶强迫下不同时空尺度气候变化的空间分布特征及其物理机制，对于确认气候变化动力学机理，更好预估未来气候具有重要的意义。本文首先从长期变化趋势的角度出发，回顾了有关人为气溶胶强迫对气候变化影响的研究成果。特别指出，自工业革命以来，由于人为气溶胶的排放聚集于北半球中纬度地区，全球海表面温度对人为气溶胶强迫响应具备明显的南北半球不对称（对北半球冷却效应比南半球更大），进而导致大气环流出现南北半球不对称的响应特征。总结了不同历史时期、不同的人为气溶胶强迫空间分布型的气候效应。并以亚洲夏季风为例，解释了人为气溶胶强迫调控区域气候异常响应的复杂物理过程及其动力学机理。本文还提出了相同的人为气溶胶排放导致的辐射强迫在不同气候模式中的差异响应是目前尚未解决的问题。

关键词 人为气溶胶强迫；海表面温度；大气环流；热带降水；亚洲夏季风

1 序言

自18世纪60年代第一次工业革命以来，随着人类活动的增加和工业的发展，温室气体和气溶胶被人为地大量排放到大气中。温室气体和气溶胶所导致的辐射强迫变化显著地影响了地球的气候，使地球气候系统发生了明显的改变[1,2]。联合国政府间气候变化委员会第五次评估报告指出：自工业革命以来，温室气体导致的地球气候系统中辐射强迫的增加约为2.83 W/m^2（2.54～3.12 W/m^2）。而人为气溶胶导致的地球气候系统辐射强迫的变化约为$-0.9\ W/m^2$($-1.9\sim-0.1\ W/m^2$)，抵消了约 1/3 的温室气体暖效应[1]。

通过吸收长波辐射，温室气体可以使地球大气变暖。人类活动排放的气溶胶，包含吸收性气溶胶（如黑炭等）和散射性气溶胶（如硫化物等），则是通过影响短波辐射过程以进一步调制地球气候系统的能量平衡，被称作“气溶胶直接效应”，吸收性气溶胶为暖效应，而散射性气溶胶为冷效应[3,4]。此外，人为气溶胶颗粒还可以作为云的凝结核[5]以增加云滴浓度，进而增加云的反照率，这被称为第一间接效应；气溶胶的第二间接效应则是通过减小雨滴大小来抑制降水的生成，并且增加云的液态水含量以及延长云的存在时间[2]。两个间接效应可能会有助于地表冷却。综合来讲，在大部分区域气溶胶的冷效应大于暖效应，呈现出净的冷却地表大气效应。从全球平均的角度出发，由于辐射强迫的差异，温室气体与气溶胶导致的全球平均温度变化相反。从空间分布的角度出发，温室气体与气溶胶强迫下全球表面温度响应则存在一定的空间相似性，都表现为北极放大以及陆地变温大于海洋的空间分布特征[6]。

从气候系统的长期变化来看，Xie 等人于 2013 年的工作[7]指出：在现有气候模式的数值模拟结果中，除北太平洋外气溶胶导致的全球气候变化空间分布型与温室气体引起的全球气候变化空间分布型十分相似，只是符号相反。该研究证实，由于海表面动力学过程的热输送本身与外强迫的空间分布特征无关，因此，气溶胶和温室气体强迫下相似的气候响应空间分布是海洋平流主导的大尺度海洋-大气反馈过程决定的。此外，该研究还发现，气溶胶和温室气体引起的热带降雨变化都被海表面温度变化的空间分布型所调控[8]。

对地球气候系统而言，温室气体与人为气溶胶排放所带来的差别不仅仅是相反的辐射强迫。与温室气体在大气中留存时间长、混合相对均匀不同，气溶胶在大气中的留存时间非常短，这就导致了气溶胶在大气中的空间分布不均匀。自工业革命以来，人类活动排放的气溶胶主要聚集在亚洲、欧洲及北美洲等地。并且各地的人为气溶胶排放时间变化特征也不尽相同。而温室气体的排放则呈现出在大气中均匀混合、持续增长的变化特征。这样温室气体与气溶胶排放的时空分布差异给我们理解外强迫对气候变化、特别是区域气候变化的调控机理带来了极大的挑战。

考虑到人为气溶胶排放时空分布不均匀的独特特征，近年来，科学家对人为气溶胶强迫的区域气候效应开展了深入的研究。前人研究指出，大西洋毗邻两侧北美和欧洲的气溶胶排放被证实对其长期气候变化具有重要的影响。在考虑气溶胶效应的数值模式中，人类活动排放的气溶胶可以解释 80%的、自 1860 年以来北大西洋的海表面温度多年代际变化[9]。在对撒哈尔区域降水的研究中，科学家们指出，20 世纪 80 年代之前撒哈尔地区持续干旱的趋势是由于欧美人为气溶胶排放所导致的大西洋海洋和大气环流异常所决定的[10]。随后，由于20世纪七八十年代欧洲清洁空气法律的实施，大西洋两岸人类活动排放的气溶胶呈显著下降趋势。20世纪80年代之后，撒哈尔地区的降水量也逐渐恢复[9,11]。此外，最近的研究也表明，欧美气溶胶排放的变化不仅仅会引起局地以及大西洋的海洋和大气环流异常响应，还会通过跨海盆尺度的大气遥相关过程引起其他大洋的海洋-大气多年代际耦合变化[12]。也有研究表明，欧洲的气溶胶排放还会通过调制北半球中纬度西风急流的异常以进一步引起东亚夏季风的异常响应[13]。

与大西洋沿岸气溶胶排放趋势在20世纪80年代出现反转变化所不同的是，东亚和南亚的气溶胶排放一直呈上升趋势，其对亚洲夏季风的异常变化具有重要的调控作用[14]。最近有研究表明：大气环流对气溶胶辐射强迫的直接响应主导了东亚夏季风环流减弱、降水减少的变化特征[15]。与气溶胶强迫下东亚夏季风响应不同的是：气溶胶强迫下南亚夏季风环流和降水虽然也呈现出减弱的变化趋势，但这样的变化并不是由气溶胶的直接辐射强迫效应所引起的。人为气溶胶强迫可以通过导致南北半球间不对称的海表面温度响应，进一步通过大尺度海洋-大气耦合过程激发Hadley环流异常，最终导致南亚夏季风环流减弱、降水减少。气溶胶的直接辐射强迫效应调控南亚夏季风异常响应的过程则较为复杂，对其总体减弱的贡献也十分有限[15-17]。

从全球气候变化非均匀性的角度出发，Xie等人[7]指出海洋-大气相互作用的耦合反馈过程是主要调控海表面温度对外强迫响应空间分布型的机制，该机制本身与外强迫的空间分布特征无关。但是气候模式模拟的温室气体和人为气溶胶单一强迫下20世纪海表面温度和降水的长期变化趋势中存在着显著的空间差异[18]。海表面温度对温室气体和气溶胶强迫响应的差异最大之处主要在北太平洋副热带区域。当同时考虑海洋和陆地的降水变化时，我们发现降水对不同的人为辐射强迫响应差异最大处恰恰与辐射强迫的空间分布差异最大处相吻合。这极有可能是辐射强迫差异的区域性气候效应所导致的。所以，人为气溶胶强迫必然存在着与温室气体强迫显著不同的调控气候系统长期变化的独特特征及物理机制。

此外，当我们重点关注人为气溶胶强迫长期变化所导致的气候响应时，往往会忽略人为气溶胶强迫时空演变过程所带来的气候效应。自工业革命以来，全球平均气溶胶排放呈现出持续增长的趋势，但在不同区域，其变化特征却不尽相同（图1）[19]。因此，仅考虑人为气溶胶强迫长期变化导致的最终气候响应特征不足以全面揭示其调控地球气候变化的过程与机理。在不同的历史时期，人为气溶胶强迫的时空非均匀变化特征如何调控全球以及区域气候的响应？这是当前气候变化归因研究中亟待解决的科学难题。

结合前人的研究成果以及本人多年来针对人为气溶胶强迫气候效应的研究，本文针对人为气溶胶强迫如何调控过去几十年气候变化的科学问题，首先回顾自工业革命以来，人为气溶胶强迫对全球海表面温度和大气环流异常长期变化趋势的贡献及其物理机制；其次，从人为气溶胶强迫时空非均匀变化的角度出发，初步概括了不同历史时期，不同的人为气溶胶强迫空间分布型对全球大尺度海气耦合系统的调控作用；最后，从区域气候变化的角度出发，总结了人为气溶胶强迫调控亚洲夏季风长期变化趋势的特征及其内在的复杂物理过程，并指出了目前研究中存在的问题。通过本文的回顾，我们期待增进对人为气溶胶强迫调控全球与区域气候响应特征与机理的理解，为更加深入地揭示气候变化动力学机理，更好地预估未来的气候变化奠定理论基础。

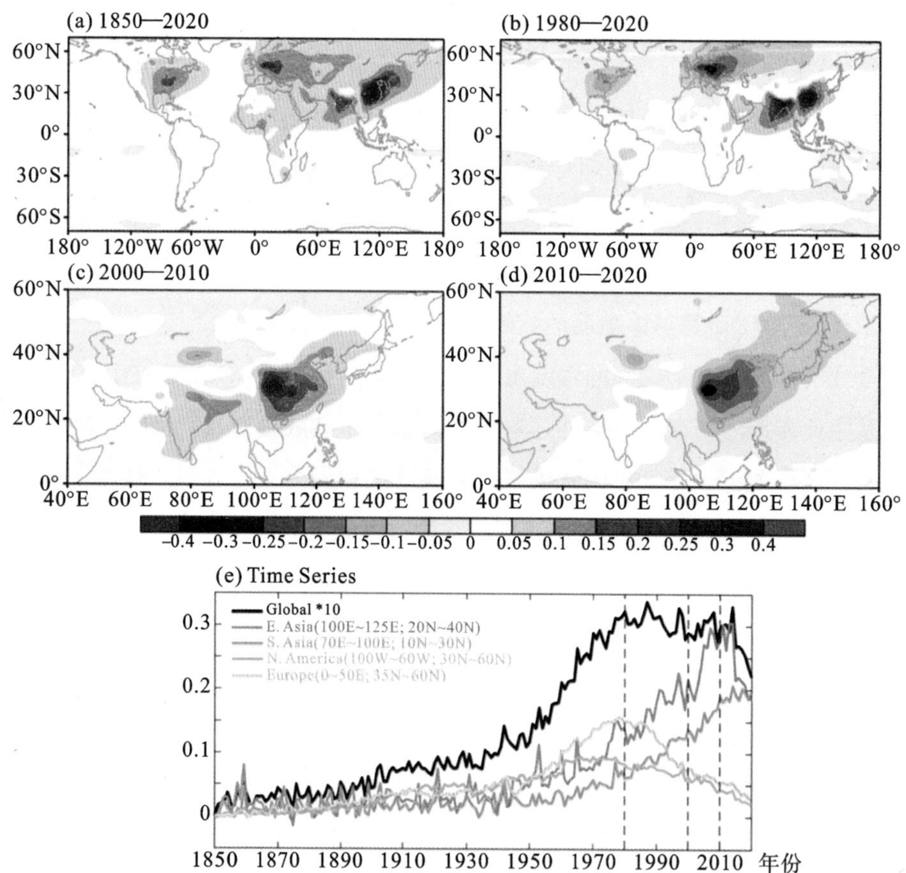

图 1　CMIP6 多模式集合平均模拟的(a)1850—2020 年；(b)1980—2020 年；(c)2000—2010 年；(d)2010—2020 年 550 nm 气溶胶光学厚度的变化趋势(无量纲单位)。(e)1850—2020 年全球(黑色)以及不同区域平均(粉色：东亚；绿色：南亚；蓝色：北美；黄色：欧洲)550 nm 气溶胶光学厚度相对于 1850 年变化的时间序列(数据引自参考文献[19])

2　人为气溶胶强迫调控全球大尺度海气耦合模态的研究进展

人类活动向大气中排放的温室气体和气溶胶导致的地球气候系统外辐射强迫的改变对工业革命以来的气候变化产生了重要的影响。由于温室气体强烈的暖效应在很大程度上抵消了气溶胶的冷效应，科学家们投入了很大的精力研究温室气体强迫下地球气候系统的响应特征及其物理机制。近年来随着观测资料的日益增多以及气候模式的快速发展，人们越来越意识到人为气溶胶强迫对地球气候变化的重要贡献。

由于观测资料的匮乏以及温室效应的掩盖作用，长期以来人为气溶胶强迫下气候响应的特征并没有在观测中得到证实。2016 年，我们首次利用第五代耦合模式比较计划(Coupled Model Intercomparison Project Phase 5，CMIP5)中历史模拟、温室气体/气溶胶单一强迫历史模拟的结果，研究发现 20 世纪后半叶纬向平均的大气对流层温度和经向环流的长期变化趋势在三组试验中呈现出显著不同的空间分布特征(图 2)[20]。在对流层上层，气溶胶和温室气体强迫下大气温度响应的空间分布相似、符号相反，呈现出对流层上层变温增大并关于赤道对称的分布特征。而在对流层中下层，气溶胶强迫下的大气温度响应呈现出显著的南北半球不对称的空间分布特征，主要表现为位于北半球中纬度贯穿于整个对流层的冷异常中心。这样独特的温度响应结构是由于人为气溶胶的排放聚集于北半球中纬度地区。在历史模拟中，虽然整个对流层温度仍然呈现出由温室气体主导的变暖趋势，但是在北半球中纬度存在一个增暖的低值中心，气溶胶的冷效应在这里得到了充分的体现。

与纬向平均海洋和大气环流对外辐射强迫响应有关的一个重要理论基础是半球间海洋-大气跨赤道能量传输平衡理论[21,22]。该理论约束了跨半球间海洋和大气经向能量传输平衡，也揭示了海洋对大气环流的重要调控作用。人为气溶胶强迫下北半球中纬度的冷却信号通过大气进入海洋，导致了海洋中出现跨半球的经向能量输运。相应的，在大气中则需要一个反向的跨半球能量输运以补偿半球间的能量不平衡。由此，我们从图 2 中可以看到，气溶胶强迫下赤道上空大气中出现了异常的顺时针经向环流，该环流异常则补偿了海洋中跨半球的能量差异[20,23]。这样的大气环流异常是人为气溶胶强迫下独有的响应特征，并且在历史模拟中也得到了很好的体现，而温室气体强迫中则没有这一信号。

作为异常跨赤道经向环流在对流层低层的一个重要表现，跨赤道经向风的变化在气溶胶和温室气体强迫中呈现出显著不同的变化特征。人为气溶胶强迫下，纬向平均的跨赤道风呈现出北风加强的变化趋势，而在温室气体强迫中纬向平均的跨赤道风很弱，并且呈现出向赤道辐合的趋势。将纬向平均跨赤道风的变化作为人为气溶胶强迫下气候系统响应的独特指征，我们发现：无论是观测还是模式结果，都能很好地抓住由北向南的异常跨赤道气流这一气溶胶强迫下独特的纬向平均大气环流响应特征。并且，赤道两侧海平面气压以及降水的非对称变化也能很好地验证人为气溶胶强迫下大气中异常跨赤道经向环流的存在[20]。该研究证实了海洋的调控作用仍旧是决定气溶胶强迫下大气环流异常响应的关键因素。在此基础之上，首次揭示了跨赤道海表面风的异常作为气溶胶强迫下气候变化的观测证据。

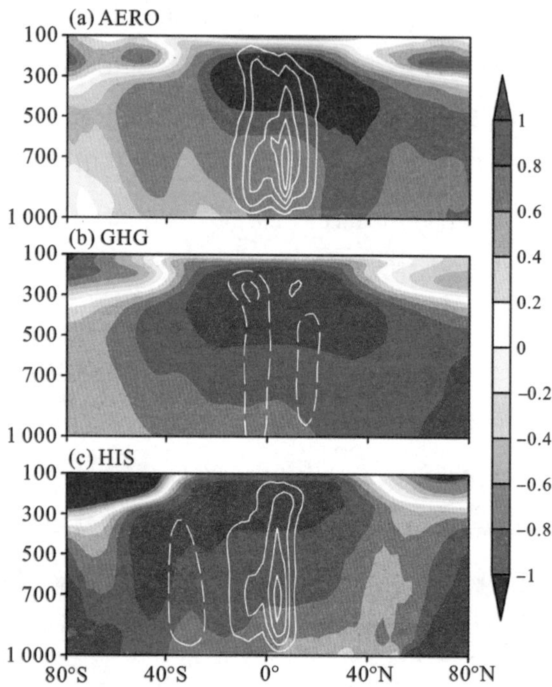

图 2　CMIP5 多模式模拟的 1950—2000 年间纬向平均大气温度变化（填色，℃）和经向流函数变化（等值线，间隔 3×10^8 kg/s）结果的集合平均：(a)人为气溶胶单一强迫试验，(b)温室气体单一强迫试验，(c)历史模拟试验（引自参考文献[20]）

值得注意的是，这里得到的人为气溶胶强迫下气候响应的独特指征是受半球间海洋-大气跨赤道能量传输平衡理论约束的，仅适用于纬向平均的全球变化模态，与气候响应的水平空间分布特征有显著不同。为了更好地体现人为气溶胶和温室气体强迫下气候响应空间分布特征的差异性，图 3 显示了经各自全球热带平均海表面温度变化标准化之后的 20 世纪气溶胶和温室气体强迫下海表面温度、表面气温、降水和海表面风场的响应之和(R_{diff})[24]。

在热带地区，我们看到海表面温度和表面气温的 R_{diff} 响应相对较弱，并且缺乏模式间变化的一致性。这说明热带海温和气温的变化对外辐射强迫的空间分布并不敏感，二者的空间分布主要还是受大尺度海洋动力的变化过程所调控。但是，在热带外地区我们可以明显看到受人为气溶胶强迫主导的南北半球不对称的海温和气温响应特征。这样的半球间不对称响应也进一步激发了诸如北向南的异常跨赤道风以及热带降雨辐合带南移等大尺度海气耦合响应模态。除此之外，与温室气体强迫的作用相比，部分区域气候变化的特征也显著受到人为气溶胶强迫的调控。如：赤道东南太平洋的海表面温度和气温异常冷中心及其相对应的信风减弱和降水增加的耦合模态[25]，东亚季风区降水减少[14]，以及大西洋两岸亚马孙热带雨林和撒哈尔地区的降水变化[9]等特征。

标准化后的人为气溶胶和温室气体强迫气候响应之和向我们很好地展示了气溶胶与温室气体强迫下显著不同的长期气候效应；揭示了同等强度辐射强迫下，人为气溶胶强迫通过大尺度海气耦合作用、对历史气候变化中南北半球不对称以及部分区域气候响应模态的重要调控作用；令我们对人为气溶胶强迫下气候响应的空间分布和机理有了更加精确的认识。

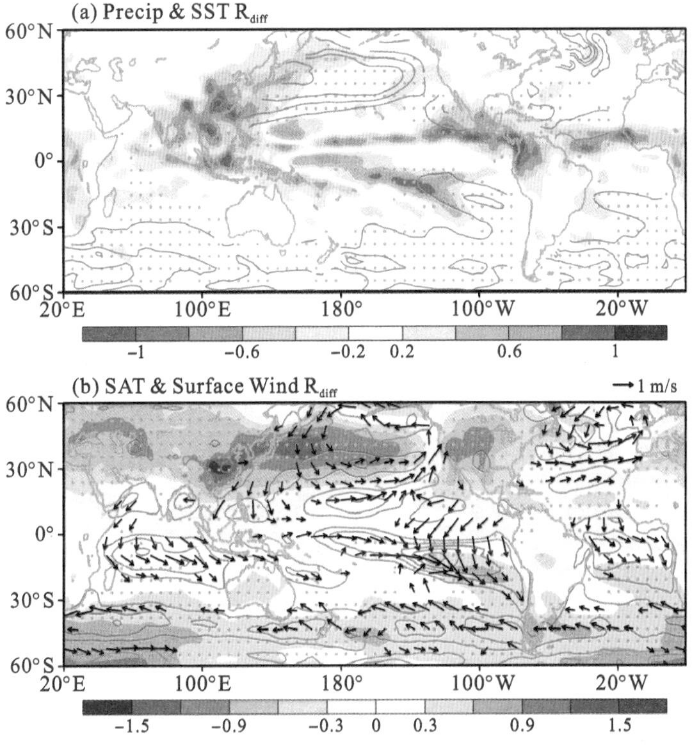

图3 20世纪气候对气溶胶和温室气体强迫响应的差别(CMIP5多模式集合平均结果)。(a)表面温度(等值线，间隔为0.3℃，0线隐去，红色代表正值，蓝色代表负值)和降水(填色，mm/d)每百年的变化。(b)表面气温(填色，℃)，海表面风速(等值线，间隔0.1 m/s，0线隐去，红色代表正值，蓝色代表负值)以及海表面风场(矢量，1 m/s，风速小于<0.2 m/s隐去)每百年的变化。灰点代表通过0.05显著性检验的海表面温度和表面气温变化场(引自参考文献[24])

3 人为气溶胶强迫时空非均匀性的气候效应

前述的研究成果，从气候系统长期变化趋势的角度揭示了人为气溶胶强迫与温室气体强迫对历史气候变化显著不同的调控作用。但是，由于人为气溶胶在大气中留存时间短、排放空间分布不均匀的特性，导致人为气溶胶强迫的空间分布在不同的历史时期存在显著的差别。因此，如何理解不同的人为气溶胶强迫时空分布型调控历史气候演变的规律则显得更为重要。本节我们利用第六代气候模式比较计划（Coupled Model Intercomparison Project Phase 6，CMIP6）的结果，阐述人为气溶胶强迫的时空分布不均匀特性调控历史气候演变的最新研究成果[19]。

为了更好地刻画不同历史时期、不同的人为气溶胶强迫空间分布对大尺度气候变化的调控作用，我们根据图 1 不同区域气溶胶光学厚度的变化划分了三个不同的历史时期：1930—1975 年，人为气溶胶的增长主要聚集在欧美地区；1955—2000 年，欧美的气溶胶排放呈现出先增加、后减少的变化趋势，净变化近似等于 0，而亚洲的气溶胶排放呈现出显著增长的趋势；1975—2010 年，这一时段内欧美的气溶胶排放呈现出明显的下降趋势，而亚洲的气溶胶排放则呈现出快速增长的变化趋势。

我们分别计算了这三个时段内，CMIP6 历史模拟和气溶胶/温室气体单一强迫历史模拟试验中全球表面温度、降水和海表面风场的变化趋势。通过不同试验的比较我们发现：历史模拟中，1930—1975 年的半球间不对称温度响应是欧美气溶胶排放增加的结果；1955—2000 年，历史模拟中全球大部分区域的温度变化主要受温室气体的暖效应所调控，但气溶胶的冷效应依旧主导了东亚和南亚陆地区域的冷却信号；1975—2010 年，历史模拟的全球温度被强大的温室气体暖效应所主导，而在北半球的中高纬度区域，温室气体的暖信号被欧美的气溶胶减排信号进一步放大，使得在这一时期北半球中、高纬度地区要比其他区域暖得多(图 4)[19]。从表面温度变化趋势的空间相关来看，人为气溶胶单一强迫与历史模拟的相关系数从 20 世纪早期的 0.83 显著地下降到 20 世纪末 21 世纪初的 0.39。而温室气体强迫与历史模拟的相关系数则随着温室效应的累积从 −0.45 显著提升至 0.88。

从降水及表面风场的角度来看，气溶胶强迫和温室气体强迫下热带大气环流和降水的变化对历史气候演变的贡献与海表面温度的变化类似，这是由于热带降水的变化主要是通过“暖者更湿”机制受热带海表面温度异常空间分布型调控的结果[8]。1930—1975 年，历史模拟中的热带降水辐合带呈现出气溶胶强迫主导的南移变化趋势，二者的空间相关系数约为0.61。随后，由于亚洲的气溶胶导致了类似La Nina型热带海表面温度响

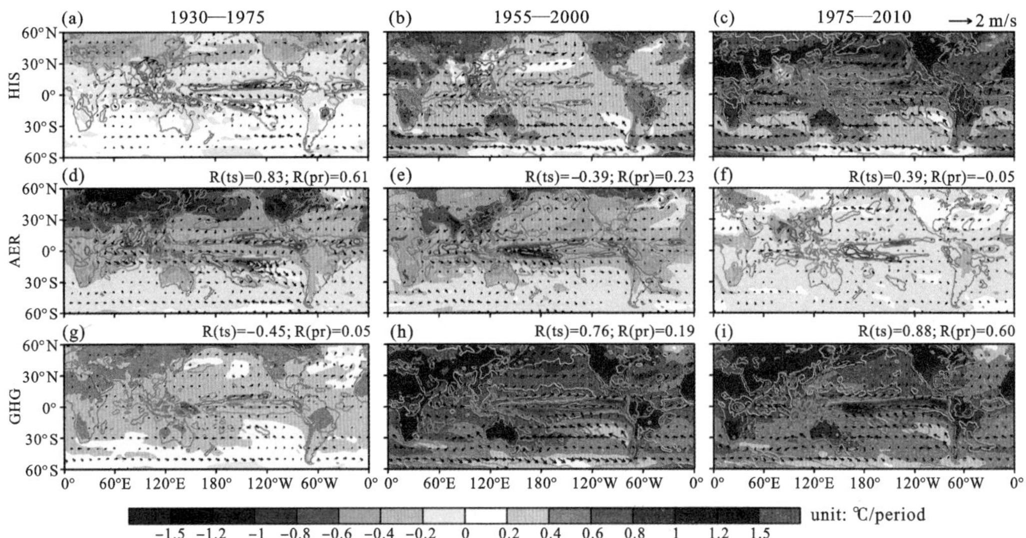

图 4　CMIP6 多模式集合平均历史模拟((a)～(c))、人为气溶胶((d)～(f))和温室气体((g)～(i))单一强迫下的 1930—1975、1955—2000、1975—2010 年间表面温度(填色,℃)、降水(等值线,间隔0.1 mm/d,0 线隐去,绿色代表正异常,棕色代表负异常)、表面风场(矢量, 2 m/s)在各个时期的变化趋势。图片右上角的数字代表单一强迫结果与历史模拟的表面温度和降水趋势空间相关系数(修改自参考文献[19])

应,热带降水的变化也相应地在赤道上空呈现出负异常极值的变化特征,这一时期气溶胶强迫与历史模拟的空间相关系数下降至 0.23。而在 20 世纪末 21 世纪初的这一段时间内,历史模拟的海表面温度和降水变化主要受温室气体的暖效应所主导,气溶胶强迫导致热带降水辐合带北移的变化特征在历史模拟中并不显著,二者的空间相关系数也近似于 0(−0.05)。对温室气体而言,其对历史模拟中热带降水和大气环流变化趋势的贡献则随时间的积累显著提升。

人为气溶胶强迫非均匀时空变化的气候效应在近年越来越多地得到科学家们的关注[19,26-28]。我们通过上述研究分析指出,从全球的角度出发,随着时间的演变,人为气溶胶强迫导致的南北半球不对称气候响应特征对历史气候演变的贡献正在逐渐减弱,而温室气体正在越来越强地主导我们的气候变化。但不可忽略的是,人为气溶胶强迫对其聚集大值区的局地气候系统的重要调控作用。虽然在 20 世纪末 21 世纪初全球的海表面温度和大气环流变化被温室气体强迫主导,但是,亚洲季风区仍然表现为受局地人为气溶胶强迫影响出现的异常增暖低值以及亚洲夏季风环流减弱、降水减少的变化特征。这一现象提示我们,即使温室气体的暖效应很强大,但人为气溶胶强迫对区域气候变化的调控作用不可忽视。

4 人为气溶胶强迫调控亚洲夏季风响应的复杂物理过程

作为自工业革命以来人为气溶胶排放聚集的最大区，东亚和南亚的区域气候变化对人为气溶胶强迫的响应得到了科学家们广泛的关注。前人一系列的研究工作证实：自1950年以来，东亚和南亚夏季风的减弱趋势与亚洲局地的人为气溶胶排放有显著关系[14,16,17,29,30]。

尽管前人的研究一致认为，人为气溶胶强迫导致了亚洲夏季风的减弱，但是其内在的物理过程以及相应的动力学机理十分复杂。人为气溶胶强迫调控区域气候变化的物理过程总体上可以分解为不考虑海洋-大气耦合过程的大气环流对辐射强迫的直接响应过程[3,31,32]，以及海表面温度响应空间分布型通过海洋-大气耦合作用调控大气环流响应的过程[7,20,23,24]。接下来，我们以人为气溶胶强迫调控夏季风响应的不同物理过程为例，来探讨一下气溶胶强迫调控区域气候响应的特征及其内在的动力学机理。

4.1 人为气溶胶强迫导致的大气直接响应过程

前人的研究对于人为气溶胶强迫通过大气直接响应过程调控亚洲夏季风的变化存在不同的观点。Ramanathan 等人 2005 年的工作[4]指出，气溶胶粒子对太阳辐射的散射作用可以使得南亚陆地表面降温，进而导致南亚夏季风减弱。而另一些研究则认为，如黑炭等吸收性气溶胶的排放会通过吸热作用使得大气升温[33]。更进一步的情形，大气对流层的升温会通过热力作用改变南亚大气的经向温度梯度、进而导致南亚夏季风的异常增强[31]，并且还会通过导致海陆温差以及副热带急流的变化使得东亚夏季风出现异常增强[34]。

图 5 的第一列给出了自工业革命至 2000 年间人为气溶胶强迫下北半球夏季海表面温度、降水和 850 hPa 风场的长期变化趋势。我们可以看到显著的亚洲夏季风减弱的变化特征。利用大气敏感性试验的结果，在不考虑海表面温度变化的条件下，气溶胶直接辐射强迫的总效应(反射+散射)使得除南亚 20°N 以南区域之外的亚洲夏季风都呈现出显著减弱的变化趋势(图 5 中间列)。通过研究我们发现，气溶胶粒子通过对局地辐射强迫的调控，进一步导致了海陆温差的变化，而海陆温差的变化又会引起大气环流的异常响应，这样的气溶胶辐射强迫对大气环流的直接调控作用决定了 20°N 以北区域南亚和东亚夏季风环流减弱、降水减少的变化特征[15]。而对于 20°N 以南的南亚以及热带印度洋地区而言，其在大气直接响应中的夏季风环流和降水变化特征与气溶胶的总气候效应相反，表现为降水正异常现象，这很可能是吸收性气溶胶的辐射强迫效应所决定的。对

南亚地区而言，黑炭等吸收性气溶胶的排放远远大于其他地区，因此会导致近地面大气吸热并抬升，而抬升的暖异常则会通过热泵效应导致对流层低层出现由南向北的异常经向环流，将赤道附近的水汽抽吸至南亚南部汇集，并导致低纬度南亚夏季风降水增强[31]。

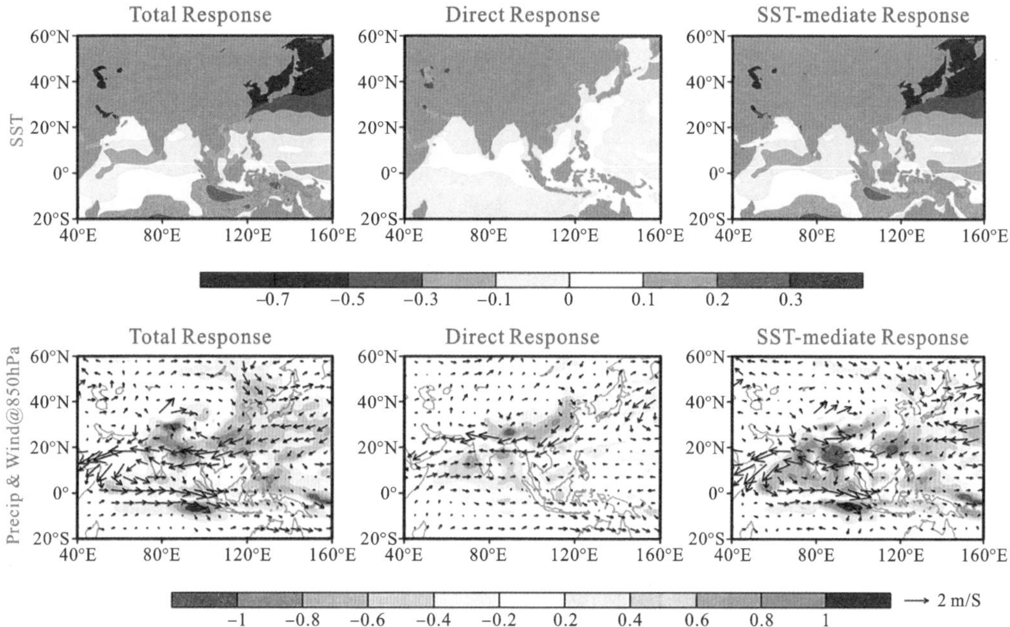

图 5　CMIP5 多模式集合平均模拟的人为气溶胶单一强迫下自工业革命至 2000 年夏季(6—8 月)平均的海表面温度(填色,℃)、降水(填色,mm/d)和 850 hPa 风场(矢量,m/s)在海气耦合总响应(Total Response)、大气直接响应(Direct Response)和海表面温度变化调控大气响应(SST-mediate Response)中的变化趋势(修改自参考文献[15])

4.2　人为气溶胶强迫导致的海洋-大气耦合响应过程

由于气溶胶在大气中留存时间短的特征，其辐射强迫对大气环流的直接调控作用有限。因此，从区域气候长期变化趋势的角度来看，更为重要的是气溶胶强迫下的海洋-大气耦合反馈过程。利用人为气溶胶强迫下海洋-大气全耦合模式以及大气敏感性试验的结果，我们可以线性地分离出气溶胶强迫下海表面温度异常响应空间分布反馈调整大气环流的异常响应[15]。

从图 5 第三列的结果中我们可以看到，气溶胶强迫下海表面温度响应的空间分布不均匀性通过大尺度海洋-大气耦合过程调控 20°N 以北区域的东亚夏季风响应的变化相较于气溶胶直接辐射强迫效应要弱。而对于低纬度的南亚夏季风而言，气溶胶强迫下其环流减弱、降水减少的异常响应特征则主要受海洋-大气耦合过程所主导。我们看到，人为气溶胶强迫下，热带印度洋呈现出西北偏冷—东南偏暖的异常海表面温度空间分布型，这样的海表面温度异常空间分布通过 Bjerknes 正反馈机制就会导致热带印度洋及南亚的大气环流出现异常响应，进而使得南亚夏季风环流减弱。此外，作为整个热带纬向平均大气经向环流的重要组成部分，南亚局地的经向大气环流对气溶胶强迫下半球间海表面温度不对称的响应同样会导致南亚夏季风环流减弱。因此，不管是从热带印度洋局地海洋-大气相互作用的角度，还是从半球间海表面温度和大气环流不对称响应的角度出发，人为气溶胶强迫调控南亚夏季风响应的过程都是由海洋-大气耦合相互作用所主导的。

更进一步的，通过对人为气溶胶强迫下海洋-大气相互作用过程调控南亚夏季风响应的物理过程进行更为深入的分解，研究发现[15,35]：在气溶胶强迫下南亚夏季风异常响应过程中起到主导作用的是纬向平均的海表面温度异常分布，这主要是半球间海表面温度和大气环流非对称响应的一个重要局地体现。此外，热带印度洋局地的海表面温度空间分布异常同样会导致南亚夏季风环流减弱、降水减少，但是，其相对贡献要低于半球间不对称海表面温度异常的作用。此外，空间分布均匀的海表面温度冷却也会在一定程度上减弱南亚夏季风降水，其调控机理与空间分布相对均匀的温室气体强迫类似，主要是通过“湿者更湿”的物理机制来实现的[36]。

通过对人为气溶胶强迫下亚洲夏季风响应特征及其物理过程的研究，我们认识到，人为气溶胶强迫调控区域气候变化的物理过程十分复杂。其中，既有不同种类气溶胶相反的辐射强迫作用直接调控大气环流异常的结果，也有气溶胶强迫下不同的海表面温度响应空间分布型通过海洋-大气相互作用过程反馈调整大尺度或局地大气环流异常的结果。因此，对于不用历史时期、不同气溶胶排放特征所导致的区域气候响应特征，在未来还需我们进一步全面、细致地进行研究刻画。

5 总结与讨论

人为气溶胶强迫，作为地球气候系统的重要外辐射强迫源之一，对工业革命以来的气候变化产生了重要的调控作用。由于在大气中留存时间短、空间分布不均匀的特征，人为气溶胶强迫调控大尺度海洋-大气耦合过程的变化以及对区域气候变化的调控受到科学家们的广泛关注[19,26-28]。本文依据前人的工作及作者近年来对气溶胶气候效应研究的成果，回顾了人为气溶胶强迫调控大尺度历史气候长期变化趋势及其随时间演变的变化特征及内在物理机制，总结了气溶胶强迫调控亚洲夏季风异常响应的不同内在物理过程及其相对贡献，使得我们可以更加全面深入地理解人为气溶胶强迫调控历史气候变化的特征与机理。

本文所回顾的研究成果，大多是基于气候模式多模式和多集合平均的结果。然而，由于观测数据的局限，当前气候模式模拟人为气溶胶所导致的辐射强迫和云物理过程仍然存在极大的不确定性，并严重影响着数值模式的结果[37]。尽管我们看到多模式、多集合平均的降水和海表面温度对人为气溶胶强迫的响应在物理上是符合逻辑的，但是不同模式间的模拟结果仍然存在着很大的差异[19]。根据半球间海洋-大气跨赤道能量传输平衡理论，热带外中高纬度海表面温度的差异会显著调控热带降水辐合带的变化。这样一来，气候模式中人为气溶胶辐射强迫模拟的不确定性导致的北半球中高纬度海表面温度响应的不确定性就会引起热带降水模拟的不确定性。因此，对于气候模式中，人为气溶胶强迫模拟差异带来的模式间不确定性问题，未来还需我们进一步研究。

此外，人为气溶胶的排放特征在不同的气候模式中也存在一定的差异，这需要更多的观测资料以订正气候模式的结果。更为重要的是，人为气溶胶的排放随着人类经济发展和社会活动的变化而快速变化，不断出现新的空间分布特征。自 2013 年我国颁布实施《大气污染防治行动计划》以来，东亚的人为气溶胶排放呈现出快速下降的变化趋势，而南亚如印度等地的气溶胶排放继续快速增长[26,38]。亚洲内部这样新出现的人为气溶胶强迫空间分布必然会对局地的气候系统(如亚洲夏季风的变化)产生重要的、与以往不同的调控作用，甚至会通过海洋-大气耦合过程以及大气遥相关过程引起其他地区新的气候响应型。如何理解亚洲内部新出现的这样独特的人为气溶胶强迫空间分布型调控气候变化的特征与机理，对于我们更好地诠释人为气溶胶强迫的气候效应具有重要的意义，也将为我们对不同减排情境下未来的气候变化预估打下更为坚实的理论基础。

致谢

感谢刘秦玉教授、谢尚平教授和郑小童教授多年来对本人的指导与关怀；感谢科研工作中各位合作者的交流与指导，他们是杜岩研究员、Yu Kosaka 教授、Hiroki Tokinaga 教授、Yangyang Xu 教授以及耿煜凡、文榆钧同学。本文得到国家重点研发计划子课题(2018YFA0605704)和国家自然科学基金项目(41806006，42011540386)资助。

参考文献

[1] Myhre G, Shindell D, Breon F M, et al. Anthropogenic and Natural Radiative Forcing. In Climate change 2013: the physical science basis. Contribution of Working Group I to the Fifth Assessment Report of the Intergovernmental Panel on Climate Change[M]. New York: Cambridge University Press, 2013: 659-740.

[2] Bellouin N, Quaas J, Gryspeerdt E, et al.Bounding global aerosol radiative forcing of climate change[J]. Reviews of Geophysics, 2020, 58(1), e2019RG000660.

[3] Menon S, Hansen J, Nazarenko L, et al. Climate effects of black carbon aerosols in China and India[J]. Science, 2002, 297(5590): 2250-2253.

[4] Ramanathan V, Chung C, Kim D, et al. Atmospheric brown clouds: Impacts on South Asian climate and hydrological cycle[J]. Proceedings of the National Academy of Sciences, 2005, 102(15): 5326-5333.

[5] Twomey S. The influence of pollution on the shortwave albedo of clouds[J]. Journal of the Atmospheric Sciences, 1977, 34(7): 1149-1152.

[6] Boer G, Yu B. Climate sensitivity and response[J]. Climate Dynamics, 2003, 20(4): 415-429.

[7] Xie S P, Lu B, Xiang B. Similar spatial patterns of climate responses to aerosol and greenhouse gas changes[J]. Nature Geoscience, 2013, 6(10): 828-832.

[8] Xie S P, Deser C, Vecchi G A, et al.Global warming pattern formation: Sea surface temperature and rainfall[J]. Journal of Climate, 2010, 23(4): 966-986.

[9] Booth B B, Dunstone N J, Halloran P R, et al. Aerosols implicated as a prime driver of twentieth-century North Atlantic climate variability[J]. Nature, 2012, 484(7393): 228-232.

[10] Held I M, Delworth T L, Lu J, et al. Simulation of Sahel drought in the 20th and 21st centuries[J]. Proceedings of the National Academy of Sciences, 2005, 102(50): 17891-17896.

[11] Dong B, Sutton R. Dominant role of greenhouse-gas forcing in the recovery of Sahel rainfall[J]. Nature Climate Change, 2015, 5(8): 757-760.

[12] Qin M, Dai A, Hua W. Aerosol-forced multidecadal variations across all ocean basins in models and observations since 1920[J]. Science Advances, 2020, 6(29): eabb0425.

[13] Undorf S, Bollasina M A, Hegerl G C. Impacts of the 1900—74 increase in anthropogenic aerosol emissions from North America and Europe on Eurasian summer climate[J]. Journal of Climate, 2018, 31(20): 8381-8399.

[14] Li Z, Lau K M, Ramanathan V, et al. Aerosol and monsoon climate interactions over Asia[J]. Reviews of Geophysics, 2016, 54(4): 866-929.

[15] Wang H, Xie S P, Kosaka Y, et al. Dynamics of Asian summer monsoon response to anthropogenic aerosol forcing[J]. Journal of Climate, 2019, 32(3): 843-858.

[16] Bollasina M A, Ming Y, Ramaswamy V. Anthropogenic aerosols and the weakening of the South Asian summer monsoon[J]. Science, 2011, 334(6055): 502-505.

[17] Ganguly D, Rasch P J, Wang H, et al. Fast and slow responses of the South Asian monsoon system to anthropogenic aerosols[J]. Geophysical Research Letters, 2012, 39, L18804.

[18] 王海. 海表面温度和大气环流对气溶胶强迫的响应特征及其物理机制[D]. 中国海洋大学博士学位论文，2017.

[19] Wang H, Wen Y. Climate response to the spatial and temporal evolutions of anthropogenic aerosol forcing[J]. Climate Dynamics, 2021, https://doi.org/10.1007/s00382-021-06059-2.

[20] Wang H, Xie S P, Tokinaga H, et al. Detecting cross-equatorial wind change as a fingerprint of climate response to anthropogenic aerosol forcing[J]. Geophysical Research Letters, 2016a, 43(7): 3444-3450.

[21] Kang S M, Held I M, Frierson D M, et al. The response of the ITCZ to extratropical thermal forcing: Idealized slab-ocean experiments with a GCM[J]. Journal of Climate, 2008, 21(14): 3521-3532.

[22] Chiang J C, Friedman A R. Extratropical cooling, interhemispheric thermal gradients, and tropical climate change[J]. Annual Review of Earth and Planetary Sciences, 2012, 40: 383-412.

[23] Xu Y, Xie S P. Ocean mediation of tropospheric response to reflecting and absorbing aerosols [J]. Atmospheric Chemistry and Physics, 2015, 15(10): 5827-5833.

[24] Wang H, Xie S P, Liu Q. Comparison of climate response to anthropogenic aerosol versus greenhouse gas forcing: Distinct patterns[J]. Journal of Climate, 2016b, 29(14): 5175-5188.

[25] Zhang H, Deser C, Clement A, et al. Equatorial signatures of the Pacific meridional modes: Dependence on mean climate state[J]. Geophysical Research Letters, 2014, 41(2): 568-574.

[26] Samset B H, Lund M T, Bollasina M, et al. Emerging Asian aerosol patterns[J]. Nature Geoscience, 2019, 12(8): 582-584.

[27] Deser C, Phillips A S, Simpson I R, et al. Isolating the evolving contributions of anthropogenic aerosols and greenhouse gases: A new CESM1 large ensemble community resource[J]. Journal of climate, 2020, 33(18): 7835-7858.

[28] Kang S M, Xie S P, Deser C, et al. Zonal mean and shift modes of historical climate response to evolving aerosol distribution[J]. Science Bulletin, 2021.

[29] Song F, Zhou T, Qian Y. Responses of East Asian summer monsoon to natural and anthropogenic forcings in the 17 latest CMIP5 models[J]. Geophysical Research Letters, 2014, 41(2): 596-603.

[30] Lau K M, Kim K M. Competing influences of greenhouse warming and aerosols on Asian summer monsoon circulation and rainfall[J]. Asia-Pacific journal of atmospheric sciences, 2017, 53(2): 181-194.

[31] Lau K M, Kim M K, Kim K M. Asian summer monsoon anomalies induced by aerosol direct forcing: the role of the Tibetan Plateau[J]. Climate Dynamics, 2006, 26(7-8): 855-864.

[32] Rosenfeld D, Lohmann U, Raga G B, et al. Flood or drought: How do aerosols affect precipitation? [J]. Science, 2008, 321(5894): 1309-1313.

[33] Babu S S, Satheesh S K, Moorthy K K. Aerosol radiative forcing due to enhanced black carbon at an urban site in India[J]. Geophysical Research Letters, 2002, 29(18): 27-1.

[34] Wang Z, Lin L, Yang M, et al. Disentangling fast and slow responses of the East Asian summer monsoon to reflecting and absorbing aerosol forcings[J]. Atmospheric Chemistry and Physics, 2017, 17(18): 11075-11088.

[35] Wang H. South Asian summer monsoon response to anthropogenic aerosol forcing. In Indian Summer Monsoon Variability[M]. Netherlands: Elsevier, 2021: 433-448.

[36] Held I M, Soden B J. Robust responses of the hydrological cycle to global warming[J]. Journal of climate, 2006, 19(21): 5686-5699.

[37] Boucher O, Randall D, Artaxo P, et al. Clouds and aerosols. In Climate change 2013: the physical science basis. Contribution of Working Group I to the Fifth Assessment Report of the Intergovernmental Panel on Climate Change[M]. New York: Cambridge University Press, 2013: 571-657.

[38] Zheng B, Tong D, Li M, et al. Trends in China's anthropogenic emissions since 2010 as the consequence of clean air actions[J]. Atmospheric Chemistry and Physics, 2018, 18(19): 14095-14111.

主要作者简介

刘秦玉，女，1946年3月生，中国海洋大学教授。1968年毕业于山东海洋学院（今中国海洋大学）水文气象系海洋气象专业，1981年毕业于山东大学数学系控制理论专业。1981年12月至2016年4月于中国海洋大学物理海洋教育部重点实验室、海洋与大气学院工作。1993年被国务院学位办批准为博士研究生指导教师。2019年1月至2020年2月任中国海洋大学未来海洋学院院长。

主讲课程

海洋大气相互作用，地球物理流体力学，动力气象学，数值天气预报。

主要学术成就与贡献

建立季风驱动南海上层海洋环流变化的理论框架，发现南海冬季西边界流形成的冷舌，为研究南海气候变化奠定基础。发现北太平洋冬季海表温度异常对春、夏季大气环流的影响；揭示北太平洋低位涡水影响台湾以东黑潮的物理本质。发现热带印度洋在ENSO影响东亚季风过程中扮演的角色，为季风预报提供了一个重要的预报指标。

学术兼职

中国海洋湖沼学会水文气象分会理事长（1998—2010年）；中国海洋学会海洋-大气相互作用专业委员会副理事长（2006—2012年）；世界气候研究计划中国委员会海洋-大气相互作用专家委员会主任（2006—2012年）。曾任《中国海洋大学学报》常务副主编、国内多家期刊编委及科技部“973”计划咨询专家（2013—2019年）等。

科研成果奖

1997年获国家海洋局科技进步三等奖；2004年获教育部自然科学二等奖；2006年获中国高校自然科学一等奖等。

荣誉称号

青岛市三八红旗手、青岛市巾帼科技先进工作者；山东省巾帼建功活动先进个人、山东省三八红旗手；青岛市劳动模范；享受国务院颁发的政府特殊津贴；连续三次获青岛市拔尖人才称号；山东省首批优秀博士研究生指导教师；山东省先进工作者；山东省师德标兵称号；全国模范教师荣誉称号；山东高校十大优秀教师称号；第六届曾呈奎海洋科技奖中的突出成就奖。

宋翔洲，男，1983 年生，教授，国家自然科学基金优秀青年基金获得者，入选自然资源部高层次科技创新人才工程（青年人才）。2006 年 7 月获中国海洋大学海洋学专业学士学位；2012 年 7 月获中国海洋大学物理海洋学博士学位（赫崇本奖学金、山东省优秀博士论文获得者）；2009—2011 年，曾作为联合培养的博士研究生在美国伍兹霍尔海洋研究所学习。2012 年 7 月起，在中国海洋大学、自然资源部（国家海洋局）及国家海洋环境预报中心等部门工作。2019 年 1 月，调入河海大学任教，现任海洋学院副院长（主持工作）、自然资源部海洋灾害预报技术重点实验室副主任。担任中国海洋学会海洋-大气相互作用专业委员会副主任委员等社会职务。

主要从事海气热通量研究。海气能量交换是物理海洋学和海洋-大气相互作用的前沿问题。从海洋能量守恒角度，在空间尺度上测算了海洋湍流热耗散、热对流和翻转环流热量循环所需海气热通量的量级，为评估现有海气耦合模型提供了物理基础；揭示了多尺度海洋和大气动力过程对热通量变化影响的机制，为认识海洋与气候变化机理提供了参考。主持国家自然科学基金 3 项，在海气热通量领域以第一兼通讯作者发表 SCI 文章 10 篇，并独立编著海洋-大气相互作用方面教材 1 部，承担“海气相互作用”等 3 门课程。

杨海军，男，1972 年 1 月生，复旦大学大气与海洋科学系教授。2000 年 7 月获中国海洋大学博士学位，1999 年 1 月至 2003 年 7 月在美国威斯康星-麦迪逊大学访问研究，2003 年 8 月至 2020 年 2 月任北京大学物理学院大气与海洋科学系副教授、教授、博雅特聘教授。2020 年 3 月任复旦大学特聘教授。主要从事气候动力学、海洋-大气相互作用及大洋环流等方面的基础研究。过去的工作揭示了热带-热带外气候相互作用的大气桥梁/海洋隧道机制；提出了太平洋年代际振荡海盆模理论；从理论上解决了耦合气候系统大气-海洋经向能量输送变化的 Bjerknes 补偿机理；定量了青藏高原对全球海洋热盐环流的贡献，提出青藏高原的隆升在大西洋经圈翻转流的建立过程中扮演了关键角色。目前在国际主流专业期刊上发表论文 60 余篇。2017 年获国家杰出青年科学基金资助。

张苏平，女，1956 年生。博士，教授。1982 年获山东海洋学院气象学学士学位，2002 年获青岛海洋大学气象学硕士学位，2007 年获中国海洋大学气象学博士学位。1982 年 2 月至 2002 年 12 月任职于山东省气象科学研究所，先后任工程师、高级工程师、研究员；2003 的 1 月至 2021 年 7 月任职于中国海洋大学，教授，博士生导师。兼任国际雾与露学会科学委员会委员（member of Board of Scientific Committee, International Fog and Dew Association (IFDA)）；兼任《海洋湖沼通报》副主编。

注重利用海上实际观测资料，研究海雾、海洋性低云、海洋大气边界层和局地海洋-大气相互作用。揭示了天气尺度下西北太平洋海洋涡旋、海表面温度锋对大气边界层和海雾/低云的贡献；揭示了黄海海雾季节变化机理；建立了黄海春、夏季海雾发生发展的概念模型；揭示了春、夏季黄海海雾物理过程的不同特征和形成原因；从海洋-大气相互作用角度，提出了春季黄海海面反气旋形成的机理、揭示了东海黑潮海表面温度锋的海雾/低云气候学效应和对该海区东北大风形成的贡献。主持和参与完成多项国家级、省部级科研项目。在 JC、JGR 等国内外著名学术期刊上发表论文 50 余篇，出版英文专著 2 部，获国家发明专利 6 项。

张钰，男，1992 年 4 月生，博士后。2014 年 6 月获中国海洋大学海洋学专业学士学位；2021 年 1 月获中国海洋大学物理海洋学博士学位；2017—2019 年，曾作为联合培养的博士研究生在美国加州大学圣地亚哥分校 Scripps 海洋研究所学习。2021 年 1 月起，在中国海洋大学物理海洋教育部重点实验室从事研究工作。

发现了新的大气模态——北太平洋三极子在北太平洋经向模态年代际变化形成中的重要作用；提出了南北太平洋经向模态可通过激发向极大气遥相关波列直接影响南北半球热带外气候的新的物理途径。首次分离了南北太平洋年代际振荡的热带与热带外强迫部分，并揭示了这两部分的相似性和差异性的物理本质。该成果被 IPCC AR6 报告引用。在国际顶尖期刊发表 SCI 论文数篇。

许丽晓，女，1985年出生，博士。2008年7月获中国海洋大学海洋科学学士学位；2014年7月获中国海洋大学物理海洋学专业博士学位；2014年7月至今，在中国海洋大学物理海洋教育部重点实验室从事教学与科研工作，现任副教授。

主要从事海洋多尺度动力过程在气候变化中作用的研究工作。揭示了在年代际及以上时间尺度上北太平洋副热带逆流和副热带模态水之间的对应关系，并预估了两者在温室气体增加背景下可能的变化；指出了目前气候模式由于不能分辨海洋涡旋，对北太平洋副热带逆流和副热带模态水的模拟存在很大误差。通过特殊设定Argo浮标对涡旋进行追踪观测，揭示了海洋中尺度涡导致混合层水潜沉的过程和动力机制，发现了中尺度涡携带模态水迁移的新路径。依据观测得到的研究结果改变了前人对模态水及其形成的认识，成果发表于 *Nature Communications*，*Geophysical Research Letters* 等国际知名期刊，获选“2016年度中国海洋与湖沼十大科技进展”，部分研究成果被 *Geophysical Research Letter* 杂志列为亮点成果并做重点推介。目前已在国际主流专业期刊上发表论文20余篇。主持国家自然科学基金青年基金1项、面上项目1项。

胡海波，1981年3月生，副教授。2003年获中国海洋大学海洋学专业学士学位；2008年获中国海洋大学气象学博士学位，并获山东省优秀研究生毕业生称号。2008年至今在南京大学大气科学学院工作。2013年11月至2014年11月曾作为访问学者在加拿大贝德福德海洋研究所从事科学研究。

主要研究海洋对中纬度气候、天气的强迫机制。前人研究发现，在海盆尺度上中纬度大气风场强迫海洋、但一直找不到海洋强迫大气的途径。建立了海洋次表层的输运过程通过改变北太平洋副热带海洋温度锋进而改变大气环流的途径；揭示了北太平洋中小尺度的海洋锋及其伴随的海洋涡旋对于上空海洋性大气边界层的强迫机制；强调了不同天气状况背景下中小尺度海洋锋对低层大气影响差异的产生原因；突出了众多海洋涡旋空间分布对北太平洋副热带海洋锋强度年际变化的重要贡献。主持国家自然科学基金3项，江苏省自然科学基金2项，以第一作者或通讯作者在SCI发表论文22篇，作为合作者在 *Nature Communications* 上发表论文1篇。承担国家级中国大学慕课课程“海洋气象学”，主讲国家级精品课程和线上线下一流课程“地球流体力学”。

石剑，女，1991 年 8 月生，讲师。2014 年 6 月获中国海洋大学大气科学专业学士学位；2019 年 7 月获北京大学大气科学（气候学）博士学位；多次获得本科生、博士生国家奖学金。2017 年 9 月至 2018 年 9 月，作为联合培养博士研究生在美国耶鲁大学地球与行星科学系学习。2019 年 7 月起，在中国海洋大学海洋与大气学院海洋气象学系工作。

主要研究方向为极端天气-气候事件和大尺度海洋-大气相互作用。揭示了东北太平洋异常冷、暖事件的时空特征与演变机制，首次对暖泡和冷泡事件分类，并指出其不存在“季节锁相”特征；从西太平洋暖池和能量学两个角度分别建立了不同类型 ENSO 的指示因子，并从季风、降水、北太平洋海温分布等方面阐述不同类型 ENSO 的气候影响；阐明了南亚高压和西太副高的季节内纬向变化规律与外强迫因子。在 *Journal of Climate*，*Geophysical Research Letters*，*Climate Dynamics* 等杂志发表学术论文十余篇，主持国家自然科学基金青年项目 1 项和中国博士后科学基金面上项目 1 项，承担“天气学原理”等 3 门课程。2017 年，作为第三完成人的《基于扰动天气图的极端天气预报系统》获得中国气象学会气象科学技术进步成果二等奖。

贾英来，女，1975 年生，博士。1996 年 7 月获中国海洋大学动力气象学专业学士学位，2002 年 7 月获中国海洋大学物理海洋学专业博士学位。2002 年 7 月起，在中国海洋大学海洋与大气学院从事教学与科研工作。2009—2010 年，曾作为访问学者在美国佛罗里达州 FSU 大学进行学术访问；2016—2017 年，曾作为访问学者在美国得克萨斯州 TAMU 大学进行学术访问。

揭示了锋面不稳定是吕宋海峡海洋涡旋从黑潮脱落的最主要机制；通过涡旋追踪技术给出了吕宋海峡、棉兰老穹窿等区域的涡旋变化特征并解释了其成因；揭示了冬季黑潮延伸体区域海洋涡旋上空大气次级环流的生成机制，并指出了水汽输送和潜热释放在大气次级环流维持和加强中的作用。提出了利用模式进行高分辨率大气和海洋混合层模式耦合的新方法，发现海洋涡旋的作用是加强风暴轴的动能，该方法对季节内时间尺度上中纬度海洋-大气相互作用的研究具有重要价值。发现湾流区海洋锋面对大气河的生成具有促进作用，揭示了海洋锋面通过影响大气河对欧洲西岸的强降水产生影响。发表 SCI 论文数篇。获国家自然科学基金面上项目 2 项、青年基金 1 项。担任“数值天气预报”等课程的教学任务。

杨建玲，女，1973年生，研究员。2003年硕士毕业于南京信息工程大学气象学专业；2007年博士毕业于中国海洋大学气象学专业；2014年在美国NOAA访学半年，博士毕业后一直在宁夏回族自治区气象局工作。曾获宁夏回族自治区科技进步二等奖2次，中国气象局旱区特色农业重点实验室科技成果和成果转化一等奖2次，中国气象局“西部优秀青年人才津贴”2次。2016年获宁夏回族自治区五一劳动奖章和全国五一劳动奖章。宁夏回族自治区第十二届人大代表、人大常委会委员，宁夏回族自治区科协第八届委员会委员。

从事海洋-大气相互作用、中国西北气候异常及预测的研究。发现了热带印度洋海盆模影响气候的“电容器”效应，成果总引用超过1 000次，并被日本气象厅和中国国家气候中心作为选择气候监测预测指标的依据。建立了“西北地区东部降水预测系统”，积极支撑和推动了区域气候预测业务发展。揭示了西北地区东部干旱、高温等灾害性天气发展变化的新趋势和成因，并提出西北地区东部春、夏、秋季节连旱的海温分布格局。基于研究成果主笔撰写干旱等重大决策服务材料多份，得到自治区政府主席等领导的批示和肯定，积极为地方决策提供科学支撑。

郑建，男，1986年6月生，博士。2008年6月获中国海洋大学应用气象学专业学士学位，2014年6月获中国海洋大学气象学专业博士学位。2011年10月至2013年10月，作为联合培养博士在美国University of Colorado at Boulder和NOAA/ESRL/PSD实验室学习(国家留学基金委资助)。自2014年7月起，在中国科学院海洋研究所工作，现任副研究员。

研究方向为海洋-大气相互作用，从事ENSO形成机理及ENSO的气候影响研究。发现了一个位于印太暖池和东亚地区的冬季大气遥相关波列，该波列由印太暖池区的对流加热异常激发，主要受IOD和ENSO影响；揭示了副热带南太平洋海温偶极子模态(SPSD)的形成机制，即风引起的潜热异常和云导致的短波辐射异常；阐释了SPSD引发ENSO的热力学和动力学作用。已发表科研论文10余篇，主持国家自然科学基金青年基金1项、山东省自然科学基金面上项目1项。

王海，男，1988 年 10 月生，副教授。2011 年 6 月获中国海洋大学大气科学专业学士学位；2017 年 6 月获中国海洋大学气象学专业博士学位；2014 年 9 月至 2016 年 9 月，作为联合培养博士在美国加州大学圣迭戈分校斯克利普斯海洋研究所学习工作（国家留学基金委资助）。自 2017 年 7 月起至今，在中国海洋大学海洋与大气学院海洋气象系从事教学与科研工作。

研究方向为海洋-大气相互作用与气候变化，主要从事人为气溶胶强迫气候效应的研究。发现了人为气溶胶强迫与温室气体强迫显著不同的南北半球不对称海表面温度和大气环流响应特征，并从观测中证实了纬向平均跨赤道海表面风的变化可以作为人为气溶胶强迫调控地球气候系统长期响应的独特指征；揭示了人为气溶胶强迫调控区域气候响应的复杂物理过程，阐明了大气环流对辐射强迫的直接响应和海洋大气耦合响应在调控东亚和南亚夏季风长期变化中所扮演的不同角色；探究了人为气溶胶强迫时空分布的快速变化对全球大尺度海气耦合模态以及区域气候响应独特而复杂的调控作用。主持国家自然科学基金青年基金 1 项、中国博士后科学基金 1 项，参与国家重点研发计划 1 项。在国际主流专业期刊发表论文 10 余篇，参与撰写英文专著 1 部。

郭飞燕，女，1986 年 10 月生，青岛市气象局天气预报高级工程师。2009 年 6 月获中国海洋大学大气科学专业学士学位；2015 年 6 月获中国海洋大学气象学博士学位（中国海洋大学优秀博士学位论文获得者）；2012—2014 年，曾作为联合培养的博士研究生在美国国家海洋大气管理局（NOAA）学习。2015 年 7 月起，在青岛市气象局从事天气预报业务工作，2019 年获高级工程师资格。先后获得山东省气象局青年人才、青岛市气象局高层次人才称号，2021 年青岛市优秀青年岗位能手。

先后从事海洋-大气相互作用、强对流天气形成机理和临近预报研究。从热带印度洋年际变化主模态间的转化及其与 ENS0 的关系角度出发，指出北半球春季开始发展的 El Nino（La Nina）事件会更有利于当年夏季 IOD 的形成和发展，ENSO 正负位相转换的季节可能对 IOB 模态的持续时间有影响；在 El Nino（La Nina）衰减年的春季都会出现 IOB 的峰值，如果 El Nino（La Nina）衰减后热带太平洋不再出现 SST 异常，热带印度洋会通过局地的海洋-大气相互作用实现 IOB 转变为同位相的 IOD。在致灾性雷暴大风和极端短时强降水形成机理分析方面也有一定研究。在国际顶尖期刊发表 SCI 论文数篇。获山东省自然科学基金青年基金资助 1 项，参与国家自然科学基金 1 项、山东省自然科学基金面上基金 2 项。

范磊，男，1986年7月生，副教授。2007年获中国海洋大学大气科学学士学位，2013年获中国海洋大学气象学博士学位(赫崇本奖学金、山东省优秀博士学位论文获得者)。2011—2013年作为联合培养博士研究生在威斯康星-麦迪逊大学学习。2013年至今在中国海洋大学海洋与大气学院工作。

主要从事海洋-大气相互作用、海洋对亚洲季风气候的影响及预测方面的研究。评估了不同海域SST对大气影响的相对重要性及季节差异，提出了夏季中太平洋冷海温异常对西北太平洋异常反气旋的维持作用。发现了由于ENSO强迫产生印度洋偶极子存在春末夏初这一重要时间窗口；提出了一种从因子场中提取气候预测因子的新方法，以缓解样本偏差和主观因素对因子选取的不利影响；发现了ENSO与南亚季风降水的关系自21世纪以来恢复增强的现象，指出了ENSO不同的时间演化类型是影响其与南亚季风降水关系强弱的根本因素。在国际主流SCI期刊发表论文10余篇，主持国家自然科学基金2项，参与自然科学基金面上项目、国家重点研发计划、中科院战略先导计划项目各1项。承担“气象统计方法”“气候预测基础”“Fortran程序设计”等课程。

郑小童，男，1982年2月生，中国海洋大学海洋与大气学院/物理海洋教育部重点实验室教授。2004年和2010年毕业于中国海洋大学海洋气象系，分别获得理学学士和博士学位。2008年1月至2010年1月曾作为联合培养的博士研究生在美国夏威夷大学国际太平洋研究中心学习。长期从事海洋大气相互作用与气候变化领域研究工作，重点研究热带海洋-大气耦合模态的长期变化机理。揭示印度洋偶极子模态在全球变暖中的变化特征和机理，阐明厄尔尼诺-南方涛动对全球变暖响应的动力学机理；认识印度洋海盆模态以及对东亚夏季风的影响在长时间尺度上的调节。在国内外主流学术刊物发表论文40余篇，IPCC第五次报告贡献作者。目前兼任*Science Bulletin*执行编委，*Frontier in Climate*：*Predictions and Projections*副主编，曾获2014年谢义炳青年气象科技奖，2015年海洋领域优秀科技青年荣誉称号，2017年广东省科学技术一等奖(第四完成人)。

龙上敏，男，1988年12月生，副教授，河海大学海洋学院。2011年7月获中国海洋大学海洋科学专业学士学位；2016年12月获中国海洋大学物理海洋学博士学位；2014年至2016年，曾作为联合培养博士在美国加州大学圣地亚哥分校Scripps海洋研究所学习。2017年1月起先后在中国科学院南海海洋研究所、河海大学海洋学院工作。

主要从事海洋-大气相互作用和气候变化研究。海洋在全球变暖下的响应及效应是科学界普遍关心的问题。提出了分离全球变暖下海洋快、慢响应及其效应的诊断方法，评估了“碳中和”/低增温目标下海洋的热力和动力响应过程及其气候效应，揭示了热带和热带外地区降水预估不确定性的来源及机制，阐明了模式对热带印度洋气候模拟偏差的起源及物理过程。在国内外学术期刊发表论文20余篇，主持国家自然科学基金面上和青年项目、江苏省自然科学基金面上项目等科研项目多项，参与科技部重点研发项目子课题、国家自然科学基金重点项目等。

后 记

在 2022 年新年钟声即将响起之际，我终于在所有作者和审稿人的支持下完成了这本书的编写。非常感谢美国气象学会斯维尔德鲁普金质奖章获得者、美国加州大学圣地亚哥分校 Scripps 海洋研究所谢尚平教授为本书作序。他是目前国际上海洋—大气相互作用和气候变化领域的领跑者，也是中国海洋大学许多教师和学生的合作伙伴。我们不仅仅被他在探索自然奥秘中敏锐的洞察力、坚持不懈努力攀登的精神所折服，更被他在合作过程中谦虚谨慎、平易近人的人格魅力所感染。书中的许多研究成果都包含了谢尚平教授的贡献。

感谢国内外从事海洋-大气相互作用和海洋动力学、气候动力学的各位科学家在科学研究道路上对我们的启发与支持；感谢教育培养我的老师和帮助我的同事，特别感谢秦曾灏教授等老一辈科学家带领我从事风暴潮和海洋气象导航等方面的研究工作，为我搭建了从事海洋—大气相互作用研究的平台；感谢我的家人对我的理解和支持；感谢我的同事和所有的研究生能与我一起攻坚克难，探索海洋科学中的奥秘。最后，感谢各位作者能参与这本书的撰写，愿意与读者共同分享自己的科研成果和体会，感谢中国海洋大学出版社的工作人员为本书的出版所做的努力。

科学研究的本质就是质疑和创新，海洋-大气相互作用研究这一新兴领域的发展过程也是一个反复质疑、不断创新的过程。人们常常为从事科学研究如何创新感到困惑，借此机会，我向读者讲述与本书研究的问题相关的两个小故事，希望能对读者有一定的启发。

故事一：一语道破天机

我国科学家早就认识到南海海盆尺度环流主要受季风控制，具有非常明显的季节反转特征。但是，为什么与南海毗邻的热带西太平洋也受季风控制，其环流却不存在季节反转？1998 年，我曾获得国家自然科学基金重点项目的资助，开展有关南海海洋环流机制的研究。同年 6 月，刘征宇教授到青岛访问，我和杨海军一起送他到流亭机场。在路上，我们三人讨论了如何理解南海风生环流的基本动力机制，刘征宇教授询问："南海海盆纬向非常狭窄，海洋对外强迫调整时间较短，适用于大洋风生环流中的 Sverdrup 平衡关系是否能够应用于南海海盆呢?”这个问题以前从来没有人尝试过。当天晚上杨海军就赶回办公室,依据气候平均的风应力得到了南海季节平均环流,惊喜地发现其分布形态与依据海洋调查资料得到的气候平均环流基本一致,证实了南海海洋环流季节反转的物理机制,从而找到了建立季风驱动南海海洋环流理论的突破口。接下来杨海军开展了一系列工作,将南海海洋环流的基本理论框架建立起来,并得到国内外学术界的公认。在此基础上,我们还进一步揭示了南海环流季节和年际变化的物理本质,建立了南海与热带太平洋气候变化之间的联系。

科研创新之路崎岖坎坷,好似在未知世界的茫茫暗夜中摸索突围,有时候“一语道破天机”的顿悟与灵性,说不定就是解决一个问题、打开一扇科学大门的钥匙。

故事二:“想不通”与创新

回顾我在科学研究中所取得的成果,多数都源自在阅读文献和聆听学术报告时的质疑。从一开始遇到问题时的“想不通”,再到对这些“想不通”的问题去深入研讨、反复论证,在总结和发现前人工作中的“漏洞”或“欠缺”的基础上,取得突破创新。21 世纪初,许多学者开始关注印度洋偶极子(IOD)对东亚夏季风的影响问题。我有一个问题一直感觉“想不通”:典型的 IOD 在夏季形成,秋季最明显,但为什么它能对东亚夏季风有影响?究竟哪个季节的印度洋海温异常是影响东亚夏季风的关键因素?带着这个问题,我翻阅了大量相关文献,发现大量的研究集中在热带印度洋海温异常与同期东亚大气环流的关系,不仅无法确定海洋与大气之间的因果关系,更无法依据前期海温异常信号预测大气环流的异常,我决心在热带印度洋海温异常影响后期的大气环流研究方面找到新的突破点。2004 年我建议我的博士研究生杨建玲开展相关的研究工作。谢尚平教授、刘征宇教授、吴立新教授也都参与了对杨建玲研究结果的讨论,为杨建玲的研究出谋划策。杨建玲的工作证实了春季异常的“热带印度洋海盆模态”将可能持续到夏季,在东亚副热带夏季风年际变化中所起的重要作用,该作用称为热带印度洋的“电容器效应”。“热带印度洋海盆模态”已经被国内外气象部门采用作为气候预测的新指标。相关成果自 2007 年发表以来,已被 SCI 收录的论文引用 520 次,极大地推动了热带印度洋海洋-大气相互作用的研究。

这个故事告诉我们,对某个问题“想不通”,也许就是科研创新的开始。

刘秦玉

2021 年 12 月 30 日